금속재료 실험

◆ 기초편 ◆

김학윤 · 연윤모 · 지무성
홍영환 · 송 건   공저

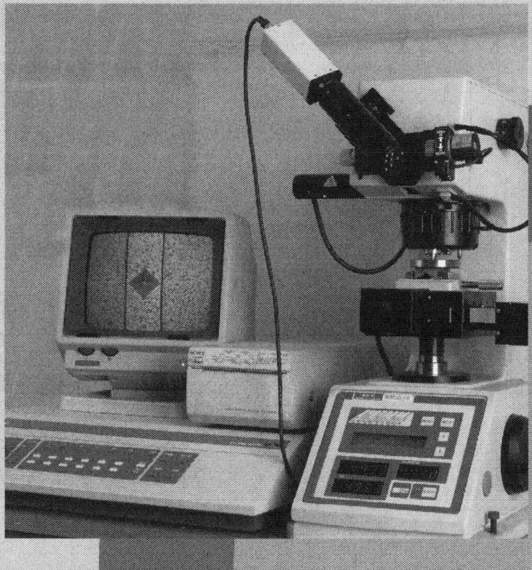

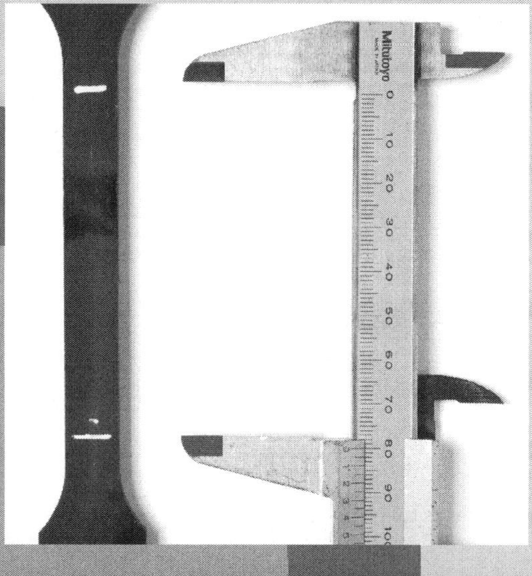

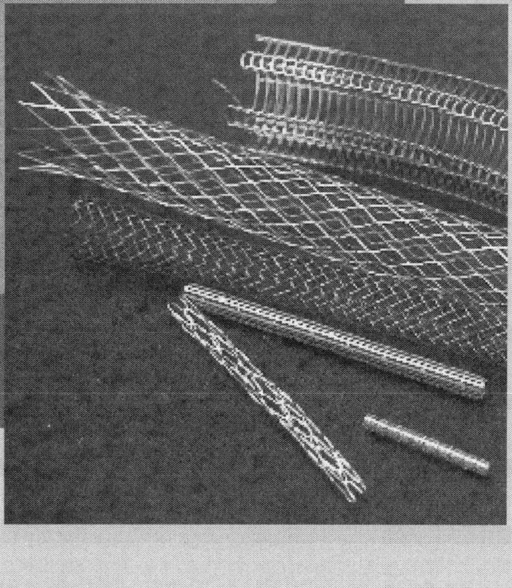

기전연구사

Introduce | 머리말

최근 과학기술의 발달과 더불어 새로운 금속재료, 신소재 등에 대한 개발요구 및 그 중요성이 더욱 커지고 있다. 재료의 발전은 기계, 건축, 전기, 전자, 토목, 자동차, 철도차량, 조선 및 우주항공 등 모든 기계산업 분야에 새로운 가능성과 향상을 이끌고 창조적 기계산업은 언제나 그에 적합한 재료를 요구하게 된다. 이처럼 재료와 기계는 자동차의 바퀴처럼 산업사회에서 서로 분리되어 나갈 수 없는 긴밀한 관계에 있음에도 불구하고, 기계산업 현장에서는 재료분야를 소홀히 여기고 또한 재료산업분야에서는 기계에 대한 정보의 부족으로, 일등만이 살아남는 무한 경쟁의 시대에 적절히 대응하지 못하는 실패의 원인 중 하나가 되기도 한다. 이는 특별히 중소기업형의 산업현장에서 더욱 두드러지는 현상으로, 기술향상의 어려움과 만성적인 전문기술인의 인력난에 처하고 있는 실정이다. 이에 따라 기계부품의 설계, 가공 조립과 병행하여 제품의 수명과 기능 향상을 위한 재료의 선정과 개발 등을 종합적으로 이해하고 관리할 수 있는 기술자가 요구되고 있다.

이러한 산업사회의 요구에 따라 본 교재는 금속소재를 기반으로 하는 생산현장에서의 품질검사·관리 및 개발 업무와 관련된 전문기술인을 양성하는 데 그 목적을 두었다.

기존의 재료시험과 관련된 많은 전문서적이 주로 경도 및 강도시험 위주의 재료시험에 한정하였던게 일반적이었다. 그러나 이러한 역학적 재료특성은 금속의 조직학적인 관점을 분리하여 설명할 수 없다고 본다. 따라서 재료의 특성변화의 요인이 되는 합금, 열처리, 가공조건 등의 외적변화에 따른 금속조직의 변화를 이해하고 더불어 이러한 금속조직과 연관된 재료의 기계적 특성을 함께 이해할 수 있는 능력이 필요하리라고 본다.

재료에 대한 이러한 종합적인 이해를 위해서는 관련된 교과목을 유기적으로 연계하여 실습하는 것이 효과적이며, 또한 처음 재료에 접하는 학생들에게 이해도를 높일 수 있을 것이라 생각하며 본 교재를 구성하였다.

금속재료 실험 기초편에서는 조직 시험 1(광학현미경 분석), 재료 시험 1(경도, 인장, 압축, 충격시험), 열처리 실험 1(탄소량에 따른 퀜칭경도, 냉각속도에 따른 퀜칭경도), 비파괴검사 등 재료시험에 대한 기초적인 내용을 다루었고, 응용편에서는 조직 시험 2(주사전자현미경시험), 재료 시험 2(피로, 마모, 부식), 열처리 실험 2(공구강, 고속도강, 알루미늄, 형상기억합금 등의 열처리 및 화염경화법), 정밀측정 등 심화된 내용으로 구분하여 구성하였다.

본 교재가 부디 금속소재와 관련된 산업체의 종사자 및 배우는 학생들에게 재료 시험, 조직 시험, 비파괴검사, 열처리 및 표면처리 등에 대한 기초적인 현장적응 능력을 배양시킬 수 있는 실습교재로써 유용하게 활용되기를 기대한다.

2008년 12월
수원과학대학 신소재응용과 교수 일동

Contents | 차 례

제 1 장 조직 시험 1(광학현미경 분석) • 9

1. 조직 시험편 준비 및 에칭기법 ………………………………………………… 11
   1.1 관련 지식 / 12
   1.2 실습 순서 / 24

2. 현미경 조직 시험 ………………………………………………………………… 25
   2.1 관련 지식 / 26
   2.2 실습 순서 / 29

3. 금속조직 내 상의 측정 ………………………………………………………… 30
   3.1 관련 지식 / 31
   3.2 실습 순서 / 32

4. 강의 오스테나이트 결정입도 분석 …………………………………………… 33
   4.1 관련 지식 / 34
   4.2 실습 순서 / 36
   4.3 시험결과의 판정방법 / 37

5. 탄소강의 현미경 조직검사 ……………………………………………………… 40
   5.1 관련 지식 / 41
   5.2 실습 순서 / 44

6. 탄소공구강의 현미경 조직검사 ………………………………………………… 47
   6.1 관련 지식 / 48
   6.2 실습 순서 / 59

7. 구리합금의 현미경 조직검사 …………………………………………………… 62
   7.1 관련 지식 / 63
   7.2 실습 순서 / 73

8. 레플리카에 의한 조직검사 ·· 76
  8.1 관련 지식 / 77
  8.2 실습 순서 / 79

제 2 장 재료 시험 1 • 83

1. 경도시험의 개요와 실험보고서 작성법 ································ 85
  1.1 경도측정(硬度測定)의 개요(槪要) / 86
  1.2 경도측정의 원리 / 87
  1.3 경도시험의 목적 / 88
  1.4 실험보고서의 작성법 / 89

2. 브리넬경도시험과 마이어경도시험 ···································· 92
  2.1 브리넬경도시험의 관련 지식 / 93
  2.2 마이어경도시험 / 102
  2.3 브리넬경도와 마이어경도의 시험순서 / 104

3. 로크웰경도시험 ·· 112
  3.1 관련 지식 / 113
  3.2 로크웰경도시험의 시험방법과 시험순서 / 120

4. 비커스경도시험 ·· 125
  4.1 관련 지식 / 126
  4.2 시험방법 / 132
  4.3 비커스경도시험기의 작동순서 / 134
  4.4 압입자국의 측정방법 / 137

5. 쇼어경도시험 ·· 140
  5.1 관련 지식 / 141
  5.2 시험방법 / 146

6. 미소경도시험 ·· 149
  6.1 관련 지식 / 150

6.2 미소경도시험기(Mitutoyo AT-201)의 시험방법 / 155

7. 에코팁경도시험 ·· 160
7.1 관련 지식 / 161

7.2 시험순서 / 165

7.3 시험결과 처리 / 166

7.4 특징 / 167

7.5 Impact Device의 관리 / 168

8. 충격시험 ·· 169
8.1 관련 이론 / 170

8.2 충격시험방법 및 시험순서 / 175

9. 인장시험 ·· 182
9.1 관련 지식 / 183

9.2 시험방법 / 198

10. 압축시험 ·· 218
10.1 관련 이론 / 219

10.2 시험방법 / 226

제3장 열처리 실험실습 1 • 243

1. 탄소량에 따른 퀜칭경도 ·· 245
1.1 관련 이론 / 246

1.2 실습 순서 / 250

2. 냉각속도에 따른 퀜칭경도 ·· 251
2.1 관련 이론 / 252

2.2 실습 순서 / 266

3. 퀜칭온도에 따른 퀜칭경도 ·· 268
3.1 관련 이론 / 269

3.2 실습 순서 / 277

4. 템퍼링온도에 따른 경도변화 ·········· 279

4.1 관련 이론 / 280

제 4 장   비파괴검사 • 287

1. 비파괴검사의 개론 ·········· 289

1.1 관련 지식 / 290

2. 침투탐상에 의한 결함검사 ·········· 293

2.1 관련 지식 / 294

2.2 침투탐상의 실습 순서 / 295

3. 자분탐상에 의한 결함검사 ·········· 299

3.1 관련 지식 / 300

3.2 자분탐상의 순서 / 306

4. 레플리카법에 의한 조직검사 ·········· 310

4.1 관련 지식 / 311

4.2 실습 순서 / 312

5. 초음파탐상시험 ·········· 316

5.1 실습 순서 / 317

6. X-선 투과시험 ·········· 326

6.1 관련 지식 / 327

제 1 장

조직 시험 1(광학현미경 분석)

1. 조직 시험편 준비 및 에칭기법
2. 현미경 조직 시험
3. 금속조직 내 상의 측정
4. 강의 오스테나이트 결정입도 분석
5. 탄소강의 현미경 조직검사
6. 탄소공구강의 현미경 조직검사
7. 구리합금의 현미경 조직검사
8. 레플리카에 의한 조직검사

1. 조직 시험편 준비 및 에칭기법

과 목 명	조직 시험 1 (광학현미경 분석)	과제번호	MG-01
실습과제명	조직 시험편 준비 및 에칭기법	소요시간	12시간
목 적	금속조직의 관찰을 위해 조직을 대표할 수 있는 시료의 채취, 절단, 마운팅, 연마의 방법을 배우며 실습한다. 금속 재료의 시험 목적에 따라 적합한 방법으로 준비한 재료에 알맞는 부식액의 조제 및 부식기법을 배우며 실습한다.		

사용기재, 공구, 소모성 재료	규 격	수 량	비 고
시편 절단기	abrasive wheel cutter	1대	
시편 절단기	기계톱	1대	
SCM 440, SM 45C	ø25×20	각 20개	
연마판	아크릴 판	40개	
연마포	#220-#1200	각 40장	
Cold Mounting Powder		400cc	
몰딩 컵	직경 30mm	20개	
부식액 제조용 시약(질산, 염산, 염화제이철, 불산, 알콜 등)	시약용	각 1병	
드라이어		1대	
킴와이프스		4통	

관련 지식

1. 시료의 채취
2. 마운팅
3. 시편의 표시
4. 연마
5. 폴리싱
6. 에칭

1.1 관련 지식

실습은 다음의 순서에 입각해서 한다.

시료의 채취(절단) → 마운팅(필요시에) → 시료의 표시 → 연마 → polishing → 세척 → 건조 → 부식 → 건조

이들의 과정을 단계별로 살펴본다.

1) 시료의 채취

시료의 채취작업은 올바른 시험편을 준비하는데 가장 기본이 되며, 중요한 의미를 지니는 단계이다. 당연히 채취할 부분은 관찰하고자 하는 부위가 포함되어야 하며, 채취하는 동안에 원래의 조직이 변형되거나 손상되는 일이 없어야 한다. 즉, 시료를 절단할 때에는 열과 응력에 의한 조직의 변형이나 기계적 손상이 일어나지 않도록 절삭유를 사용해야 하며, 절단속도 및 가압력을 조절하여야 한다. 특히 절삭유 등에 의해 오염될 염려가 있는 시료의 경우 오염을 방지하기 위한 적절한 조치를 취한 후에 절단하여야 한다.

시료의 절단에는 여러 가지 방법이 있다. 기계톱 또는 토치를 사용하여 시료를 절단할 경우에는 관찰하고자 하는 부위가 손상되지 않도록 충분히 크게 절단한다. 가장 일반적인 절단법인 abrasive wheel을 이용한 방법은 짧은 시간에 변형이나 조직의 변화를 일으키지 않고 시료를 채취할 수 있는 방법이다. 절단하고자 하는 재료의 기계적 특성에 따라 적당한 wheel을 선택해서 사용하는데, 연한 wheel은 단단한 재료의 절단에, 경한 wheel은 연한 재료를 절단하는데 사용한다.

2) 마운팅(mounting)

마운팅이란 시료의 크기가 작아서 손에 쥐고서 시료를 준비하기 어려운 경우에 손에 쥐고 다루기 편한 크기의 단순한 모양으로 만드는 작업이다. 마운팅을 하는 경우는 일반적으로 크기가 매우 작은 것, 모양이 매우 불규칙한 것, 재질이 너무 연하거나 깨지기 쉬운 것 또는 재료의 표면부위를 관찰하고자 할 때이다. 마운팅을 하는 방법은 그림 1에 나타낸 바와 같이 다양한 방법이 있다.

(1) 클램핑(Clamping)

클램핑은 단순한 고정기구를 이용하여 시험편을 마운팅하는 방법이다. 클램프의 재료는 시험편과 비슷한 기계적 성질을 가져야 하며, 화학적으로는 시험편보다도 더욱 안정하여 부식처리

를 할 때 시편에 영향을 미치지 않는 재료이어야 한다. 일반적으로는 스테인리스 강을 많이 이용하며 시료와의 접촉부위에 고무나 플라스틱과 같은 보조재를 삽입하는 경우도 있다.

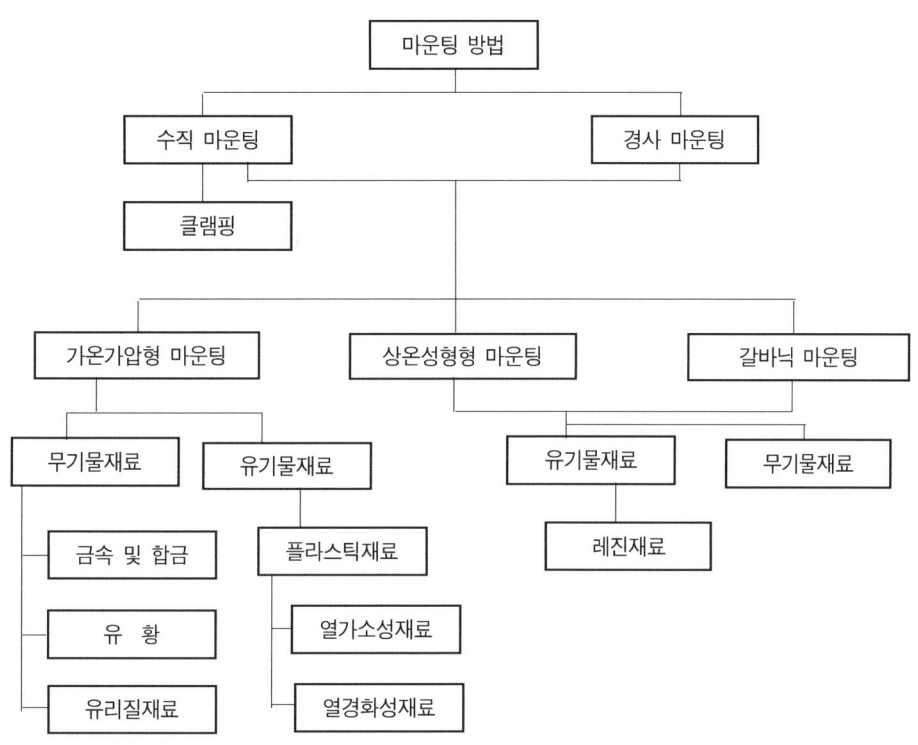

그림 1 현미경 조직 시험편의 여러 가지 마운팅 방법

(2) 플라스틱 마운팅

이 방법은 금속의 조직을 관찰하기 위한 시험편을 만들 때 가장 많이 사용하는 방법이다. 플라스틱 마운팅에는 상온 성형용(콜드 마운팅)과 가압가열형의 두 가지가 있다. 가압가열형 재료로는 페놀릭(phenolic) 수지나 에폭시(epoxy) 또는 아크릴(acrylic) 수지 등이 주로 사용되는데, 마운팅 프레스를 이용하여 20~30MPa의 압력을 가하면서 150~180℃로 가열하여 몰드의 모양으로 성형하는 것이다. 가압가열형 마운팅은 수량이 적고, 크기가 작은 시료를 마운팅할 때 유리하며 상하부의 면이 서로 평행하므로 이후의 연마나 현미경 관찰에 매우 편리하다. 상온 성형용 마운팅 재료로는 폴리에스테르와 아크릴수지 및 에폭시수지가 많이 쓰이는데, 경화제와 잘 섞은 후 형틀에 부어 경화하기까지 수 시간을 기다린다. 수지를 경화제와 섞기 전에 약 50℃ 정도로 미리 가열하면 경화하는데 걸리는 시간을 단축시킬 수 있다. 폴리에스테르와 에폭시는 투명한 마운팅을 얻으며, 아크릴은 불투명하다. 시험편의 개수가 많거나 균열이 있는 시편을 마운팅할 때, 시험편의 크기가 클 때에 편리하게 이용된다. 특히 표면처리재의 관찰을 위해 시편을 경사지게 마운팅해야 할 필요가 있을 경우에 아주 유용한 방법이다.

일반적으로 마운팅재료를 선택할 때에는 작업방법에 관계없이 다음과 같은 점을 유의하여 선택하여야 한다.

① 시료, 부식액, 마운팅 몰드 또는 기타 시료의 처리에 쓰이는 약품이나 조건에 대하여 안정한 재료를 선택해야 한다.
② 마운팅과정 중에 적당한 점도를 유지하며, 유동성이 좋아야 하고 응고 후에 내부에 기포가 생기지 않아야 한다.
③ 시료와의 밀착성이 좋아야 하고, 경도나 내마모성이 시료와 비슷한 것이 좋으며, 연마과정 중에 깨지거나 밀리면 안 된다.
④ 전해연마나 전해에칭이 필요한 시편을 마운팅할 때에는 전기가 통할 수 있는 수지를 이용하거나 전기를 통할 수 있는 리드선을 시편으로부터 외부까지 연결시켜야 한다.
⑤ 시료의 경도가 아주 높을 경우에는 수지에 경도를 높일 수 있는 물질(알루미나 등)을 첨가하여 마운팅을 한다.

3) 시편의 표시

마운팅한 시편을 관찰하기까지는 여러 공정을 거쳐야 하므로 각 공정에서 시편의 뒤섞임을 방지하기 위해서는 시편에 구분을 위한 표시를 하여야 한다. 이 때 마운팅하는 수지가 투명한 경우에는 시료의 배면에 펜으로 직접 쓰거나 표시를 한 종이를 이용하여도 되며, 불투명한 수지를 이용하는 경우에는 마운팅 후에 수지 위에 필요한 표시를 한다. 물론, 시료의 크기가 크고 관찰하려는 부분이 작은 경우에는 관찰부위를 피해 시료에 직접 표시를 해도 된다.

4) 연마(Grinding)

마운팅이 끝난 시편은 필요한 경우에 연마를 행한다. 이 연마작업은 시험편 표면의 오염물질 및 시료의 채취시 형성되는 변형부위를 제거하고 이 후의 현미경 관찰이 가능하도록 편평한 면을 얻기 위해 행한다. 연마지를 이용한 연마는 일반적으로 미세 폴리싱의 전단계로 행하는데, 조대조직(마크로조직)의 관찰은 연마지를 이용한 연마로도 충분하다. 연마지를 이용한 연마의 단계는 다음과 같은 과정을 거친다.

① 필요하다면 연마지가 찢어지지 않도록 시험편의 모따기를 실시한다.
② 필요한 연마지(emery paper)와 편평한 판(유리 판 또는 아크릴 판)을 준비하거나, 연마지를 폴리싱기의 회전원판에 부착시킨다.
③ 시험편을 연마지 위에 편평하게 놓고, 일정한 압력을 가하면서 일정 방향으로 운동시킨다. 이렇게 연마지와 시험편의 상대적인 운동을 일으키는 방법은 손으로 시편을 움직이는 방법과 기계를 이용하여 연마지가 붙어 있는 디스크를 회전시키는 방법이 있다. 물론 연마

시 발생하는 열이나 연삭입자들의 영향을 제거하기 위하여 연마작업 중에는 물을 흘려주어 냉각과 함께 생성된 연삭입자들을 제거시켜야 한다. 이 때 시편에 무리한 힘을 주면 국부적인 연마가 일어나 시편의 평활도를 해치므로, 압력을 일정하게 하여야 한다.

④ 시험편에 일정한 연마 그루브(groove)가 형성되면, 연마지를 한 단계 미세한 것으로 바꾸고 다시 연마를 행한다. 이 때 주의할 점은 연마지를 바꿀 때마다 연마기와 시험편을 완전히 세척하여 이전의 연삭입자가 다음의 연마공정에 영향을 미치지 않도록 하여야 한다. 또한 새로운 연마의 방향이 이전의 연마방향과 수직이 되도록 하여야 한다는 것이다. 이렇게 연마하여 이전 그루브의 흔적이 완전히 없어지고, 수직방향의 새로운 그루브만 존재할 때까지 연마를 행한다.

물론 연마지가 점점 미세하여질수록 시편에 가하는 힘은 약하게 하여야 한다.

⑤ 연마지의 번호가 #1200번 혹은 #2000번이 되기까지 단계적인 연마를 행하며, 각 공정의 중간마다 평활도가 유지되는지, 관찰하고자 하는 부위의 연마가 잘 진행되는지를 조사하여야 한다.

이러한 연마지를 이용한 연마가 성실하게 수행되었다면 시험편의 표면거칠기는 약 $1 \sim 10$ μm 정도가 된다. 따라서 마크로조직의 관찰은 이 상태에서도 가능하며, 미세조직의 관찰을 위해서는 다음의 폴리싱이 필요하다.

5) 폴리싱(Polishing)

폴리싱은 연마작업의 최종 단계에서 생긴 $1 \sim 10 \mu m$ 정도의 표면흠(scratch)과 표면의 변형층을 제거하고, 보다 우수한 표면조도를 얻기 위해 행한다. 이러한 폴리싱에는 기계적 방법(mechanical polishing), 전기적 방법(electrolytic polishing), 화학적 방법(chemical polishing)이 있다.

(1) 기계 폴리싱(Mechanical Polishing)

이 작업은 벨벳이나 나일론 등 연한 천(cloth)을 붙여 놓은 연마판을 여러 속도로 회전시키면서 연마제를 뿌려 시편을 경면 폴리싱하는 작업이다. 연마제로는 산화크롬, 산화마그네슘, α-알루미나, 다이아몬드 등의 분말을 사용하며, 입자의 크기는 $10 \mu m$에서 $0.05 \mu m$ 정도의 것을 사용한다. 기계 폴리싱은 보통 2단계나 3단계로 나누어 실시하는데 처음에는 $1 \sim 10 \mu m$ 정도의 연마제를 사용하고 최종적으로 $0.5 \sim 0.05 \mu m$ 정도의 연마제를 사용한다. 일반적으로 연마제는 증류수에 suspension, slurry 혹은 paste상태로 사용되며, 다이아몬드 분말은 거의 paste상태로 사용된다.

폴리싱할 때에 일반적으로 경도가 높은 재료는 회전판의 회전속도를 낮추는 것이 좋으나 ceramics, cemented carbide와 같은 재료는 경도가 높음에도 불구하고 고속회전으로 폴리싱하는 것이 좋다. 폴리싱 과정에서 최종적으로 얻어진 시편은 변화받은 층이 없어야 하며, 표면에 흠집이 나지 않아야 하고 개재물 등 관찰하려는 부분이 탈락되지 않아야 한다. 일반적인 기계 폴리싱의 작업과정은 다음과 같다.

① 연마지를 이용한 연마가 끝난 시험편을 수세한 다음, 초음파세척기를 이용하여 연마찌꺼기를 완전히 제거시킨다.
② 폴리싱기(polishing machine)의 전원을 켜서 작동상태가 완전한지 점검한다. 폴리싱기가 정상이면 회전 원판에 연마용 천을 부착시키고 물로 세척한다.
③ 폴리싱에 사용할 연마제(Cr_2O_3 혹은 Al_2O_3가 많이 이용된다)를 물에 희석(약 10%)시킨 연마액을 뿌려가며 기계 폴리싱을 행한다. 연마제로 다이아몬드 페이스트를 이용하는 경우에는 페이스트를 연마천에 묻힌 다음 석유를 뿌려가며 폴리싱을 행한다.
④ 폴리싱을 행한 면에는 변형층이 생기지 않아야 하므로 가압력을 극히 작게 하고, 충분한 시간 동안 폴리싱하여야 한다.

(2) 화학 폴리싱(Chemical Polishing)

화학 폴리싱은 적절한 화학용액에 시편을 담가서 폴리싱하는 방법으로, Pb 등 연한금속에 사용하였을 경우 다른 방법으로는 얻을 수 없는 매끄러운 면을 얻을 수 있다. 폴리싱 액에는 보통 질산, 황산, 과산화수소, 크롬산 등의 산화제가 섞여 있다. 화학 폴리싱의 장점으로는 절단 후 거의 전처리가 필요없기 때문에 경제적이며, 변형층도 형성되지 않으므로 완전한 조직을 얻을 수 있다는 것과 시편의 크기에 관계없고, 표면에 pit를 형성하는 것 외에는 기계연마에서 흔히 볼 수 있는 표면흠이 없으며, 기계 폴리싱이 곤란한 연한 금속의 폴리싱에 특히 적합하다. 또한 같은 시편을 여러 개 폴리싱할 경우 매우 시간을 절약할 수 있다는 장점도 있다. 그러나 화학 폴리싱에 의하면 모서리부분이 매우 심하게 부식되어 그 부분을 관찰하기 어려우며, 조직의 입도가 큰 시편에서는 orange peel 현상이 나타나며, 표면이 거친 시편은 폴리싱이 곤란한 단점도 있다. 또한 시편의 재질에 따라서 반응중간 생성물이 표면에 피막을 형성하는 경우도 있으며, 특히 화학적 성질이 현저하게 차이나는 합금조직의 경우 화학 폴리싱이 거의 불가능하다.

(3) 전해 폴리싱(Electro-Polishing)

금속조직시편을 만들기 위한 전해 폴리싱용 전해액으로는 보통 인산, 황산, 과염소산 등의 이온이 있는 수용액 또는 알코올용액이 사용되며 액의 유동도를 높이기 위해서 glycerol, butylglycerol, urea 등의 성분이 첨가된다. 각종 시료에 따른 적당한 전해 폴리싱액과 전해

조건을 표 1에 나타냈다.

전해 폴리싱은 시편 표면의 오염정도에 크게 영향을 받으므로 전해 폴리싱을 하기 전에 아세톤이나 벤젠 등으로 탈지시키는 것이 좋다. 대개 시편 표면의 폴리싱 상태는 전류밀도, 전압, 전해액의 조성, 전해액의 농도, 전해액의 온도 및 유동도, 전해시간, 음극의 재질, 크기, 모양에 따라 크게 영향을 받는다.

표 1 금속조직시편의 전해 폴리싱 용액의 종류와 사용법

시편의 종류	전해액	온도℃	전해조건	대음극	시간	비고
알루미늄	과염소산 7 무수초산 13	24	22~25V 0.11~0.02 A/dm^2	스테인리스강	3~4분	잘 교반할 것. 1ℓ 중에 Al 1g이 용해된 경우가 가장 좋음.
	과염소산 1 에탄올 4	24	30~80V 1~4A/dm^2	스테인리스강	10~60초	과열을 피하기 위해 충분히 교반할 것.
	메틸알콜 2 진한 질산 1	24	4~7V 1~2.8 A/dm^2	스테인리스강	20~60초	알루미늄 합금에도 사용됨.
황동	정린산 35 증류수 35	16~27	1.9V 0.13~0.15 A/dm^2	구리	10~15분	α황동용
	정린산 36 증류수 6	16~27	1.9V 0.09~0.11 A/dm^2	구리	10~15분	$\alpha+\beta$황동용
청동	정린산 67 진한 황산 10 증류수 23	24	2.0~2.2V 0.1A/dm^2	구리	15분	Sn 6% 이하의 청동용
	정린산 47 진한 황산 20 증류수 33	24	2.0~2.2V 0.1A/dm^2	구리	15분	Sn 6% 이상의 청동용
철강	과염소산 2 에탄올 7 글리세린 1	16~32	5~15V 0.5~2.2 A/dm^2	스테인리스강	0.5~2.5초 10~15초 20~30초	고속도강 탄소강과 합금강 스테인리스강
	과염소산 1 무수초산 2	24	50V 0.06A/dm^2	스테인리스강	4~5분	오스테나이트강용 액은 사용 전 24시간 이내에 제조할 것.
	과염소산 185 무수초산 765 증류수 50	24	50~60V 1.5~2.5 A/dm^2	스테인리스강	0.5~2분	탄소강과 저합금강용 액은 사용 전 24시간 이내에 제조할 것.

그림 2는 전해과정에서 일어나는 전압의 상승에 따른 전류밀도의 변화를 나타낸 것이다. 그림 중 구간 AB는 양극재료가 직접 용액에 녹아드는 구간으로, 금속이온 농도가 높은 용액층이 표면에 형성되므로 이 구간에서는 전해부식이 우선적으로 진행된다. 구간 BC는 반응물의 얇은 층이 시편의 표면에 형성되면서 반응의 활기가 감소되는 구간이다. 구간 CD는 전기화학적 반응과 반응물의 확산속도가 균형을 이루어 전류밀도가 상승하지 않는 구간으로 이 구간에서 전해 폴리싱이 이루어진다. 또한 구간 DE에서는 양극 주위에 산소가 발생되면서 시편 표면에 흡착되어서 pitting이 일어난다. 이때에 DE 구간에서 전압을 높여주면 흡착되었던 산소가 기체로 발생된다.

전해 폴리싱의 장점으로는 기계적 가공이나 열영향에 따른 연마 변형층이 생기지 않고, 동일 기구로 계속하여 부식까지 끝낼 수 있다는 것이다. 그러나 전해 폴리싱을 하면 예리한 부분이 심하게 폴리싱되어 곡면을 이루므로 관찰하기가 어렵고, 개재물 주위가 선택적으로 폴리싱되어 개재물의 탈락이 일어나기 쉬운 단점이 있다.

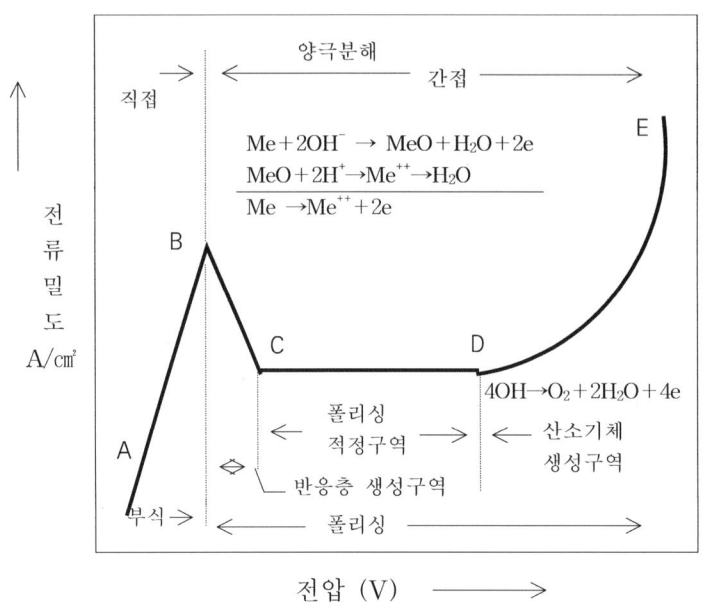

그림 2 전해조에서 전압에 따른 전류밀도의 변화와 각 전압구간의 특징

6) 에칭(Etching)

금속시편의 균열, 기포 또는 비금속개재물 등은 폴리싱만 끝나면 잘 관찰된다. 그러나 대부분의 경우 폴리싱 상태에서는 미세조직은 잘 관찰되지 않는다. 따라서 조직이 잘 보이게 시편을 처리해야 하는데 이러한 작업을 부식처리라 한다. 이 부식처리에는 화학적 처리뿐만 아니라 조직이 보이게 하는 각종의 처리를 모두 포함시켜 말하는 것이다.

금속의 미세조직을 보이게 하는 방법은 크게 분류하여 광학적 방법, 전기화학적 방법 및 물리적 방법으로 나눌 수 있다.

(1) 광학적 방법

광학적 방법이란 조명방법을 변화시켜 금속의 미세조직이 나타나게 하는 방법이다. 편광을 시편의 표면에 쪼여주면 결정립의 방위나 결정구조의 차이에 따라 조직의 명암이 구별되어 보이는 현상을 이용한 편광조명법, 빛을 경사지게 쪼여서 명암의 대조를 증가시키는 경사조명법, 광원에서 빛의 진로를 제한하면 빛의 진행거리가 변하여 시편 표면의 높낮이 차이에 따른 간섭현상이 발생하는 것을 이용하여 명암의 대조를 증가시켜 조직을 검사하는 간섭광관찰 등이 이에 해당한다. 또한 관찰하고자 하는 부위가 오목하게 들어갔거나 난반사를 일으키는 부위일 경우 명암을 도치시켜 오목하거나 난반사를 일으키는 어두운 부분을 밝게 하여 관찰하는 명암도치법도 이에 속한다.

(2) 전기화학적 방법

금속의 시편을 전기화학적으로 부식시키는 과정에서는 산화와 환원반응이 일어난다. 모든 금속은 액체에 용해될 때 전자를 잃고 양이온으로 되려는 경향이 있다. 이와 같은 이온화경향은 금속마다 모두 다르며 금속의 종류 또는 합금상태에 따른 전기화학적 전위로 그 강약을 나타낼 수 있다. 즉, 표준전위에 대하여 각 금속의 전기화학적 전위를 비교하면 금속의 이온화 경향을 표 2와 같은 순서로 나타낼 수 있다.

표 2 각 금속의 이온화 경향

← 이온화 경향이 강함
Li^+, Na^+, K^+, Ca^{++}, Be^{++}, Mg^{++}, Al^{+++}, Mn^{++}, Zn^{++}, Cr^{++}, Cd^{++}, Ti^+, Co^{++}, Ni^{++}, Pb^{++}, Fe^{+++}, H^+, Sn^{+++}, Sb^{+++}, Ri^{+++}, As^{+++}, Cu^{++}, Ag^+, Hg^{++}, Au^{+++}, Pt^{+++}

이온화 경향이 약함 →

표에서 수소보다 앞에 나온 금속들은 산과 만나면 곧 반응하여 수소기체를 발생시키지만, 수소보다 뒤에 나오는 금속들은 산화제를 첨가해야만 산에 의해 침식을 받는다. 이처럼 전기화학적 전위가 다른 미세조직상의 원소들이 서로 다른 부식속도로 침식이 됨으로써 미세조직이 서로 다른 조도를 갖게 되어 관찰할 수 있게 되는 것이다. 이 같은 전기화학적 부식방법은 크게 전해부식과 화학적 부식으로 나뉜다.

① 전해부식

전해부식은 일종의 강제부식이다. 외부에서 가해준 기전력에 의해 시편 표면이 화학적으로 활성화되어 미세조직간의 전기화학적 전위차이에 따라 이들이 서로 다른 속도로 부식된다. 이와 같이 부식속도를 변화시키는 인자로는 다음과 같은 것들이 있다.

㉮ 각 조직간의 화학성분의 차이

㉯ 연마면에 노출된 결정면의 방향 차이(이방성 재료에서 심하다.)

㉰ 시료의 부위에 따른 가공 변형도의 차이(변형을 많이 받은 부위가 빨리 부식된다.)

㉱ 연마 후 표면에 재생된 산화피막의 두께(산화피막의 두께가 두꺼우면 부식속도가 느리다.)

㉲ 전해액 중 금속이온의 농도차이(금속이온의 농도가 적은 부위가 빨리 부식된다.)

㉳ 전해액의 유동속도(유동속도가 빠른 영역이 빨리 부식된다.)

㉴ 전해액 중의 산소함유량 차이(산소함유량이 많아지면 산화가 일어나면서 부식속도가 느려진다.)

전해부식 작업은 시편의 종류에 따라 표 3에 나타낸 바와 같이 적절한 전해액을 이용하여 직류 또는 저주파 교류를 흘려주면 된다. 이때 사용하는 전압, 전류밀도, 전해액, 농도, 온도, 부식시간에 따라 부식정도가 달라지므로 적정 조건으로 전해부식을 실시한다. 만일 과도한 부식이 일어났을 경우에는 1000mesh부터 다시 폴리싱하여 부식시켜야 한다. 전해부식 작업시 주의할 점은 전해 폴리싱 과정과 마찬가지로 유기물이나 기타 불순물에 의한 오염이 없어야 하며, 부식과정이 끝나면 시편을 물과 알코올로 세척한 후 드라이어로 말린다.

표 3 전해부식과 전해조건

시편의 종류	전해액	온도℃	전해조건	대음극	시간	비고
알루미늄	메탄올 49 증류수 49 불산 2	<24	30V	알루미늄	1~2분	편광에 의해서 결정립의 contrast가 생김.
	구연산 100g 염산 3㎖ 에탄올 20㎖ 물을 가해서 1ℓ로 한다.	24	12V $0.2A/dm^2$	탄소	60초	두랄루민형 주조용합금

시편의 종류	전해액	온도℃	전해조건	대음극	시간	비고
황동	정린산 3 증류수 5	16~27	0.1A/dm²	구리	수초	$\alpha+\beta$황동용
황동	정린산 4 증류수 6	24	0.008~ 0.012 A/dm²	구리	수초	α황동용
청동	정린산 67 진한 황산 10 증류수 23	24	0.8V	구리	30초	Sn 6% 이하의 청동용
청동	정린산 47 진한 황산 20 증류수 33	24	0.8V	구리	30초	Sn 6% 이상의 청동용
철강	몰리브덴산 암모늄					
철강	피크린산 2g 가성소다 25g 증류수 100㎖	24	6V	스테인리스 강	30초	저합금강, 탄화물 부식
철강	크롬산 (100%)	24	3V	스테인리스 강	부정	오스테나이트계, 페라이트계 스테인리스강, 결정립계를 나타냄.

② 화학적 부식

화학부식에는 산과 알카리, 중성용액, 용융염, 기체 등의 다양한 부식제가 이용되고 있다. 부식액의 조성과 사용법은 실험적으로 얻어진 것이며 여러 가지로 변용 또는 개선하여 사용될 수 있고, 문헌에 추천된 금속 이외의 것에도 사용할 수 있다. 화학적 부식액 중에 대표적인 것을 표 4에 나타냈다.

표 4 화학적 부식액

합금의 종류	부식액	농도	부식조건	비 고
Al 및 Al합금	Keller's Etchant Distilled water Nitric acid Hydrochroric acid Hydrofluoric acid	190㎖ 5㎖ 3㎖ 2㎖	새로 만든 용액에 10~30초 정도 담금.	대부분의 Al합금
Al 및 Al합금	Methanol Hydrochroric acid Nitric acid Hydrofluoric acid	25㎖ 25㎖ 25㎖ 1drop	10~60초	순수 Al, Al-Mg합금, Mg-Si합금

합금의 종류	부식액	농도	부식조건	비고
Al 및 Al합금	Kroll's Reagent Distilled water Nitric acid Hydrofluoric acid	92㎖ 6㎖ 2㎖	15초 전후	Al-Cu합금
Brass 및 Bronze	Distilled water Ferric chloride Hydrochroric acid	100㎖ 5grams 50㎖	담그거나 문지름.	brass, bronze, Al-brass, α-phase in brass
	Ethanol Hydrochroric acid Ferric chloride	100㎖ 5-30㎖ 5grams	1초에서 수분 동안 담그거나 문지름.	$\alpha-\beta$ brass에서 β상을 검게 부식시킴.
Cu 및 Cu합금	Distilled water 3% Ammonium hydroxide Hydrogen peroxide	25㎖ 25㎖ 5-25㎖	수초~수분	H_2O_2를 적게 쓰면 결정립계 H_2O_2를 많이 쓰면 결정립의 contrast를 얻을 수 있음.
	Distilled water Nitric acid	50㎖ 50㎖	수초~수분	구리 및 구리합금
	Ethanol Hydrochroric acid Ferric chloride	100-120㎖ 25-50㎖ 5-10 grams	수초~수분	결정립의 대비를 높여줌.
저탄소강	Nital Ethanol Nitric acid	100㎖ 1-10㎖	수초~수분	질산 10%를 초과하지 말 것.(폭발의 위험이 있음)
	Picral Ethanol Picric acid	100㎖ 2-4 grams	수초~수분	부식액을 증발시키지 말 것.
고탄소강	Picral Ethanol Picric acid	100㎖ 2-4 grams	수초~수분	열처리 강 부식액을 증발시키지 말 것.
	Ethanol Nitric acid Hydrochroric acid Picric acid	80㎖ 10㎖ 10㎖ 1 grams	수초~수분	결정립계 부식용
Sn 및 Sn합금	Ethanol or Methanol or Distilled water Hydrochroric acid	100㎖ 2-5㎖	수초~수분	순수 Sn, Sn-Pb합금, Sn-Sb-Cu합금
	Distilled water or Methanol Hydrochroric acid Ferric chloride	100㎖ 5-25㎖ 10 grams	수초 - 수분	Sn-Cu합금

화학부식제의 선택은 금속의 종류, 관찰하려는 사항에 따라 그 종류가 달라진다. 일반적으로 쓰이는 부식제는 입계와 입내조직 및 석출물 모두가 동시에 구별되도록 부식시킬 수 있는 것이 보통이다. 화학부식제의 부식속도는 금속이 녹아 들어가는 속도에 영향을 받으며 부식제의 농도와 온도에 의해 크게 좌우된다. 부식속도를 조절하기 위해 계면활성제 또는 계면보호제를 소량씩 첨가하는 경우도 있다. 화학부식제는 대부분 수명이 있어서 시간이 오래 되어 변질되거나, 많은 시료를 처리하여 반응성이 나빠지면 버려야 한다.

부식이 완료되는 시간은 부식제의 종류와 사용조건 및 시편의 종류에 따라서 수초부터 수시간까지 다양하다. 일반적으로 부식이 완료된 것은 폴리싱면이 뿌옇게 변하는 것으로 판단하며, 엷은 안개가 낀 것 같이 보이면 부식이 완료된 것이므로 시편 표면을 물과 알코올로 세척하고 드라이어로 건조시켜 조직을 관찰한다.

(3) 물리적 부식법(Physical Etching)

앞서 설명한 부식방법으로는 조직의 관찰이 힘든 경우에는 물리적 현상을 이용한 부식방법이 이용되기도 한다. 물리적 방법으로 시편을 처리하면 부식면에 부식생성물이 남지 않는 장점이 있다. 특히 도금층이나 화학적 성질이 판이한 금속의 용접부 또는 ceramics재료나 다공성 재료를 부식시키는데 물리적 부식법이 적합하며 이에는 이온부식, 열부식 및 증착층에 의한 부식 등이 있다.

① 이온부식

이온부식법은 cathodic vacuum 부식법이라고도 한다. 이 방법은 Ar과 같이 에너지준위가 높은 이온을 고속으로 가속시켜 시편의 표면에 충돌시키면 미세조직의 특성에 따라 금속원자가 떨어져 나오는 속도가 틀려지는 성질을 이용한 것이다. 보통 충돌이온의 가속전압은 1~10KV 정도이며, 이온부식을 행하면 결정립계와 기타의 조직이 잘 나타난다.

② 열부식

시편을 가열시켜 조직이 나타나도록 하는 것을 열부식이라 한다. 고온현미경에서 조직이 구별되어 보이는 것도 가열에 의한 조직의 변화를 이용한 열부식법의 일종이며, 적당량의 산소가 혼합된 기체 내에서 가열하여 고온에서 폴리싱면이 산화되게 하는 가열부식법과 시편의 경계부만 산화되어 색조를 띄게 하는 heat tinting도 열부식의 일종이다.

③ 증착층에 의한 부식

시편의 표면에 ZnSe, TiO_2 등의 굴절계수가 큰 재료를 증착시켜 증착층에 의한 빛의 간섭효과를 이용하여 조직을 관찰하는 방법이다.

1.2 실습 순서

(1) 시험편의 채취방향과 위치를 시험목적에 따라 결정한다.
① 횡단면 방향 : 결정입도 측정, 침탄층, 질화층 등 표면처리층을 관찰할 때.
② 종단면 방향 : 비금속 개재물, 소성가공층의 섬유상 조직, 열처리 경화층의 분포 등을 관찰할 때.
③ 양방향 : 압연, 단조의 성과 확인. 파면관찰을 위한 경우 등

(2) 시험편을 채취한다.
① 절단 작업 중 재료의 움직임이 발생하면 파손 및 사고의 원인이 되므로 확실하게 고정시킬 것.
② 시험 목적에 따라 적당한 크기로 절단할 것.

(3) 마운팅을 한다.
① 시험편의 크기가 작아서 이 후의 연마, 폴리싱 등이 어려운 경우.
② 시편을 경사지게 폴리싱할 필요가 있을 경우 원하는 각도로 비스듬히 마운팅한다.
③ 마운팅 프레스를 이용할 때에는 지정 분말에 따른 온도와 압력 및 시간을 유지한다.
④ Cold mounting을 이용할 경우에는 경화제를 정량을 섞어 사용한다.
⑤ 마운팅 전 또는 후에 반드시 시편을 구별할 수 있도록 표시를 한다.

(4) 시편을 연마하고 폴리싱한다.
① 연마를 할 때 연마지가 찢어지지 않도록 시편의 모따기를 한다.
② 미세한 연마지로 한 단계씩 올라갈 때마다 연마흔적이 직교하도록 하고, 반드시 시편을 깨끗이 세척한다.
③ 천을 이용하여 폴리싱할 경우에는 적절한 연마제를 선택하여야 한다.

(5) 시편을 부식시킨다.
① 금속의 종류, 조직의 관찰목적에 따라서 적당한 부식방법 및 부식액을 선택한다.
② 부식액을 조심하여 다루고, 부식이 끝나면 깨끗이 세척하고, 건조시킨다.
③ 현미경으로 관찰하여 적당하게 부식이 되었는가 확인한다.

(6) 결과의 정리 및 고찰
① 시편이 원하는 관찰이 가능하게 준비되었는가를 판단한다.
② 시편이 준비된 상태와 각 준비과정의 중요성을 고찰하라.

2. 현미경 조직 시험

과 목 명	조직 시험 1 (광학현미경 분석)	과제번호	MG-02
실습과제명	현미경 조직 시험	소요시간	8시간
목 적	금속현미경의 원리와 조작법에 대하여 배우며, 실습을 통하여 현미경을 이용한 조직검사의 기능을 익힌다. 현미경으로 관찰되는 각 조직의 특징을 파악하여, 각 종 금속재료의 조직분석에 대한 능력을 제고시킨다. 또한 현미경 조직사진의 촬영방법을 익힌다.		

사용기재, 공구, 소모성 재료	규 격	수 량	비 고
금속조직현미경		3기	
폴라로이드 필름		4통	
부식액			
초음파세척기		2대	
드라이어		1대	
면봉, 유기용제			
금속시험편(SCM440, SM45C)		각 20개	

교육내용

1. 광학현미경의 종류

2. 광학현미경의 구조

3. 광학현미경의 조작방법 및 조직사진 촬영법

2.1 관련 지식

1) 광학현미경의 종류

(1) 정립형

가장 많이 사용되는 현미경의 구조이다. 일반적으로 소형, 경량이며 시편의 받침대 위에 대물렌즈가 위치하는 구조이다. 현미경 조직관찰을 할 때 시편의 관찰면과 반대면의 평행도가 유지되지 않으면 관찰위치를 바꿀 때마다 초점이 변하게 되어 조직관찰에 어려움이 크다. 따라서 시편을 준비할 때 관찰면과 반대면의 평행도가 매우 중요하다.

(2) 도립형

시편의 받침대 아래에 대물렌즈가 위치하는 구조이다. 시편의 관찰면과 반대면의 평행도에 관계없이 관찰면만 편평하면 모든 위치에서 초점이 맞으므로 조직의 관찰이 용이하다.

2) 광학현미경의 구조

현미경의 구조를 아래의 그림 1에 나타냈는데 크게 렌즈부, 광원부, 휠터부로 나뉜다. 현미경의 배율은 대물렌즈의 배율과 대안렌즈의 배율을 곱한 값이다. 특히 눈으로 관찰한 배율과 사진상의 배율은 동일하지 않을 수 있으므로 사진촬영시에는 반드시 스케일을 넣거나, 기준 길이를 이용하여 배율을 표시하여야 한다.

(1) 렌즈부

현미경의 렌즈는 대물렌즈와 대안렌즈로 구성되어 있으며, 보통 대물렌즈의 경우 ×5, ×10, ×20, ×40, ×50, ×100배의 배율이고 대안렌즈의 경우엔 보통은 ×10배의 배율이지만, 특별한 경우 ×15, ×20의 배율도 있다.

(2) 광원부

광원은 눈으로 관찰하는 현미경의 경우 텅스텐 전구를 사용하지만, 조직의 촬영에는 제논램프나 할로겐램프를 사용한다.

(3) 휠터부

휠터의 사용은 광량의 조정시에는 중회색의 휠터를 사용하고, 위상차 조정용으로는 대물렌즈의 색수차 보정을 겸하는 녹색, 청색, 황색의 휠터를 사용하는데 녹색이 가장 많이 사용된다.

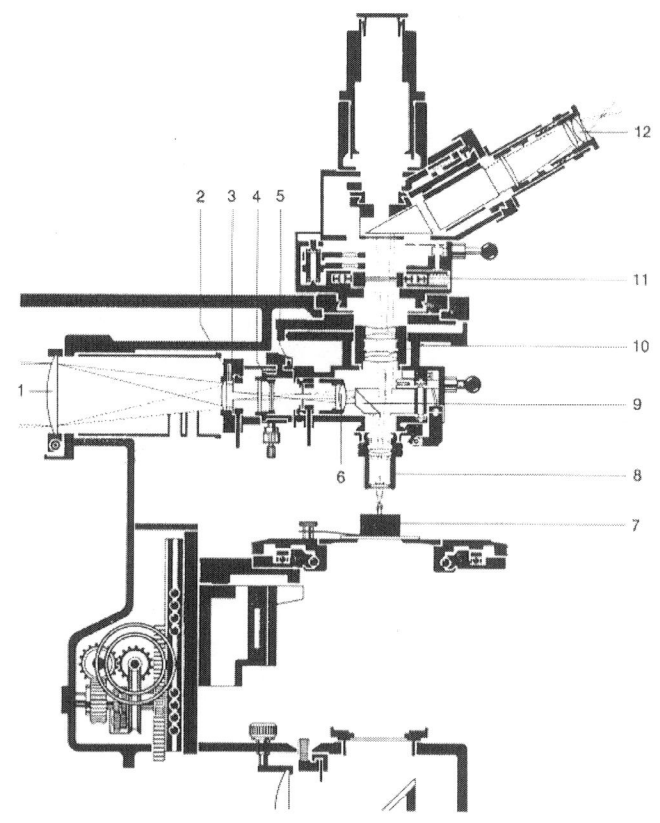

(1 : hinged lens, 2 : half stop, 3 : aperture diaphragm, 4 : filter or prism polarizer, 5 : field diaphragm, 6 : centrable lens, used to center the field diaphragm, 7 : polished section, 8 : objective lens, 9 : compensating prism, with switchover against optical-flat reflector, 10 : tube lens (intermediate optical system), 11 : rotating analyzer, 12 : eyepeice with focusing eyelens)

그림 1 현미경의 단면도

3) 광학현미경의 조작방법 및 조직사진 촬영법(폴라로이드 카메라 이용)

① 사용하는 현미경의 사용설명서를 읽고서 사용법을 정확히 숙지한다.

② 전원을 켜고, 램프의 이상유무를 확인한다.

③ 목적에 맞는 휠터, 대안렌즈, 대물렌즈를 선택한다.

④ 스테이지에 관찰할 시편을 놓는다.

⑤ 대물렌즈와 관찰면을 접근시켜 놓고 대안렌즈를 보면서 조동핸들을 조작하여 대물렌즈와 관찰면이 멀어지게 하면서 초점을 맞춘다. 이 때 초점이 맞아질 거리가 되면 화면이 밝아지며, 이 경우에는 미동핸들을 조작하여 정확한 초점을 맞춘다.(보다 쉽게 초점을 맞추기 위해서는 저배율인 50배에서 초점을 맞춘 후 원하는 배율의 대물렌즈로 바꿔주고 미동핸들로 초점을 맞추면 된다.)

⑥ 스테이지를 이동하면서 원하는 조직을 찾고, 관찰하며 사진을 찍을 부위를 정한다.(사진을 촬영할 목적인 경우 먼저 폴라로이드 필름을 장착하고, 필름의 ASA번호를 확인한다.)
⑦ 자동노출계를 이용하여 노출시간을 정한다. 이 경우 카메라의 노출시간과 노출계에서 지시하는 노출시간이 일치하지 않으면, 광량을 조정하여 노출시간을 맞춘다. 노출시간은 시편의 밝기, 조리개, 광원의 전압, 휠터 및 필름의 번호 등에 따라 다르다.
⑧ 필름 박스의 틈에 있는 빛 차단판을 빼내고 셔터를 누르면 사진이 찍힌다.
⑨ 폴라로이드의 필름덮개인 흰 종이를 잡아당겨 뺀다. 이 때 필름이 장착된 면에 평행하게 일정한 속도로 잡아당겨야 한다.
⑩ 필름은 흔들지 말고, 손잡이만 손으로 잡아야 하며, 약 40초 이후에 필름을 개봉한다.

사진을 검토하여 원하는 사진이 얻어지지 않은 경우에는 이전의 조작을 반복하여 다시 촬영하고, 원하는 사진이 얻어진 경우 필름통에 필름이 남아 있으면 빛 차단판을 필름박스 틈에 다시 끼우고 촬영을 마친다.

폴라로이드 사진을 촬영한 후 사진의 뒷면에 시편명, 배율, 촬영날짜 등 필요한 정보를 기록한다.

4) 광학현미경의 조작방법 및 조직사진 촬영법(35mm 카메라 이용)

① 사용하는 현미경의 사용설명서를 읽고서 사용법을 정확히 숙지한다.
② 전원을 켜고, 램프의 이상유무를 확인한다.
③ 목적에 맞는 휠터, 대안렌즈, 대물렌즈를 선택한다.
④ 스테이지에 관찰할 시편을 놓는다.
⑤ 대물렌즈와 관찰면을 접근시켜 놓고 대안렌즈를 보면서 조동핸들을 조작하여 대물렌즈와 관찰면이 멀어지게 하면서 초점을 맞춘다. 이 때 초점이 맞아질 거리가 되면 화면이 밝아지며, 이 경우에는 미동핸들을 조작하여 정확한 초점을 맞춘다.(보다 쉽게 초점을 맞추기 위해서는 저배율인 50배에서 초점을 맞춘 후 원하는 배율의 대물렌즈로 바꿔주고 미동핸들로 초점을 맞추면 된다.)
⑥ 스테이지를 이동하면서 원하는 조직을 찾고, 관찰하며 사진을 찍을 부위를 정한다.(사진을 촬영할 목적인 경우 먼저 35mm 필름을 장착하고, 필름의 ASA번호를 확인한다.)
⑦ 자동노출계를 이용하여 노출시간을 정한다. 이 경우 카메라의 노출시간과 노출계에서 지시하는 노출시간이 일치하지 않으면, 광량을 조정하여 노출시간을 맞춘다. 노출시간은 시편의 밝기, 조리개, 광원의 전압, 휠터 및 필름의 번호 등에 따라 다르다.
⑧ 빛 조절 손잡이를 photo의 위치로 한 다음 셔터를 누른다. 하나의 시편에 대해서 2~3종

류의 노출시간으로 촬영하여 가장 좋은 상을 이용한다.
⑨ 빛 조절 손잡이를 원위치로 한 후, 스테이지를 움직여 시편을 관찰하고, 사진 촬영을 반복한다.
⑩ 촬영이 끝나면 현미경의 전원을 차단시키고, 카메라를 분리시켜 암실에서 필름을 꺼낸 다음 카메라는 원상으로 현미경에 부착시킨다.
⑪ 촬영된 필름을 현상, 인화한다.

2.2 실습 순서

(1) 실습 준비
① 실험에 사용되는 금속 현미경의 사용설명서를 읽고 사용법을 정확히 숙지한다.
② 관찰하려는 배율의 접안렌즈 및 대물렌즈를 선택한다.
③ 관찰하고자 하는 시편을 준비한다.(이 전 실습에서 준비한 시편을 이용한다.)

(2) 현미경 조직을 관찰한다.
① 시편을 스테이지에 놓고, 전원을 켠다.
② 우선 저배율로 하여 초점을 맞춘다.
③ 원하는 배율의 대물렌즈를 시편으로 이동하고, 미동손잡이를 이용하여 초점을 맞춘다.
④ 원하는 조직의 관찰이 가능하게 되면, 관찰 및 사진촬영을 한다.

(3) 정리 정돈을 한다.

3. 금속조직 내 상의 측정

과 목 명	조직 시험 1 (광학현미경 분석)	과제번호	MG-03
실습과제명	금속조직 내 상의 측정	소요시간	4시간
목 적	① 금속 현미경을 이용하여 조직 내 존재하는 상을 정량적으로 측정할 수 있는 능력을 기른다. ② 조직 내 상의 량을 측정하여 재료의 조직과 재질의 품위를 판별하는 능력을 기른다.		
사용기재, 공구, 소모성 재료	규 격	수 량	비 고
금속 현미경 및 이미지 분석기	도립형	1대	
시편 절단기	wheel cutter	1대	
마운팅 기구	cold mounting		
연마기	연마지, 폴리싱기	적량	안전에 유의하고, 부식액이 몸에 묻으면 즉시 세척할 것.
부식액	질산, 알코올, 염화제이철 등	적량	
폴라로이드 필름		4통	
전자저울	감도 0.1mg	1대	

관련 지식

1. 금속조직 내 상의 량 측정(조직사진을 이용하는 방법)

- 면적 측정법(중량법)
- 직선의 측정법
- 점의 측정법

3.1 관련 지식

1) 금속조직 내 상의 량 측정(조직사진을 이용하는 방법)

현미경 조직관찰을 통하여 조직 내에 존재하는 상의 종류 및 량을 결정하는 방법은 주로 다음과 같은 3가지의 방법이 사용된다.

(1) 면적 측정법(중량법)

평면 조직에 존재하는 상들의 면적을 프래니미터를 이용하여 측정한 후 전체 면적에 대한 비율로 상의 량을 측정한다. 그러나 가장 간단한 방법으로는 조직사진을 찍어 각 상별로 절단한 다음 이들의 무게를 측정하는 방법이다. 이는 적당한 배율로 확대된 사진의 일정 면적 A에 대하여 특정한 상이 차지하는 면적의 합(ΣAi)을 구한 후 전체 면적(A)에 대한 특정한 상의 면적 분율(Aai)을 구하는 것이다.

$$Aai = \frac{\sum Ai}{A}$$

(2) 직선의 측정법(Linear Analysis)

아래 그림 1과 같이 사진 위에 임의의 선을 그린 다음 한 개의 상에 의해 절단된 총 길이를 측정한다.

상의 량은 전체 직선의 길이(lr)에 대한 특정한 상에 의해 절단된 직선의 길이의 총합(Σli)의 비율로써 나타낸다. 눈금이 매겨진 대안렌즈 혹은 스크린을 사용하면 사진을 촬영하지 않고서도 상의 량을 결정할 수 있다.

$$Lai = \frac{\sum li}{lr}$$

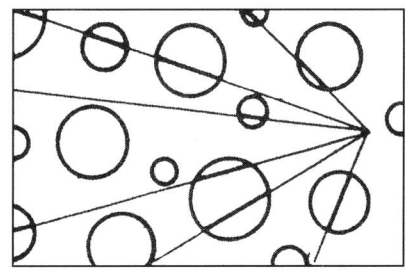

그림 1 2상 조직 사진에서 임의의 선을 그어
하나의 상의 상대적인 량을 구하는 법

(3) 점의 측정법

이 방법은 그림 2와 같이 사진 위에 그릿(grit)을 포개 놓고 각 각의 상 위에 존재하는 교선의 수를 측정한다. 한 개의 상의 면적분율(Nai)은 그 상 위에 존재하는 교선의 수(Σni)와 전체 교선의 수(nr)의 비로써 나타낸다.

$$Nai = \frac{\sum ni}{nr}$$

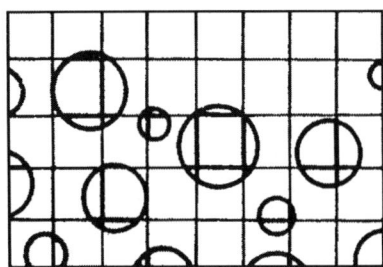

그림 2 2상 조직의 사진에서 사각형의 그릿을 올려놓아 하나의 상의 상대적인 량을 정량적으로 구하는 방법

3.2 실습 순서

(1) 시료의 절단, 마운팅, 연마, 부식을 통해 조직 시험용 시편을 준비한다.

(2) 광학현미경을 점검하고, 조직사진을 촬영할 준비를 한다.

(3) 조직사진을 촬영한다.

(4) 조직 내의 상의 량을 측정한다.

4. 강의 오스테나이트 결정입도 분석

과 목 명	조직 시험 1 (광학현미경 분석)	과제번호	MG-04
실습과제명	강의 오스테나이트 결정입도 분석	소요시간	8시간
목 적	① 금속 조직 내의 결정립의 크기와 상의 상대적인 량을 정량적으로 측정할 수 있는 능력을 기른다. ② 오스테나이트 결정립의 크기와 열처리성의 관계를 알 수 있다.		

사용기재, 공구, 소모성 재료	규 격	수 량	비 고
열처리 로		2기	
연마기	3-disk	2기	안전에 유의하고, 부식액이 묻는 경우 즉시 물로 세척할 것.
부식액	nital(4%)	100cc	
현미경		3대	
SCM440 SM 45C	ø25×20 ø25×20	20개 20개	
금속시험편(SCM440, SM45C)			

교육내용

1. 침탄 입도시험법
2. 열처리 입도시험법
   1) 서냉법
   2) 2중급냉방법
   3) Quenching-Tempering법
   4) 선단급냉법
   5) 산화법
3. 시험결과의 판정방법
   1) 각 시야에서의 판정방법
   2) 종합판정법
   3) 판정 결과의 표시방법
      • 혼재하는 경우의 표시 예   • 혼재된 경우 표시의 예

4.1 관련 지식

1) 강의 오스테나이트 결정입도 분석

강에 있어서 오스테나이트의 입도는 강종에 따른 고유한 인자와 열처리 이력에 따른 환경적 인자에 의해 결정된다. 일반적으로 열처리 온도가 높을수록 오스테나이트의 입도가 커지는 경향이 있으며, 강종에 따라 열처리 온도가 오스테나이트의 입도변화에 미치는 영향이 다르게 나타난다. 한편 고온조직인 오스테나이트의 입도는 냉각속도에 따라 상온에서 펄라이트, 베이나이트 및 마르텐사이트로 변태한 후 강의 성질에 지대한 영향을 주기 때문에 강의 성질을 이해하기 위해선 오스테나이트의 입도측정이 필수적이라 하겠다.

강의 오스테나이트 입자크기는 입도번호로써 나타내며, 그림 1에는 표준입도를 그리고 입도번호와 단위면적당 입자수와의 관계를 표 1에 나타냈다. 이 때 입도번호 5 이상의 강을 세립강이라 하고, 입도번호가 5 미만인 강을 조립강이라 한다. 조립강과 세립강의 판정은 특별히 지정되어 있지 않은 한 침탄법에 의한 입도측정법을 이용한다.

한편 한번에 보이는 시야에 최대빈도를 갖는 입자의 입도번호와 입도번호가 3 이상 차이가 나는 입자가 약 20% 이상의 면적을 차지하는 상태 또는 각 시야간에 따라 입도번호가 3 이상 차이가 나는 상태를 혼립이라 한다.

표 1 입도번호와 단위면적당 입자수의 관계

입도번호 (N)	단면적 1mm² 중의 결정립 수(n)	결정입자의 평균 단면적(mm²)
-3	1	1
-2	2	0.5
-1	4	0.25
0	8	0.125
1	16	0.062
2	32	0.0312
3	64	0.0156
4	128	0.0078
5	256	0.0039
6	512	0.00195
7	1024	0.00098
8	2048	0.00049
9	4096	0.000244
10	8192	0.000122

비고 : 표 1에서 다음의 관계식이 성립한다. $n = 2^{N+3}$
여기서 n : 단면적 1mm² 속에 있는 결정립의 수, N : 입도번호

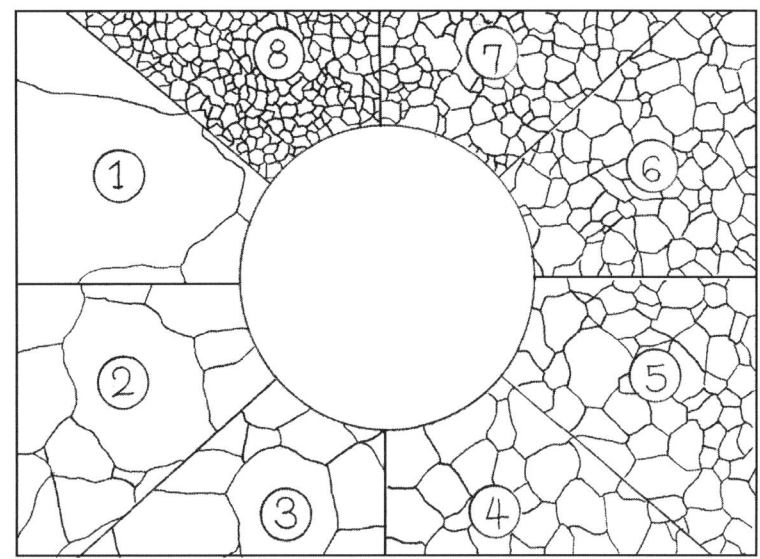

그림 1 표준입도 그림(ASTM) 배율 100배로 사진을 찍은 경우 1:1로 비교함. 시험방법은 적용 강종 및 측정방법에 따라 표 2에 나타낸 바와 같이 침탄 입도 시험법과 열처리 입도 시험법으로 대별된다.

표 2 오스테나이트 입도 시험 방법의 종류

종류		적용 강종
침탄 입도 시험법		탄소량이 0.25%~0.55% 범위이고, 침탄하여 사용하는 강종의 입도를 측정할 때 주로 이용되는 시험법.
열처리 입도 시험법	서냉방법	주로 탄소 함유량이 중간 이상의 아공석강에 적용하며, 과공석강은 Acm점 이상에서 입도를 측정할 때 사용한다.
	2중 급냉방법	주로 탄소량이 중간 이상의 아공석강 및 공석강 즉, 중탄소강에 적용한다.
	퀜칭-템퍼링방법	주로 기계구조용 탄소강 및 구조용 합금강에 적용한다.
	선단 급냉방법	주로 경화능이 적은 강종에 있어서 탄소함량이 중위 이상 아공석강 및 공석강 즉, 중탄소강에 적용한다.
	산화방법	주로 기계구조용 탄소강 및 공석강에 적용한다.
	고용화 열처리법	주로 오스테나이트계 스테인리스강 및 오스테나이트계 내열강에 적용한다.

4.2 실습 순서

1) 침탄 입도시험법

지름 또는 대각선의 길이가 5~12mm, 길이가 10~30mm인 시험편을 표준으로 하여 표면의 산화물, 침탄층, 탈탄층 및 표면의 유지 등을 제거한 다음 건조된 입상의 목탄 60~80%와 탄산바륨($BaCO_3$) 20~40%를 혼합한 침탄제를 충진한 용기에 시험편을 넣고 밀폐시킨 후 적당한 가열로에서 약 2시간에 걸쳐 950℃로 승온시킨다. 이때 강종에 따라서 침탄제의 조성을 바꾸어도 관계없다. 그 온도에서 6시간동안 유지시킨 후 서서히 냉각시키다가 400℃ 이하가 되었을 때 시험편을 꺼내어 중심선을 따라 절단한다. 이 면을 연마하여 nital, picral 용액 또는 알카리성 피크린산 소다용액으로 부식시켜 과공석 시멘타이트가 망상으로 나타난 부분 또는 아공석 페라이트가 망상으로 석출한 부분의 입도를 현미경으로 측정한다. 이때 최외곽의 미세한 결정립부분은 측정대상에서 제외시킨다.

2) 열처리 입도시험법

강의 실제 열처리과정에 준하는 열처리법을 이용하지만, 실험상의 열처리 가열온도는 실제 열처리온도보다 30℃를 넘지 않도록 하고, 유지시간도 실제 작업시간의 50%를 넘지 않는 것을 원칙으로 한다. 열처리 입도시험은 강의 종류에 따라 다음과 같은 시험방법으로 행한다.

(1) 서냉법

주로 중탄소강에 적용하며, 과공석강의 경우에는 A_{cm}점 이상에서의 입도를 측정할 때 이용한다. 적당한 크기의 시험편을 소정의 오스테나이트화 온도에서 일정시간 가열 후 서냉시킨다. 냉각된 시험편의 표면을 연마한 다음 nital 또는 picral용액으로 부식시켜 펄라이트 결정립을 둘러싼 망상의 초석 페라이트 또는 초석 시멘타이트가 나타나는 부위에서 입도를 측정한다. 시험편의 탄소함량이 낮은 경우에는 시험편을 오스테나이트화 온도로부터 A_3 변태점 이하의 염욕으로 급냉시킨 후 결정입계에 소량의 페라이트 혹은 시멘타이트가 석출되게 한 후에 물속으로 급냉시켜 시험편을 연마, 부식시켜 결정입도를 측정한다.

(2) 2중급냉방법

주로 탄소의 함량이 중간 이상의 아공석강 및 공석강에 적용된다. 지름 또는 대각선의 길이가 10~15mm, 길이가 30~50mm인 시험편을 소정의 오스테나이트화 온도에서 일정시간 유지시킨 후 물속으로 급냉시킨다. 다음에 시험편의 한쪽 끝의 10~15mm를 강의 A_1 변태점보다 20~50℃ 높은 온도로 유지되고 있는 염욕 또는 금속연욕에 20~30분간 담갔다가 시험편 전체를 물속으로 급냉시킨다. 이 시험편의 표면을 축방향으로 0.4mm 또는 탈탄이 심한 경우에는 1mm 정도 연마한 후 부식액으로 부식시키면 망상의 마르텐사이트가 나타나는데 그 부위의 입도를 측정한다.

(3) Quenching-Tempering법

주로 기계구조용 탄소강 또는 구조용 합금강에 적용된다. 직경 또는 대각선의 길이가 10~15mm, 길이가 10~15mm인 시험편을 소정의 오스테나이트화 온도에서 일정시간 유지시킨 후 적당한 방법으로 완전히 급냉시키고, 다시 약 550℃에서 1시간 이상 tempering시킨 후 서냉시킨다. 냉각 후 시험편을 연마하여 염화제2철($FeCl_3$) 1g, HCl 1.5CC, 에틸알코올 100CC의 부식액으로 부식시켜 입도를 측정한다.

(4) 선단급냉법

주로 경화능이 적은 강종에 있어서 탄소함량이 중간 정도인 중탄소강에 적용된다. 지름이 15mm, 길이가 약 40mm 정도의 시험편을 소정의 오스테나이트화 온도에서 일정시간 유지시킨 후 시험편의 한쪽 끝 약 10mm 정도를 수직으로 물에 급냉시킨다. 냉각 후 시험편을 축방향으로 약 5mm의 두께로 잘라내 잘 연마한 다음 nital 또는 picral 용액으로 부식시켜 마르텐사이트 주위에 결정상의 troostite조직으로 둘러 싸인 부위의 입도를 측정한다.

(5) 산화법

주로 기계구조용 탄소강 및 공석강에 적용된다. 미리 연마시킨 시험편을 검사면이 위로 가도록 가열로에 넣고 가열을 한다. 탄소강 및 저탄소강의 경우에는 약 850℃에서 1시간 정도 유지시켜 산화시킨 후 물속으로 급냉시킨다. 이 때 산화는 가열시간 중 최후에 행하고 그 외의 가열시간에는 시험편의 윗면을 철판으로 막아 과도한 산화를 방지해야 한다. 급냉된 시험편을 잘 연마한 다음 알코올에 염산을 15% 넣은 용액으로 2~10분간 부식시켜, 되도록이면 내부 오스테나이트입계를 따라서 살짝 산화 또는 탈탄된 부위의 입도를 측정한다.

4.3 시험결과의 판정방법

1) 각 시야에서의 판정방법

현미경의 배율을 100배로 하고 스크린 또는 현미경사진의 크기를 지름 80mm의 원으로 하여 측정한 입도를 문헌의 표준도와 비교하여 해당 입도번호를 판정한다. 이 때 측정한 입도가 입도번호의 중간에 해당하면 낮은 입도번호에 0.5를 더한 값을 입도번호로 정한다.

100배 이외의 배율로 측정할 때에는, 그 경우에 해당하는 입도를 다음의 보정식을 이용하여 산출한다.

$$N_{100} = N_M + 6.64 \log \frac{M}{100}$$

N_{100} : 100배의 현미경배율에서의 입도번호
N_M : M배의 현미경배율에서의 입도번호
M : 현미경의 배율

입도의 차이가 3 이상인 것이 섞여 있을 경우에는 큰 입도부분과 작은 입도부분의 면적비를 목측으로 판정한다.

2) 종합판정법

각 시야에서의 판정방법으로 구한 결과를 아래의 식에 의해 평균 입도번호를 구하고 그것을 시편의 입도번호로 한다. 평균 입도번호는 소숫점 이하 두 자리를 반올림하여 소숫점 이하 한 자리까지 표시하며, 시야수는 5~10회 반복하는 것이 보통이다.

$$m = \frac{\sum a,b}{\sum b}$$

m : 평균 입도번호
a : 각 시야에서의 입도번호
b : 시야수

입도가 다른 것이 혼재되어 있을 때는 큰 입자부위와 작은 입자부위의 면적비율을 각 시야수에 대하여 산술 평균하여 표시한다. 이 경우 혼재된 정도에 따라서 판정 결과가 타당성이 있다고 인정될 때까지 충분한 횟수의 시야를 측정한다. 아래의 표 3에는 종합판정의 예를 나타냈다.

표 3 종합판정의 예

각 시야에서의 입도번호 (a)	시야수 (b)	a×b	평균입도번호(n)	입 도
6	2	12		
6.5	6	39	$\frac{65}{10} = 6.5$	6.5
7	2	14		
	10	65		

3) 판정 결과의 표시방법

종합 판정법에 의해서 시험한 결과는 표 4의 기호, 입도번호, 시야수로 표시한다. 혼재된 경우에는 혼재된 입자의 면적비를 표시하고, 열처리입도의 경우에는 최고 가열온도 및 가열시간을 표시한다.

표 4 시험방법에 대한 기호

시험방법의 종류	KS 표시방법
침탄입도 시험법	AGC
서냉방법	AGS
2중급냉방법	AGC
Quenching-Tempering방법	AGT
선단급냉방법	AGE
산화방법	AGO

이들 표시방법을 예를 들어 설명하면 다음과 같다.

(1) 혼재하는 경우의 표시 예

- AGC-6.5$_{(10)}$: 침탄법으로 10회 측정시 평균 입도가 6.5인 경우
- AGS-7.5$_{(10)}$-(920℃×1 1/2 hr) : 920℃에서 1시간 반동안 열처리 후에 서냉법으로 시험한 결과 10시야 판정시 평균입도가 7.5인 경우.

(2) 혼재된 경우 표시의 예

- AGS-6.3$_{(13)}$+(6.8(70%)+2.5(30%)$_{(7)}$-(920℃×3/2hr)) : 서냉 방법으로920℃에서 1시간 반동안 유지하였을 때 시야수 20 중 13시야의 종합판정에 의한 입도번호가 6.3이며 나머지 7시야는 입도번호 6.8이 70%, 입도번호 2.5가 30% 혼재되었을 경우.
- AGS-6.5$_{(3)}$+2.5$_{(7)}$-(920℃×1 1/2hr) : 서냉방법으로 920℃에서 1시간 반 유지시킨 시험편에서 시야수 10 중에 3시야는 평균입도가 6.5이고, 7시야는 평균입도가 2.5인 경우
- AGS-(6.5(70%)+2.5(30%))$_{(20)}$-(920℃×1 1/2hr) : 서냉방법으로 920℃에서 1시간 반동안 유지시킨 시험편에서 20회 측정했을 때 각 시야에서 모두 입도번호가 6.5인 입자가 70%, 입도번호 2.5인 입자가 30% 혼재되었을 경우.

5. 탄소강의 현미경 조직검사

과 목 명	조직 시험 1 (광학현미경 분석)	과제번호	MG-05
실습과제명	탄소강의 현미경 조직검사	소요시간	8시간
목 적	탄소강의 여러 가지 조직들을 현미경 조직관찰을 통하여 식별할 수 있는 능력을 기르며, 특히 탄소강의 표준조직을 상태도와 관련지어 이해하는 능력을 기른다. 실습을 통해 강의 기계적 성질이 조직과 관련된 것임을 이해할 수 있게 된다.		
사용기재, 공구, 소모성 재료	규 격	수 량	비 고
열처리 로	up to 1200℃	2기	
마운팅 장비	cold mounting	적량	
연마장비	연마포 및 폴리싱기	적량	
경도기	록크웰경도기	적량	
부식액	nital(5%) picral(5%)	적량	
현미경	도립식	2대	
SM25C, SM45C	ø25×20	각 20개	

교육내용

1. 탄소함량에 따른 조직의 변화
2. 아공석강의 표준조직
3. 공석강의 표준조직
4. 과공석강의 서냉조직
5. 실습
   1) 시편의 열처리
   2) 시편의 연마
   3) 시편의 부식
   4) 현미경 관찰
   5) 시편의 보관 및 보고서의 작성

5.1 관련 지식

1) 탄소 함량에 따른 조직의 변화

탄소농도를 달리한 탄소강을 A_3선 또는 A_{cm}선 이상 30~60℃로 가열하여 균일한 오스테나이트 조직으로 열처리한 다음 공기 중에서 천천히 냉각시켜 노말라이징 처리를 한 것이 강의 표준 조직이다. 탄소가 0.8%보다 적은 아공석강에서는 냉각함에 따라 오스테나이트 결정립계에서 초석 페라이트가 석출하고, 남아있는 오스테나이트의 탄소농도는 공석조성에 가까워진다. 727℃의 온도에 도달하면 오스테나이트 중의 탄소농도는 공석조성인 0.8%가 되므로, 온도가 727℃ 이하로 내려가면 오스테나이트는 공석조직인 펄라이트가 된다.

과공석강에서는 초석 시멘타이트가 오스테나이트의 결정립계에서 석출함에 따라 오스테나이트 중의 탄소의 함량이 감소하고, 마찬가지로 727℃가 되면 오스테나이트는 공석조성이 되어 공석변태를 하게 된다. 아래의 그림 1은 탄소량에 따른 탄소강의 표준조직을 나타낸 것이다.

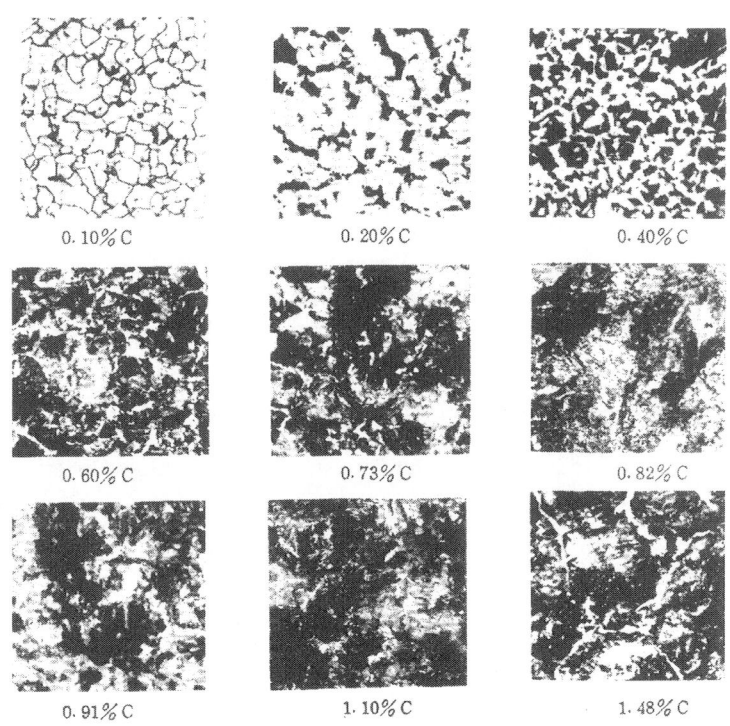

그림 1 탄소강의 표준조직

2) 아공석강의 표준조직

탄소를 0.02~0.8%를 함유한 강을 아공석강이라 하며, 그 표준 조직은 페라이트와 펄라이트로 구성되어 있다. 0.45%C인 탄소강을 Fe-C 평형상태로를 이용하여 설명하면, 그림 2와 같이 오스테나이트에서 냉각됨에 따라 GS선과 교차되면서 초석 페라이트가 석출하기 시작하고

온도가 계속 내려감에 따라 초석 페라이트의 량이 증가하면서 공석점에 도달할 때까지 페라이트의 석출은 계속된다. 온도가 A_1점에 도달하면 나머지 오스테나이트는 공석조성이 되므로 공석변태를 하여 모두 펄라이트로 변태한다.

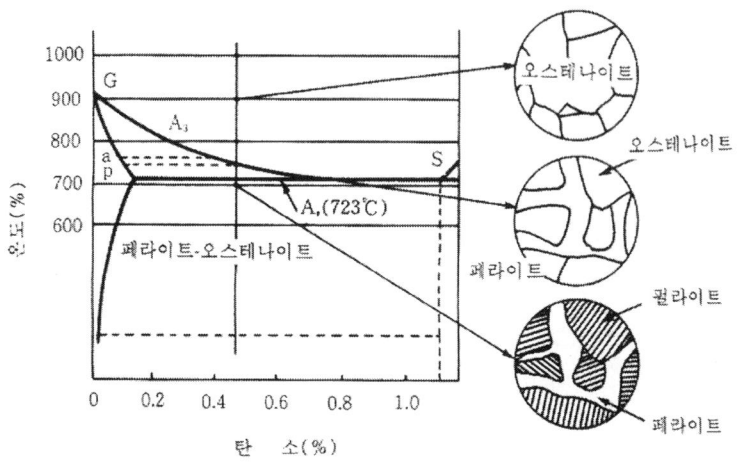

그림 2 0.45%C 강의 온도에 따른 현미경 조직의 변화

3) 공석강의 표준조직

탄소의 함량이 0.8%인 강을 공석강이라 하며, 오스테나이트 영역에서 서냉하면 A_1 변태점에서 공석변태를 일으켜 전부가 펄라이트 조직이 된다. 그림 3은 펄라이트의 생성기구를 도식화하여 나타낸 것이다.

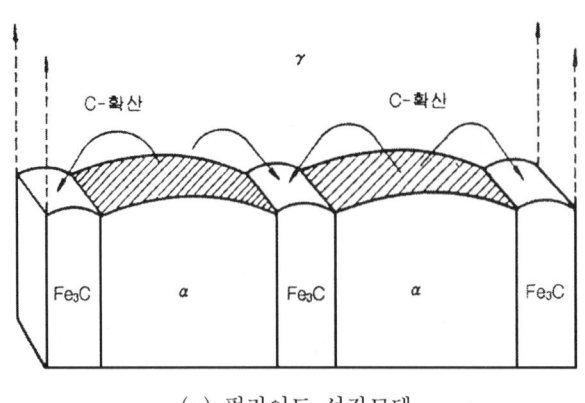

(a) 펄라이트 성장모델

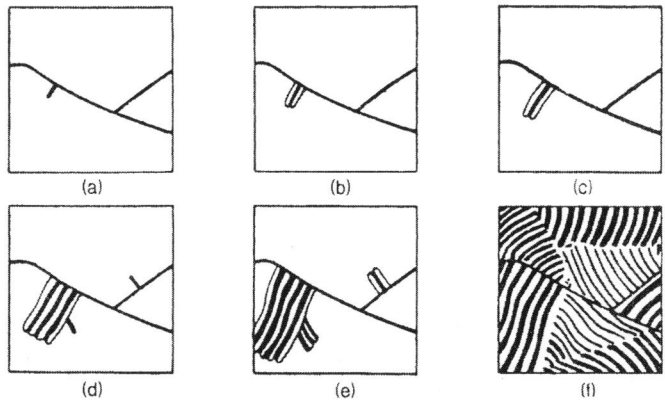

(b) 펄라이트의 성장과정을 나타내는 모식도

그림 3 펄라이트 변태의 도해

4) 과공석강의 서냉조직

0.8% 이상의 탄소를 함유한 강을 과공석강이라 하며, 오스테나이트 온도 이상에서 서냉되면 오스테나이트의 입계에 초석 시멘타이트가 석출하며 공석온도에 도달하면 나머지 오스테나이트가 펄라이트로 변태한다. 이러한 과공석강의 표준조직은 층상의 펄라이트가 망상으로 석출한 시멘타이트에 의해 둘러싸인 조직이되어 매우 단단하며, 취성이 있다. 따라서 적당한 경도, 인장강도와 함께 연신율 및 충격값을 향상시키기 위하여 반드시 구상화처리를 해야 한다. 그림 4에는 과공석강의 서냉조직을 나타냈다.

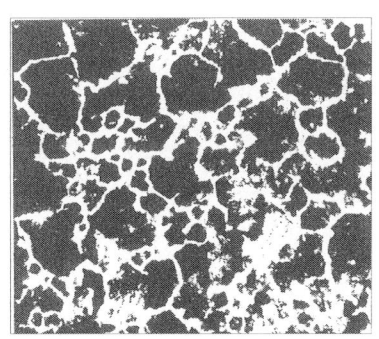

그림 4 1.5%C를 함유하는 과공석강의 서냉조직
(흰색으로 석출한 망상의 시멘타이트를 볼 수 있다.)

5.2 실습 순서

(1) 시편의 열처리

① SM25C, SM45C의 표준조직과 급냉조직을 비교하기 위하여 아래의 표 1과 같이 열처리를 실시한다.

표 1 탄소강의 열처리 방법

강종	승온시간	열처리 온도	유지시간	냉각방법	
				노멀라이징	풀림
SM25C	1시간	860~910℃	약 0.5시간	공냉	로냉
SM45C	1시간	820~870℃	약 0.5시간	공냉	로냉

② 열처리 중 탈탄으로 인해 표면의 조직이 변할 수 있으므로 대기 중에서 열처리된 시편의 표면부분은 충분히 연마한 후 조직검사를 행하도록 한다.

(2) 시편의 연마

① 열처리하지 않은 시편과 열처리한 시편을 연마지를 이용하여 연마한다. 이때 연마지를 바꿀 때마다 연마방향이 직교하도록 하며, 이 전의 연마지에서 생긴 스크래치를 완벽하게 없애도록 한다.

② 연마가 완료되면 시편에 묻어 있는 이물질을 완전히 세척한 후 연마제를 이용한 미세 폴리싱을 한다.

③ 폴리싱에 사용되는 연마제는 $0.05\mu m$짜리 Al_2O_3분말을 이용하며, 물과 1 : 10의 비율로 섞어 사용한다.

④ 경면으로 폴리싱이 되면, 초음파세척기나 흐르는 물을 이용하여 표면의 이물질을 완전히 제거시킨 후 드라이어로 말린다. 이 후에는 시편의 표면을 손으로 만지거나 다른 물질이 묻게 해서는 안 된다.

(3) 시편의 부식

① 폴리싱이 완료된 시편을 적당한 부식액을 준비하여 부식시킨다. 이 때 사용하는 부식액으로는 SM25C의 시편에는 nital(5%)액을, SM45C의 시편에는 picral(5%)액을 사용한다.

② 부식시간은 재료의 종류 및 열처리 상태에 따라 다르지만, 약 5~10초 정도를 부식시킨다.(그림 2를 참조할 것.) 이 때 부식이 균일하게 일어나기 위해선 표면에 이물질이 묻지

않아야 하며, 부식액이 시편에 고르게 작용해야 한다.
③ 부식이 끝나면 재빨리 흐르는 물에서 세척해야 하며, 부식액이 완전히 씻기면 드라이어를 이용하여 건조시킨다.

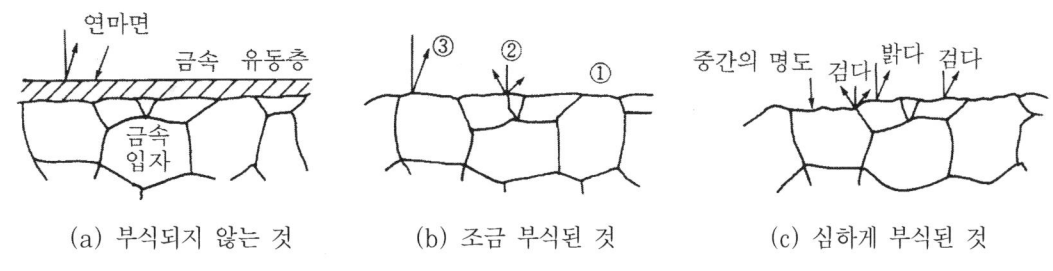

그림 2 금속표면의 부식상태

(4) 현미경 관찰
① 시편을 부식시킨 후 부식된 표면을 현미경을 이용하여 관찰한다.
② 조직의 관찰은 저배율에서부터 고배율의 순서로 관찰한다. 관찰하면서 필요한 부분은 사진을 찍거나 스케치한다.
③ 조성차이 및 열처리 유무에 따른 조직의 변화를 관찰할 때 중점적으로 관찰하여야 하는 대상은 다음과 같다.
  - 결정립의 크기와 모양
  - 페라이트와 펄라이트의 량적 비율
  - 펄라이트의 층상간격 변화
  - 조직 내의 불순물, 비금속개재물

(5) 시편의 보관 및 보고서의 작성
① 관찰이 끝난 시편은 분류 표기를 하여, 건조된 데시케이터에 보관한다.
② 조직의 스케치 또는 사진, 강의 종류, 열처리 공정, 부식조건, 관찰배율, 조직관찰 결과, 관찰자 등을 표 2에 나타낸 바와 같이 정리하여 보고서를 작성한다.

표 2 조직관찰 결과의 데이터 정리

조직사진				
	강종	열처리 공정	부식조건	관찰배율
	SM25C	850℃에서 30분 유지 후 공냉	nital (5%)액 사용	400배
조직평가	백색의 바탕은 페라이트, 검고 가는 선은 페라이트 입계, 검은 색은 펄라이트를 나타낸다. 페라이트의 내부에 존재하는 검은 점은 개재물이다.			
관찰자	김구리, 박강철, 신황동, 공석강			

6. 탄소공구강의 현미경 조직검사

과 목 명	조직 시험 1 (광학현미경 분석)	과제번호	MG-06
실습과제명	탄소공구강의 현미경 조직검사	소요시간	8시간
목 적	탄소공구강의 여러 가지 조직들을 현미경 조직관찰을 통하여 식별할 수 있는 능력을 기르며, 열처리에 의한 초석 시멘타이트의 구상화의 원리를 이해할 수 있게 한다. 또한 퀜칭시 마르텐사이트 조직의 형성 및 템퍼링에 의한 조직의 변화를 재료의 기계적 성질과 연관하여 이해할 수 있도록 한다.		

사용기재, 공구, 소모성 재료	규 격	수 량	비 고
열처리 로	up to 1200℃	2기	
마운팅 장비	cold mounting	적량	
연마장비	연마포 및 폴리싱기	적량	
경도기	록크웰경도기	적량	
부식액	nital(5%) picral(5%)	적량	
현미경	도립식	2대	
STC3종	ø25×20	40개	

관련 지식

1. 탄소공구강의 종류
2. 열처리 특성
   1) 변태점
   2) 경화능
   3) 연속 냉각 변태와 조직
   4) 풀림
   5) 노멀라이징
   6) 퀜칭
   7) 템퍼링
3. 실습

6.1 관련 지식

1) 탄소공구강의 종류

탄소공구강의 화학 성분, 열처리 온도 및 경도 등을 나타내면 표 1과 같다.

표 1 탄소공구강의 화학조성, 열처리 조건 및 경도

강종	열처리 (℃)			경도	
	풀림	퀜칭	템퍼링	풀림 (H_B)	템퍼링 (H_RC)
STC 1	750~780 서냉	760~820 수냉	150~200 공랭	<217	>63
STC 2	750~780 서냉	760~820 수냉	150~200 공랭	<212	>63
STC 3	750~780 서냉	760~820 수냉	150~200 공랭	<212	>63
STC 4	750~780 서냉	760~820 수냉	150~200 공랭	<207	>61
STC 5	740~780 서냉	760~820 수냉	150~200 공랭	<207	>59
STC 6	740~780 서냉	760~820 수냉	150~200 공랭	<201	>56
STC 7	740~780 서냉	760~820 수냉	150~200 공랭	<201	>54

2) 열처리 특성

(1) 변태점

탄소공구강의 가열 냉각(공랭을 포함)시에 변태점을 나타내면 표 2와 같다.

표 2 탄소공구강의 변태 온도

강종	가열(200℃/hr)		냉각(200℃/hr)		Ms점 (℃)
	개시(℃)	종료(℃)	개시(℃)	종료(℃)	
STC 1	730	750	720	690	130
STC 2	730	750	720	690	140
STC 3	730	750	715	685	155
STC 4	730	750	710	680	170
STC 5	730	760	710	675	180
STC 6	730	765	710	670	190
STC 7	730	779	700	650	210

2) 경화능

경화능의 대소는 S곡선의 nose가 오른쪽으로 이동되어 있는 정도에 따라 판단된다.

그림 1은 탄소량이 1.0%인 STC 3강을 790℃, 860℃의 두 온도에서 오스테나이트화한 후의 항온 변태 곡선(TTT 곡선)를 나타낸 것으로서, 오스테나이트화 온도가 높을수록 500~600℃ 부근에서 나타나는 nose 부분은 약간 우측으로 이동하는 것을 알 수 있다.

또한 오스테나이트화 온도가 높을수록 Ms점도 약간 저하되는 것을 알 수 있다.

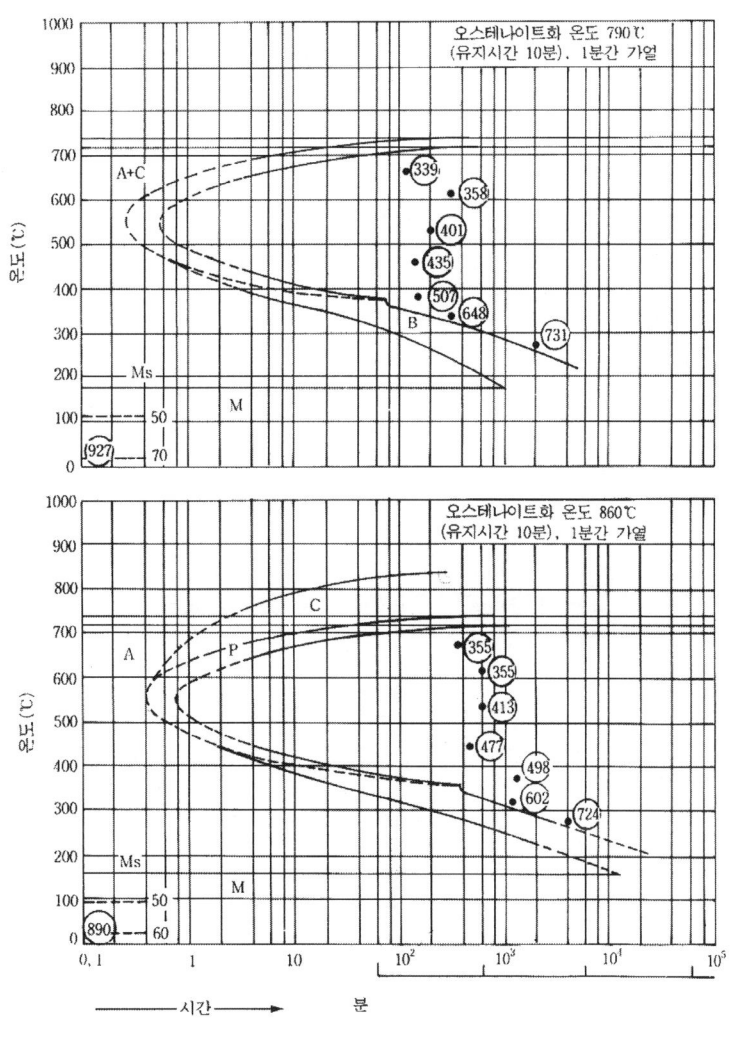

그림 1 STC 3의 항온변태곡선

A : 오스테나이트 형성구역   B : 베이나이트 형성구역
A+C : 오스테나이트+탄화물 형성구역
M : 마르텐사이트 형성구역
C : 탄화물 형성구역   P : 펄라이트 형성구역
50, 60, 70 : 조직량 (%)   ○ : 비커스 경도 Hv
측정방법 : 외경 4mm, 내경 3.2mm, 길이 30mm의 시편을 이용한 열팽창분석기
        와 금속조직 분석시험.

(3) 연속 냉각 변태와 조직

그림 2는 STC 3강을 790℃, 860℃의 두 온도에서 오스테나이트화한 연속 냉각 변태도 (CCT 곡선)를 나타낸 것으로, 여러 가지 연속 냉각 속도에 해당되는 경도값도 부가적으로 나타내었다.

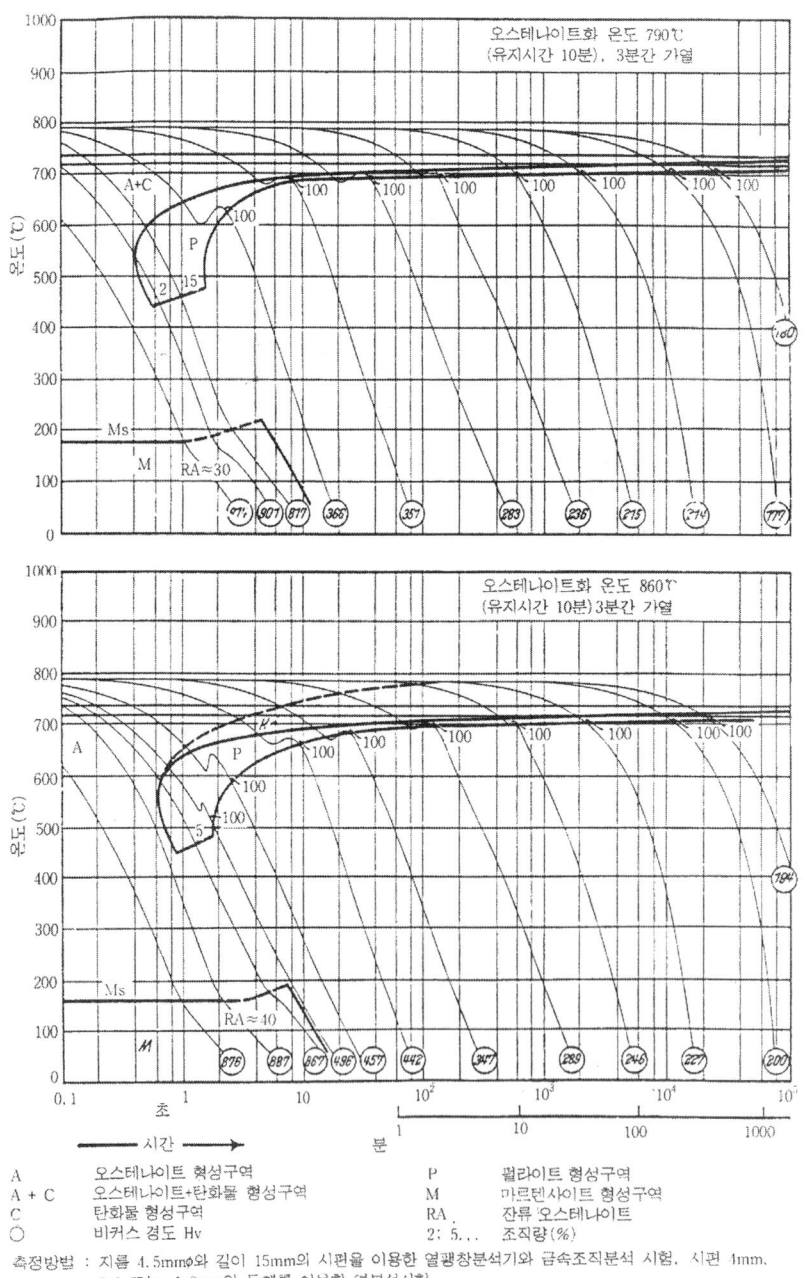

그림 2 STC 3의 연속냉각곡선

(4) 풀림

공구강은 퀜칭 전에 탄화물(시멘타이트)을 충분히 구상화하기 위해 풀림을 해야 한다. 즉, 펄라이트 중의 층상 시멘타이트 또는 초석의 망상 시멘타이트가 그대로 존재하면 기계 가공성이 나빠지고, 퀜칭시에 변형과 균열이 생기기 쉬워지고, 또한 인성이 부족하게 된다. 따라서 이 구상화 풀림을 공구강의 퀜칭 전처리로서 꼭 필요한 열처리이다.

구상화 풀림에는 다음의 5가지 방법이 있다.

① Ac_1점 아래(650~700℃)의 온도에서 장시간 가열 유지 후 냉각한다.

　이 방법은 냉간 가공재와 퀜칭 상태의 재료에 적용되는데, 조대한 망상 시멘타이트는 이 방법으로는 구상화되지 않는다.

② A_1점 위, 아래의 온도(±20~30℃)를 여러 번 반복하여 가열 냉각하는 방법이다.

　A_1점 이상으로 가열하는 것은 망상 시멘타이트를 절단하기 위한 것이고, A_1점 이하로의 가열은 구상화시키기 위한 것으로, 이 방법은 크기가 작은 공구강의 시멘타이트를 급속히 구상화하는데 이용된다.

③ Ac_3 또는 A_{cm} 이상으로 가열하여 시멘타이트를 오스테나이트 속으로 완전히 고용한 후 급랭해서 망상 시멘타이트의 석출을 방해하고, 재가열해서 ①, ②의 방법으로 구상화한다.

④ Ac_1 이상 A_{cm} 이하의 온도로 1~2시간 가열한 후, Ar_1점 이하까지 서냉하는 방법으로, 이 방법은 펄라이트와 망상 시멘타이트를 갖는 강에 적용된다.

⑤ Ac_1 이상 A_{cm} 이하의 온도로 가열한 후, Ar_1 이하의 온도(S곡선의 코 부근)에서 유지하여 변태가 종료되고 난 후 냉각하는 방법이다.

이와 같이 시멘타이트를 균일하게 구상화시키면 인성이 향상되고, 또한 내마모성도 향상되는 것이 확인되었다.

풀림 처리로서는 위에서 말한 것 외에 다음과 같은 방법이 있다.

완전 풀림은 Ac_3(아공석강) 또는 $Ac1$(과공석강)점 이상 약 30~50℃의 온도로 가열한 후, 노내에서 서냉하는 조작이다. 이 처리는 연화를 목적으로 하는 것으로서, 단조 처리한 탄소 공구강은 고온에서 장시간 가열되어 단조 종료 후의 냉각 과정에서 대단히 조대한 오스테나이트로 변태하므로 조직이 조대해져서 이 상태로는 퀜칭하여도 요구되는 성질이 얻어지지 않는다.

따라서 Ac_3 또는 $Ac1$점 이상 30~50℃로 가열하면 변태에 기인하여 원래의 조대한 결정립이 붕괴되고 새로운 미세한 결정립이 생기므로 기계적 성질이 개선된다.

연화 풀림은 재료를 연하게 하여 가공이 쉽도록 하는 것으로, Ac_1점 이상 또는 이하의 적당한 온도로 가열한 후 냉각하는 조작이다. 보통은 650~750℃에서 1~3시간 가열해서 공랭 또는 수냉한다.

항온 풀림은 S곡선의 코, 또는 이보다 약간 높은 온도에서 항온 처리를 하여 비교적 신속히 연화 풀림의 목적을 달성하는 조작이다. 즉, Ac_3 또는 Ac_1 온도 이상의 보통 풀림 온도로 가열한 강을 S곡선의 코 부근 온도(600~650℃)에서 항온변태시킨 후에 공랭 또는 수냉하는 것으로서, 단시간에 완전 풀림의 목적이 달성된다.

응력 제거 풀림은 재료의 내부응력을 제거하기 위해서 Ac_1 이하의 온도로 가열유지 후 냉각하는 조작으로, 기계 가공, 용접 등에 의한 잔류응력을 제거하므로써 변형 발생의 원인을 제거한다. 보통 내부응력은 450℃의 가열에 의해 소멸되기 시작하므로, 적당한 온도는 500~700℃이다.

그림 3은 풀림 온도와 잔류 응력과의 관계를 나타낸 것이다.

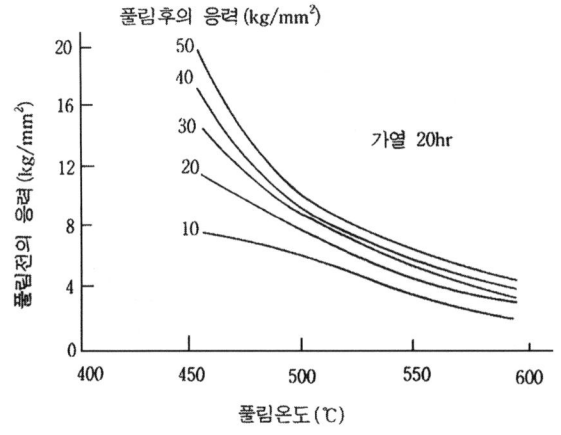

그림 3 응력 제거 풀림 온도와 잔류 응력과의 관계

기계 가공 등에 의하여 형성된 잔류 응력을 제거하는 것은 정밀한 금형의 퀜칭 전처리로서 중요하다.

(5) 노멀라이징

Ac_3 또는 A_{cm} 이상의 오스테나이트 온도 범위로 가열한 후, 공기 중에서 냉각시키는 조작으로, 단조재의 조대한 결정립 조직을 미세하게 하므로 퀜칭의 전처리로서 행하여진다. 즉, 균일하고 미세한 조직을 형성함으로, 퀜칭에 의한 변형과 균열의 발생을 방지할 수 있다.

그 방법은 Ac_3 또는 A_{cm} 이상 30~50℃로 가열한 후 공랭하는 것으로서, 완전 오스테나이트 영역으로 가열하므로 가공 조직은 완전히 소멸된다.

그리고 조직은 가열할 때 Ac_1 점에서 오스테나이트 결정립이 형성되기 시작하여, Ac_3 점에서 완전히 새로운 오스테나이트 결정립 만의 미세조직으로 되어 있는 것을 냉각하므로 변태조직도 미세하게 된다. 이 경우 오스테나이트 영역에서 가열온도를 높게 하면 결정립이 조대화되므로 과열은 반드시 피해야 한다.

(6) 퀜칭

① 열처리 방법

탄소공구강은 경화능이 나쁘므로 수냉으로 경화시킨다. 오스테나이트화 온도는 760~820℃의 범위로 하고, 온도는 정확히 조절하여 미용해 탄화물이 과잉으로 용해되지 않도록 한다. 온도가 너무 높으면 잔류 오스테나이트량이 증가되어 퀜칭 경도는 저하되고, 또한 퀜칭 균열이나 변형이 발생되기 쉽다.

한편 고탄소강은 극히 탈탄되기 쉬우므로 가열시에 충분히 주의해야 하고, 필요에 따라서는 분위기로에서 열처리를 행한다.

그림 4는 탄소공구강의 열처리 곡선을 나타낸 것이다.

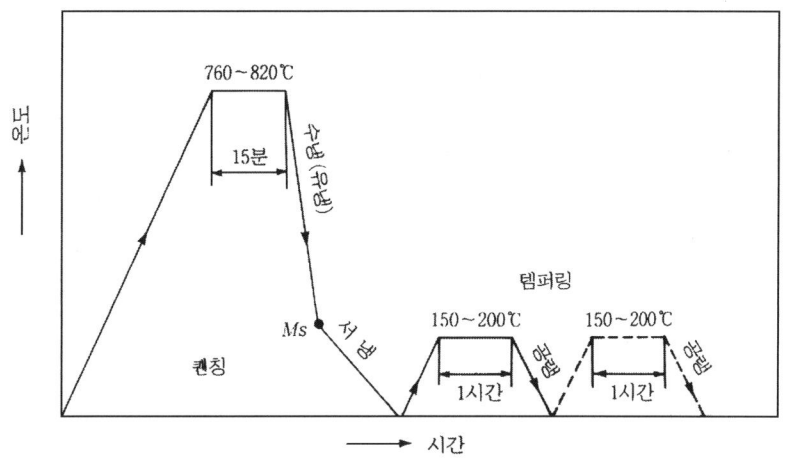

그림 4 탄소공구강의 퀜칭-템퍼링 열처리곡선

퀜칭용 물의 온도는 20~30℃, 기름의 온도는 50~60℃를 표준으로 한다. 퀜칭하기 위해서는 퀜칭 온도에서 Ar′점까지의 온도 범위, 즉 임계 구역을 급랭시켜야 하는데, 경화여부는 이 범위를 급랭하느냐 서냉하느냐에 의해 결정되므로 상온까지 급랭을 계속할 필요는 없다.

열처리 균열은 퀜칭하는 순간에 생기는 것이 아니고, 상온에 가까운 온도에서 일어나는 것이므로 이 온도 범위를 위험구역이라 한다. 즉 Ar″점, 또는 Ms점 이하의 온도에서 균열이 발생되는데, 이 온도 범위를 서냉하면 변태에 의한 팽창이 서서히 일어나므로 균열이 방지될 가능성이 커진다.

임계구역을 재빨리 냉각하는 데에는 수냉에 의한 것이 가장 간단하지만, 균열과 변형을 일으키기 쉬우므로, 수중으로 냉각해서 적당한 시간이 경과한 후에 꺼내어 공랭 또는 유냉하는 것이 좋다. 이 때 건져 올리는 시간이 너무 빠르면 공구의 온도가 높으므로 그 보유열에 의해서 템퍼링되고, 반대로 너무 늦으면 위험구역을 급랭하게 되므로써 균열의 발생을 초래하게 된다.

퀜칭액에서 꺼내는 시간은 위험구역에 도달되었을 때 해야 한다. 이 꺼내는 시간의 확인이 이 방법의 key point이고, 확인하는 방법으로는 다음과 같은 방법이 있다. 그러나 어느 방법도 두께가 같지 않은 공구에는 적용이 곤란하고, 두께가 거의 같은 간단한 형상의 것, 또는 두께가 두꺼운 대형 금형의 퀜칭에 응용된다.

㉮ 3mm 1초식 : 금형 두께 3mm마다 1초가 지난 후 건져 올린다. 예를 들면 18mm 직경의 금형의 경우는 수중에 6초간 침지한 후 건져 올려서 공랭 또는 유냉한다.

㉯ 색깔변화시간법 : 수냉한 후 금형의 불색이 사라질 때까지의 시간을 측정하여 그 때부터 이 시간과 동일한 시간 동안 물에 담갔다가 건져 올려 서냉한다. 결국 달구어진 상태가 사라질 때까지의 시간의 2배만큼을 물에 담그면 좋다.

㉰ 물울림 정지법 : 수냉을 하면 물울림이 생기므로, 이 물울림이 정지하는 순간 건져 올려서 공랭 또는 유냉하면 좋다. 이 경우는 물을 교반시키지 말아야 하고 목재로 된 수조보다 철재 수조가 물울림을 명확히 들을 수 있어서 효과적이다.

㉱ 진동 정지법 : 금형을 수냉하는 경우는 물울림을 이용하는 것보다 진동을 이용하는 것이 확실하므로 손에 전해오는 진동이 멈춘 순간 재빨리 건져 올리면 좋다.

㉲ 기포정지법 : 수냉한 경우 재료의 주변에 기포가 생기므로, 이 기포의 운동이 멈춘 순간에 건져 올린다.

실제적 문제로서는 탄소강의 S곡선에 있어서 nose에 걸리지 않도록 냉각하는 것은 재료의 치수가 상당히 작은 경우를 제외하고는 기술적으로 곤란하므로, 실시된 예는 그다지 많지 않다. 또 마르퀜칭법도 이론적으로는 바람직하지만, 경화능이 부족한 탄소강에서는 보통 응용되지 않는다.

② 퀜칭경도

STC 3의 탄소공구강에 대하여 여러 가지 퀜칭 온도와 냉각방법에 의한 퀜칭 경도의 관계를 나타내면 그림 5와 같다.

탄소량 1.31%C의 경우, 775℃에서 수냉시 경도는 약 HRC 67이지만, 퀜칭 온도가 높아짐에 따라 경도는 저하되고, 유냉시에는 수냉시에 비해 경도가 약간 낮다. 공랭의 경우는 수냉과 유냉에 비해 훨씬 낮지만, 퀜칭 온도를 상승시킬수록 경도는 증가한다.

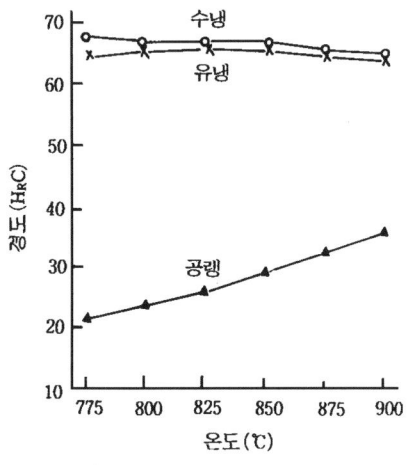 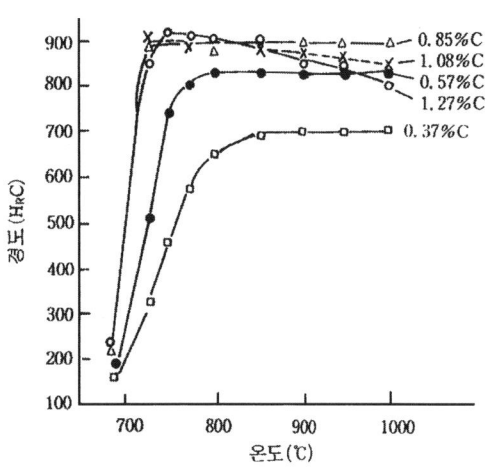

그림 5 퀜칭 온도와 경도의 관계(STC 3)   그림 6 탄소량과 퀜칭 온도 및 경도의 관계 (STC 3)

그림 6은 여러 가지 시료에 대하여 탄소량과 퀜칭 온도에 따른 경도변화를 나타낸 것으로서, 퀜칭 온도를 높게 해서 탄소를 오스테나이트에 충분히 고용시키면 0.85%C강보다 1.08%C강 또는 1.27%C강의 경도가 오히려 저하하게 되는데, 이것은 잔류 오스테나이트량이 증가하는 것에 기인하는 것이다.

③ 잔류 오스테나이트

탄소량과 퀜칭 온도에 따른 잔류 오스테나이트량의 변화는 그림 7에서 볼 수 있는데, 탄소량이 많을수록, 냉각속도가 늦을수록 잔류 오스테나이트량이 많아진다. 또한 퀜칭 온도의 영향을 보면 1000℃ 부근까지는 온도가 높을수록 잔류 오스테나이트가 많지만, 더욱 고온으로 되면 열응력의 영향으로 변태가 촉진되어 잔류 오스테나이트가 감소된다.

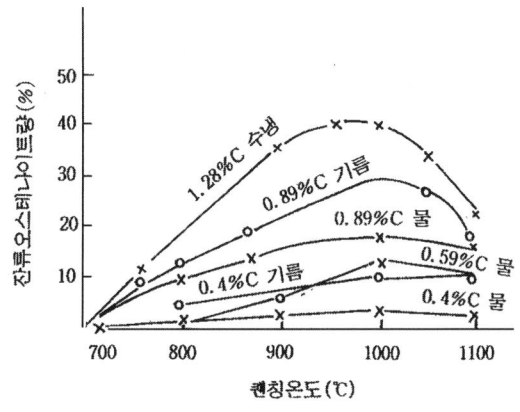

그림 7 탄소량과 퀜칭 온도와 잔류 오스테나이트량과의 관계

잔류 오스테나이트가 존재하는 강재를 상온 이하로 냉각시키면(심랭처리) 마르텐사이트로 변태한다. 한 예로 1.41%C의 탄소 공구강을 950℃에서 유냉하고, 상온에서 1분 유지한 후 심랭처리하면 잔류 오스테나이트는 즉시 마르텐사이트로 변태하여 -160℃에서 86%가 변태한다. 그러나 상온의 방치 시간에 비례해서 변태는 진행되기 어렵게 되며, 변태 개시점은 저온측으로 이동하여 변태량도 감소된다. 즉, 215시간 상온에서 방치한 경우의 변태 개시점은 -60℃로 저하되며, 잔류 오스테나이트의 마르텐사이트로의 변태량은 56% 정도이다.

이와 같이 잔류 오스테나이트가 마르텐사이트로 변태하기 어렵게 되는 현상을 오스테나이트의 안정화(stabilization of austenite)라고 하며, 이 현상은 상온에서 방치하는 것에 의해서만 일어나는 것이 아니라, 퀜칭 도중 Ar″변태가 어느 정도 진행되었을 때 냉각을 멈추고 유지하면 변태는 즉시 진행되지 않는다.

수냉한 강에 비해 유냉한 강에서 잔류 오스테나이트가 많아지는 현상도 Ar″변태가 개시된 후의 냉각속도가 후자의 경우가 늦기 때문이라는 것으로 설명할 수 있다.

④ 퀜칭 균열 및 변형

퀜칭시 생기는 또 하나의 문제는 변형 및 균열이다.

퀜칭하기 위하여 변태점 이상으로 가열하면 강은 매우 연해지므로 휘어지기 쉽고, 지지대 상황 등에 따라 자체의 무게에 의한 처짐을 발생하는데, 퀜칭 시 이와 같은 굽힘과 변형이 많이 발생된다. 이런 원인에 의한 변형은 열응력에 의한 변형과 변태응력에 의한 변형보다도 몇 배 큰 것이므로, 변형이 가급적 적어야만 하는 경우에는 우선적으로 주의해야 한다. 또한 가열을 급속하게 하면 강의 내외에 큰 열응력이 생겨서 균열의 발생과 변형의 원인이 되는 수가 있다.

강을 퀜칭하는 경우에는 부품 내외의 온도차와 변태 팽창의 조합에 의하여 응력 분포가 변화되는데, 퀜칭 후 시간의 경과(온도의 저하)에 따른 내외의 체적의 차이 및 내부응력의 분포를 나타내면 그림 8과 같다.

즉, 냉각시간 0~1에서는 내부와 외부가 함께 수축하지만, 외부의 수축은 내부보다 빠르므로 외부는 인장 잔류 응력, 내부는 압축 잔류 응력을 받는다. 냉각 시간 1~2에서는 내부는 수축을 계속하지만, 외부는 마르텐사이트 변태를 일으켜서 팽창하므로 내부는 인장 잔류 응력, 외부는 압축 잔류 응력을 받는다. 이 두 힘은 역방향으로 작용하므로 잔류응력은 어느 정도 완화된다. 냉각시간 2~3에 있어서는 외부도 내부도 수축하므로 잔류응력은 약간 크게 된다. 냉각시간 3~4에 있어서는 외부는 수축을 계속하지만, 내부는 마르텐사이트 변태를 일으켜서 팽창하므로 내부에는 압축 잔류 응력, 외부에는 인장 잔류 응력이 작용하여 내부 응력은 상당히 커진다.

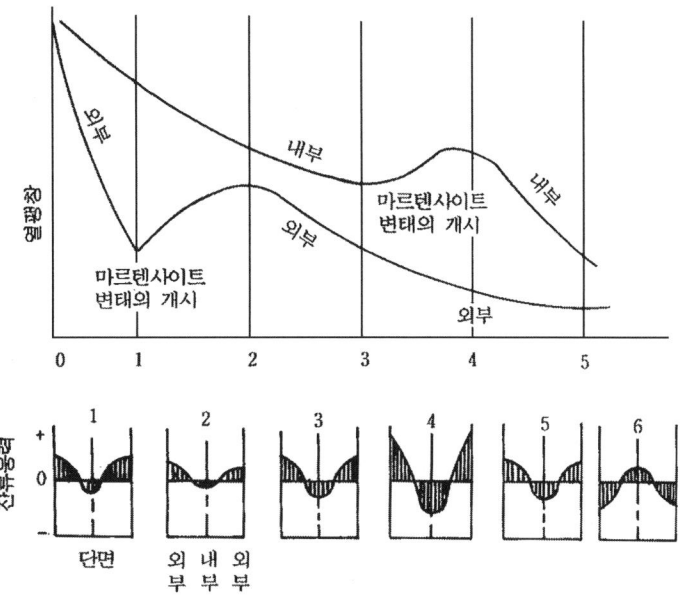

그림 8 퀜칭에 의한 열팽창과 내부응력의 분포

냉각시간 4~5로 되면 내부와 외부가 함께 수축하지만, 내부의 수축이 크므로 내부에 인장 잔류 응력, 외부에 압축 잔류 응력이 작용한다. 이 단계에서는 위의 3~4의 경우와 역방향의 힘이 작용하므로 내부응력은 어느 정도 완화되어 작게 되거나 반전되는 경우가 있다. 이것으로부터 알 수 있듯이 내부가 마르텐사이트 변태를 일으키고 있을 때 최대의 내부응력이 생겨서 외부에 인장력을 주게 되므로, 이것이 균열의 원인이 된다.

또한 변형을 일으키는 경우도 있는데, 변형은 냉각시의 열응력에 의해서도 생기는 것이므로 이들의 현상이 생기지 않는 재료를 선택한다면 퀜칭시의 냉각속도가 작아도 퀜칭 효과가 있게 된다.

(7) 템퍼링

탄소 공구강의 템퍼링은 150~200℃에서 25mm당 1시간 유지해서 공랭하는 것이 보통이지만, 특히 정밀을 요하는 금형의 경우는 정규 템퍼링 후 100℃의 물 또는 기름 중에 2~10시간 시효 처리하는 경우도 있다.

모든 강의 템퍼링에서와 마찬가지로 탄소 공구강에 있어서도 템퍼링을 행하는 이유 중의 하나는 퀜칭시에 생긴 내부 응력을 제거하기 위해서이다. 특히 내부 응력이 표면부에 인장 잔류 응력으로 작용하고 있는 경우에는 마르텐사이트의 취성과 어울려서 파손의 원인이 되기 쉬우므로 가능한 한 제거해 둘 필요가 있다. 탄소량 0.80% 및 1.05%, 직경 18mm, 길이 40mm의 시편을 790℃로 가열 유지후 수냉했을 경우의 각 템퍼링 온도에 따른 경도변화는 표 5와 같다.

표 5 템퍼링 온도에 따른 경도 변화

템퍼링 온도 (℃)	0.80%C 경도(H$_R$C)	1.05%C 경도(H$_R$C)	템퍼링 온도 (℃)	0.80%C 경도(H$_R$C)	1.05%C 경도(H$_R$C)
퀜칭 상태	67	67	430	43	48
150	64	65	480	40	45
200	61	64	540	34	39
260	59	61	590	26	33
310	54	57	650	21	25
370	48	54	700	18	19

단, 상기 결과는 18mm 직경의 시험편에 대한 것으로서, 두께 차이 또는 열처리 조건(냉각 방법) 등에 따라 다르게 나타날 수도 있다. 즉, 두께가 상기 시편보다 두꺼운 경우에는 상기 결과보다 다소 낮은 경도가 나타나게 된다.

그림 9는 1.0%C가 함유된 탄소 공구강(STC 3)에 대하여 790℃에서 수냉한 후 각 온도에서 2시간 동안 템퍼링한 경우 경도 변화를 나타낸 것으로, 템퍼링 온도 200℃ 이상에서 경도가 급격하게 감소하는 것을 보여주고 있다. 따라서 탄소 공구강을 200℃ 이상에서 템퍼링하면 경도의 급격한 감소로 인하여 공구강으로서의 성질을 갖추지 못하게 된다.

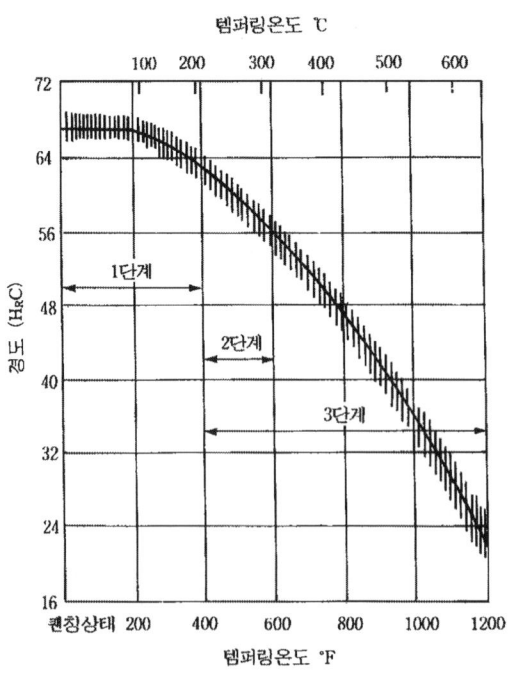

그림 9 탄소공구강(STC 3)의 경도와 템퍼링온도의 관계
(1%탄소, 25mm 직경, 790℃ 수냉)

6.2 실습 순서

(1) 시편의 열처리

① STC 3종의 표준조직을 관찰하기 위하여 표 1과 같이 열처리를 행한다.
② 열처리된 시편의 표면부분은 연마하여 탈탄층의 영향을 제거한다.

표 1 STC 3종의 표준조직 열처리 〔25mmϕ〕

조직	가열온도	유지시간	냉각방법	비고
망상 시멘타이트	920℃	1시간	공냉	
구상 시멘타이트	780℃	1시간	노냉	풀림 후 열처리
마르텐사이트	920℃	1시간	수냉	

(2) 시편의 연마

① 열처리하지 않은 시편과 열처리한 시편을 연마지를 이용하여 연마한다. 이 때 연마지를 바꿀 때마다 연마방향이 직교하도록 하며, 이 전의 연마지에서 생긴 스크래치를 완벽하게 없애도록 한다.
② 연마가 완료되면 시편에 묻어 있는 이물질을 완전히 세척한 후 연마제를 이용한 미세 폴리싱을 한다.
③ 폴리싱에 사용되는 연마제는 $0.05\mu m$짜리 Al_2O_3분말을 이용하며, 물과 1 : 10의 비율로 섞어 사용한다.
④ 경면으로 폴리싱이 되면, 초음파세척기나 흐르는 물을 이용하여 표면의 이물질을 완전히 제거시킨 후 드라이어로 말린다. 이 후에는 시편의 표면을 손으로 만지거나 다른 물질이 묻게 해서는 안 된다.

(3) 시편의 부식

① 폴리싱이 완료된 시편을 적당한 부식액을 준비하여 부식시킨다. 이 때 사용하는 부식액으로는 picral(5%)액을 사용한다.
② 부식시간은 재료의 종류 및 열처리 상태에 따라 다르지만, 약 5~10초 정도를 부식시킨다. 이 때 부식이 균일하게 일어나기 위해선 표면에 이물질이 묻지 않아야 하며, 부식액이 시편에 고르게 작용해야 한다.
③ 부식이 끝나면 재빨리 흐르는 물에서 세척해야 하며, 부식액이 완전히 씻기면 드라이어를 이용하여 건조시킨다.

(4) 현미경 관찰
① 시편을 부식시킨 후 부식된 표면을 현미경을 이용하여 관찰한다.
② 조직의 관찰은 저배율에서부터 고배율의 순서로 관찰한다. 관찰하면서 필요한 부분은 사진을 찍거나 스케치한다.
③ 조성차이 및 열처리 유무에 따른 조직의 변화를 관찰할 때 중점적으로 관찰하여야 하는 대상은 다음과 같다.
 - 결정립의 크기와 모양
 - 페라이트와 펄라이트의 량적 비율
 - 펄라이트의 층상간격 변화
 - 조직 내의 불순물, 비금속개재물

(5) 시편의 보관 및 보고서의 작성
① 관찰이 끝난 시편은 분류 표기를 하여, 건조된 데시케이터에 보관한다.
② 조직의 스케치 또는 사진, 강의 종류, 열처리 공정, 부식조건, 관찰배율, 조직관찰 결과, 관찰자 등을 표 2에 나타낸 바와 같이 정리하여 보고서를 작성한다.

표 2 조직관찰 결과의 데이터 정리

조직사진				
강종	열처리 공정	부식조건	관찰배율	
STC 3	920℃×1hr	피크린산($C_6H_3O_7N_3$)(2g) +NaOH (25g) +물 (100cc)	400배	
조직평가				
관찰자	김구리, 박강철, 신황동, 공석강			

7. 구리합금의 현미경 조직검사

과 목 명	조직 시험 1 (광학현미경 분석)	과제번호	MG-00
실습과제명	구리합금의 현미경 조직검사	소요시간	8시간
목 적	구리합금의 종류 및 열처리 조건에 따른 재질 특성의 변화를 알 수 있게 된다. 또한 구리 및 구리합금의 연마와 부식의 조건을 알고, 특히 칼라부식에 의한 조직의 판별법을 알게 된다.		
사용기재, 공구, 소모성 재료	규 격	수 량	비 고
황동 및 순동	ø25×20	각 20개	
마운팅 장비	cold mounting	적량	
연마장비	연마포 및 폴리싱기	적량	
부식액 제저용 시약	$Na_2S_2 \cdot 5H_2O$ $K_2S_2O_5$ H_2PO_4	적량	안전에 유의할 것. 시약 보관 철저
현미경	도립식	2대	
폴라로이드 필름		2통	

교육내용

1. 순동(Cu)의 성질
    1) 순동의 물리적 성질
    2) 순동의 기계적 성질
    3) 순동의 화학적 성질
2. 황동(Cu-Zn)의 성질
    1) 화학적 조성과 그 용도
    2) 황동의 조직
3. 동합금의 열처리
    1) 균질화 처리
    2) 어닐링
    3) 응력 제거 처리
    4) 강화 처리

7.1 관련 지식

1) 순동(Cu)의 성질

Cu는 Al과 함께 비철 금속 재료 중에서 가장 중요한 금속 원소 중의 하나이며, 다른 금속에 비해 우수한 특징은 다음과 같다.

① 열과 전기의 양도체이다.
② 전연성이 우수하여 가공이 용이하다.
③ 내식성이 우수하다.
④ 색상이 아름답다.
⑤ Zn, Sn, Ni, Ag, Au 등과 용이하게 합금을 만든다.

(1) 순동의 물리적 성질

순동의 물리적 성질을 표 1에 나타냈다. 이러한 성질은 격자결함이나 불순물 원소의 양에 따라 달라진다. 예를 들면 불순물의 함량이 증가함에 따라 순동의 전기 전도도는 직선적으로 감소한다.

표 1 Cu의 물리적 성질(99.95%Cu)

성 질	수 치	성 질	수 치
원 자 량	63.57	비 열 (20℃)	0.092cal/g/℃
결정구조	FCC, a=3.6Å(20℃)	용 해 잠 열	48.9cal/g
밀도(20℃)	8.89g/cm^3	증 발 잠 열	1150cal/g
액상선 온도	1083℃	열전도도(20℃)	0.934cal/cm^3/cm/sec/℃
고상선 온도	1065℃	전기 전도도	약 101 IACS
끓는 점	2595℃	고유저항(20℃)	1.71μΩ-cm
열팽창 계수		저항의 온도계수	20℃ 0.00397/℃
(20~100℃)	16.8×10^{-6}	탄 성 계 수	12,000kg/mm^2
(20~300℃)	17.7×10^{-6}	용해시 부피변화	4.05%

(2) 순동의 기계적 성질

동의 기계적 성질은 불순물의 함유량, 열처리 및 가공도에 따라 현저하게 변화된다. 동의 항복 강도는 낮지만, 가공 경화율은 다른 면심 입방체의 금속보다는 높은 편이다. 그림 1은 가공도에 따른 기계적 성질의 변화를 나타낸 것이다.

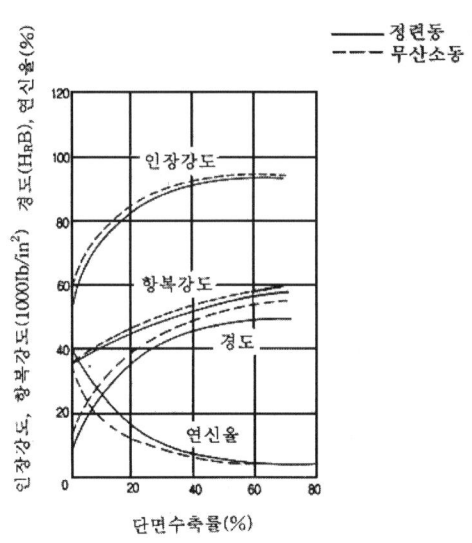

그림 1 순동의 가공도에 따른 기계적 성질의 변화

동의 연화 온도도 가공량 및 순도에 영향을 받는데, 보통 150℃~300℃ 사이에서 연화된다. 고온에서 동의 강도는 고온이 될수록 감소하지만, 연성은 약 500℃까지는 저하하다가 그 이상의 온도에서는 다시 증가된다.

(3) 순동의 화학적 성질

동은 상온의 건조한 공기 중에서는 그 표면이 변화하지 않으나, 장시간 대기 중에 방치하면 CO_2, SO_2 및 수분 등과 반응하여 표면에 녹색의 염기성 탄산동〔$CuCO_3 \cdot Cu(OH)_2$〕이나 염기성 황산동〔$CuSO_4 \cdot Cu(OH)_2$〕 등이 형성된다. 이 부식 생성물은 어느 정도 부식 속도를 감소시키는 보호 피막의 역할을 하며, 외관도 좋아 인위적으로 표면에 형성시킬 때도 있다. 또한 동은 담수 및 해수에서도 내식성이 우수하므로 배관, 탱크, 열교환기 등에 널리 사용된다.

2) 황동(Cu-Zn)의 성질

(1) 화학적 조성과 그 용도

황동(brass)은 Cu-Zn 합금 및 이것에 따른 원소를 첨가한 합금을 말하는 것으로, 실용적으로는 약 40%까지의 Zn이 첨가된다. Zn 이외의 첨가 원소는 보통 4%를 넘지 않으며, 황동의 성질을 개선하여 여러 가지 용도로 사용된다. 표 2는 대표적인 황동의 조성 및 그 사용 예를 나타낸 것이다.

α황동은 높은 연신율과 함께 충분한 강도, 우수한 내식성, 미려한 색상, 우수한 용접성 등의 특징을 갖고 있다. 또한 황동에 Ni 또는 Cr을 도금하여, 그 우수한 열전도도를 이용한 열전달 매체로 사용되기도 한다.

강도와 연신율이 가장 좋은 경우는 30%Zn 조성이며, 딥 드로잉성(deep drawability)이 매우 좋다.

표 2 대표적인 황동의 화학 조성과 용도

제품명	공칭조성 (%)	가공 특성	용 도
220	10%Zn	냉간 가공성이 우수하여 heading, upsetting, 냉간단조 및 프레스 가공	인쇄용 동판, 주방용품, 체망, 틈마개 재료, 립스틱 통, 나사, 리벳
240	20%Zn	냉간 가공성이 우수함	배터리 뚜껑, 악기, 시계 다이어, 펌프 라인 플렉시블 호스
260 cartridge brass	30%Zn	냉간 가공성이 우수함	라디에이터 코아와 탱크, 전구 꼭지, 자물쇠, 경첩, 폭발물 용기, 배관용 부품, 핀, 리벳
268, 270	35%Zn	냉간 가공성이 우수함	라디에이터 코아와 탱크, 전구 꼭지, 자물쇠, 경첩, 배관용 부품, 핀, 리벳
280 Muntz metal	40%Zn	열간 성형성과 블랭킹	건축용 금속제품, 대형 볼트와 너트, 브레이징 봉, 축전기 판, 열교환기와 응축기용 관, 열간 단조 재료
inhibited admiralty	28%Zn, 1.0%Sn	성형 및 굽힘 가공성	응축기 및 열교환기용 관재, 증류기용 관재, 보일러의 접합부를 보강하기 위한 금속테
naval brass	37.25%Zn, 0.75%Sn	열간 단조, 블랭킹, 드로잉, 벤딩, 헤딩, 업셋팅	볼트, 너트, 프로펠러의 축, 리벳, 응축기용 관재, 용접봉
687	39.0%Zn, 2.0%Al, 0.1%As	냉간 단조 및 벤딩 가공성	응축기, 증발기 및 열교환기의 관, 응축기용 판재, 보일러의 접합부를 보강하기 위한 금속테
688	22.7%Zn, 3.4%Al, 0.4%Co	열간 및 냉간에서의 블랭킹, 드로잉, 단조, 벤딩, 스탬핑	스프링, 스위치, 접촉기, 계전기, 드로잉 제품

(2) 황동의 조직

그림 2는 Cu-Zn계의 평형 상태도이다. 이 합금계에는 α, β, γ, δ, ϵ, η 등 여러 상이 존재할 수 있으나, 공업용 황동에 쓰이는 것은 45%Zn 이하이므로, α와 β만이 고려의 대상이 된다.

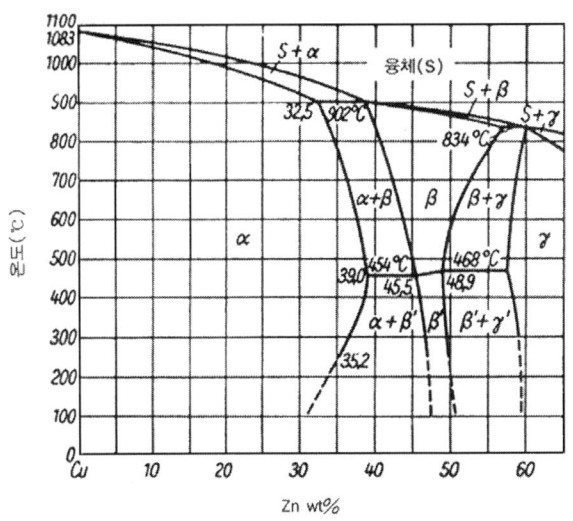

그림 2 Cu-Zn 상태도

α고용체는 456℃에서 최고 39%Zn을 함유한다. Zn의 함유량이 증가하면 β고용체가 형성된다. α고용체는 면심 입방체, β고용체는 체심 입방체의 구조를 가지며, β고용체는 냉각함에 따라 468~456℃ 구역에서 불규칙 격자인 β가 규칙 격자인 β′으로 변태하게 된다. 50%Zn 이상의 조성에서는 γ고용체가 형성되지만, 그 γ고용체는 매우 취약해서 공업적인 용도에는 이용되지 않는다. 따라서 공업적인 용도의 황동은 다음의 2가지로 크게 대별될 수 있다.

① Zn을 35%까지 고용하는 α황동
② Cu와 Zn의 비율이 60 : 40인 것에 기초한 (α+β) 황동

그림 3에 나타낸 것은 단상의 α황동의 어닐링 조직이다. 결정립 내에서 많은 어닐링 쌍정(annealing twin)이 관찰되는데, Zn의 함량이 많아질수록 α결정립계에서 더 많은 쌍정이 관찰된다.

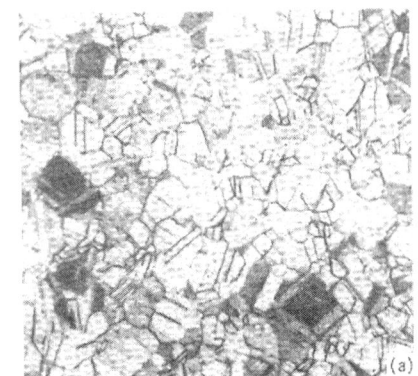

그림 3 상용 청동과 cartridge brass의 미세조직(a : Cu-10%Zn, b : Cu-30%Zn)

3) 동합금의 열처리

(1) 균질화 처리

균질화란 합금의 주조시에 자연히 생기는 유핵 조직 및 화학 성분의 편석을 제거하기 위해 비교적 고온에서 장기간 유지시켜, 원자의 확산을 충분히 일으켜 주는 열처리를 말한다. 동합금에 균질화 처리가 응용되는 것은 냉간 또는 열간 가공시에 가공용 잉고트의 가공성을 높이기 위한 것과 주조품에 적절한 강도, 연성 및 강성을 부여하기 위함이다.

일반적으로 α황동, α알루미늄 청동 및 베릴륨동계의 주조품은 응고 범위가 좁기 때문에 편석의 정도가 적어, 대부분의 경우 1차의 가공 및 보통의 어닐링에 의해 편석이 제거되므로 가공이 끝난 제품 또는 중간 가공이 된 제품들은 균질화가 필요치 않지만, 응고 범위가 넓은 주석 청동(인청동), 큐프로 니켈, 실리콘 청동 등은 쉽게 편석이 제거되지 않으므로, 균질화가 필요한 합금들이다.

균질화에 필요한 온도 및 시간은 합금의 종류, 주괴의 입자 크기 및 균질화의 정도에 따라 다르게 된다. 통상적으로 온도는 최고 어닐링 온도보다 높은 온도로 고상선의 50℃ 이내의 온도로 하며, 유지 시간은 3 내지 10시간 정도로 한다.

(2) 어닐링

① 어닐링의 개요

어닐링은 금속 및 합금을 연화시킬 목적으로 행하는 열처리를 말하며, 제품의 소성 가공의 중간이나 후에, 또는 주조재 등에 적용이 된다. 어닐링의 공정에는 가열 속도, 가열 온도, 가열 시간, 분위기 및 냉각 속도 등이 포함된다.

냉간 가공된 금속의 어닐링은 적당한 온도로 가열하여 재결정시키거나, 경우에 따라서는 결정립 성장이 일어나도록 하는 것으로, 동 및 동합금에 일반적으로 적용되는 어닐링 온도를 표 3에 나타냈다. 어닐링 과정은 우선적으로 가열 온도와 가열 시간에 영향을 받으며, 가열 속도나 냉각 속도는 그리 중요하지 않다. 그러나 가열원이나 가열로의 설계, 가열로의 분위기 및 열처리재의 형상 등은 어닐링 제품의 균질성, 마무리 정도와 비용 등에 영향을 미치기 때문에 매우 중요한 요소가 된다.

냉간 가공량이 많으면 재결정 온도는 낮아지고, 어닐링 전의 변형이 작을수록 결정립은 커지게 된다. 또한 어닐링 온도와 어닐링 시간이 일정하다면 가공 전의 결정립도가 클수록 재결정 후의 결정립도도 크게 된다.

표 3 냉간 가공된 Cu 및 Cu합금에 주로 적용되는 어닐링 온도

분류	합금형	화학조성 (%)	어닐링 온도 (℃)
가공용 Cu	Electrolytic tough pitch(ETP)	99.99%Cu-0.04%O	250~650
가공용 Cu합금	Commercial bronze	90%Cu-10%Zn	425~800
	Cartridge brass	70%Cu-30%Zn	425~750
	Aluminium bronze	95%Cu-5%Al	425~750
	Muntz metal	60%Cu-40%Zn	425~600
	Admiralty metal	71%Cu-28%Zn-1%Sn	425~600
	Naval brass	60%Cu-39.25%Zn-0.75Sn	425~600
	Phosphor bronze (C)	91.8%Cu-8%Sn-0.15%P	475~675
	Cupro-nickel (30%)	69.5%Cu-30%Ni-0.5%Fe	650~815
	Beryllium copper	97.9%Cu-1.9%Be-0.2%Ni(or Co)	775~1050[a]

(a) 용체화 처리 온도

② 일반적인 주의점

㉮ 전처리의 효과

　　냉간 가공량과 냉간 가공 전의 어닐링 조건은 냉간 가공재의 어닐링 결과에 지대한 영향을 미치므로, 모든 어닐링 공정은 이러한 전처리에 대한 고려를 하여 행해야만 한다. 일단 어닐링 공정이 확립되면 어닐링 공정과 전처리 공정이 어우러져 일정한 재질이 되도록 해야 한다.

㉯ 열충격과 가열 균열

　　열충격은 급격하고 극단적인 온도 변화가 있을 경우 발생한다. 열충격에 의한 응력은 열팽창, 열전도도, 강도, 인성 그리고 금속의 상태와 온도 변화 속도 등에 의해 영향을 받는다. Pb, Pb와 Sn, 또는 Pb와 Bi나 Te 등의 불순물을 함유하는 황동의 경우는 열간 취성(hot shortness)을 나타낸다. 만일 그러한 합금이 특히 표면에 높은 인장 잔류 응력이 존재하고 있는 경우에는 반복적으로 극단적인 온도 변화를 받으면 열충격이 생기기 쉬우므로 가열 속도를 작게 할 필요가 있다.

　　또한 잔류 응력이 큰 동합금을 급속히 가열하면 균열이 발생하는 경우가 있는데 이러한 현상을 가열 균열(fire cracking)이라 한다. 특히 Pb를 함유하는 합금들은 이러한 가열 균열을 일으키기 쉬우므로, 응력이 제거될 때까지는 서서히 가열하므로써 가열 균열의 방지를 꾀할 수 있다.

㉰ 수소 취성

노내에 수소가 존재하면 Cu 중에 존재하는 산소와 반응하여 수증기를 만들어 금속 내에 작은 기공을 형성하므로써 취성을 일으키기 쉬워진다. 따라서 산소가 함유된 Cu를 어닐링할 때에는 노내 분위기 중에 존재하는 수소의 양을 극소화시킬 필요가 있다. 480℃ 이하에서 어닐링을 행하는 경우, 수소의 농도가 1% 이하로 되게 하여야 하며, 이보다 높은 온도인 경우에는 수소량을 거의 없게 하여야 한다.

㉱ 산화

대부분의 동합금에 있어서 합금 원소는 선택적 산화에 민감하다. 이는 Cu의 산화물 형성 자유 에너지가 금, 은, 백금 및 파라디움을 제외한 다른 합금의 산화물 형성 자유 에너지보다 작기 때문이다.

㉲ 어닐링 시간

대부분의 열처리로는 가열하는 동안에 노내 분위기의 온도와 금속의 온도는 어느 정도의 차이가 있다. 그러나 대부분의 경우 온도 측정은 노내 분위기의 온도를 측정하고 있으므로 이를 감안하여 장입물에 따라 어닐링 온도 및 시간을 결정하여야 한다.

㉳ 주조품의 어닐링

알루미늄 청동이나 망간 청동 등과 같은 이상 조직(duplex structure)을 갖는 동합금 주물의 경우엔 금형 냉각의 효과를 수정하기 위한 수단으로 어닐링을 실시할 수 있다. 이는 사형과 같은 매우 극단적인 서냉이나, 금형이나 다이캐스팅과 같은 매우 극단적인 급랭의 경우에는 매우 높은 경도와 낮은 연성, 때로는 낮은 내식성을 갖는 조직의 주물이 될 수 있기 때문이다.

주물에 대한 대표적인 어닐링 조건은 580~700℃ 정도의 온도에서 1시간 정도이다. 알루미늄 청동의 경우엔 어닐링 후 강제 송풍이나 수냉에 의한 급속 냉각을 행하는 것이 좋다.

㉴ 윤활유에 의한 오염

어닐링되는 금속의 표면에 윤활유가 묻어 있으면 얼룩이 지게 되고, 이것은 쉽게 지워지지 않는다. 따라서 열처리로의 종류나 어닐링 부품의 종류에 관계없이 어닐링 전에 금속의 표면에 묻어 있는 윤활유는 가능한 한 제거시키는 것이 좋다.

㉵ 어닐링 결과의 분석

어닐링 결과의 분석을 위한 시료는 어닐링의 최종 조건의 것이어야 한다. 대부분의 동합금에는 결정립 성장을 억제하는 것이 없으므로, 가장 정확히 어닐링의 결과를 알 수 있는 분석법은 평균 결정립도를 조사하는 것이다. 결정립도는 재료의 양부를 결정하는 가장 일반적인 근거가 된다. 그러나 결정립도의 측정을 위해서는 특별한 장비가 필요하기 때문에 생산 현장에서는 항시 이 방법을 쓰는 것은 아니고, 미리 경도와 결정립도와의 관계를 구해 두고 이를 근거로 해서 경도 시험에 의해 결정립도를 추정하고 있다.

(3) 응력 제거 처리

응력 제거 열처리는 재료의 특성에 크게 영향을 미치지 않으면서 재료의 내부 응력을 제거하기 위한 목적으로 행하는 열처리로서, 보통 재결정 온도 이하의 온도에서 실시한다.

냉간 가공에 의한 동합금의 제조 공정 중에는 소성 변형에 따른 강도 및 경도의 증가가 야기되며, 이러한 소성 변형은 탄성 변형을 수반하기 때문에 가공된 재료의 내부에는 잔류 응력이 남아있게 된다. 재료의 표면에 인장 잔류 응력이 많이 남아있게 되면 절단이나 기계가공 중에 예기치 못한 뒤틀림 현상이 발생하거나, 브레이징이나 용접 중에 열간 균열을 발생시킬 수 있고, 응력 부식 균열(stress corrosion cracking)에 대한 민감성이 커지는 등의 문제가 생긴다.

실제로 15% 이상의 Zn을 함유하는 황동은 인장 잔류 응력이 있는 상태에서 약간의 암모니아를 함유하는 대기 중에 노출되면 응력 부식 균열이나 자연 균열(season cracking)을 일으킨다. 또한 냉간 가공을 한 알루미늄 청동이나 실리콘 청동 등은 좀 더 심한 부식성 분위기에서 응력 부식 균열을 일으킬 수 있다.

표 4 Cu합금에 주로 적용되는 응력 제거 처리 온도

분류	합 금 명	응력 제거 온도(℃)[a]
가공용 Cu합금	Gilding metal	190
	Commercial bronze	205
	Cartridge brass	260
	Red brass	230
	Low brass	260
	Yellow brass	260
	Muntz metal	205
	Free-cutting brass	245
	Admiralty metal	290
	Phosphor bronze	205
	Cupro-nickel	260
	Nickel silver	260
	Aluminium bronze	345

(a) 이 온도에서 1시간 유지

한편 인청동과 큐프로 니켈 등 응력 부식 균열에는 그다지 민감하지 않은 재료에 있어서는 급속하게 가열될 때 발생하는 가열 균열(fire cracking)을 일으킬 염려가 있으므로, 어떠한 경우에라도 잔류 응력은 될 수 있는 한 제거되어야 한다.

응력 제거 열처리시에는 기계적 성질을 해치지 않는 것이 중요하므로, 응력이 제거되는 한도에서 가능한 한 낮은 온도로 열처리해야 한다. 동합금에 적용되는 대표적인 응력 제거 열처리 온도를 표 4에 나타냈다. 냉간 단조품이나 용접 구조물의 경우에는 이들 온도보다 보통 50~100℃ 정도 높은 온도에서 행하는 것이 일반적이다. 조업상의 관점에서 본다면 응력 제거는 높은 온도에서 짧은 시간에 행하는 것이 유리하지만, 기계적 성질을 보장하기 위해서는 낮은 온도에서 장시간 행하는 것이 필요할 때도 있다.

(4) 강화 처리

동합금에서 열처리에 의한 강화 방법은 크게 두 가지로 나뉜다. 첫째는 고온에서 퀜칭하여 연하게 한 다음, 저온에서 열처리하여 강화시키는 방법이고, 둘째는 마르텐사이트형의 반응을 통한 고온으로부터의 퀜칭에 의한 강화 방법이다.

전자에는 용체화 처리 후 중저온에서 열처리하는 석출 경화, 스피노달 강화, 규칙 강화 등이 해당된다. 퀜칭에 의한 강화가 적용되는 합금에는 알루미늄 청동, 니켈-알루미늄 청동 그리고 몇 가지 황동이 이에 속한다. 퀜칭 강화 합금들은 일반적으로 강의 경우와 마찬가지로 템퍼링에 의하여 경도를 감소시키고, 인성과 연성을 향상시킨다.

① 저온 열처리에 의한 강화

㉮ 석출 경화

동합금에 있어서 석출 경화는 온도의 저하에 따른 용질 원자의 용해도 감소를 이용해 석출물을 생성시킴으로써, 기계적 성질의 향상과 함께 석출상의 생성에 따라 기지 조직에 잔류하는 용질 원자의 양이 감소되는 것에 의한 전도도의 향상을 동시에 꾀할 수 있다는 점에서 매우 유용한 강화 방법이라 할 수 있다. 따라서 석출 경화형 동합금의 대부분은 전기 및 열전도용으로 이용되고 있으며, 열처리 공정도 필요한 기계적 강도와 전기 전도도를 얻을 수 있도록 고안하고 있다.

따라서 석출 경화의 일반적인 방법은 단상 구역인 고온에서 용체화 처리를 한 후 급랭 처리에 의해 과포화 고용체를 만든 후, 적당한 온도에서(일반적으로 3시간을 넘지 않는 시간동안) 시효 석출에 의해 경화시키는 것이다.

㉯ 스피노달 강화(spinodal hardening)

스피노달 분해에 의해 강화되는 합금들은 석출 경화와 비슷한 열처리로 강화된다. 연하고 연성이 있는 스피노달 구조는 고온에서의 용체화 처리 후, 퀜칭에 의해 얻어질 수 있고, 냉간 가공이 가능하다. 저온에서의 스피노달 분해 처리는 시효 처리와 마찬가지로 합금의 경도와 강도를 향상시킨다.

Cu계 스피노달 강화 합금은 기본적으로 Cu-Ni 합금에 Cr과 Sn이 약간 첨가된 것들이다. 강화 기구는 고용체의 miscibility gap과 관계가 있을 뿐이지, 석출에 의한 것은 아니다.

스피노달 강화 기구는 기지 내에서 매우 미세한(Å scale) 화학적 편석이 일어나는 것에 의하므로, 이를 식별하기 위해서는 전자 현미경이 필요하다. 스피노달 분해는 결정학적인 변화를 수반하지 않기 때문에, 스피노달 강화 합금은 강화 중에 매우 뛰어난 치수 안정성을 갖는다.

스피노달 강화의 대표적인 동합금이 Cu-30Ni-2.8Cr 합금이다. 스피노달 구조는(안정하든지 불안정하든지 간에) miscibility gap을 갖고, 합금 성분이 열처리 온도에서 충분한 이동 능력(mobility)을 가져야 형성될 수 있다. 즉, miscibility gap 이상의 온도에서 균질한 상으로 된 합금을 miscibility gap 이하의 온도로 급랭시킨 후, 온도를 유지시켜 주면 각 원소의 확산 속도에 따라 율속되는 반응으로 스피노달 분해가 일어난다. 또한 균질화 온도로부터 연속 냉각에 의해서도 스피노달 분해가 일어날 수 있는데, 이 때에는 냉각 속도가 매우 느리고, 합금 원소들의 확산 속도가 충분히 빨라야 한다.

㈐ 규칙 강화(order hardening)

어떤 합금들은 기지상에 거의 포화되는 정도의 고용이 된 경우, 매우 많은 냉간 가공을 한 후 비교적 낮은 온도에서 어닐링하면 규칙반응이 일어나 경도와 강도가 향상된다. 동합금의 경우엔 Cu-8Al-2Ni 합금, Cu-2.8Al-1.8Si-0.4Co 합금, Cu-22.7Zn-3.4Al-0.4Co 합금 및 Cu-22.7Zn-3.4Al-0.6Ni 합금 등이 규칙 강화형 합금에 속한다.

강화 기구는 Cu 기지상 중에 용질 원자가 단거리 규칙 격자를 형성함으로써 결정 내의 전위 이동을 현저하게 저지시키는 것이다. 규칙 강화는 일반적으로 150~400℃ 정도의 비교적 저온에서 단시간 동안에 실시한다. 따라서 열처리시에 특별한 분위기 제어가 필요없다.

7.2 실습 순서

(1) 시편의 제작

① 준비된 황동과 순동의 시편을 표 5와 같이 열처리한다.

표 5 황동 및 순동 시편의 열처리

재료의 종류	가열온도	유지시간	냉각방법	비 고
순동	800℃	2시간	로냉	
황동	530℃	2시간	로냉	

(2) 시편의 연마

① 열처리하지 않은 시편과 열처리한 시편을 연마지를 이용하여 연마한다. 이 때 연마지를 바꿀 때마다 연마방향이 직교하도록 하며, 이 전의 연마지에서 생긴 스크래치를 완벽하게 없애도록 한다.

② 연마가 완료되면 시편에 묻어 있는 이물질을 완전히 세척한 후 연마제를 이용한 미세 폴리싱을 한다.

③ 폴리싱에 사용되는 연마제는 $0.05\mu m$짜리 Al_2O_3분말을 이용하며, 물과 1 : 10의 비율로 섞어 사용한다.

④ 경면으로 폴리싱이 되면, 초음파세척기나 흐르는 물을 이용하여 표면의 이물질을 완전히 제거시킨 후 드라이어로 말린다. 이 후에는 시편의 표면을 손으로 만지거나 다른 물질이 묻게 해서는 안 된다.

(3) 시편의 부식

① 폴리싱이 완료된 시편을 적당한 부식액을 준비하여 부식시킨다. 이 때 사용하는 부식액으로는 표 6에 나타낸 부식액을 제조하여 사용한다.

② 부식이 끝나면 재빨리 흐르는 물에서 세척해야 하며, 부식액이 완전히 씻기면 드라이어를 이용하여 건조시킨다.

표 6 동 및 동합금의 부식액

부 식 액	적 요	용 도
NH4OH 20㎖ H2O 0~20㎖ 3% H_2O_2 8~20㎖	약 1분간 부식시킴.	구리 또는 구리합금(특히 황동)의 부식에 이용
$(NH_4)_2S_2O_8$ 10g H_2O 90㎖	상온 혹은 끓여서 사용	구리, 황동, 청동, 니켈실버 알미늄청동 등에 이용함.
10% $CuCl_2 \cdot 2NH_4Cl \cdot 2H_2O$ aqueous sol.에 NH_4OH를 가해서 중성 혹은 알카리성으로 만듦		구리, 황동, 니켈실버 등에 이용함. $\alpha-\beta$황동에서 β상이 검게 나타난다.
Grard's No. 1 sol.($FeCl_3$ 20g, HCl 5㎖, H_2O 100㎖)	그래드 시약	구리, 황동, 청동, 알미늄청동에 이용한다. 황동 중의 β상이 검게 나타난다. 또한 조직의 contrast를 높임.
Grard's No. 2 sol.($FeCl_3$ 5g, HCl 10㎖, H_2O 100㎖)		
HNO_3(various concentrations)	0.15~0.3% $AgNO_3$를 첨가하면 깊이 부식됨.	구리 혹은 구리합금에 이용

(4) 현미경 관찰

① 시편을 부식시킨 후 부식된 표면을 현미경을 이용하여 관찰한다.

② 조직의 관찰은 저배율에서부터 고배율의 순서로 관찰한다. 관찰하면서 필요한 부분은 사진을 찍거나 스케치한다.

③ 합금별 및 열처리 유무에 따른 조직의 변화를 관찰할 때 중점적으로 관찰하여야 하는 대상은 다음과 같다.
- 결정립의 크기와 모양
- 열처리 후 나타나는 어닐링쌍정의 관찰
- 상의 차이에 따른 부식면의 색상의 차이

(5) 시편의 보관 및 보고서의 작성

① 관찰이 끝난 시편은 분류 표기를 하여, 건조된 데시케이터에 보관한다.

② 조직의 스케치 또는 사진, 금속의 종류, 열처리 공정, 부식조건, 관찰배율, 조직관찰 결과, 관찰자 등을 표 7에 나타낸 바와 같이 정리하여 보고서를 작성한다.

표 7 조직관찰 결과의 데이터 정리

조직사진	
재료	열처리 공정	부식조건	관찰배율
순동	850℃에서 2시간 유지 후 로냉	사용 부식액	관찰배율
황동	530℃에서 2시간 유지 후 로냉	사용 부식액	관찰배율
조직평가	순동에서의 열처리에 따른 결정립의 크기 및 모양, 어닐링쌍정 등을 관찰 황동에서 α상과 β상을 구별
관찰자	김구리, 박청동, 신황동, 황산동

8. 레플리카에 의한 조직검사

과 목 명	조직 시험 1 (광학현미경 분석)	과제번호	MG-08
실습과제명	레플리카에 의한 조직검사	소요시간	8시간
목 적	기존의 미세조직 관찰방법, 즉 시편을 채취하여 직접 관찰하는 방법과는 달리 시편 표면을 복제하여 조직을 관찰하는 방법을 이용하므로써 비파괴적인 방법을 이용하여 조직을 관찰하는 기능을 익힌다.		

사용기재, 공구, 소모성 재료	규 격	수 량	비 고
조직 관찰용 블럭			
레플리카 필름	0.035mm, 0.08mm	적량	
레플리카 추출용 장비	OMR-1 kit	set	
부식액	Nital(5%)	set	안전에 유의할 것. 시약 보관 철저
현미경	도립식	2대	
폴라로이드 필름		2통	

교육내용

1. 레플리카법의 개요
    1) 금속 표면복제법의 필요성
    2) 레플리카 및 관찰법의 규격화
2. 표면복제법의 기본원리
    1) 1단계 레플리카법
    2) 2단계 레플리카법
    3) 추출 레플리카법
3. 레플리카 채취법
    1) 레플리카 필름
    2) 레플리카 채취요령
4. 실습(레플리카 채취순서)

8.1 관련 지식

1) 레플리카법의 개요

레플리카법은 재료의 조직을 관찰하는 방법의 한 가지로서 1970년대부터 사용하여 왔다. 일반적으로 재료의 조직을 보기 위해서는 대상체로부터 시편을 채취하여 마운팅, 연마, 폴리싱의 시편 준비 단계를 거쳐서 조직을 관찰하는 것이 일반적인 공정이다. 그러나 여러 가지 이유로 인하여 시편의 채취가 불가능한 경우가 있으며 이런 경우에는 기존의 방법으로는 조직관찰이 불가능하게 된다. 이런 경우 표면조직을 복제하여 관찰을 하는 방법을 이용하는데, 이러한 방법을 레플리카법이라 한다. 이 방법의 이용 분야는 매우 다양하여 화력발전 설비나 석유화학 플랜트 설비의 수명평가 분야, 파손분석 분야, 열처리 후의 조직 검사 분야, 주조물의 조직검사, 기타 재료분석 분야 등 조직검사를 요하는 많은 분야에서 폭 넓게 사용되고 있다. 이 방법의 장점은 아래와 같다.

① 실험실뿐만이 아니라 현장에서도 미세조직의 관찰이 가능
② 시편의 채취가 불가능한 경우, 즉 사용중인 플랜트에서도 조직 관찰이 가능
③ 평면뿐 아니라 굴곡진 부위의 조직 관찰이 가능
④ 제품이나 부품의 파손 없이 조직 관찰이 가능
⑤ 숙련됨에 따라 신속한 시간(20분 이내)에 조직 관찰이 가능
⑥ 기존의 관련 장비 없이 매우 저렴한 가격으로 조직 관찰 가능

(1) 금속 표면복제법의 필요성

레플리카법은 발전 설비 및 석유화학 설비에 사용되는 재질의 손상을 측정하기 위해 시작되었다. 이들 설비의 재료들은 용접성을 높이기 위해 저탄소 내열강을 주로 사용하는데, 이러한 재질은 물성치의 변화가 적기 때문에 많은 경우 금속조직의 변화를 관찰하여 손상의 정도를 평가한다. 그러나 발전 설비나 석유화학 설비와 같이 고온, 고압을 받는 설비에서 직접 시료를 채취한다는 것은 매우 어려운 일이며, 이동식 연마기와 현미경을 이용한다 해도 설비 구조의 복잡성 및 여건이 여의치 않아 해상능력이 떨어지는 경우가 많다. 이러한 이유 때문에 금속조직을 다른 물질에 복제시켜 그 물질을 실험실에서 간접적으로 관찰 분석할 수 있는 표면복제법을 많이 사용하고 있다. 실제적으로 레플리카는 광학현미경으로 ×50~×500, 전자주사현미경(SEM)으로 ×100~×10,000 이상까지 관찰이 가능하다.

(2) 레플리카 및 관찰법의 규격화

레플리카의 채취 및 관찰요령에 대해서는 1974년에 제정된 국제 규격 ISO 3057(Non-Destructive Testing-Metallographic Replica Techniques of Surface Examination)이

있으며, 미국의 경우에는 1987년에 ASTM ES 12의 긴급 규격이 제정되어 1990년에 ASTM E 1351(Standard Practice for Production and Evaluation of Field Metallographic Replica)로 정식 규격화되어 있다.

2) 표면복제법의 기본원리

어떤 관찰의 대상이 되는 표면에 레플리카 필름을 부착시킨 후 그 막을 떼어내어 광학 현미경이나 전자주사현미경(SEM)으로 관찰하는 것으로, 1단계 레플리카법, 2단계 레플리카법, 추출 레플리카법 등으로 구별된다.

(1) 1단계 레플리카법

떼어낸 막 즉, 레플리카법의 요철이 관찰하고자 하는 표면의 요철과 반대가 되어 나타나는 방법이다.

(2) 2단계 레플리카법

시편의 요철이 심한 경우나 막을 손상없이 떼어내기가 힘든 경우에 플라스틱으로 만든 두꺼운 레플리카를 만든 후 이로부터 1단계 레플리카법과 같은 얇은 레플리카를 만든다.

이 때의 레플리카의 요철은 시험편 표면과 일치한다.

(3) 추출 레플리카법

적당한 부식액으로 기지(matrix)를 먼저 녹여내어 석출물이나 개재물을 약간 돌출하게 하여 레플리카를 만들고 떼어내기 전에 다시 기지만을 더 부식시켜 석출물이나 개재물이 레플리카에 붙여서 떨어지도록 하여 이를 분석하는 방법이다. 그림 1에는 시편의 미세조직을 직접 관찰한 실제의 조직사진과 레플리카를 이용하여 관찰한 결과를 보여주고 있으며, 거의 차이가 없음을 알 수 있다.

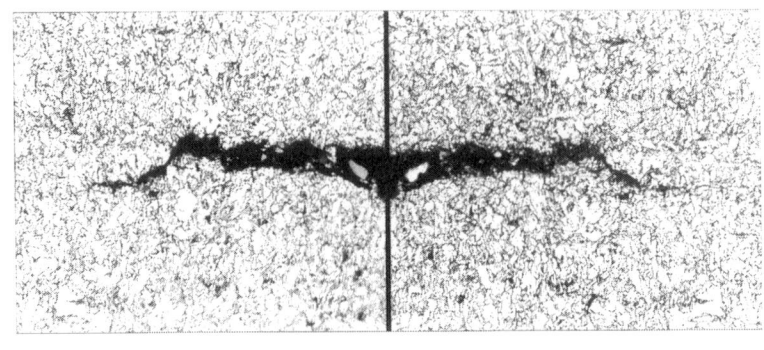

(a) 실제의 조직사진　　(b) 레플리카 필름으로 관찰한 조직사진

그림 1　실제 시편의 조직사진과 레플리카법으로 관찰한 조직사진의 비교

3) 레플리카 채취법

(1) 레플리카 필름

금속조직 검사용으로 사용되는 레플리카 필름은 아세틸셀룰로우즈 필름(acetylcellulose film)과 파라핀을 조합한 것으로 두께는 0.035mm, 0.08mm의 두 종류가 있다. 보통의 경우 0.035mm를 사용하며, 요철이 심하고 온도가 높아 레플리카 필름이 연화하기 쉬운 경우에는 0.08mm를 사용한다. 아세틸셀룰로우즈 필름의 비중은 1.3이고, 흡수율은 24시간 침적시 5%, 최고 사용온도는 100℃이고 용재로는 시약 1급 규격 이상의 메틸아세테이트(methylacetate)를 사용한다.

(2) 레플리카 채취요령

현장에서의 레플리카 채취는 작업장소의 협소, 안전성, 미세한 분진, 기타 다른 작업자들의 왕래 등 많은 제약적인 요소가 있다. 그러나 정밀한 분석을 위해서는 실험실에서 채취한 것과 같은 수준인 양질의 레플리카가 요구되므로 상호간의 유기적인 작업협조, 상단한 숙련과 경험이 요구된다. 또한 설비의 특성상 주 검사부위가 용접부와 같이 in-situ로 검사하여야 하며, 연마에 어려움이 있으므로 충분한 시간을 갖고 여유있고, 세심하게 레플리카 필름을 채취해야 한다.

8.2 실습 순서

(1) 조연마(Rough Grinding)

그라인더로 약 15~20mm의 범위를 0.3~2.0mm의 깊이로 연마하여 탈탄층, 가동층 등의 변질층을 완전히 제거한다. 이 경우 기름 등에 의한 오염층도 완전히 제거하여야 한다.

(2) 세연마(Fine Grinding)

#100, #220, #400, #600, #800, #1000 등 연마지를 이용하여 연마한다. 이 때 각 메쉬마다 전 단계의 연마흔적이 완전히 없어질 때까지 직각방향으로 연마하며, 한 공정이 끝날 때마다 표면을 깨끗이 세척하여야 한다.

(3) 폴리싱(Polishing)

$6\mu m$, $1\mu m$까지 다이아몬드 페이스트를 이용하여 폴리싱을 하며, 폴리싱 후 연마제를 완전히 제거한다.

(4) 부식(Etching)

부식은 레플리카 채취시 가장 중요한 작업 중의 하나이다. 부식의 정도에 따라 조직의 관찰여부가 결정되므로 적당한 부식이 중요하다. 부식은 재료의 열화정도, 진단부위, 온도 등에 매우 민감하므로 일정한 시간으로 규정되어 있는 것은 아니지만, 관찰에 용이하게 부식되어야 하므로 많은 경험이 필요하다. 만약 레플리카를 채취하여 현미경으로 관찰한 결과 과도한 부식이 되었다면, 처음부터 다시 폴리싱하여야 하는 번거로움이 있으므로 작업의 능률이 매우 저하된다. 참고로, 캐비티(cavity)를 관찰하기 위해서는 약하게 부식시키는 것이 좋다. 전자주사현미경(SEM)으로 관찰하기 위해서 금코팅을 한 후 보면, 캐비티는 가운데 부분이 튀어나와 전자를 많이 반사하므로 중앙부분이 희게 나타나며, 카바이드의 경우는 가장자리가 하얗게 나타나므로 쉽게 구별된다. 그러나 과하게 부식되면 카바이드가 떨어져나가 캐비티와의 구별이 어려워진다.

(5) 레플리카 채취단계

① 용제가 적을 때는 피검면과 밀착성이 나빠져서 완벽한 금속조직의 복제가 어렵다.
② 용제가 많을 때는 레플리카 필름이 녹아 기포가 발생하는 경우가 있다.
③ 특히 굴곡이 심한 용접부의 열영향부(HAZ : heat affected zone)는 세심한 주의가 필요하다.
④ 레플리카를 떼어낼 때 완전히 마르지 않으면 오그라들거나 주글거림이 발생할 수 있다.
⑤ 레플리카를 떼어낼 때 속도가 너무 빠르면 줄무늬(striation)가 발생하므로 가능한 한 일정한 속도로 천천히 떼어낸다.

(6) 마킹(Marking)

필름을 붙인 후 마르는 동안 레플리카 가장자리에 견출지를 이용하여 레플리카를 채취한 위치, 부식상태, 붙이는 방향, 기타 특징을 표시한다.

(7) 유리판(Slide Glass)에 부착

유리판에 레플리카의 반대면을 양면 테이프를 이용하여 붙인다. 이 때 레플리카가 고르게 접착되어야만 현미경관찰이 용이하게 된다.

(8) 실습결과의 평가

레플리카에 의한 복제사진과 실제 조직사진을 비교 평가한다.

표 1 조직관찰 결과의 데이터 정리

조직사진	
레플리카에 의한 복제사진	

재료	부식조건	배 율

평가	
관찰자	

제 2 장

재료 시험 1

1. 경도시험의 개요와 실험보고서 작성법
2. 브리넬경도시험과 마이어경도시험
3. 로크웰경도시험
4. 비커스경도시험
5. 쇼어경도시험
6. 미소경도시험
7. 에코팁경도시험
8. 충격시험
9. 인장시험
10. 압축시험

부록

1. 경도측정의 개요와 실험보고서 작성법

과 목 명	재료 시험(1)	과제번호	MT-01
실습과제명	경도측정의 개요 및 실험보고서 작성법	소요시간	8시간
목 적	1. 경도측정방법의 개요를 이해시킨다. 2. 금속재료의 기계적인 성질 중 경도와 강도의 상관관계를 이해시킨다. 3. 실험보고서의 형식과 작성요령을 설명한다. 4. 재료 실험 실습시 안전과 주의사항을 주지시킨다.		
사용기재, 공구, 소모성 재료	규 격	수 량	비 고
OHP	A4	1대	
OHP 용지	A4	30매	
재료시험 슬라이트 자료		60컷	
환등기		1대	

관련 지식

1. 재료 실험의 목적을 설명한다.
2. 경도의 정의와 경도측정방법의 종류를 설명한다.
3. 실험준비 및 수행방법 시 준시사항을 설명한다.
4. 실험보고서의 정의와 형식을 설명한다.
5. 재료 실험 실습시 안전과 실험 시 유의 사항을 주지시킨다.

1.1 경도측정(硬度測定)의 개요(槪要)

1) 경도(硬度)의 정의(定義)

일반적인 경도에 관한 개념은 무르던가 단단하다는 경험에 바탕을 둔 것이다.

(1) 경도(Hardness)에 대한 종래의 정의

어떤 경한 표준 물체를 시편에 압입했을 때 시편에 나타나는 변형에 대한 저항력

(2) 경도값

압입자(표준물체)로 압입할 때 생기는 변형에 대한 저항력의 크기

경도의 정의를 물리적으로 엄격히 표현하기는 매우 곤란한 이유는 녹는 점, 빛의 속도, 전기저항 등의 물리적인 표준상수(물리상수 : physical property)와 달리 재료의 여러 가지 성질의 복합적인 작용 결과 나타나는 것이므로 어느 한 가지의 물리적 성질에 근거를 둔 표준상수 값을 정할 수 없기 때문이다.

그럼에도 불구하고 경도측정이 간편하고 손쉬우며 재료의 다른 기계적인 성질, 예를 들어 강도(strength) 등과 매우 밀접한 관계가 있어 오래 전부터 공업계에서 널리 쓰여 왔다.

경도 측정은 이를 통하여 재료의 물성을 알고자 하는 목적으로 이루어진다.

재료의 물성에는 크게 두 가지가 있다.

① 물리상수(Physical Property)

재료의 물리적 성질에 직접 연관이 되는 것으로서 시험방법이 바뀌어도 그 값이 변하지 않는 성질을 말한다. 여기에는 강도, 탄성계수, 녹는점, 저항 값 등이 포함된다.

② 공업상수(Engineering Property)

재료의 여러 가지 성질이 복합적으로 작용하여 나타나는 물성으로서 시험방법에 따라 그 값이 다르게 나타나는 것으로서 경도, 충격값, 피로 강도 등이 포함된다. 공업상수(Engineering Property) 값이 시험 방법에 따라 다르게 나타나는 이유는 공업상수 값을 측정할 때는 재료의 여러 가지 물성이 복합적으로 작용하기 때문이다. 즉, 여러 가지 물성 가운데 어느 하나에 중점을 두고 시험 방법을 고안하여 시행하면 중점을 둔 물성에 따라 시험 값이 크게 바뀌는 것이다. 그 예로서 경도에 영향을 미치는 물성으로는 마찰계수, 긋기에 대한 저항, 절삭 저항, 소성변형, 탄성계수, 항복점, 인장강도, 탄성진동, 감쇠량 등과 같은 것들에 의해서 서로 다르게 나타나게 된다.

㉮ 긋기에 대한 저항에 중점을 둔 긋기 경도 값(scracth hardness value)

모스경도시험, 마텐스경도시험

㉯ 반발 저항에 중점을 둔 반발경도 값(rebound hardness value)
쇼어경도시험, 에코팁경도시험

㉰ 소성변형 저항에 중점을 압입경도 값(indentation hardness value)
브리넬경도시험, 로크웰경도시험, 비커스경도시험, 미소경도시험 등

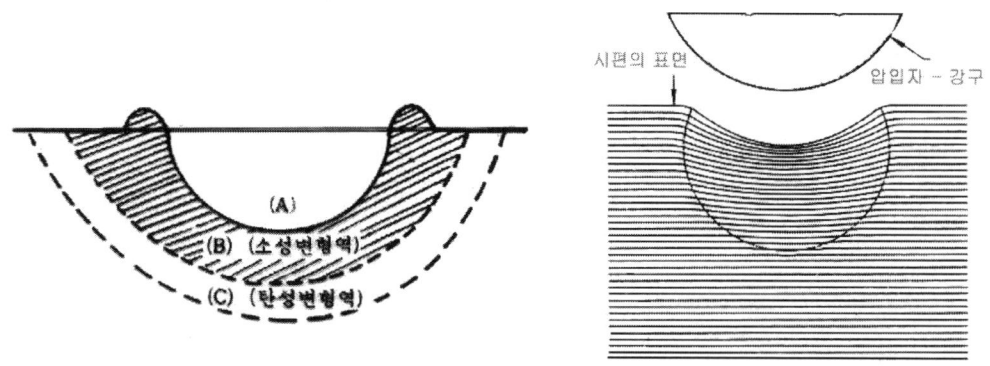

(a) 압입경도시험 시 나타나는 재료의 변형형태
(b) 연강재의 압입 시 Grid Pattern

그림 1

이러한 이유로 경도를 포함한 공업상수 값에는 어떤 정확한 물리적 정의가 없으며, 그 시험 방법에도 여러 가지가 있게 되는 것이다. 그럼에도 불구하고 보편적인 의미를 갖는 공업상수 값을 구체적으로 측정하기 위하여 많은 시험 방법이 고안된 이유는 공업상수 값이 재료나 제품의 특성을 비교하는 수단으로서 실용상 매우 중요하기 때문이다.

1.2 경도측정의 원리

경도측정에 가장 널리 이루어지고 있는 압입 경도시험은 압자를 일정하중으로 시편에 일정시간 동안 누른 뒤에 압입 깊이나 압입 자국의 크기를 숫자로 나타냄으로써 이루어진다.

(1) 압입경도시험

압입자에 일정하중을 가하여 시편에 일정시간 동안 누른 뒤에 이때 생긴 압입깊이나 압입자국의 크기를 숫자로 표시한 것이다. 압입자에 하중을 가하여 눌렀을 때 압입에 대한 저항이 재료로부터 나오는 것으로 생각되기 쉬우나, 엄밀히 말해서 그림 1에서 나타낸 것과 같이 압입된 곳은 냉간변형되면서 밀려 없어져 버리며 그림에서 (A) 부분의 주위에서는 부서지지는 않으나 변형이 일어난 부분이 (B)에 생기고 이 부분과 탄성 변형역 (C)부분이 시험하중을 떠받치는 것이며, 이 때의 압입 저항의 값을 경도값으로 나타내는 것이다. 다시 말해서 압입이 진행함에

따라 저항값이 증가하여 결국 경도값도 계속 바뀌게 된다. 따라서 경도는 금속이 그 전에 얼마만큼 변형되었는가에 의해서도 영향을 받으며, 또한 그 영향을 받는 정도도 금속의 종류에 따라 다르다.

금속은 탄성변형영역을 벗어나면 가공경화(work hardening) 또는 변형경화(strain hardening)현상을 나타낸다. 따라서 경도값은 탄성변형영역에서 나타나는 탄성변형에 대한 저항값과 하중을 압자에 가하면서 누를 때 소성변형에서 나타나는 가공경화(work hardening)에 의한 저항값의 합에 의한 것이다.

경도값 = 하중을 가하면서 탄성변형 영역에서 나타나는 탄성변형에 대한 저항값 +
소성변형에서 나타나는 가공경화(변형경화)에 대한 저항값

그러므로 변형되지 않는 원재료의 경도값은 알 수도 없으려니와 의미도 없는 것이다. 즉, 시험하중과 압자가 다른 경우에는 냉간변형량이 달라지며 그리하여 경도값도 달라져 다른 하중과 다른 압자에 의해 얻어진 경도 값 사이에는 간단한 수학적인 상사관계가 존재하지 않는다.

1.3 경도시험의 목적

① 단순히 재료의 경도값을 알고자 하는 경우, 별 문제가 없이 적절한 시험방법을 선택하면 된다.
② 경도값으로부터 강도를 추정하고 싶은 경우, 그 근본 목적이 강도의 추정이므로 침탄처리 등의 표면처리된 시편이나 가공경화가 많이 일어나는 재료에 있어서 가공에 의한 표면 경화가 나타난 시편은 경도값으로부터 강도를 추정할 수 없다.(그림 2 참조)
③ 경도값으로부터 시편의 가공상태나 열처리상태를 비교하고 싶은 경우

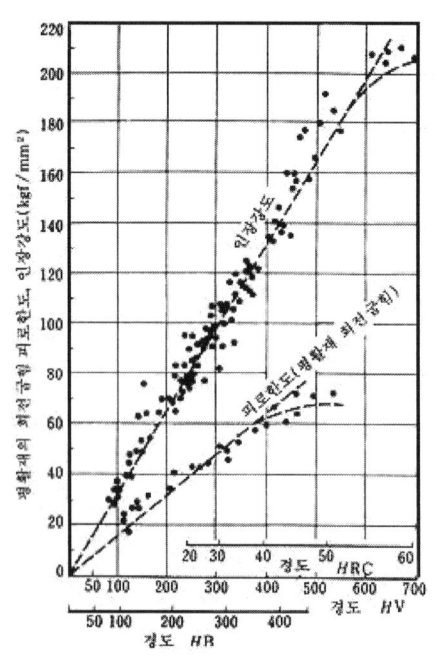

그림 2 경도와 인장강도와의 관계

1.4 실험보고서의 작성법

보고서(report)의 목적은 자기가 한 일의 결과를 다른 사람에게 알리는데 있다.

그러기 위해서는 보고서는 다른 사람이 보기 좋게 그리고 이해하기 쉽게 작성되어야 한다. 즉, 깨끗하고 조리가 있어야 하며 이 둘은 어느 것이 더 중요하다고 말하기는 어려운 것이다. 보고서를 작성하는 사람은 읽을 사람을 항상 염두에 두고, 때때로 다음 사항을 자문하는 것이 좋다.

① 이 보고서를 읽는 독자는 왜 이 보고서를 읽고 있는가?
② 논의되고 있는 주제에 대하여 무엇을 이해하는가?
③ 보고서는 내용을 잘 이해하는 방법으로 작성하는가?

실험보고서의 형식의 한 예는 다음과 같다.

(1) 표지(cover)

시험제목, 시험 년 월 일, 요일, 기온, 기압, 소요시간 등과 시험장소, 공동시험자명 등을 표지에 기입한다.

(2) 목적(object)

보고의 기초가 되는 시험의 목적, 그 자체를 명확하게 쓸 필요가 있다. 목적이 두 개 또는 그 이상의 조합이라 할지라도 독자가 보고서에서 바라는 것을 알 수 있도록 간단명료하게 기술되야 한다.

(3) 이론(theory)

이론을 기술하는 목적은 실험장치나 실험방법의 배경을 충분히 설명하기 위한 것이다. 실험 바탕이 되는 측정원리 및 관련이론을 기술하며, 너무 장황한 것이 되지 않는 것이 좋다. 만일 측정이 표준화되어 있는 경우에는 기술할 필요가 없다. 측정방법이 새로운 것이라든가 또는 옛 방법의 조합한 경우에는 자세히 설명해야 한다. 이론은 강의시간에 배운 것이거나 다른 참고서적으로부터 얻어지며 이 때 책을 그대로 옮겨 쓰는 것은 절대 금물이다. 이와 같이 잘 소화하고 이를 정리하여 자신의 방식대로 써야 한다.

(4) 실험장치(description of apparatus)

실험에 사용한 실험장치 및 측정기구 등에 대하여 정확하고 알기 쉽게 그림을 그려 설명하는 것이 좋다. 실험장치의 배치도, 기구의 명칭 및 사용된 기자재의 제작회사, 모델명 등도 기록하여 둔다.

(5) 실험방법(method of procedure)

시편, 시험조건, 시험순서 및 시험 진행방법에 대한 사항을 충실히 설명한다.

(6) 실험결과(data and results)

시험의 각 과정의 관찰, 시험 측정장치로부터 계산하여 궁극적으로 제시하고자 하는 값들을 도표 또는 그래프의 방식으로 나타낸다.

(7) 고찰(discussion of results)

보고서에서 가장 중요한 부분이라 해도 과언은 아니다. 시험 전반적으로 고찰하고 시험결과를 분석 평가한다. 시험결과가 예상 밖의 것이면 그 원인과 대책을 논한다.

(8) 결론(conclusion)

결론은 시험목적에 벗어나지 않게 기술되어야 한다. 얻어진 실험결과의 성질과 경향 등을 현상과 대비시켰을 때의 물리적 의미나 해석 및 이론식과의 비교 검토에 대하여 기술한다. 실험결과의 유용성과 정밀도에 대하여도 기술한다.

(9) 부록(appendix)
① 계산 실례(sample calculation)
② 관련데이터(supporting data)
③ 실험결과 기록표(original data sheet)

(10) 참고문헌(references)

보고서의 작성이 언급한 참고문헌은 다음 순서로 "저자", "문헌 명", "page", "발간 년도" 순으로 기술한다.

(예) 김규남, 재료시험법, pp119~123, 1997

표 1 경도 비교 환산표

경도 비교 환산표(CONVERSION TABLE)														
HV	HB	Rockwell		Rockwell Superficial		HS	T.S	HV	HB	ROCKWELL			Rockwell Superficial		HS	T.S
		A	C	15-N	30-N					A	B	C				
940		85.6	68.0	93.2	84.4	97		410	388	71.4		41.8	81.4	61.1		137
920		85.3	67.5	93.0	84.0	96		400	379	70.8		40.8	81.0	60.2	55	134
900		85.0	67.0	92.9	83.6	95		390	369	70.3		49.8	80.3	59.3		130
880		84.7	66.4	92.7	83.1	93		380	360	69.8	110.1	38.8	79.8	58.4	52	127
860		84.4	65.9	92.5	82.7	92		370	350	39.2		37.7	79.2	57.4		123
840		84.1	65.3	92.3	82.2	91		360	341	68.7	109.0	36.6	78.6	56.4	50	120
820		83.8	64.7	92.1	81.7	90		350	331	68.1		35.5	78.0	55.4		117
800		83.4	64.0	91.8	81.1	88		340	322	67.6	108.0	34.4	77.4	54.4	47	113
780		83.0	63.3	91.5	80.4	87		330	313	67.0		33.3	76.8	53.6		110
760		82.6	62.5	91.2	79.7	86		320	303	66.4	107.0	32.2	76.2	52.3	45	106
740		82.2	61.8	91.0	79.1	84		310	294	65.8		31.0	75.6	51.3		103
720		81.8	61.0	90.7	78.4	83		300	284	65.2	105.5	29.8	74.9	50.2	42	99
700		81.3	60.1	90.3	77.6	81		295	280	64.8		29.2	74.6	49.7		98
690		81.1	59.7	90.1	77.2			290	275	64.5	104.5	28.5	74.2	49.0	41	96
680		80.8	59.2	89.8	76.8	80	232	285	270	64.2		27.8	73.8	48.4		94
670		80.6	58.8	89.7	76.4		228	280	265	63.8	103.5	27.1	73.4	47.8	40	92
660		80.3	58.3	89.5	75.9	79	224	275	261	63.5		26.4	73.0	47.2		91
650		80.0	57.8	89.2	75.5		221	270	256	63.1	102.0	25.6	72.6	46.4	38	89
640		79.8	57.3	89.0	75.1	77	217	265	252	62.7		24.8	72.1	45.7		87
630		79.5	56.8	88.8	74.6		214	260	247	62.4	101.0	24.0	71.6	45.0	37	85
620		79.2	56.3	88.5	74.2	75	210	255	243	62.0		23.1	71.1	44.2		84
610		78.9	55.7	88.2	73.6		207	250	238	61.6	99.5	22.2	70.6	43.4	36	82
600		78.6	55.2	88.0	73.2	74	203	245	233	61.2		21.3	70.1	42.5		80
590		78.4	54.7	87.8	72.7		200	240	228	60.7	98.1	20.3	69.6	41.7	34	78
580		78.0	54.1	87.5	72.1	72	196	230	219		96.7	18.0			33	75
570		77.8	53.6	87.3	71.7		193	220	209		95.0	15.7			32	71
560		77.4	53.0	86.9	71.2	71	189	210	200		93.4	13.4			30	68
550	505	77.0	52.3	86.6	70.5		186	200	190		91.4	11.0			29	65
540	496	76.7	51.7	86.3	71.0	69	183	190	181		89.5	8.5			28	62
530	488	76.4	51.1	86.0	69.5		179	180	171		97.1	6.0			26	59
520	480	76.1	50.5	85.7	69.0	67	176	170	162		85.0	3.0			25	56
510	473	75.7	49.8	85.4	68.3		173	160	152		81.7	0.0			24	53
500	465	75.3	49.1	85.0	67.7	66	169	150	143		78.7				22	50
490	456	74.9	48.4	84.7	67.1		165	140	133		75.0				21	46
480	448	74.5	47.7	84.3	66.4	64	162	130	124		71.2				20	44
470	441	74.1	46.9	83.9	65.7		158	120	114		66.7					40
460	433	73.6	46.1	83.6	64.9	62	155	110	105		62.3					
450	425	73.3	45.3	83.2	64.3		151	100	95		56.2					
440	415	72.8	44.5	82.8	63.5	59	148	95	90		52.0					
430	405	72.3	43.6	82.3	62.7		144	90	86		48.0					
420	397	71.8	42.7	81.8	61.9	57	141	85	81		41.0					

2. 브리넬경도시험과 마이어경도시험

과 목 명	재료 시험(1)	과제번호	MT-03
실습과제명	브리넬경도시험과 마이어경도시험	소요시간	16시간
목 적	1. 압입경도의 종류와 브리넬경도시험의 측정원리와 특징을 이해시킨다. 2. 브리넬경도시험기의 조작방법을 숙지시킨다. 3. 각종 금속재료의 브리넬경도를 측정하고, 재료의 성분과 조성 및 열처리에 따른 기계적인 변화를 이해시키는데 있다.		

사용기재, 공구, 소모성 재료	규 격	수 량	비 고
브리넬경도시험기	500~3000kg	1	
브리넬경도시험용 확대경	10배	1	
연마지	#200, #400, #600	각각 10매	
OHP 용지	A4	30매	
빔프로젝트		1set	
SM25C			
SM45C			
STC3종			
STC5종			
황동			
Al 합금			

관련 지식

1. 브리넬경도시험 및 마이어경도시험의 측정원리를 설명한다.
2. 브리넬경도시험편의 제작 및 준비요령을 주지시킨다.
3. 압입자의 종류와 특징 및 사용범위를 이해시킨다.
4. 브리넬경도시험기의 조작요령을 설명한다.
5. 개인별, 조별실습을 통하여 협동정신과 책임의식을 고취한다.
6. 시험실습 시 안전과 유의사항을 주지시킨다.

2.1 브리넬경도시험의 관련 지식

1) 시험 목적

① 각종 공업재료의 브리넬경도값 측정
② 각종 공업재료의 경도와 강도와의 관계를 이해
③ 각종 금속재료의 가공상태 및 열처리 상태의 재료특성을 평가하는데 있다.

2) 관련규격 조사

KS B 0805 브리넬경도시험방법 ; JIS Z 2243
KS B 5524 브리넬경도시험기 ; JIS B 7724
KS B 5528 재료시험용 하중검정기
KS A 0021 수치의 맺음법
ASTM E10 Standard Test Method for Brinell hardness of Metallic Materials

3) 브리넬경도시험의 측정원리

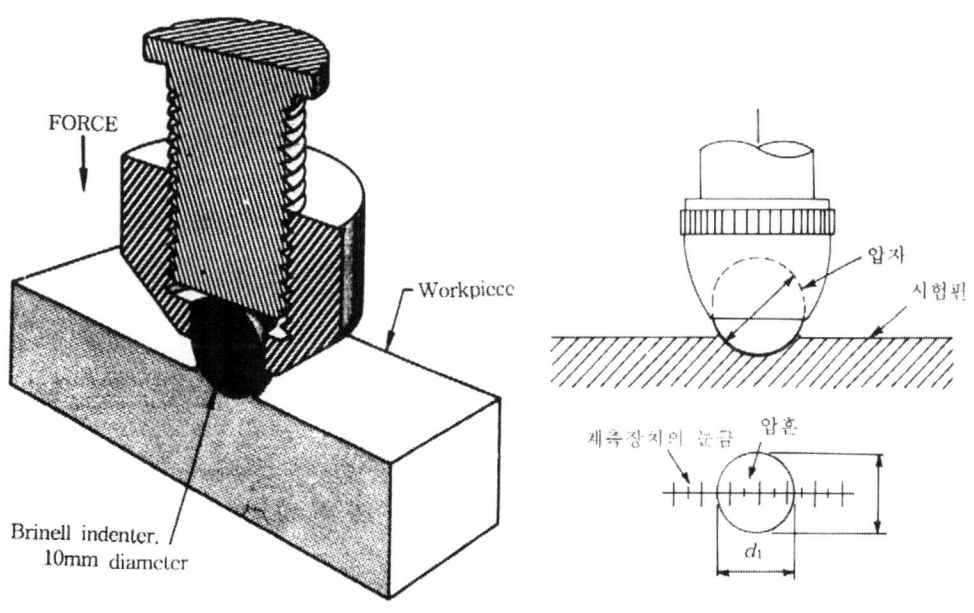

그림 1 브리넬경도시험 시 압입상태에서의 압입자의 단면도

(1) 브리넬경도값(H_B)

$$\therefore H_B = \frac{P}{A} = \frac{P}{\pi Dh} = \frac{2P}{\pi D(D-\sqrt{D^2-d^2})} \qquad (2.1)$$

P : 작용하중(Kgf)
D : 강구(steel ball)의 직경(mm) [크기 ; (10), (5)mm]
d : 강구에 의한 압입자국의 직경(mm)
h : 강구에 의한 압입자국의 최대 깊이(mm) [측정 ; Dial gauge]
A : 강구에 의해서 생긴 압입자국의 표면적(mm^2)

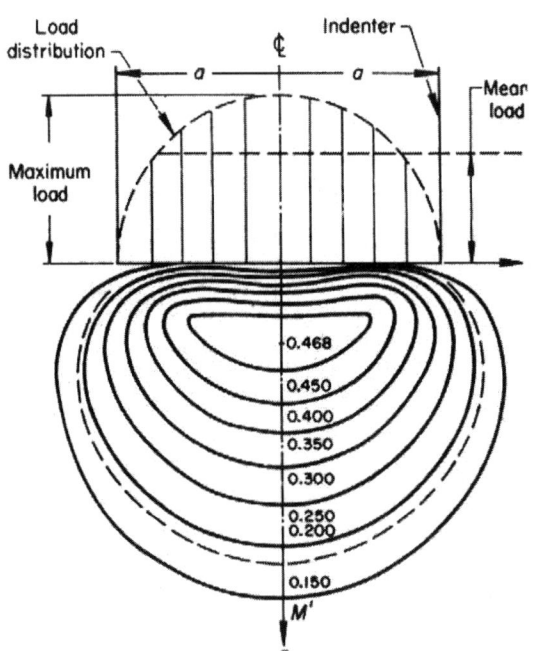

그림 2 강재의 압입 시 응력의 분포

그림 3은 강구의 직경(D)과 압입자국의 직경(d)과의 관계를 나타낸다.
닮은 삼각형 $\triangle NRQ \propto \triangle RPQ$로부터 다음 관계식을 얻을 수 있다.
$\triangle NRQ$, $\triangle RPQ$이 닮은 삼각형이 되기 위한 조건

$$[\because \angle NRQ = \angle RPQ = \angle R, \ \angle PNR = \angle PRQ]$$

$$\frac{PQ}{PR} = \frac{PR}{NP}$$

$$\frac{h}{\frac{d}{2}} = \frac{\frac{d}{2}}{D-h} \qquad (2.2)$$

$$h(D-h) = (\frac{d}{2})^2 = \frac{d^2}{4} \tag{2.3}$$

$$h^2 - dh + \frac{d^2}{4} = 0 \tag{2.4}$$

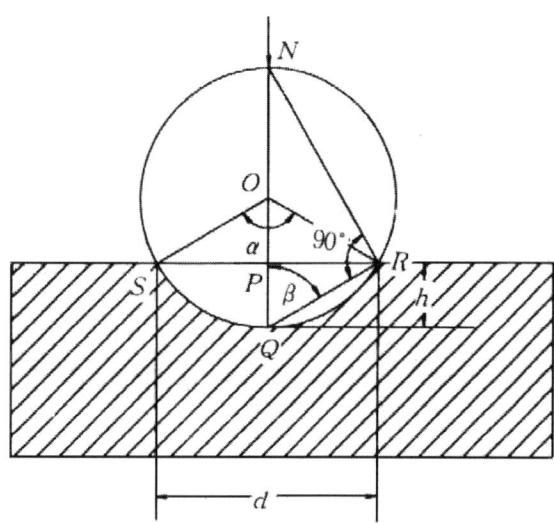

그림 3 steel ball의 직경(D)와 압입자국의 직경(d)과의 관계

압입자국의 깊이(h)는 ball의 지름(D)보다 적어야($h < D$) 하므로(가공경화의 영향 없이) h 값으로는 $h = \dfrac{D + \sqrt{D^2 - d^2}}{2}$ 은 $h < D$를 만족하지 않으므로 결국 h값은 다음과 같이

$$h = \frac{D - \sqrt{D^2 - d^2}}{2} \tag{2.5}$$

$$\therefore H_B = \frac{P}{A} = \frac{P}{\pi D h} \tag{2.6}$$

$$= \frac{P}{\pi D \dfrac{(D - \sqrt{D^2 - d^2})}{2}} = \frac{2P}{\pi D(D - \sqrt{D^2 - d^2})}$$

식 (2.6)에서는 근호(root)가 있으므로 숫자적으로 계산할 필요가 있을 때에는 다음과 같은 급수 전개를 이용하여 전개하는 것이 더욱 편리하다.

$$H_B = \frac{P}{A} = \frac{P}{\pi D h} = \frac{2P}{\pi D(D - \sqrt{D^2 - d^2})} = \frac{P}{\pi \dfrac{D(D - \sqrt{D^2 - d^2})}{2}}$$

$$\fallingdotseq \frac{P}{\frac{\pi}{2}D^2[\frac{1}{2}\frac{d^2}{D^2}+\frac{1}{8}(\frac{d^2}{D^2})^2]} = \frac{P}{\frac{\pi d^2}{4}(1+\frac{d^2}{4D^2})} \tag{2.7}$$

위 식에서 π는 원주율로서 $3.14159\cdots$로 주어지고, P(작용하중)와 D(압입자의 직경)는 처음부터 규정된 수치이므로 따라서 d와 h의 값을 측정하면 브리넬경도값을 구할 수 있다. h : Dial Gauge을 이용하면 측정할 수 있으나 측정이 쉽지 않고, d : 브리넬 경도측정용 확대경으로 측정한다. 너무 깊게 압입하면 시편은 가공경화(변형경화)로 인하여 실제의 경도값과 다르므로 각 (α)은 $90°$를 넘지 않아야 한다.[$\alpha \ll 90°$]

따라서

$$\frac{d}{D} = \sin\frac{\alpha}{2} \leq 0.707 \tag{2.8}$$

$$\frac{h}{D} = \frac{1-\cos\frac{\alpha}{2}}{2} \leq 0.146 \tag{2.9}$$

이 되게 하기 위해서는 실제로 다음과 같은 범위 안에서 시험하는 것이 타당하다.

$$\frac{d}{D} = 0.25 \sim 0.5 \quad (평균\ 0.375) \tag{2.10}$$

마이어의 상사법칙에 의하면

$$마이어(Meyer)는\ 실험에서\ \frac{P}{d^2} = C(\frac{d}{D})^{n'} \tag{2.11}$$

가 됨을 알아냈다. 여기서 C, n'는 재료의 상수이다. 한편 n'는 진응력과 대수변형률 ϵ과의 관계식 $\sigma = k\epsilon^n$에서의 가공경화지수 n과 거의 같다. 그 값은 약 $0 \sim 0.5$ 사이에서 0에 가까운 편이다. 식 (2.12)를 변형하면 다음과 같다.

$$\therefore \frac{d}{D} = C'(\frac{P}{D^2})^{\frac{1}{n'+1}} \tag{2.12}$$

$$H_B = \frac{2P}{\pi D(D-\sqrt{(D^2-d^2)})} = \frac{2}{\pi}\frac{P}{D^2}\frac{1}{[1-\sqrt{1-(\frac{d}{D})^2}]} \tag{2.13}$$

식 (2.13)에서 재료가 같고 $\frac{P}{D^2}$이 같을 때는 경도 값이 같다고 한다.

그런데 재료가 같아도 $\frac{P}{D^2}$가 달라지면 식 (2.7), 식 (2.13)에서 $\frac{d}{D}$가 달라지고 압입자국의 크기와 모양이 달라서 경도값이 달라진다. $\frac{P}{D^2}$가 일정하면 같은 재료에서 $\frac{d}{D}$도 같아져서 기하학적 상사가 이루어진다.

$\frac{d}{2} = \frac{D}{2}\sin\frac{\alpha}{2}$ 이므로 $\frac{d}{D} = \sin\frac{\alpha}{2}$를 식 (2.6)에 대입하면

$$H_B = \frac{P}{A} = \frac{2P}{\pi D(D-\sqrt{D^2-d^2})} = \frac{2}{\pi}\frac{P}{D^2}\frac{1}{[1-\sqrt{1-(\frac{d}{D})^2}]}$$

$$= \frac{P}{\pi D^2}\frac{1}{\frac{(1-\cos\frac{\alpha}{2})}{2}} = \frac{P}{\pi D^2 \sin^2\frac{\alpha}{4}} \qquad (2.14)$$

4) 압입자와 압입하중의 선정

식 (2.14)에서 각(角) α가 일정하다면 $H_B \propto \frac{P}{D^2}$의 관계가 성립하여야 한다. 이 때 각(角)이 항상 동일하게 되도록 시험하거나 동일재료에 대해서 항상 일정한 경도를 얻으려면 하중(P)와 강구의 지름과의 사이에 식 (2.14)가 성립하도록 양자를 선정하면 된다. 실제 문제로서 $\frac{d}{D} = \sin\frac{\alpha}{2} \leq 0.25 \sim 0.50$ (평균치 0.375)의 범위로 하기 위해서는 $\frac{P}{D^2}$값을 각종의 금속에 대해서 어떻게 결정하느냐에 따라 경도를 합리적으로 비교할 수 있다. 이 비의 값, $k = \frac{P}{D^2}$은 재료의 종류와 성질에 따라 다르고, 유연한 재료일수록 적은 값을 사용하고 있다.

표 1은 압입하중과 강구지름과의 관계를 나타낸다. 브리넬경도시험에서 압입자의 직경 D와 시험하중 P의 선정이 매우 중요하다. 브리넬경도시험에서는 강구압자가 가장 많이 사용된다. 그러나 경화된 강재를 시험할 때는 강구압입자를 사용하면 압입 도중에 납작하게 영구변형이 일어나게 된다. 따라서 시험편의 재질에 따라 다음과 같은 압입자를 선정해야 한다. 표 1에서 주어진 것과 같이 압입자의 직경은 시험편의 두께에 따라서 적절하게 선정해준다.

① 강구(steel ball) : $H_B < 450$

고탄소강을 퀜칭하여 사용하며, 진구도 0.0015mm, 지름허용오차는 직경 10, 5mm강구에서 0.01mm정도이다.

② Cr 강구(Cr steel ball) : $H_B < 650 \sim 700$

③ 경질합금(WC)의 볼(ball) : $H_B < 800$

④ 다이아몬드 볼(ball) : $H_B < 850$

압입자의 직경과 시험하중을 선정할 때에는 표 1에서 주어진 것과 같이 $\frac{P}{D^2}$값이 일정하게 되는 조합을 선택해야 한다. 압입자국의 직경(d)이 압입자 직경(D)의 0.24~0.60배가 되어야 하는 이유는 $\frac{d}{D}$가 너무 작으면 압입자국이 너무 작아 측정이 어려우므로 측정오차가 너무 커지기 때문이고, $\frac{d}{D}$가 0.6보다 크면 경도변화에 따라 압입자국의 직경의 크기가 별로 변하지 않기 때문에 경도변화를 뚜렷하게 알 수 없기 때문이다. $\frac{P}{D^2}$값을 일정하게 하는 이유는 비록 다른 하중으로 시험을 하더라도 같은 경도값을 얻기 위함이다.

표 1 하중과 강구지름과의 관계

D (mm)	P(Kg) [$P = kD^2$]				시편의 최소두께 (mm)
	$30D^2$	$10D^2$	$5D^2$	$2.5D^2$	
10	3000	1000	500	250	6 이상
5	750	250	125	62.5	6~3
2.5	187.5	62.5	31.2	15.6	6~3
용도	단단한 재료 (강재, 주철)	Cu와 Al합금	무른 재료 Cu, Al	매우 연한 재료 (Pb, Zn 등)	

5) 브리넬경도시험기

그림 4는 브리넬경도시험기의 외관 및 구조도를 나타낸다.

① 브리넬경도시험용 시험기는 KS B 5524에 규정된 시험기를 사용한다.

② 시험기의 설치는 기초를 충분히 견고하게 설치하여 충분히 안정성이 있고, 누르개의 부착 축을 수직으로 놓고 사용한다.

③ 강구압자는 사용 중 영구변형이 일어나서 하중을 가한 방향과 이에 직각인 방향과의 지름차가 0.01mm를 초과할 때는 사용해서는 안 된다.

이 검사는 적당한 시기에 해야 한다. 경질재료의 시험에 사용한 후 특히 필요하다.

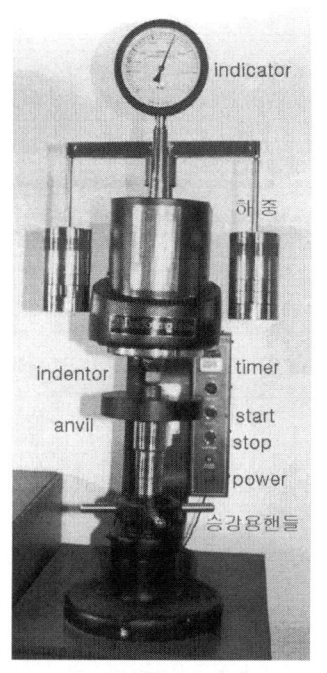 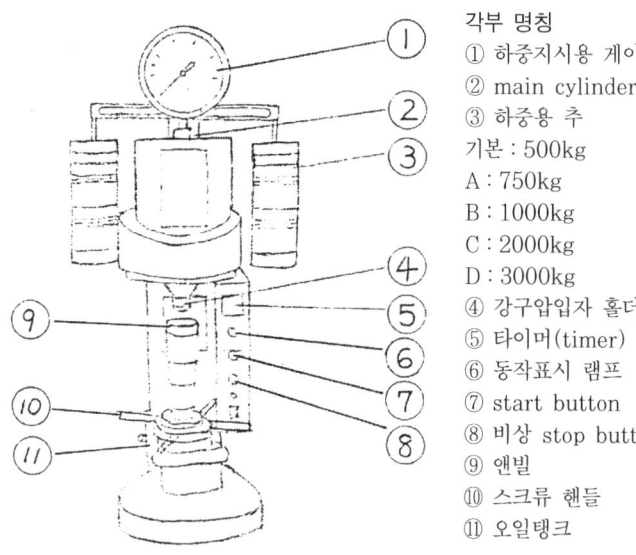

그림 4(a) 브리넬경도시험기의 외관   그림 4(b) 브리넬경도시험기의 구조도와 각부 명칭

④ 일정 기간마다 정밀도에 관한 적합여부를 재확인하여야 한다.

⑤ 하중검사는 KS B 5528(재료시험용 하중검정기)로 압입자 부침 축에 가하는 실하중을 직접 측정하여야 한다. 검사하는 하중은 3000, 1000, 750, 500 Kgf로 하며 각 하중마다 5회 측정하여 각각의 측정치 오차를 허용오차 이내로 한다. 하중에 대한 오차는 다음식 (2.15)에 의하여 계산하고 허용오차는 ±1%로 한다.

$$오차(\%) = \frac{하중용\ 중추의\ 호칭하중 - 실하중}{하중용\ 중추의\ 호칭하중} \times 100 \quad (2.15)$$

6) 브리넬경도시험 결과에 영향을 주는 인자

(1) 시험편의 크기

시험편에 가해진 압축하중을 가하는 형식은 유압식(Hydraulic type), 레버식(Lever type), 펜듈럼식(Pendulum type), 압축공기식(Compressed Air type) 등이 있으나, 일반적으로 그림 5와 같은 유압식이 많이 사용한다. 시험편에 가해진 압력은 항복점의 수 배에 이르므로 자국의 부근은 어떤 범위에 걸쳐서 소성변형을 일으킨다. 압입깊이가 시험편의 두께의 1/3이면 경도는 3%정도 증가한다. 시험편이 적으면 압력을 지지할 만한 충분한 질량이 없으므로 보다 많이 변형하고 따라서 자국도 커진다.

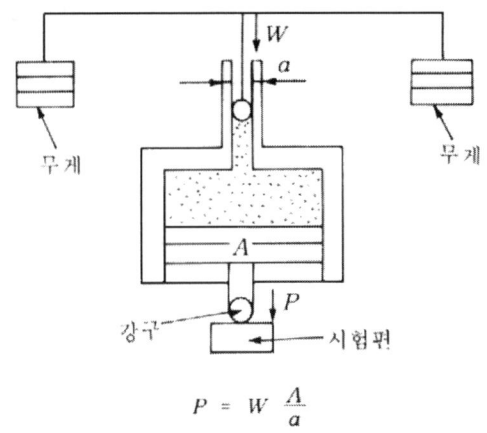

그림 5 유압식 브리넬경도시험 시 부하부분(유압)

(2) 하중작용시간(Period of Loading)

외력과 변형은 항상 평형이 되어 있는 것이 아니다. 소성영역에서는 더욱 그렇고 변형은 시간을 요하는 현상이므로 일반적으로 늦어진다. 이 늦어짐은 재료의 M.P와 실험온도에 의해서 변하고, 말하자면 여문 재료에서는 그다지 크기 않지만 연한 재료에서는 고려해야 한다. 하중을 증가시킬 때 조용히 조작하면 그 사이에 시간의 변화에 의한 영향은 실제로 문제시되지 않으므로 강철에 대해서는 15~20초, 연한 금속은 30초 정도로 한다. 일반적으로 하중작용시간이 길면 하중이 다소 증가한다.

브리넬경도 측정에 포함하는 여러 가지 오차를 생각하면 시험편이 강재의 경우에는 15초 동안만 하중을 가하여도 큰 오차가 발생하지 않는다. 따라서 하중유지시간은 요즈음 표준조건은 10~15초로 하고 있다.

(3) 자국의 지름과 깊이와의 관계

압입자국은 시험편의 소성변형에 의해서 생기므로 탄성변형이 이것과 동반하게 되는 것은 일반의 경우와 마찬가지다. 이 탄성의 회복 때문에 규정하중이 작용하고 있을 때와 이것을 제거한 후의 자국의 깊이의 차는 그 지름의 차보다 크다. 따라서 하중을 제거한 후 자국의 지름을 구한 경도와 하중상태에서의 자국의 깊이에서 구한 경도와는 이론적으로 일치하지 않는다. 하중을 제거한 후의 자국의 깊이의 정밀측정은 실제로 곤란하므로 이와 관련하는 경도는 고려하지 않는다. 브리넬경도시험 시 재료의 종류와 하중상태에 따른 압입자국의 형상은 다음과 같은 세 가지 형태로 나타나며 이를 그림 6에 나타내었다.

① 융기형(ridging type)
② 침강형(sinking type)
③ 평면형(flat type)

융기형은 압입자국의 둘레가 원래의 시험편보다 약간 나온 형태를 말하고 냉간 가공된 재료에서 많이 나타나며, 침강형은 압입자국의 둘레가 원래의 시험면보다 약간 들어간 형태를 말하고 어닐링처리된 금속에서 주로 나타나며, 평면형은 아무런 차이가 없는 것을 말한다. 브리넬경도값을 구하려면 압입자국의 직경을 측정하여야 하는데, 융기형은 참 값보다 크게 나타나며, 침강형은 참 값보다 조금 적게 나타난다. 따라서 시험자의 판단에 따른 개인오차를 유발시킨다. 경화된 강재를 시험할 때는 연마가 잘 되었다고 하더라도 압입자국의 둘레를 정확하게 구별하는 것이 힘든데, 이 때는 초경합금공구 압자를 사용하면 보다 명확하게 압입자국을 얻을 수 있다.

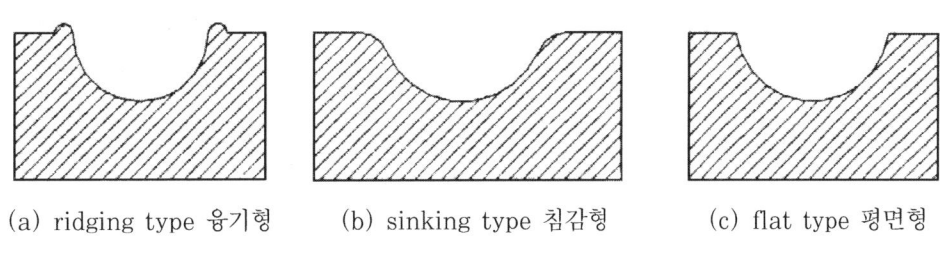

(a) ridging type 융기형   (b) sinking type 침감형   (c) flat type 평면형

그림 6 재료와 압입하중상태에 따른 압입자국의 형상

(4) 볼(ball)의 변형

볼은 경도가 큰 것이 사용되는데 일반적으로 경도가 큰 시험편에 사용하면 브리넬시험기에 사용한 압입자가 소성변형을 일으켜서 형상이 변한다. 볼이 변형되면 이것으로 측정된 시험결과는 가치가 없어진다. 브리넬경도시험용 강구의 성분은 1~1.2%C 탄소강 혹은 Cr강을 유중에서 퀜칭해서 저온에서 템퍼링하여 사용한다.

7) 브리넬경도시험의 특징과 용도

브리넬경도시험에서는 강구압자를 사용하는데, 압자의 크기뿐만 아니라 시험하중도 다른 경도에 비해 비교적 크게 영향을 주고 압입자국의 직경도 수 mm정도까지 나타난다.

(1) 브리넬경도시험의 특징
① 시편 윗면의 상태에 의하여 측정치에 큰 오차를 나타나지 않는다.
② 측정시간이 비교적 길다.
③ 커다란 압입자국을 얻을 수 있으므로 불균일한 재료의 평균적인 경도값을 측정할 수 있다.
④ 간단한 장치로 현장에서도 경도를 측정할 수 있다는 이점이 있기 때문에 주물제품의 경도 측정에 많이 이용된다.

자국이 커다란 것은 제품검사의 측면에서는 별로 안 좋다고 할 수 있으나 거꾸로 명확한 자국을 남김으로써 재질을 증명하는데 이용하는 예도 있어 커다란 자국이 남는다는 것이 결점이라고 할 수 없다.

(2) 브리넬경도시험의 용도
① 주물과 같이 재료의 자체의 불균일성이 커서 넓은 부위의 압입자국이 필요한 재료의 경도를 조사할 때 주로 사용한다.
② 시편이 적은 것 특히 얇은 재료나 침탄강, 질화강 등의 표면경도를 측정하기에는 부적당하다.
③ 브리넬경도시험은 다른 경도시험에 비하여 표면의 긁힘이나 거칠기에 덜 영향을 받는다.

2.2 마이어경도시험

마이어(Meyer)는 압입자로서 강구를 사용하였을 때 브리넬경도시험과는 달리 압입자국의 직경 d로서 산출된 자국의 투영면적(投影面積) A_0로서 하중을 나눈 값인 평균압력을 마이어 경도 P_m으로 표시하였다.

$$P_m = \frac{작용하중}{압입자국의\ 투영면적} = \frac{P}{A_0} = \frac{P}{\pi(\frac{d}{2})^2} = \frac{4P}{\pi d^2} \qquad (2.16)$$

브리넬경도(H_B)와 마이어경도(P_m)를 비교하려면 강구(steel ball)가 압입된 자국의 표면적 $A[=\frac{\pi D(D-\sqrt{D^2-d^2})}{2}]$가 압입된 자국의 투영면적 $A_0[=\frac{P}{\pi(\frac{d}{2})^2}]$보다 크므로 브리넬경도 값이 마이어경도 값보다 적다. A와 A_0와의 관계는 표 2에 표시되어 있고, 그림 7은 각종 재료에 대한 하중 P와 브리넬경도(H_B)와 마이어경도(P_m)의 변화를 표시한다. 이 그림에서 하중이 증가하면 P_m값은 증가되고, H_B값은 증가하는 것도 있고 구리(Cu)와 같이 감소되는 것도 있다.

마이어경도(P_m)는 하중의 증가에 따라 재료의 가공경화현상이 생김을 설명하는데 이용된다. 일반적으로 압입자의 자국은 하중이 클 때 크게 되나 동시에 가공경화의 영향이 크게 되므로, 큰 하중에서도 하중에 비례하여 큰 자국이 생길 수 없어 경도수가 크게 되는 결과를 가져온다. 가공경화는 각종 재료의 고유한 성질이므로 재질에 따라 곡선의 경사정도가 다르다. 구리(Cu)나 알루미늄(Al)의 브리넬경도(H_B)가 하중이 클 때에 감소하는 것은 다음과 같은 사정에 의한 것으로 생각된다.

표 2 브리넬경도와 마이어경도에서의 표면적과 투영면적의 비교

직경 d(mm)	1	2	3	4	5	6	7
A(Brinell)	0.787	3.18	7.4	13.11	21.04	31.4	44
A_0(Meyer)	0.7854	3.1416	7.0686	12.566	19.653	28.274	38.458
직경 d(mm)	1.002	1.012	1.0242	1.043	1.072	1.112	1.167
A(Brinell)	0.0016	0.0384	0.1714	0.5436	1.405	3.126	6.415
$\dfrac{A-A_0}{A}$(%)	0.2	1.2	2.35	4.15	7.0	10.0	14.3

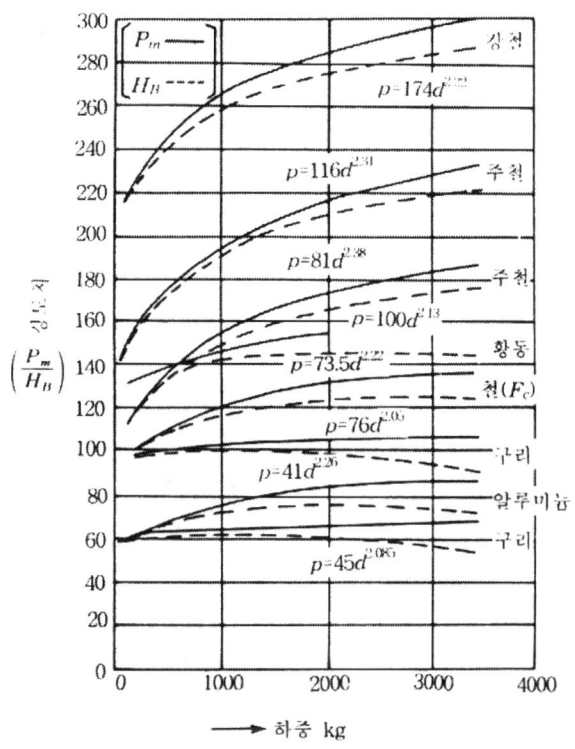

그림 7 브리넬경도와 마이어경도와의 비교
(P_m : 실선, H_B : 점선, 강구의 지름 : 10mm)

 연한 금속에 있어서는 자국의 주변은 위쪽으로 올라가고, 이 경향은 하중이 클수록 심하게 된다. 자국의 지름을 측정할 때에 이 위쪽으로 올라온 부분을 읽기 때문에 직경이 과대하게 측정되고 결국 경도값은 낮아진다. 같은 오차에 대해서 자국이 커질수록 P_m 보다도 H_B가 영향이 크다. 이 때문에 P_m이 완만하지만 증가의 경로를 나타내고 있지만 H_B는 감소한다. E. Meyer 에 의하면 강구를 사용한 압입자의 압입자국 직경 d와 하중 P와는 다음과 같은 관계가 있다.

$$P = ad^n \tag{2.17}$$

여기에서 n은 재료의 재질에 의한 상수이고, a는 재료 및 강구의 직경에 따르는 상수이다. P와 d의 관계는 대수좌표에서 직선이므로 이것을 사용하여 d와 n을 결정한다.

2.3 브리넬경도와 마이어경도의 시험순서

1) 브리넬경도 및 마이어경도의 시험편

(1) 시험편의 규격

KS B 0805에서는 브리넬경도시험편에 대해 규정하고 있다.

(2) 시험편의 구비조건

① 시험편의 시험면은 평면이어야 한다.

② 시험편의 평면도는 압입자국의 직경을 0.01mm까지 쉽게 측정할 정도로 되어 있어야 한다.

③ 시험편의 표면 마무리는 압입자국의 직경을 0.05mm까지밖에 읽을 수 없을 경우에는 기계가공을 주의 깊게 함으로써 충분하나, 0.01mm까지 읽을 수 있을 때에는 #500 연마지로 마무리하여야 하며, 0.05mm이하까지 읽을 때에는 #600 연마한 후 버핑(buffing)연마까지 하여야 한다. 일반적으로 압입자국의 직경의 0.01mm이내로 읽기 위한 시편의 표면 준비에는 큰 지장이 없다.

④ 미국 연방표준국(NBS)의 보고에 따르면 하중 축이 시험편과 2° 이내 수직하면 시험오차는 1% 이내라고 한다. 시험을 할 때에는 시편을 시편 받침대 위에 단단히 밀착시키고 일정한 시간 동안 하중을 유지시킨 다음 제거해야 한다.

⑤ 시편의 두께는 압입자국의 깊이의 약 10배 이상으로 한다. 어느 경우나 압입자국이 생김으로써 일어난 변화가 시험편의 뒷면에 나타나지 않아야 한다.

압입자국의 깊이는 다음과 같은 식 (2.18)에서 구할 수 있다.

$$h = \frac{P}{\pi D H_B} \tag{2.18}$$

h : 시험편의 압입깊이(mm)

⑥ 시험편의 폭은 압입자국의 직경(d)의 약 5배 이상이어야 한다.

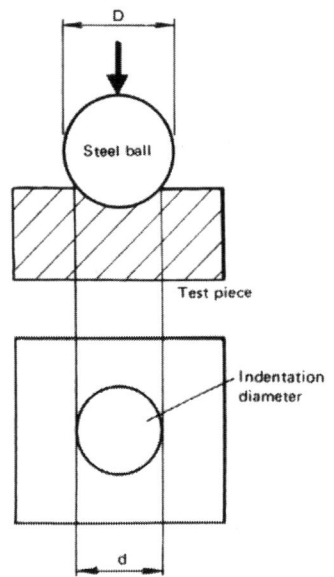

그림 8 브리넬경도시험의 압입자국 직경측정

2) 브리넬경도와 마이어경도시험의 시험순서

(1) 평면 시험편을 준비

(2) 시험기의 이상 유무를 확인

① 브리넬경도시험기의 구조도〔그림 4(b)〕에 따라 본체를 점검하여 작동상태를 확인한다.

② 압입자를 분해시켜 압입자(ball)만 떼어 내어 육안으로 변형여부를 검사하고 마이크로미터로 압입자(ball)의 직경을 서로 다른 방향으로 3회씩 측정한다.

③ 만약 시험편이 열처리된 상태이면 압입자(ball)의 재질을 바꾸어서 장착한다.

(3) 압입자를 선정

① 압입자(steel ball)의 직경은 5, 10mm가 준비되어 있다.

② 시험편의 재질 및 두께와 하중조건에 따라 압입자를 선정한다.

③ 압입자의 종류와 사용범위는 다음과 같다.

steel ball : $H_B < 450$

Cr steel ball : $H_B < 650 \sim 700$

경질합금의 ball : $H_B < 800$

diamond ball : $H_B < 850$

④ 압입자의 이상 유무를 확인한다.

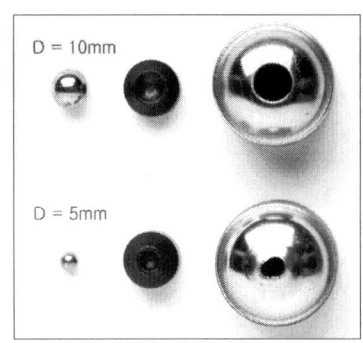

그림 9 브리넬경도시험용 steel ball indentor

(4) 압입하중을 선정

① 시험편의 재질에 따라 압입하중을 다음 식을 이용하여 계산한다.

$$P = kD^2 \qquad (2.19)$$

P : 압입하중(Kgf)
D : 강구(steel ball)의 직경
k : 재료에 따라 결정되는 상수(표 1 참조)

② 계산에 의해 선정된 중추를 걸어준다.

표 1은 압입하중과 강구의 지름과의 관계를 나타낸다.

③ 그림 10은 시험편에 가해진 부하부분을 나타내며, 하중이 750kg이면 이때 하중지시눈금이 750kg인 것을 확인한다. 시험 중에는 시험편을 움직여서는 안 된다.

④ 하중은 충격적이 아니고 중단되지 않고 증가해야 한다.

⑤ 시험편은 하중의 영향을 받아 뒷면에 볼록한 변화가 나타나지 않도록 충분한 두께를 가져야 한다.

⑥ 하중작용시간의 표준조건은 10~30초 정도로 하고 있다.

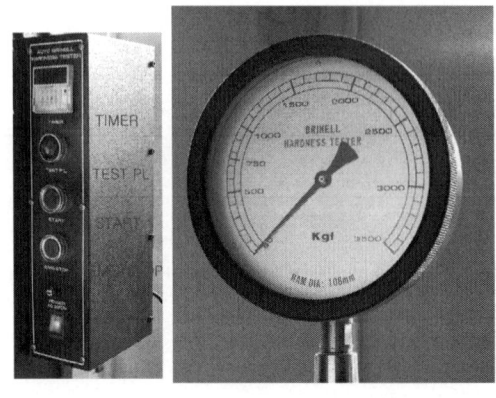

그림 10 브리넬경도시험기 조절판넬과 하중지시계 외관

(5) 시험편에 압입자국을 만든다.

① 시험기의 작동상태를 확인한다.

② 주 전원을 넣는다.

③ 표 1을 참조하여 재료의 종류와 치수에 따라 압입자의 직경 D을 선정하여 그림 4(b)의 압자홀더④에 결합하여 시험기에 체결한다. 준비된 압입자의 직경 D은 10mm와 5mm이다.

④ 압입자가 선정되면 재료의 종류에 따라 시험하중 P을 $P = kD^2$에 의하여 계산하여 결정한다. 여기서 k는 재료에 따라 결정되는 상수이고 d는 압입자의 직경이다.

⑤ 시험하중이 결정되면 선정된 작용하중의 추를 확인하여 그림 4(b)의 ③에 추를 조용히 올려놓는다. 이 때 하중 추가에 땅에 떨어지지 않도록 주의하여 올려놓는다.
준비된 하중 추는 500kg~3000kg이다.

⑥ 시편의 형상에 따라 그림 중 평면 앤빌⑨ 및 V앤빌 등을 스크류 상단에 결합시키고 앤빌 위에 평면 시편을 올려놓는다.

⑦ 그림 중 타이머(timer)⑤의 시간을 선정하여 맞춘다. 일반적으로 10~30초를 사용한다.

⑧ 시편을 앤빌⑨ 위에 올려놓고 스크류 핸들⑩을 우측으로 돌려 스크류를 상승시켜 압입자와 시편을 밀착시킨다. 압입자와 시편이 밀착되지 않으면 start button⑦을 눌러도 동작이 안 되므로 견고히 밀착시켜준다.

⑨ 압입자와 시편이 밀착되었으면 start button⑦을 누르고 하중지시용 게이지①에 작용하중이 선정된 하중과 일치하는지를 확인한다. 이 때 시험중일 때에는 동작표시램프⑥가 점등되고 시험이 완료하면 소등된다.

⑩ 시험 중에 긴급 상황이 발생하여 중단하고자 할 때는 비상 stop button⑧을 누른다.

⑪ 시험이 이상 없이 완료되면 스크류핸들⑩을 좌측으로 돌려 시편을 제거한 다음 계측현미경으로 압입된 자국을 측정하여 준비된 환산표에서 압입자국을 확인하여 경도값을 읽는다.

(6) 압입자국의 지름(d)을 계측

그림 12는 브리넬측정용 확대경의 외관과 압입자국의 치수 측정방법을 나타낸다.

브리넬경도시험에서 압입자국의 측정에는 통상적으로 시험기에 부착된 직독식 계측현미경을 사용하는데, 보통 한 눈금이 0.05mm이기 때문에 0.01mm까지 읽는 것은 상당히 힘들다. 시험편의 표면이 평활하여 압입자국의 둘레가 선명하게 나타난다면 별도의 공구현미경으로 0.01mm까지 혹은 더 정확하게 읽을 수 있기 때문에 목적에 맞는 적당한 장치를 이용하는 것이 바람직하다. 비커스경도시험기와 병용하여 사용하는 시험기에는 투영기가 부착되어 있는 경우도 있어 이를 이용하여도 된다.

시험 시 압입자국의 측정간격은 일상적으로 그림 13과 같이 행한다.

$$d = \frac{d_1 + d_2}{2} \tag{2.17}$$

그림 11과 같이 압입자국(d)의 측정 시에는 하중을 제거한 다음 그림 12와 같이 서로 직각을 이루는 두 방향의 직경 d_1과 d_2을 측정하여 식 (2.17)과 같이 평균값을 구하고 이 값을 압입자국의 지름으로 사용한다. 이것을 식 (2.6)에 대입하여 브리넬경도값을 구하거나 미리 준비된 환산표 2를 사용하여 경도값을 구한다. 그림 12의 브리넬경도측정용 확대경으로 그림 11과 같은 원형의 압입자국의 직경을 측정한다.

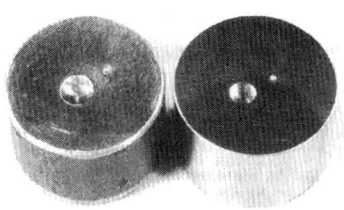

그림 11 브리넬경도시험 시 생긴 압입자국의 지름

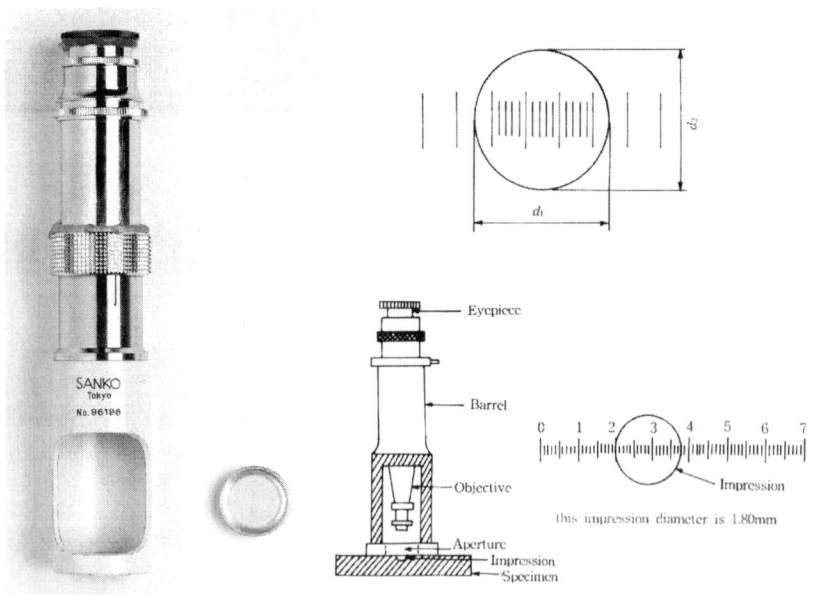

그림 12 브리넬경도 측정용 확대경의 외관과 압입자국의 측정방법

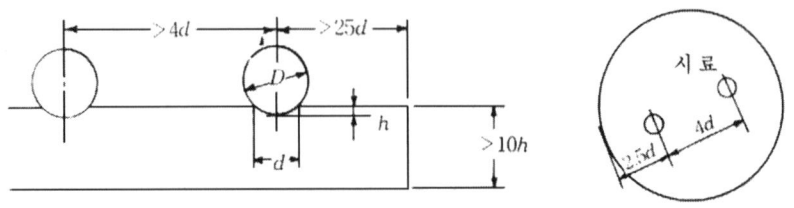

그림 13 일상적인 압입자국의 측정위치 사이의 간격

(7) 브리넬경도값을 산출하고 그 결과를 표기

브리넬경도값을 압입자국의 지름(d)를 식 (2.1)에 대입하여 구할 수 있다. 한편 표 3에서 브리넬경도시험 시 압입자국의 지름과 하중에 따른 브리넬경도값을 환산표 3(a), (b)에서 직접 읽는다.

그림 12와 같이 압입자국(d)의 측정 시에는 하중을 제거한 다음, 그림 12와 같이 서로 직각을 이루는 두 방향의 직경 d_1과 d_2을 측정하여 식 (2.17)과 같이 평균값을 구하고 이 값을 압입자국의 지름(d)으로 사용한다.

브리넬경도값은 그 수치가 50 이하일 때에는 소수점 이하 한 자리까지, 50을 초과할 때에는 한 자리까지 구하고, 다음 자리의 수치를 반올림한다.

압입자국의 직경은 0.01mm까지 읽을 것을 원칙으로 한다. 이 때의 계측기의 눈금의 허용오차는 ± 0.01mm를 사용한다. 다만, 별도의 지정하였을 때에는 압입자국의 지름을 0.05mm까지 읽어도 좋다. 이 때 계측기의 허용오차는 ±0.02mm를 사용해도 좋다. 열처리된 강재는 압입자국의 형태가 둥글게 나타나나 압연된 강재는 보통 타원형으로 나타난다. 이와 같이 압입자국의 형태가 아닐 때에는 약 45° 간격의 네 방향으로 직경을 측정하여 경도값을 구한다. 압입자국의 둘레 부분이 약간 튀어나오거나 들어가기 때문에 일반적으로 깊이를 산출한 자국의 표면적은 압입자국의 직경으로부터 구한 표면적과 일치하지 않는다.

브리넬경도값을 표시할 때는 사용한 압입자의 종류와 직경, 하중의 크기와 하중작용시간을 함께 표기해야 한다. 압입자의 종류를 표시하기 위하여 강구를 사용하였을 때는 HBW의 기호, 초경합금구의 압입자를 사용하였을 때 HBS의 기호를 사용한다. 브리넬경도값이 320 이하일 경우에는 HB로 약기하여도 된다. 예를 들어 10mm강구와 3,000kgf의 하중을 사용하여 15초 동안을 유지하였을 때 측정한 경도값이 325라고 하면 325 HBW(10/3,000/15)라고 표기한다. 표준조건(강구의 직경;10mm, 하중 1,000kgf, 하중유지시간 10~15초)에 의한 결과이므로 HBW 325, 간단히 HB 319라고 표기할 수 있다.

(8) 마이어경도의 산출

마이어경도값은 브리넬경도시험에서 구한 압입자국의 직경을 측정하여 마이어경도 관계식〔식 (2.16)〕을 사용하여 구한다.

표 3(a) 브리넬경도시험 시 압입자국과 하중에 따른 브리넬경도 환산표

자국의 지름 d_{10} $2 \times d_5$ $4 \times d_{2.5}$	브리넬경도값 (P kgf)				자국의 지름 d_{10} $2 \times d_5$ $4 \times d_{2.5}$	브리넬경도값 (P kgf)				자국의 지름 d_{10} $2 \times d_5$ $4 \times d_{2.5}$	브리넬경도값 (P kgf)				자국의 지름 d_{10} $2 \times d_5$ $4 \times d_{2.5}$	브리넬경도값 (P kgf)			
	$30D^2$	$10D^2$	$5D^2$	$2.5D^2$		$30D^2$	$10D^2$	$5D^2$	$2.5D^2$		$30D^2$	$10D^2$	$5D^2$	$2.5D^2$		$30D^2$	$10D^2$	$5D^2$	$2.5D^2$
2.00	946	315	158	78.8	2.65	534	178	89.0	44.5	3.30	341	114	56.8	28.4	3.95	235	78.3	39.1	19.6
2.01	936	312	156	78.0	2.66	530	177	88.4	44.2	3.31	339	113	56.5	28.2	3.96	234	77.9	38.9	19.5
2.02	926	309	154	77.2	2.67	526	175	87.7	43.8	3.32	337	112	56.1	28.1	3.97	232	77.5	38.7	19.4
2.03	917	306	153	76.4	2.68	522	174	87.0	43.5	3.33	335	112	55.8	27.9	3.98	231	77.1	38.6	19.3
2.04	908	303	151	75.7	2.69	518	173	86.4	43.2	3.34	333	111	55.4	27.7	3.99	230	76.7	38.3	19.2
2.05	899	300	150	74.9	2.70	514	171	85.7	42.9	3.35	331	110	55.1	27.6	4.00	229	76.3	38.1	19.1
2.06	890	297	148	74.2	2.71	510	170	85.1	42.5	3.36	329	110	54.8	27.4	4.01	228	75.9	37.9	19.0
2.07	882	294	147	73.5	2.72	507	169	84.4	42.2	3.37	326	109	54.4	27.2	4.02	226	75.5	37.7	18.9
2.08	873	291	146	72.8	2.73	503	168	83.8	41.9	3.38	325	108	54.1	27.1	4.03	225	75.1	37.5	18.8
2.09	865	288	144	72.1	2.74	499	166	83.2	41.6	3.39	323	108	53.8	26.9	4.04	224	74.7	37.3	18.7
2.10	855	286	143	71.4	2.75	495	165	82.6	41.3	3.40	321	107	53.4	26.7	4.05	223	74.3	37.1	18.6
2.11	848	283	141	70.4	2.76	492	164	81.9	41.0	3.41	319	106	53.1	26.6	4.06	222	73.9	37.0	18.5
2.12	840	280	140	70.0	2.77	488	163	81.3	40.7	3.42	317	106	52.8	26.4	4.07	221	73.5	36.8	18.4
2.13	832	277	139	69.4	2.78	486	162	80.8	40.4	3.43	315	105	52.5	26.2	4.08	219	73.2	36.6	18.3
2.14	824	275	137	68.7	2.79	481	160	80.2	40.1	3.44	313	104	52.2	26.1	4.09	218	72.8	36.4	18.2
2.15	817	272	136	68.1	2.80	477	159	79.6	39.8	3.45	311	104	51.8	25.9	4.10	217	72.4	36.2	18.1
2.16	809	270	134	67.4	2.81	474	158	79.0	39.5	3.46	309	103	51.5	25.8	4.11	216	72.0	36.0	18.0
2.17	802	267	132	66.8	2.82	470	157	78.4	39.2	3.47	307	102	51.2	25.6	4.12	215	71.7	35.8	17.9
2.18	794	265	131	66.2	2.83	467	156	77.9	38.9	3.48	306	102	50.9	25.5	4.13	214	71.3	35.6	17.8
2.19	787	262	131	65.6	2.84	464	155	77.3	38.7	3.49	304	101	50.6	25.3	4.14	213	71.0	35.5	17.7
2.20	780	260	130	65.0	2.85	461	154	76.8	38.4	3.50	302	101	50.3	25.2	4.15	212	70.6	35.3	17.6
2.21	772	257	129	64.4	2.86	457	152	76.2	38.1	3.51	300	100	50.0	25.0	4.16	211	70.2	35.1	17.6
2.22	765	255	128	63.8	2.87	454	151	75.7	37.8	3.52	298	99.5	4907	24.9	4.17	210	69.9	34.9	17.5
2.23	758	253	126	63.2	2.88	451	150	75.1	37.6	3.53	297	98.9	49.4	24.7	4.18	209	69.5	34.8	17.4
2.24	752	252	125	62.6	2.89	448	149	74.6	37.3	3.54	296	98.3	49.2	24.6	4.19	208	69.2	34.6	17.3
2.25	745	248	124	62.1	2.90	444	148	74.1	37.0	3.55	293	97.7	48.9	24.5	4.20	207	68.8	34.4	17.2
2.26	738	246	123	61.5	2.91	441	147	73.6	36.8	3.56	292	97.2	48.6	24.3	4.21	205	68.5	34.2	17.1
2.27	732	244	122	61.0	2.92	438	146	73.0	36.5	3.57	290	96.6	48.3	24.2	4.22	204	68.2	34.1	17.0
2.28	725	242	121	60.4	2.93	435	145	72.5	36.2	3.58	288	96.1	78.0	24.0	4.23	203	67.8	33.9	17.0
2.29	719	240	120	59.9	2.94	432	144	72.0	36.0	3.59	286	95.5	47.7	23.9	4.24	202	67.5	33.7	16.9
2.30	712	237	119	59.3	2.95	429	143	71.5	35.8	3.60	285	94.9	47.4	23.7	4.25	201	67.1	33.6	16.8
2.31	706	235	118	58.8	2.96	426	142	71.0	35.5	3.61	283	94.4	47.2	23.6	4.26	200	66.8	33.4	16.7
2.32	700	233	117	58.3	2.97	423	141	70.5	35.3	3.62	282	93.9	46.9	23.5	4.27	199	66.5	33.2	16.6
2.33	694	231	116	57.8	2.98	420	140	70.1	35.0	3.63	280	93.3	46.7	23.3	4.28	198	66.2	33.1	16.5
2.34	688	229	115	57.3	2.99	417	139	69.6	34.8	3.64	278	92.8	46.4	23.3	4.29	198	65.9	32.9	16.5
2.35	682	227	114	56.8	3.00	415	138	69.1	34.6	3.65	277	92.9	46.1	23.1	4.30	197	65.5	32.8	16.4
2.36	670	225	113	56.4	3.01	412	137	68.6	34.3	3.66	275	91.7	45.9	22.9	4.31	196	65.2	32.6	16.3
2.37	670	223	112	55.6	3.02	409	136	68.2	34.1	3.67	274	91.2	45.6	22.8	4.32	195	64.9	32.4	16.2
2.38	665	222	111	55.3	3.03	406	135	67.7	33.9	3.68	272	90.7	45.4	22.7	4.33	194	64.5	32.3	16.1
2.39	650	220	110	54.8	3.04	404	135	67.3	33.7	3.69	271	90.2	45.1	22.6	4.34	194	64.2	32.1	16.1
2.40	653	218	109	54.4	3.05	401	134	66.8	33.4	3.70	269	89.7	44.9	22.4	4.35	190	63.9	32.0	16.0
2.41	648	216	108	54.0	3.06	398	133	66.4	33.2	3.71	268	89.2	44.6	22.3	4.36	191	63.6	31.8	15.9
2.42	643	214	107	53.5	3.07	395	132	65.9	33.0	3.72	266	88.2	44.4	22.2	4.37	190	63.3	31.7	15.8
2.43	637	212	106	53.1	3.08	393	131	65.5	32.7	3.73	265	88.7	44.1	22.1	4.38	189	63.0	31.5	15.8
2.44	633	211	105	52.7	3.09	390	130	65.0	32.5	3.74	263	88.2	43.9	21.9	4.39	188	62.7	31.4	15.7
2.45	627	209	104	52.2	3.10	388	129	64.6	32.3	3.75	262	87.2	43.6	21.8	4.40	187	62.4	31.2	15.6
2.46	621	207	104	51.8	3.11	385	128	64.2	32.1	3.76	260	86.8	43.4	21.7	4.41	186	62.1	31.1	15.5
2.47	616	205	103	51.3	3.12	383	128	63.9	31.9	3.77	259	86.3	43.1	21.6	4.42	185	61.8	30.9	15.5
2.48	611	204	102	50.9	3.13	380	127	63.3	31.7	3.78	257	85.8	42.9	21.5	4.43	185	61.5	30.8	15.4
2.49	606	202	101	50.5	3.14	378	126	62.7	31.5	3.79	256	85.3	42.7	21.3	4.44	184	61.2	30.6	15.3
2.50	601	200	100	50.1	3.15	375	125	62.5	31.3	3.80	255	84.9	42.4	21.2	4.45	183	60.9	30.5	15.2
2.51	597	199	99.4	49.7	3.16	373	124	62.1	31.1	3.81	253	84.4	42.2	21.2	4.46	182	60.6	30.3	15.2
2.52	592	197	98.6	49.3	3.17	371	123	61.7	30.9	3.82	252	84.0	42.0	21.0	4.47	181	60.4	30.2	15.1
2.53	587	196	97.8	48.9	3.18	368	123	61.3	30.7	3.83	250	83.5	41.7	20.9	4.48	180	60.1	30.0	15.0
2.54	582	194	97.1	48.6	3.19	366	122	60.9	30.5	3.84	249	83.0	41.5	20.8	4.49	179	59.8	29.9	15.0
2.55	578	193	96.3	48.2	3.20	363	121	60.5	30.3	3.85	248	82.6	41.3	20.7	4.50	179	59.5	29.8	14.9
2.56	573	191	95.5	47.8	3.21	361	120	60.1	30.1	3.86	246	82.1	41.1		4.51	178	59.2	29.6	14.8
2.57	569	190	94.8	47.4	3.22	359	120	59.8	29.9	3.87	245	81.7	40.9	20.5	4.52	177	59.0	29.5	14.7
2.58	564	188	94.0	47.0	3.23	356	119	59.4	29.7	3.88	244	81.3	40.6	20.3	4.53	176	58.7	29.3	14.7
2.59	560	187	93.3	46.7	3.24	358	118	59.0	29.5	3.89	242	80.8	40.4	20.2	4.54	175	58.4	29.2	14.6
2.60	555	185	92.6	46.3	3.25	359	117	58.6	29.3	3.90	241	80.4	40.2	20.1	4.55	174	58.1	29.1	14.5
2.61	551	184	91.8	45.9	3.26	350	117	58.3	29.2	3.91	240	80.0	40.0	20.0	4.56	174	57.9	28.9	14.5
2.62	547	184	91.1	45.6	3.27	347	116	57.9	29.0	3.92	239	79.6	39.8	19.9	4.57	173	57.6	28.8	14.4
2.63	542	181	90.4	45.2	3.28	345	115	57.5	28.8	3.93	237	79.1	39.6	19.8	4.58	172	57.3	28.7	14.3
2.64	538	179	89.7	44.9	3.29	343	114	57.2	28.6	3.94	236	78.7	39.4	19.7	4.59	171	57.1	28.5	14.3

표 3(b) 브리넬경도시험 시 압입자국과 하중에 따른 브리넬경도 환산표

자국의 지름 d_{10} $2\times d_5$ $4\times d_{2.5}$	브리넬경도값 (P kgf)				자국의 지름 d_{10} $2\times d_5$ $4\times d_{2.5}$	브리넬경도값 (P kgf)				자국의 지름 d_{10} $2\times d_5$ $4\times d_{2.5}$	브리넬경도값 (P kgf)				자국의 지름 d_{10} $2\times d_5$ $4\times d_{2.5}$	브리넬경도값 (P kgf)			
	$30D^2$	$10D^2$	$5D^2$	$2.5D^2$		$30D^2$	$10D^2$	$5D^2$	$2.5D^2$		$30D^2$	$10D^2$	$5D^2$	$2.5D^2$		$30D^2$	$10D^2$	$5D^2$	$2.5D^2$
4.60	170	56.8	28.4	14.2	5.25	128	42.8	21.4	10.7	5.90	99.2	33.1	16.5	8.26	6.55	78.2	26.1	13.0	6.51
4.61	170	55.5	28.3	14.1	5.26	128	42.6	21.3	10.6	5.91	98.8	32.9	16.5	8.23	6.56	77.9	26.0	13.0	6.49
4.62	169	56.3	28.1	14.1	5.27	127	42.4	21.2	10.6	9.92	98.4	32.8	16.4	8.20	6.57	77.6	25.9	12.9	6.47
4.63	168	56.0	28.0	14.0	5.28	127	42.2	21.1	10.6	5.93	98.0	32.7	16.3	8.17	6.58	77.3	25.8	12.9	6.45
4.64	167	55.8	27.9	13.9	5.29	126	42.1	21.0	10.5	5.94	97.7	32.6	16.3	8.14	6.59	77.1	25.7	12.8	6.42
4.65	167	55.5	27.8	23.9	5.30	126	41.9	20.9	10.5	5.95	97.3	32.4	16.2	8.11	6.60	76.8	25.6	12.8	6.40
4.66	166	55.2	27.6	13.8	5.31	125	41.7	20.9	10.4	5.96	96.9	32.3	16.2	8.08	6.61	76.5	25.5	12.8	6.37
4.67	165	55.0	27.5	13.7	5.32	125	41.5	20.8	10.4	5.97	96.6	32.2	16.1	8.05	6.62	76.2	25.4	12.7	6.35
4.68	164	54.8	27.4	13.6	5.33	124	41.4	20.7	10.3	5.98	96.2	32.1	16.0	8.02	6.63	76.0	25.3	12.7	6.33
4.69	164	54.5	27.3	13.6	5.34	124	41.2	20.6	10.3	5.99	95.9	32.0	16.0	7.99	6.64	75.7	25.2	12.6	6.31
4.70	163	54.3	27.1	13.6	5.35	123	41.0	20.5	10.3	6.00	95.5	31.8	15.9	7.96	6.65	75.4	25.1	12.6	6.29
4.71	162	54.0	27.0	13.5	5.36	123	40.9	20.4	10.2	6.01	95.1	31.7	15.9	7.93	6.66	75.2	25.1	12.5	6.27
4.72	161	53.8	26.9	13.4	5.37	122	40.7	20.3	10.2	6.02	94.8	31.6	15.8	7.90	6.67	74.9	25.0	12.5	6.24
4.73	161	53.5	26.8	13.4	5.38	122	40.5	20.3	10.1	6.03	94.4	31.5	15.8	7.87	6.68	74.7	24.9	12.4	6.22
4.74	160	53.3	26.6	13.3	5.39	121	40.4	20.2	10.1	6.04	94.1	31.4	15.7	7.84	6.69	74.4	24.8	12.4	6.20
4.75	159	53.0	26.5	13.3	5.40	121	40.2	20.1	10.1	6.05	93.7	31.2	15.6	7.81	6.70	74.1	24.7	12.4	6.17
4.76	158	52.8	26.4	13.2	5.41	120	40.0	20.0	10.0	6.06	93.4	31.1	15.6	7.78	6.71	73.9	24.6	12.3	6.15
4.77	158	52.6	26.3	13.1	.5.42	120	39.9	19.9	9.97	6.07	93.0	31.0	15.5	7.75	6.72	73.6	24.5	12.3	6.13
4.78	157	52.3	26.2	13.1	5.43	119	39.7	19.9	9.94	6.08	92.7	30.9	15.4	7.73	6.73	73.4	24.5	12.2	6.11
4.79	156	52.1	26.1	13.0	5.44	119	39.6	19.8	9.90	6.09	92.3	30.8	15.4	7.70	6.74	73.1	24.4	12.2	6.10
4.80	156	51.9	25.9	13.0	5.45	118	39.4	19.7	9.86	6.10	92.0	30.7	15.3	6.67	6.75	72.8	24.3	12.1	6.07
4.81	155	51.7	25.8	12.9	5.46	118	39.2	19.6	9.82	6.11	91.7	30.6	15.3	6.64	6.76	72.6	24.2	12.1	6.05
4.82	154	51.4	25.7	12.9	5.47	117	39.1	19.5	9.78	6.12	91.3	30.4	15.2	6.61	6.77	72.3	24.1	12.1	6.03
4.83	154	51.2	25.6	12.8	5.48	117	38.9	19.5	9.73	6.13	91.0	30.3	15.2	6.58	6.78	72.1	24.0	12.0	6.01
4.84	153	51.0	25.5	12.8	5.49	116	38.8	19.4	9.70	6.14	90.6	30.2	15.1	6.55	6.79	71.8	23.9	12.0	5.99
4.85	152	50.7	25.4	12.7	5.50	116	38.6	19.3	9.66	6.15	90.3	30.1	15.1	6.52	6.80	71.6	23.9	11.9	5.97
4.86	152	50.5	25.3	12.6	5.51	115	38.5	19.2	9.62	6.16	90.0	30.0	15.0	6.50	6.81	71.3	23.8	11.9	5.95
4.87	151	50.3	25.1	12.6	5.52	115	38.3	19.2	9.58	6.17	89.6	29.9	14.9	6.47	6.82	71.1	23.7	11.8	5.93
4.88	150	50.1	25.0	12.5	5.53	114	39.2	19.1	9.54	6.18	89.3	29.8	14.9	6.44	6.83	7.08	23.6	11.8	5.91
4.89	150	49.8	24.9	12.5	5.54	114	38.0	19.0	9.50	6.19	89.0	29.7	14.8	6.42	6.84	70.6	23.5	11.8	5.89
4.90	149	49.9	24.8	12.4	5.55	114	37.9	18.9	9.46	6.20	88.7	29.6	14.8	7.39	6.85	70.4	23.5	11.7	5.87
4.91	148	49.4	24.7	12.4	5.56	113	37.7	18.9	9.43	6.21	88.3	29.4	14.7	7.36	6.86	70.1	23.4	11.7	5.84
4.92	148	49.2	24.6	12.3	5.57	113	37.6	18.8	9.38	6.22	88.0	29.3	14.7	7.33	6.87	69.9	23.3	11.6	5.82
4.93	147	49.0	24.5	12.3	5.58	112	37.4	18.7	9.35	6.23	87.7	29.2	14.6	7.30	6.88	69.6	23.2	11.6	5.80
4.94	146	48.8	24.4	12.2	5.59	112	37.3	18.6	9.31	6.24	87.4	29.1	14.6	7.27	6.89	69.4	23.1	11.6	5.78
4.95	146	48.6	24.3	12.2	5.60	111	37.1	18.6	9.27	6.25	87.1	29.0	14.5	7.25	6.90	69.1	23.1	11.5	5.76
4.96	145	48.4	24.2	12.1	5.61	111	37.0	18.5	9.24	6.26	86.7	28.9	14.5	7.23	6.91	68.9	23.0	11.5	5.74
4.97	144	48.1	24.1	12.0	5.62	110	36.8	18.4	9.20	6.27	86.4	28.8	14.4	7.20	6.92	68.7	22.9	11.4	5.72
4.98	144	47.9	24.0	12.0	5.63	110	36.7	18.3	9.17	6.28	86.1	28.7	14.4	7.17	6.93	68.4	22.8	11.4	5.70
4.99	143	47.7	23.9	11.9	5.64	110	36.5	18.3	9.14	6.29	85.8	28.5	14.3	7.15	6.94	68.2	22.7	11.4	5.68
5.00	143	47.5	23.8	11.9	5.65	109	36.4	18.2	9.10	6.30	85.5	28.5	14.2	7.12	6.95	68.0	22.7	11.3	5.66
5.01	142	47.3	23.7	11.8	5.66	109	36.3	18.1	9.07	6.31	85.2	28.4	14.2	7.10	6.96	67.7	22.6	11.3	5.64
5.02	141	47.1	23.6	11.8	5.67	108	36.1	18.1	9.03	6.32	84.9	28.3	14.1	7.07	6.97	67.5	22.5	11.3	5.63
5.03	141	46.9	23.5	11.7	5.68	108	36.0	18.0	9.00	6.33	84.6	28.2	14.1	7.05	6.98	67.3	22.4	11.2	5.61
5.04	140	46.7	23.4	11.7	5.69	107	35.8	17.9	8.97	6.34	84.3	28.1	14.0	7.02	6.99	67.0	22.3	11.2	5.59
5.05	140	46.5	23.3	11.6	5.70	107	35.7	17.8	8.93	6.35	84.0	28.0	14.0	7.00	7.00	66.8	22.3	11.1	5.57
5.06	139	46.3	23.2	11.6	5.71	107	35.6	17.8	8.90	6.36	83.7	27.9	13.9	6.97					
5.07	138	46.1	23.1	11.5	5.72	106	35.4	17.7	8.86	6.37	83.4	27.8	13.9	6.95					
5.08	138	45.9	23.0	11.5	5.73	106	35.3	17.6	8.83	6.38	83.1	27.7	13.8	6.92					
5.09	137	45.7	22.9	11.4	5.74	105	35.1	17.6	8.79	6.39	82.8	27.6	13.8	6.90					
5.10	137	45.5	22.8	11.4	5.75	105	35.0	17.5	8.76	6.40	82.5	27.5	13.7	6.87					
5.11	136	45.3	22.7	11.3	5.86	105	34.9	17.4	8.73	6.41	82.2	27.4	13.7	6.85					
5.12	135	45.1	22.6	11.3	577	104	34.7	17.4	8.69	6.42	81.9	27.3	13.6	6.82					
5.13	135	45.0	22.5	11.3	5.78	104	34.6	17.3	8.66	6.43	81.6	27.2	13.6	6.80					
5.14	134	44.8	22.4	11.2	5.79	103	34.5	17.2	8.63	6.44	81.3	27.1	13.5	6.77					
5.15	134	44.6	22.3	11.2	5.80	103	34.3	17.2	8.59	6.45	81.0	27.0	13.5	6.75					
5.16	133	44.4	22.2	11.1	5.81	103	34.2	17.1	8.56	6.46	80.7	26.9	13.4	6.72					
5.17	133	44.2	22.1	11.1	5.82	102	34.1	17.0	8.53	6.47	80.4	26.8	13.4	6.70					
5.18	132	44.0	22.0	11.0	5.83	102	33.9	17.0	8.49	6.48	80.1	26.7	13.3	6.68					
5.19	132	43.8	21.9	11.0	5.84	101	33.8	16.9	8.46	6.49	79.8	26.6	13.3	6.65					
5.20	131	43.7	21.8	10.9	5.85	101	33.7	16.8	8.43	6.50	79.6	26.5	13.3	6.63					
5.21	130	43.5	21.7	10.9	5.86	101	33.6	16.8	8.40	6.51	79.3	26.4	13.2	6.61					
5.22	130	43.3	21.6	10.8	5.87	100	33.4	16.7	8.36	6.52	79.0	26.3	13.2	6.58					
5.23	129	43.1	21.6	10.8	5.88	99.9	33.3	16.7	8.33	6.53	78.7	26.2	13.1	6.56					
5.24	129	42.9	21.5	10.7	5.89	99.9	33.2	16.6	8.29	6.54	78.4	26.1	13.1	6.54					

3. 로크웰경도시험

과 목 명	재료 시험(1)	과제번호	MT-03
실습과제명	로크웰경도시험	소요시간	12시간
목 적	1. 로크웰경도시험의 측정원리와 특징을 이해시킨다. 2. 로크웰경도시험기의 조작방법을 숙지시킨다. 3. 각종 금속재료의 비커스경도를 측정하고, 재료의 성분과 조성 및 열처리에 따른 기계적인 변화를 이해시키는데 있다.		

사용기재, 공구, 소모성 재료	규 격	수 량	비 고
로크웰경도시험기		1대	
초시계		1개	
연마지	#200, #400, #600	각각 5장	
OHP 용지	A4	25매	
빔프로젝트		1set	
SM25C			
SM45C			
STC3종			
STC5종			
황동			
Al 합금			

관련 지식

1. 로크웰경도시험용 압입자를 설명한다.
2. 로크웰경도시험의 스케일을 설명한다.
3. 로크웰경도시험의 측정원리 및 특징을 이해시킨다.
4. 로크웰경도시험기의 조작요령을 설명한다.
5. 개인별, 조별실습을 통하여 협동정신과 책임의식을 고취한다.
8. 시험실습 시 안전과 유의사항을 주지시킨다.

3.1 관련 지식

1908년 N.P.Ludwik은 cone으로 압입해서 경도를 측정하면 자국은 항상 상사형(相似形)이 되므로 변형에 대한 비례측이 성립하고 경도는 하중에 무관한 것을 발표하고 실험으로 이것을 확인하였다. 이 때 사용한 cone의 꼭지각은 90°를 사용하였다.

그 후 로크웰경도시험은 브리넬경도 및 쇼어경도시험에 이어 1919년 미국에서 S.P. Rockwell에 의하여 고안되어 Wilson사에 의해 실용화되었다. 그 당시는 제1차 세계대전이 끝나고 자동차 공업이 활발해진 때라 바로 대량생산이 가능하였다. 브리넬경도시험은 현장에서의 실용성은 있으나 정밀도, 측정시간에 난점이 있고 쇼어경도시험은 숙련이나 정밀도의 관점에 문제가 있으므로 정밀도가 높고 단시간 측정에 편리한 로크웰경도시험이 좋은 반응을 받을 수 있었다.

1) 시험 목적

① 각종 공업재료의 로크웰경도 측정
② 각종 공업재료의 경도와 강도와의 관계를 이해
③ 각종 금속재료의 가공상태, 열처리 및 표면처리 상태의 재료특성을 평가하는데 있다.

2) 관련규격 조사

KS B 0806 로크웰경도시험방법
KS B 5526 로크웰경도시험기
ASTM E 18 Standard Test Method for Rockwell Hardness and Rockwell Superfical Hardness of Metallic Materials

3) 압입자의 종류와 측정 스케일

그림 1(a), (b)는 로크웰경도시험용 압입자를 나타낸다. 그림 1(a)와 같이 원추각이 120±30′이고 선단구면부의 곡률반경이 0.2±0.02mm인 다이아몬드 압입자와 그림 1(b)와 같은 1/16, 1/8, 1/4 및 1/2인치인 강구압자를 사용한다. 따라서 3종류의 시험하중과 5종류의 압입자가 조합되어 모두 15종류의 시험방법이 가능하며, 각각의 시험방법들은 A, B, C… 스케일(Scale)로 표시하고 경도값은 스케일과 함께 표시한다.

예를 들면 H_RC 63.5, H_RB 35 등과 같이 나타낸다. 이와 같이 여러 가지 종류의 스케일이 사용되고 있는 이유는 한 스케일로 단단한 재료로부터 연한 재료까지를 일괄하여 측정하기 어렵기 때문이며, 시험편의 경도, 형상 및 두께 등에 따라 적당한 압입자와 하중을 조합한 것이 보다 적절하게 측정할 수 있기 때문이다.

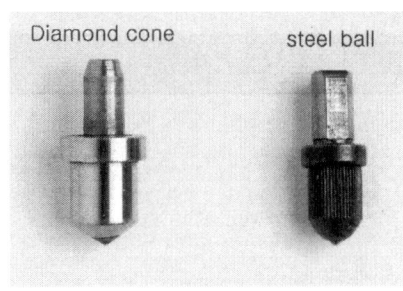

그림 1(a) 로크웰경도시험용 압입자의 외관

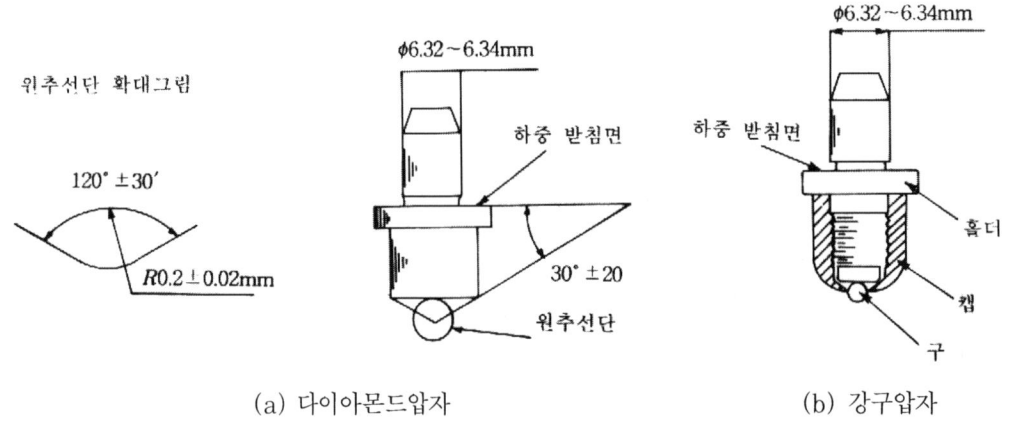

(a) 다이아몬드압자   (b) 강구압자

그림 1(b) 로크웰경도시험용 압입자의 구조도

표 1은 로크웰경도시험 스케일의 종류와 사용범위를 설명한 것이다. 로크웰경도가 처음 고안되었을 때에는 압입자로 강구만을 사용되었으나, 철강제품의 경도 측정할 때 발생하는 강구의 마모 및 변형 때문에 다이아몬드 압입자도 사용되게 되었다.

한편 C스케일과 A스케일을 비교해보면 C스케일이 A스케일에 비해 정밀도가 높아 많이 사용되고 있으나, 침탄강과 같이 시험편 표면만을 측정하거나 시험편이 얇아서 커다란 하중을 가할 수 없는 경우에는 하중이 작은 A스케일을 사용한다.

로크웰경도는 표 1에 나타난 바와 같이 압입깊이(mm)를 500배 해서 일정수에서 뺀 값으로 정의된다. 즉, 무한히 견고하여 압입깊이가 0일 때, C스케일이면 경도값이 100이고 B스케일이면 130이다. 시험편이 연하여 압입깊이가 깊어지면 경도는 점차로 낮게 표시된다. 그러나 경도 스케일에 따른 사용범위가 정해져 있어, C스케일의 경우는 H_RC 70~20, B스케일의 경우는 H_RB 100~30의 범위가 사용되고 있다. 그 이외의 범위에 대해서는 다른 스케일이 이용된다.

로크웰경도의 측정은 결국 압입깊이의 측정으로부터 이루어지는데 압입깊이 $2\mu m$가 로크웰경도값 1에 해당한다.

표 1 압입자의 종류와 측정 스케일

스케일	압입자	기준하중 (kgf)	시험하중 (kgf)	경도산출식	사용 범위
A	다이아몬드원추 원추선단각도 120°±30′ 선단구면부의 곡률반경 0.2±0.02mm	10	60	100~500h	초경합금, 침탄강, pearlite가단주철, 고탄소강
D			100		
C			150		
F	강구(steel ball) 직경 1/16인치 (1.588mm)	10	60	130~500h	동합금, Al합금, 가단주철, 연강
B			100		
G			150		
H	강구(steel ball) 직경 1/8인치 (3.175mm)	10	60	130~500h	분말합금, Al합금, Mg합금, 숫돌
E			100		
K			150		
L	강구(steel ball) 직경 1/4 인치 (6.35mm)	10	60	130~500h	플라스틱, 경합금, 납(Pb)
M			100		
P			150		
R	강구(steel ball) 직경 1/2인치 (12.7mm)	10	60	130~500h	플라스틱, 경합금
S			100		
V			150		

4) 로크웰경도시험의 측정원리

그림 2는 C Scale 로크웰경도시험의 측정원리를 설명한 것이다.

그림 2와 같은 형상의 압입자에 기준하중(초하중 ; $W=10$kgf)으로 시험편의 표면에 압입하고, 여기에 다시 시험하중(주하중 ; $W=10$kgf+140kgf=150kgf)을 가하면 시험편은 압입자의 형상으로 변형을 일으킨다. 이 때의 변형은 탄성변형과 소성변형이 동시에 일어난 상태이다.

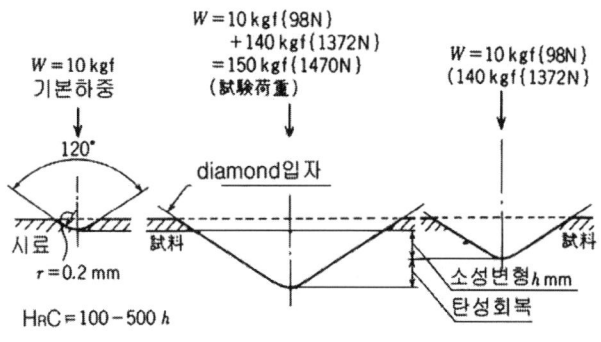

그림 2 C Scale 로크웰경도시험의 측정원리

이 상태에서 시험하중($W=140$kgf)만을 제거하면 처음의 기준하중만 받는 상태로 되어, 탄성변형은 회복되고 소성변형만 남게 된다. 이 때의 깊이를 처음 기준하중만을 가했을 때의 깊이를 기준으로 측정하면 그 깊이는 시험편의 경도와 대응하는 양을 나타낸다. 즉, 시험편이 단단하면 측정깊이는 얕고 연하면 깊게 된다. 기준하중은 어느 경우든지 10kgf이며 시험하중은 시험기의 스케일(Scale)의 종류에 따라 60kgf, 100kgf, 150kgf의 세 가지가 이용된다.

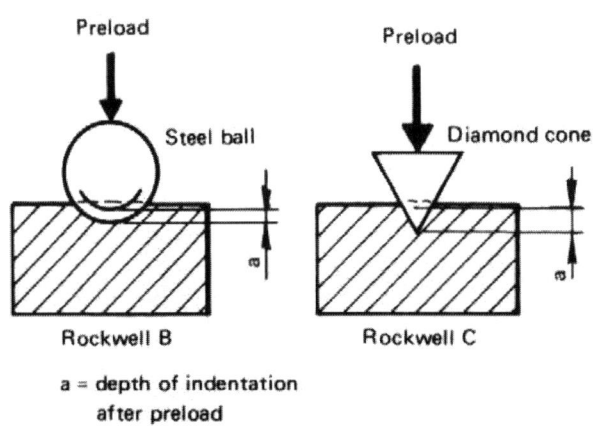

그림 3 로크웰경도 B scale과 C scale의 preload상태

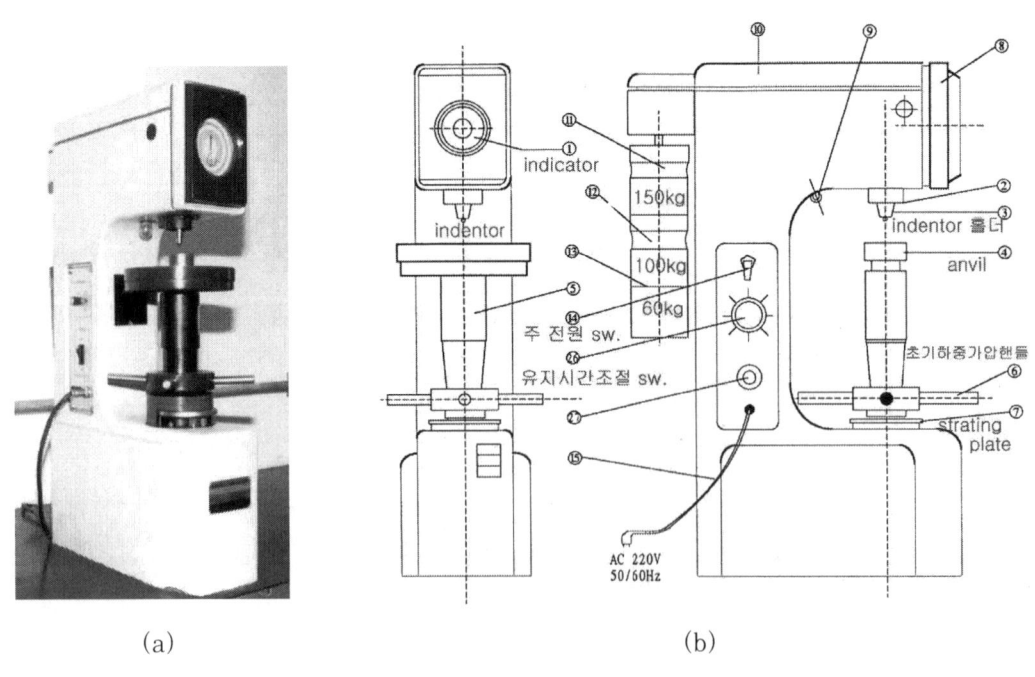

그림 4 로크웰경도시험기의 외관(a)과 구조도(b)

(1) indicator (2) loading rod (3) indenter holder 4) 앤빌 (5) 스크류커버 (6) 초기하중 가압핸들 (7) starting plate (8) 전면커버 (9) 측정용 조명 (10) 상부덮개 (11) 하중용 추 150kg (12) 하중용 추 100kg (13) 하중용추 60kg (14) 주전원스위치 (15) 전원선 (26) 하중유지 시간조정스위치

5) 로크웰경도시험기

로크웰경도시험기의 KS규격은 KS B 5526에 규정되어 있으며, 특히 시험편이 환봉 모양인 경우에는 표 2와 표 3에 의한 경도의 보정이 필요하다.

시험편의 표면은 깨끗하여 산화물이나 불순물이 있어서는 안 된다. 또한 시험편의 두께는 압입깊이의 10배 이상이어야 하며, 경도측정 위치는 이미 존재하는 압입자국의 중심으로부터 4d(d는 압입자국의 직경)이상, 시편의 가장자리로부터 2.5d이상 떨어져 있는 것이 좋다. 어떤 측정위치의 중심은 이미 압입자국의 영향을 받는 범위 내에 있거나 새로운 압입자국으로 인하여 시험편 가장자리에 영향을 주는 범위 내에 있어서는 안 된다.

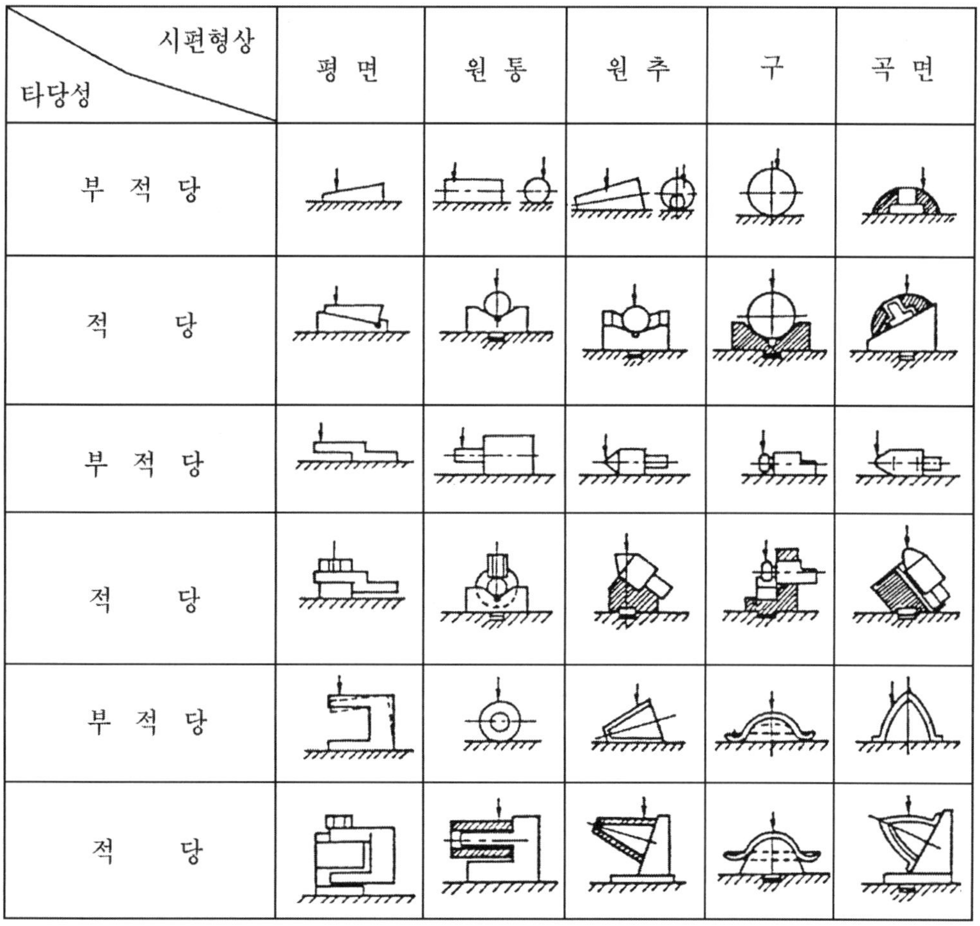

시편형상 타당성	평면	원통	원추	구	곡면
부 적 당					
적 당					
부 적 당					
적 당					
부 적 당					
적 당					

그림 5 특수앤빌을 사용한 시험편의 지지방법

표 2 환봉시험편을 C, A, D스케일로 시험했을 때의 보정값

측정 강도	원 통 의 직 경								
	1/4in (6.4mm)	3/8in (10mm)	1/2 in (13mm)	5/8 in (16mm)	3/4 in (19mm)	7/8 in (22mm)	1 in (25mm)	1 1/4 in (32mm)	1 1/2 in (38mm)
	보정값(실제경도=측정경도-보정값)								
20	6.0	4.5	3.5	2.5	2.0	1.5	1.5	1.0	1.0
25	5.5	4.0	3.0	2.5	2.0	1.5	1.0	1.0	1.0
30	5.0	3.5	2.5	2.0	1.5	1.5	1.0	1.0	0.5
35	4.0	3.0	2.0	1.5	1.5	1.0	1.0	0.5	0.5
40	3.5	2.5	2.0	1.5	1.0	1.0	1.0	0.5	0.5
45	3.0	2.0	1.5	1.0	1.0	1.0	0.5	0.5	0.5
50	2.5	2.0	1.5	1.0	1.0	0.5	0.5	0.5	0.5
66	2.0	1.5	1.0	0.5	0.5	0.5	0.5	0.5	0
60	1.5	1.0	1.0	0.5	0.5	0.5	0.5	0	0
65	1.5	1.0	1.0	0.5	0.5	0.5	0.5	0	0
70	1.0	1.0	0.5	0.5	0.5	0.5	0.5	0	0
75	1.0	0.5	0.5	0.5	0.5	0	0	0	0
80	0.5	0.5	0.5	0.5	0.5	0	0	0	0
85	0.5	0.5	0.5	0	0	0	0	0	0
90	0.5	0	0	0	0	0	0	0	0

표 3 환봉시험편을 B, F, G 스케일로 시험했을 때의 보정값

측정 강도	원 통 의 직 경						
	1/4in (6.4mm)	3/8in (10mm)	1/2 in (13mm)	5/8 in (16mm)	3/4 in (19mm)	7/8 in (22mm)	1 in (25mm)
	보정값(실제경도=측정경도-보정값)						
0	12.5	8.5	6.5	5.5	4.5	3.5	3.0
10	12.0	8.0	6.0	5.0	4.0	3.5	3.0
20	11.0	7.5	5.5	4.5	4.0	3.5	3.0
30	10.0	6.5	5.0	4.5	3.5	3.0	2.5
40	9.0	6.0	4.5	4.0	3.0	2.5	2.5
50	8.0	5.5	4.0	3.5	3.0	2.5	2.0
60	7.0	5.0	3.5	3.0	2.5	2.0	2.0
70	6.0	4.0	3.0	2.5	2.0	2.0	1.5
80	5.0	3.5	2.5	2.0	1.5	1.5	1.5
90	4.0	3.0	2.0	1.5	1.5	1.5	1.0
100	3.5	2.5	1.5	1.5	1.0	1.0	0.5

6) 시험조건

로크웰경도는 하중의 부하방법과 온도의 영향을 받는다.

그림 6은 시험하중을 가하는데 소요한 시간과 시험하중 유지시간에 따른 경도값의 변화를 나타낸 것이다. 압입에 소요된 시간이 길을수록, 즉 압입속도가 늦을수록 경도는 높아지는 반면에 하중유지시간이 길어지면 낮아진다. 따라서 이 측정조건을 일정하게 규정할 필요가 있어 각 국에서는 나라마다 약간의 차이가 있다.

현재 국내에서 널리 사용하고 있는 ASTM에 의하면 하중 부하에 소요되는 시간을 부하용 핸들의 회전시간으로 결정하고 있다. 이 방법은 시험기의 구조가 동일한 경우에는 무리 없이 적용할 수 있으나, 구조가 다른 시험기에서는 겉보기에는 같은 회전시간이라도 실제 부하에 소요되는 시간은 차이가 있기 때문에 올바른 방법이라고 할 수 없다. 따라서 H_RC 60정도의 경도 기준편을 사용해서 시험하중을 가했을 때 다이얼 게이지의 긴바늘이 회전하는 시간을 측정하여 시험기 구조에 구애되지 않는 실제의 변형속도를 구하여 사용한다. 위와 같은 방법으로 측정한 하중부하시간은 4~5초가 적당하며 대시포트(dash pot)를 조정함으로써 조절할 수 있다.

한편 하중유지시간은 30초 정도가 충분한 것으로 생각되나, B스케일이나 C스케일의 경우에는 10초 정도 유지 후 시험하중을 제거하여도 무방하다. 주위온도의 변화로 시험편의 온도가 변화하면 경도 측정값도 변화한다. 이것은 시험기가 변화하는 것이 아니고 시험편 자체의 경도값이 변화하는 것으로, 표 4에 나타낸 것과 같이 온도가 ±10℃ 변화하면 경도값은 ±0.1~0.3 정도의 변화로 나타낸다. 온도변화에 대한 경도값은 보정값에 의해 보정이 가능하나 높은 정밀도를 요구하는 시험에서는 시험시의 주위온도를 지정하고 있다.

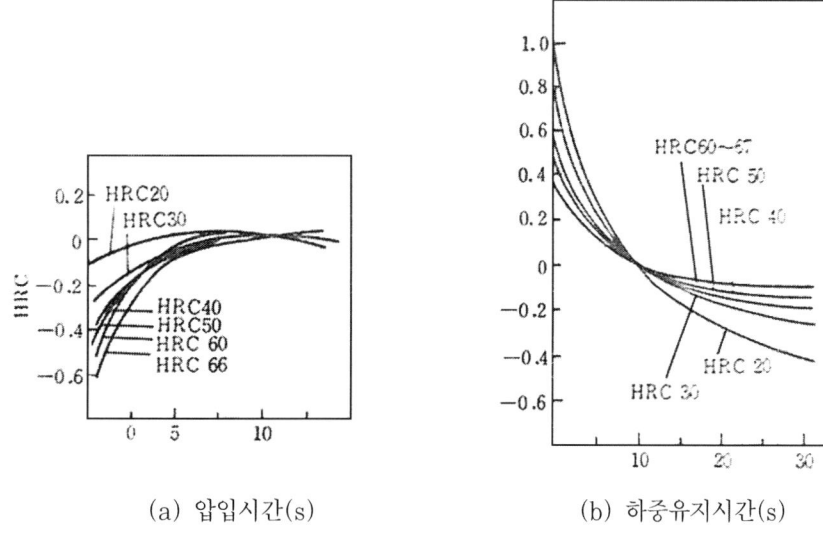

(a) 압입시간(s)   (b) 하중유지시간(s)

그림 6 측정조건에 따른 경도값의 변화

표 4 온도변화에 따른 H_RC 경도값의 변화

경 도	H_RC 60	H_RC 40	H_RC 20
경도변화(H_RC단위)	± 0.1	± 0.2	± 0.3

7) 로크웰경도시험기의 특징

① 10Kgf의 초하중(기준하중)상태에서 시작하므로 시험편의 표면상태를 어느 정도 무시할 수 있다. 브리넬경도시험에서는 시험편의 측정 표면을 충분히 평활하게 다듬어야 하지만 로크웰경도시험에서는 흑피상태 그대로 직접 할 수 있다.

② 측정면이 반드시 평면이어야 할 필요가 없고, 경우에 따라서는 환봉시험편이라도 측정이 가능하다.

③ 경도치는 눈금판에서 읽을 수 있으므로 조작이 용이하므로 다수의 시험을 할 경우 유리하다.

④ 압입자국이 비교적 작다.

3.2 로크웰경도시험의 시험방법과 시험순서

1) 적용범위

로크웰경도시험은 KS B 0806에 의하여 실시하며, 이 규격은 주로 금속재료의 로크웰경도 C 및 B 경도를 측정하는 방법에 대하여 규정한다.

로크웰경도 C 스케일은 HRC 70~0, 로크웰경도 B 스케일은 HRB 100~0 범위를 측정한다.

2) 시험편

시험편의 시험면과 그 뒷면은 원칙적으로 평면이고 서로 평행해야 하며, 매끈하고 오일이나 먼지가 없이 깨끗하게 해주어야 한다. 시험편은 충분한 두께를 가진 것으로 하고, 어떤 경우에도 오목부가 생기므로 인하여 그 뒷면에 변화가 일어나서는 안 된다. 곡면시험편을 사용할 경우에는 그림 6과 같은 V앤빌을 사용하며, 표 2와 표 3과 같은 보정값을 적용해주어야 한다.

3) 로크웰경도시험기

① 로크웰경도시험기는 KS B 5526에 적합하여야 한다.

② 시험기는 그 주요부분의 분해, 재조립 또는 모양을 바꾸었을 때에는 다시 KS B 5526에

의거하여 검사하고 사용해야 한다.

③ 시험기는 사용빈도에 따라 일정기간마다 검정을 받아야 하며, 수시로 로크웰경도시험용 기준편을 사용하여 측정하여 사용 압입자의 유무를 확인한다.

④ 다이아몬드 압입자는 사용 중 시험편과 접촉하는 부분에 흠이나 결손 등의 이상이 생겼을 경우에는 사용해서는 안 되며, 강구 압입자는 사용 중 영구변형이 일어나서 하중을 가하는 방향과 이에 직각인 방향과의 지름의 차이가 0.01mm를 초과하는 경우에는 그 강구를 사용해서는 안 된다.

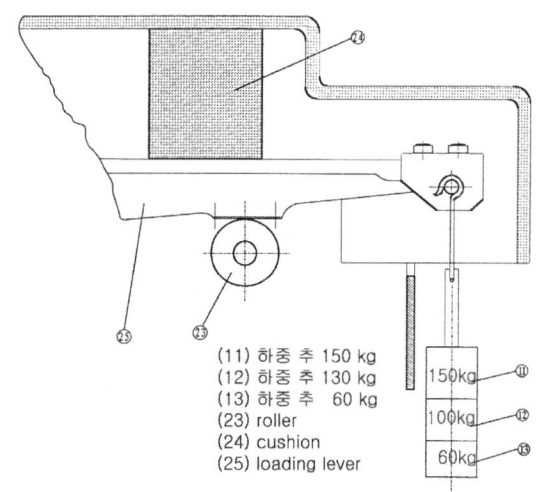

그림 7 하중 추의 선정

4) 시험순서

① 주 전원(그림 4의 14번)을 연결한다.(220V, 단상 60Hz)

② 시편의 종류와 상태에 따라 표 1에 의해서 적합한 스케일(HRA, HRB, HRC)을 선정한다. 스케일에 맞는 압입자를 표 1에 따라 시험기에 체결한다.

압입자를 체결하거나 해제할 때에는 시험기의 최대하중을 가하여 예비시험을 행한 후 사용한다. 시험을 할 때 시험기가 심하게 아래위로 움직였을 경우에는 그 후 예비시험을 2회 시행한 후에 측정한다.

③ 스케일 선택스위치에 맞도록 하중용 추를 그림 7의 (13), (12), (11)같이 HRA-60kgf, HRB-100kgf, HRC-150kgf 필요한 하중으로 변환한다.

④ 스케일에 맞는 압입자(HRB-steel ball, HRA, HRC-diamond cone)를 선정하여 시험기에 캡(cap)을 이용하여 체결한다.

⑤ 그림 4의 26번에 해당하는 하중유지시간을 설정하여 준다.

작용시간은 그림 9와 같은 손잡이를 돌려서 원하는 시간을 선택하여 5초, 10초, 15초, 20초, 25초, 30초로 설정이 가능하다. 일반적으로 10~30초를 사용한다.

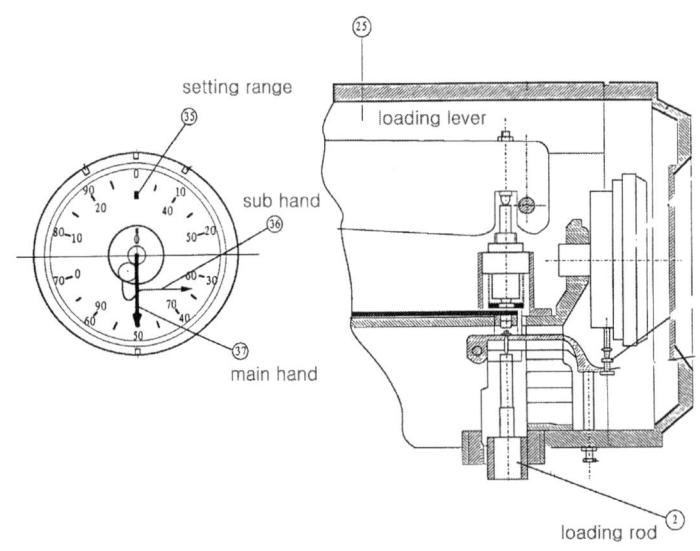

그림 8 지시계의 mail hand와 sub hand

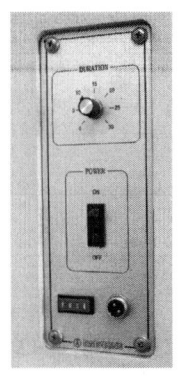

그림 9 하중작용시간의 설정

⑥ 그림 5와 같은 시편의 형상에 맞는 앤빌을 선택하여 체결한 다음 시편을 앤빌(그림 4의 4번) 위에 올려놓는다.

⑦ 경도를 측정하는 중심위치는 오목부의 중심으로부터 $4d$(d는 오목부의 지름) 이상, 시험편의 변두리로부터 $2.5d$ 이상 떨어져 있는 지점을 측정하는 것이 좋다. 어떤 경우에도 중심위치는 압입된 오목부의 영향을 받지 않는 범위의 새로운 지점을 측정해야 한다.

시험편의 시험면은 압입자 부착 축에 수직해야 한다. 시험을 할 때 하중은 충격을 받지 않도록 서서히 계속해서 증가시켜 기준하중의 크기로 하고, 지시계의 지침에 눈금판의 기준을 맞춘다.

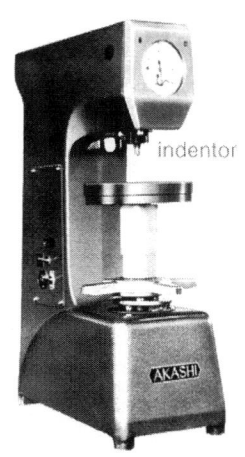
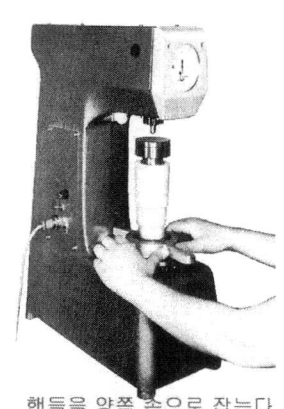

핸들을 양쪽 손으로 잡는다

그림 10 가압핸들을 잡는 요령

시편이 압자에서 밀려나지 않도록 하면서 초하중 가압핸들(그림 4의 6번)을 오른쪽(시계방향)으로 돌려서 서서히 하중을 가한다. 이 때 가압핸들을 잡는 요령은 그림 10과 같이 양손으로 해주며 이 때 주의할 것은 반드시 지침을 정면으로 보면서 실시하며, 무리하게 빨리 돌려서는 안 된다. 가압핸들을 오른쪽으로 돌리면 indicator(그림 4의 1번)의 main hand의 수치가 서서히 변하며, 이 때 sub hand(그림 4의 36번)도 움직인다. main hand를 약 2바퀴 반 정도 돌리면 indicator의 main hand와 sub hand가 setting range에 왔을 때 indicator의 main hand와 sub hand가 일치하게 된다.

초하중을 가할 때는 아주 천천히 하중을 가하며, 이때 절대적으로 주의할 것은 무리하게 main hand와 sub hand 바늘이 엇갈리게 해서는 안 된다.

그림 11은 초하중(시험하중)이 가해진 상태의 시험기의 indicator의 상태를 나타내준다. 이 때 시험기 전면에 있는 starting plate(그림 4의 7번)를 가볍게 누르면 시험이 시작된다.(그림 12 참조)

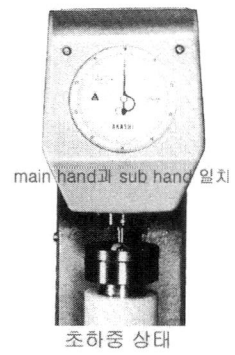

main hand과 sub hand 일치

초하중 상태

그림 11 초하중(시험하중)상태의 indicator

⑧ 초하중(기본하중 ; 10kgf)이 작용하면 자동으로 시험램프가 꺼지고 하중유지시간(그림 4의 26번)이 설정시간에 도달하면 자동으로 시험램프에 불이 켜지면서 indicator에 경도값이 표시된다. 시험 종료 후 HRA, HRC는 검정색(바깥 쪽), HRB는 적색(안쪽)의 숫자를 읽으면 구하는 경도값이다. 그림 13에서 가르치는 로크웰경도값을 main hand가 지시하는 숫자를 읽는다.

그림 12 로크웰경도시험의 starting

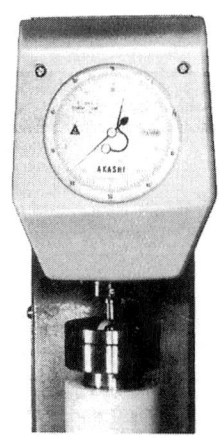
그림 13 indicator의 main hand 지시를 읽는다.

⑨ 시험이 끝나면 초하중 가압핸들을 왼쪽(반시계방향)으로 충분히 돌려서 시편을 꺼낸다.
⑩ 그림 13에서처럼 main hand 바늘이 가리키는 숫자를 읽으면 측정하고자 하는 로크웰경도값을 구할 수 있다. 경도값은 연속하여 3회 측정하여 평균값을 사용한다.

5) 시험결과 처리

① 경도측정은 앞에서 설명한 조작을 완료하고 시험하중이 서서히 감소시켜 다시 기준하중으로 한 상태에서 지시계의 지침이 지시하는 눈금을 정면에서 읽는다. 이 때 경도의 수치는 소수점 이하 한 자리까지 읽는다.
② 경도의 수치는 KS A 0021(수치의 맺음법)에 따라 정수 한 자리까지 끝맺음한다. 다만, 로크웰경도 C 50이상에서는 소수점 이하 한자리를 2사 3입하되, 0.5단위로 끝맺음한다.
③ 경도값의 표시는 다음과 같이 해준다.(보기 : H_RC 59.5, H_RB 30)

4. 비커스경도시험(Vickers Hardness Test)

과 목 명	재료 시험(1)	과제번호	MT-04
실습과제명	비커스경도시험	소요시간	12시간
목 적	1. 비커스경도시험의 측정원리와 특징을 이해시킨다. 2. 비커스경도시험기의 조작방법을 숙지시킨다. 3. 각종 금속재료의 비커스경도를 측정하고, 재료의 성분과 조성 및 열처리에 따른 기계적인 변화를 이해시키는데 있다.		
사용기재, 공구, 소모성 재료	규 격	수 량	비 고
비커스경도시험기			
연마지	#400, 600, 800, 1200	각각 5장	
OHP 용지	A4	30매	
빔프로젝트		1set	
SM25C			
SM45C			
STC3종			
STC5종			
황동			
Al 합금			

관련 지식

1. 비커스경도시험용 압입자와 대면각을 136°로 해주는 이유에 대해 설명한다.
2. 비커스경도시험의 측정원리와 특징을 설명한다.
3. 브리넬경도시험과 비커스경도시험을 비교 설명한다.
4. 비커스경도시험기의 작동요령을 설명한다.
5. 개인별, 조별실습을 통하여 협동정신과 책임의식을 고취한다.
6. 시험실습 시 안전과 유의사항을 주지시킨다.

4.1 관련 지식

브리넬경도시험은 하중을 일정하게 하면 steel ball이 작아짐에 따라 높게 되고, steel ball의 크기를 일정하게 하면 하중의 증가와 함께 방사적으로 증가한다. $\frac{P}{D^2}$의 변화는 가공경화에 관련된 현상이다. 마이어법칙(Meyer's law)에서 동일 기준에서 경도를 엄격하게 비교하기 위해서는 자국은 상사형이어야 한다. 그러나 브리넬경도의 경우에는 이 조건은 엄밀하게 실현되지 않는다.

steel ball과 동일 정도(同一 程度)의 경도의 재료에 대해서는 정확한 측정을 할 수 없다는 것을 의미하며, 이런 불리하고 불편한 점을 제거하기 위하여 1925년 R.L.Smith와 G.E. Sandland가 처음으로 제안한 것을 영국의 비커스 암스트롱(Vickers Armstrong Co.)에서 시험기를 상품화하였다.

1) 시험 목적

① 각종 공업재료의 비커스경도 측정
② 각종 공업재료의 경도와 강도와의 관계를 이해
③ 각종 금속재료의 가공상태, 열처리 및 표면처리 상태의 재료특성을 평가하는데 있다.

2) 관련 규격 조사

KS B 0811 비커스경도시험방법
KS B 5525 비커스경도시험기
ASTM E 92 Standard Test Method for Vickers Hardness of Metallic Materials
KS A 0021 수치의 맺음법

3) 비커스경도시험용 압입자와 압입자국

비커스경도시험용 압입자는 다이아몬드 피라미드(diamond pyramid)로서 대면각이 136°±30′인 것을 사용한다. 그림 1은 비커스경도시험용 다이아몬드 피라미드 압입자의 개략도를 나타낸다. 다이아몬드 부분의 4면은 모두 압입자의 중심축(하중이 가해지는 방향)과 동일한 경사를 이루고 한 점에 모이는 것을 원칙으로 하나, 경사 상호의 차이가 있을 때는 그 최대값이 ±30′ 이내이어야 한다. 또 서로 대칭하는 두 면에 있어서 등선이 구성되어 있을 경우에는 그 길이는 되도록 0.001mm 이내이어야 한다. 압입자가 시험편에 접하는 다이아몬드부분은 잘 연마된 면이어야 하고, 표면에 터짐 또는 홈집이 있어서는 안 된다.

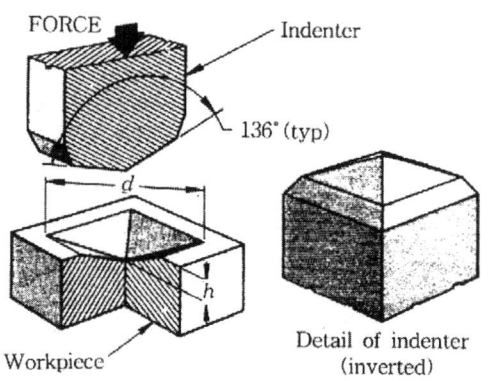

그림 1 비커스경도시험용 다이아몬드 피라미드 압입자의 개략도

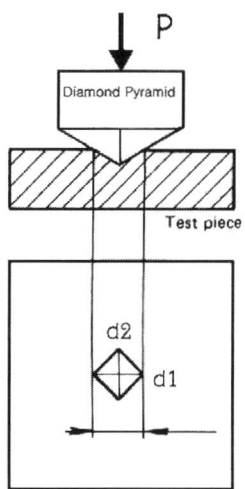

그림 2 비커스경도시험

4) 브리넬경도와 비커스경도시험기의 압입자의 관계

저면(底面)이 정사각형인 diamond pyramid를 steel ball 대신에 1925년 R.L.Smith와 G.E.Sandland가 압입자로 사용할 것을 제안하였다. diamond pyramid 압입자로 압입하면 압입깊이가 다르더라도 자국은 항상 상사형(相似形)이고, 경도는 diamond pyramid의 대면각에 의존한다.

비커스경도는 브리넬경도와 일치시키기 위하여 그림 3과 같이 압입자국의 지름과 ball의 지름의 비, $\dfrac{d}{D}$의 평균치가 0.375($\dfrac{d}{D}$가 $0.25 \sim 0.5$)에 해당하는 자국의 접선 사이의 각 $136°$을 diamond pyramid의 대면각으로 하였다.

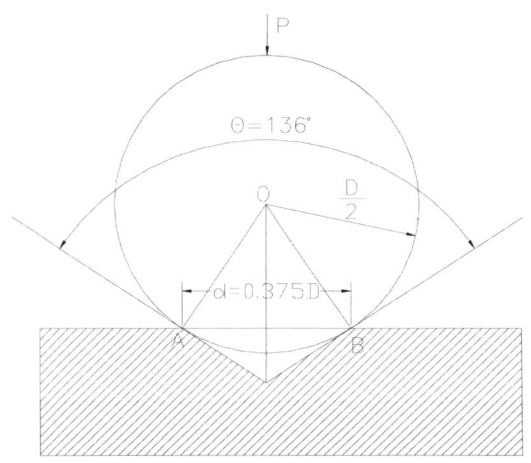

그림 3 브리넬경도 압입자와 비커스경도 압입자와의 관계

따라서 브리넬 압입자국이 수직으로 침투했을 때에는 DPH와 BHN값은 거의 동일하다. 이 각은 브리넬경도 시험에서 강구지름에 대한 압입자국의 지름의 가장 적당한 비율에 접근하도록 선택된 것이다. 압자의 형태 때문에 이 시험을 흔히 diamond pyramid Hardness Test라고 한다. 다이아몬드 피라미드 경도값(DPH) 또는 비커스경도값(VHN, VPH)은 작용하중을 압입자국의 표면적으로 나눈 값으로 정의된다. 실제로 이 표면적은 압입자국의 대각선의 길이를 현미경으로 측정한 값으로부터 계산한다.

$$\angle ACB = \theta = 대면각$$

$\triangle OAB$는 이등변 각형이므로 $\angle AOH = \angle BOH$이다.
한편 $\triangle OAB$와 $\triangle OBC$에서 $OA =$ 일정,

$$OA = OB = \frac{D}{2} \tag{4.1}$$

$\triangle OAB$와 $\triangle OBC$는 두 변 사이각이 같으므로 $\triangle OAB \equiv \triangle OBC$이다.
따라서 $\triangle OBH$에서

$$OB = \frac{D}{2}, \ BH = \frac{d}{2} \tag{4.2}$$

$$\angle BOH = 90 - \frac{\theta}{2} \tag{4.3}$$

$$\sin(90 - \frac{\theta}{2}) = \frac{\frac{d}{2}}{\frac{D}{2}} = \frac{d}{D} \tag{4.4}$$

$$\sin(90 - \frac{\theta}{2}) = \cos(\frac{\theta}{2}) = \frac{d}{D} = 0.375 \quad (4.5)$$

$$\cos(\frac{\theta}{2}) = 0.375,$$

$$\frac{\theta}{2} = \cos^{-1} 0.375 \quad (4.6)$$

$$\theta = 2\cos^{-1} 0.375$$

$$\therefore \theta = 135.951374 \fallingdotseq 136° \quad (4.7)$$

5) 비커스경도시험의 측정원리

비커스경도(H_V)는 대면각이 136°의 diamond pyramid형 압입자로 시편을 압입하였을 때 작용하중(P)을 압입된 자국의 표면적(A)으로 나눈 값으로 다음과 같이 나타난다.

$$H_V = \frac{P}{A} = \frac{작용하중}{압입된 자국의 표면적} = \frac{작용하중}{시험편과 압입자와의 접촉표면적}$$

$$= \frac{d^2}{2\sin\frac{\theta}{2}} = \frac{2P\sin\frac{\theta}{2}}{d^2} = \frac{1.854P}{d^2} \quad (4.8)$$

그림 4에서 보는 바와 같이 Diamond Pyramid □$ABCD$=정사각형

$$\overline{AB} = \overline{BC} = \overline{CD} = \overline{DA} = S \quad (4.9)$$

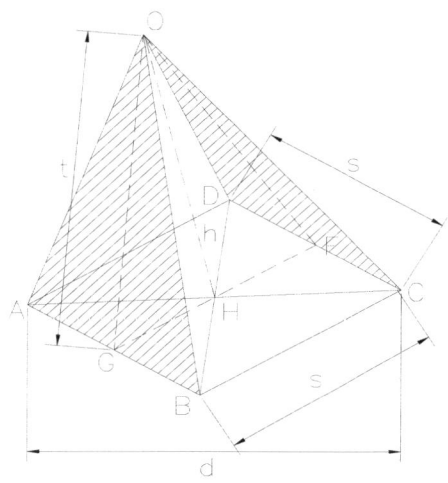

그림 4 비커스경도시험시 압입된 자국의 표면적

이고, □ABCD의 대각선

$$\overline{AB} = \overline{BD} = d \tag{4.10}$$

이다.

∠FOG = θ = 대면각 이라하면 △OAB ≡ △OBC ≡ △OCD ≡ △ODA이므로, 압입된 자국의 표면적(A)는 △OAB, △OBC, △OCD, △ODA의 면적의 합과 같다.

$$A = △OAB + △OBC + △OCD + △ODA = 4 \times △OAB \tag{4.11}$$

△OGH ≡ △OFH이므로

$$\overline{GH} = \overline{FH} = \frac{S}{2}, \quad \angle GOH = \theta$$

△OGH에서

$$\sin\frac{\theta}{2} = \frac{\overline{GH}}{\overline{OG}} = \frac{\frac{S}{2}}{\overline{OG}} \tag{4.12}$$

$$\therefore \overline{OG} = h = \frac{\frac{S}{2}}{\sin\frac{\theta}{2}} \tag{4.13}$$

따라서 △OAB의 면적은 다음과 같다.

$$△OAB = \frac{1}{2} \cdot \overline{AB} \times \overline{OG} = \frac{1}{2} \cdot S \cdot \frac{\frac{S}{2}}{\sin\frac{\theta}{2}} = \frac{\frac{1}{4}S^2}{\sin\frac{\theta}{2}} \tag{4.14}$$

□ABCD에서

$$d^2 = S^2 + S^2 = 2S^2$$

$$\therefore S^2 = \frac{d^2}{2} \tag{4.15}$$

$$A = 4 \cdot △OAB = 4 \cdot \frac{\frac{1}{4}S^2}{\sin\frac{\theta}{2}} = \frac{S^2}{\sin\frac{\theta}{2}} = \frac{\frac{d^2}{2}}{\sin\frac{\theta}{2}} = \frac{d^2}{2\sin\frac{\theta}{2}} \tag{4.16}$$

$$H_V = \frac{P}{A} = \frac{P}{\dfrac{d^2}{2\sin\dfrac{\theta}{2}}} = \frac{2P\sin\dfrac{\theta}{2}}{d^2} = \frac{P2\sin\dfrac{\theta}{2}}{d^2}$$

■ 비커스경도시험의 관계식

$$\therefore H_V = \frac{2P\sin\dfrac{\theta}{2}}{d^2} = \frac{2P\sin\dfrac{136°}{2}}{d^2} = \frac{1.8544P}{d^2} \qquad (4.17)$$

H_V : Vickers Hardness Number(Kg/mm²)
d : 압입자국의 대각선의 길이 [diagonal of indentation(mm)]
　　unit of diagonal(1μ=0.001mm)
P : 작용하중 [applied load(Kgf)]
θ : diamond pyramid의 대면각 [angle between opposite face(136°)]

6) 비커스경도시험의 특징

H_B의 측정 시에 $\dfrac{d}{D} = 0.375$의 조건이 항상 유지하도록 조정하면 H_B과 H_V과는 경도값 600까지는 동일한 값이 된다는 것이 실증되고 있다. 경도가 다시 높아져 700 가까이 되면 강구는 변형을 일으킴으로 자국은 크게 되며 H_B는 H_V보다 낮아진다.($H_B < H_V$) 압입자국의 값을 생각하지 않고 측정하면 H_B 300까지는 H_B과 H_V가 일치하지만 이 이상의 경도값이 되면 H_B와 마찬가지로 낮아진다.

(1) 비커스경도가 브리넬경도시험보다 우수한 특징
① 압입자가 diamond이므로 아주 여문 재료도 거리낌 없이 측정이 가능하다.
② 자국이 정사각형으로 원형으로 보이는 자국에 비해서 실험면상에서 경계가 명확하게 보인다. 정사각형의 대각선의 측정은 양변의 교점을 관찰하는 것이므로 원의 지름을 측정하는 것보다 훨씬 용이하며 오차도 그만큼 작다. 브리넬경도에서는 자국의 지름(d)을 0.01mm까지 읽을 수 있으나, 비커스경도시험에서는 0.001mm까지 읽을 수 있다.
③ 자국이 항상 상사형이므로 하중을 1~50Kgf까지 변경해도 경도값이 거의 일정하다. 따라서 연한 재료나 경한 재료에서도 모두 같은 규준하에서 경도를 비교할 수 있다. 브리넬경도시험의 경우와 같이 재료의 경연(硬軟)에 따라서 하중을 바꿀 필요가 없다.
④ 자국이 작으므로 경우에 따라서는 직선제품에 대해서도 측정할 수 있다.

⑤ 하중을 광범위하게 변경해도 경도의 수치에는 거의 영향이 없으므로 아주 얇은 금속판, 침탄층, 질화층에도 적용되고 따라서 두께의 차이가 심한 시편의 경우에도 하중을 적당히 선정해서 시험하면 동일 규준하의 경도측정이 되고 이들의 수치는 그대로 비교할 수 있다.

⑥ diamond pyramid선단의 둥글기는 1/1000mm 이하이므로 다른 치수가 정확하게 다듬질되어 있으면 선단의 영향은 고려할 필요가 없다. 하중은 보통의 경우에는 30~50Kg, 주철, 비철금속의 주물에는 100Kg이 채용된다. 박판의 경우 그 두께가 자국의 크기의 1.5배 이하가 되지 않도록 하중을 가감한다.

4.2 시험방법

1) 시험편

비커스경도시험편은 하중축에 대해 수직인 평면인 경우에 행하는 것이 원칙이다. 시험면은 압입자국의 측정에 지장이 없도록 잘 연마되어 있어야 한다. 시험편 표면이 곡률을 가질 경우 시험에 필요한 정도의 넓이를 평면으로 연마한 후 시험하게 된다. 그러나 연마에 따르는 표면부의 성질변화나 제품에 홈이 생기는 것을 우려하는 경우에는 부득이 곡면 상에서 경도를 측정하며, 이때에는 평면상에서 측정한 경우와 경도값에 차이가 있음을 유의해야 한다.

(1) 표면거칠기와 표면변질층

① 표면거칠기

비커스경도시험에서의 압입자국은 크기가 1mm 이하(보통 50~500μm정도)이기 때문에 시험면은 압입자국의 대각선 길이를 측정값의 0.4% 또는 0.2μm 중 큰 값까지 측정할 수 있을 정도로 매끄러워야 한다. 따라서 연마지 240번에서 600번(mesh size를 표시)까지를 사용해 단계적으로 연마한 후 버핑(buffing)연마까지 할 필요가 있다. 그러나 전체 면이 매끄러울 필요는 없으며 압입자국을 만드는 데에 필요한 넓이 정도만 매끄러우면 된다.

표면이 매끄럽지 않은 경우에는 표면거칠기에 따라 경도값이 변화한다. 일반적으로 표면거칠기의 최대 높이인 R_{max}이 15μm 이상인 경우에 경도값에 영향을 준다고 전해지고 있으나, 실제적으로 R_{max}이 2~4μm 정도만 되어도 계측현미경으로 압입자국의 상을 관찰한 경우에 압입자국의 가장자리가 불명확하게 나타난다. 정사각형 압입자국은 모서리가 날카롭게 나타나지 않으므로 경도값의 측정오차가 커지게 된다. 따라서 시험편 표면은 적어도 R_{max}이 1~2μm 이하가 좋다.

② 표면변질층

시험편의 표면을 연마할 때에 연마에 의해서 표면에 가공경화층이 발생시키기도 한다. 따라서 시험편 본래의 경도값이 아닌 가공경화층의 경도값을 측정하는 결과가 된다. 그림 5는 가공방법에 따른 가공경화층의 깊이를 나타낸다. 따라서 연마는 연마량이 작게 오랫동안 실시하며 필요에 따라서는 전해연마 등으로 표면경화층을 제거해야 한다.

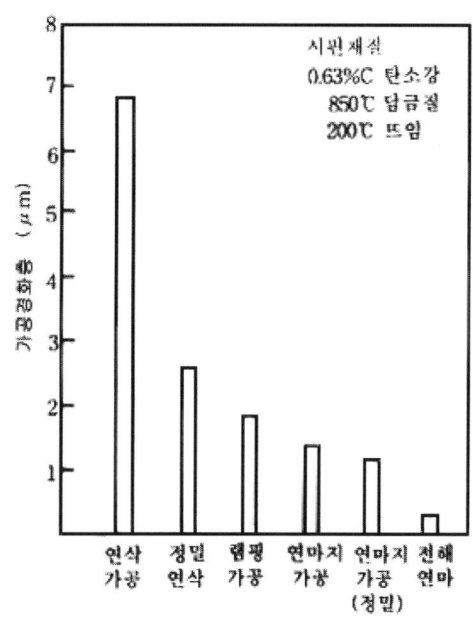

그림 5 가공방법에 따른 가공경화층의 깊이

(2) 시험조건

현장에서는 시험조건이 불일치를 없애고 동일재료에 대해 일관성 있는 경도값을 얻는 것이 목적이므로 시험조건을 적당하게 통일하면 된다. 이때에 부하속도가 너무 빠르고 하중유지시간이 짧으면 측정값이 흐트러짐이 커지므로 주의해야 한다. KS B 0811의 비커스경도시험방법에서는 H_V 700의 시험편을 30kgf 시험하중으로 시험하는 경우 부하시간을 5~10초, 하중유지시간을 10~15초로 하도록 규정하고 있다.

오일댐퍼가 시험기에 설치된 경우에는 기름에 점성계수가 온도에 따라 변하므로 부하속도도 변하게 된다. 시험온도는 일반적으로 10~35℃ 범위이지만, 기온이 갑자기 변하는 경우에는 압입에 소요된 시간을 재서 변화가 있으면 오일댐퍼의 조절나사를 조절해야 한다.

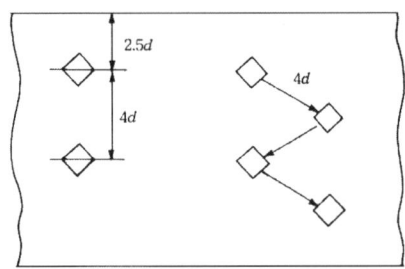

그림 6 비커스경도시험 시 압입자국의 측정위치 간격

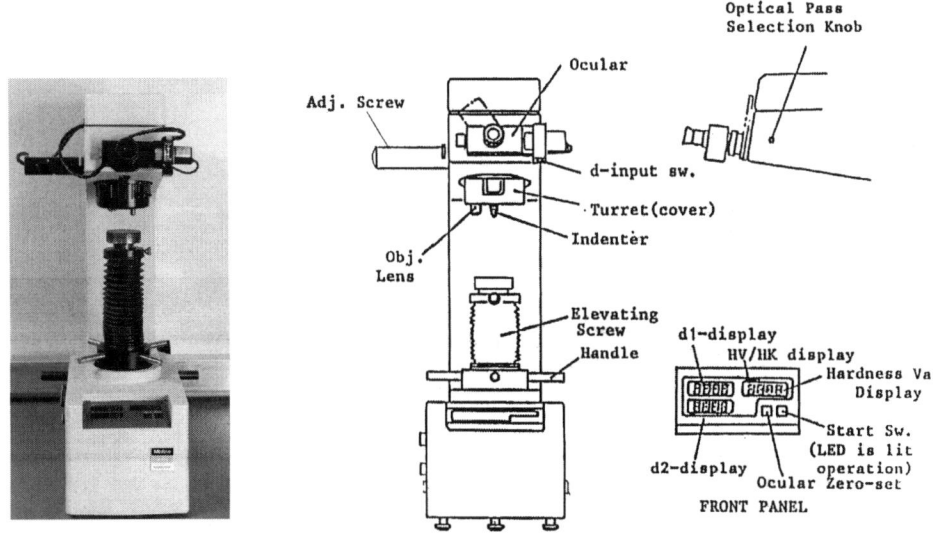

그림 7 비커스경도시험기의 외관 및 비커스경도기의 개략도와 명칭

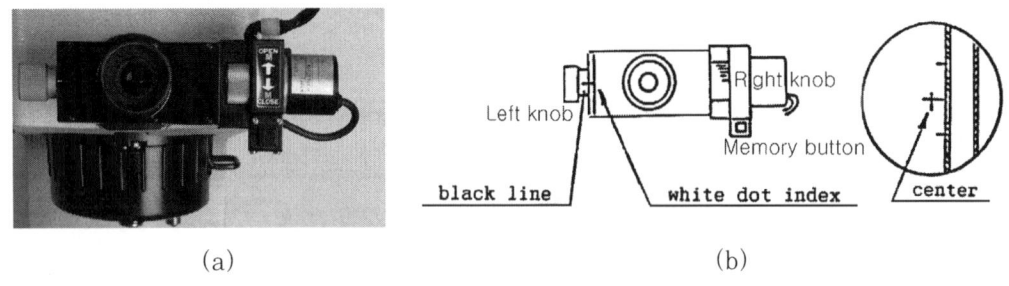

(a)　　　　　　　　　　(b)

그림 8 비커스경도시험용 계측기의 외관(a)과 구조도(b)

4.3 비커스경도시험기의 작동순서

그림 7은 비커스경도시험기의 외관 및 비커스경도시험기의 개략도와 명칭을 나타낸다.

① 시험기의 좌측에 있는 조절판넬에서 전원을 ON으로 한다.
② 비커스경도시험시 조절판넬에서 HV으로 해주고, 누우프경도시험시에는 HK로 해준다.

③ 비커스경도시험기의 조절판넬에서 대물렌즈배율을 선정한다.
④ 하중작용시간을 설정한다.
　 하중작용시간은 5초, 10초, 15초, 20초, 25초, 30초로 변환이 가능하다.
⑤ 시편을 앤빌 위에 올려놓고 조절판넬의 LAMP SW.를 돌려 광량조절하고 계측기의 접안렌즈를 보면서 초점을 맞춘다.

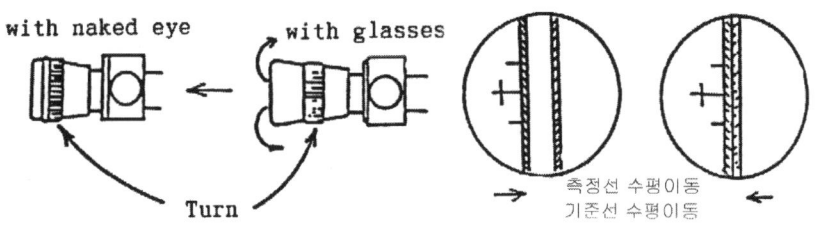

그림 9 비커스경도시험용 계측 시 기준선과 측정선

⑥ 계측현미경 내의 기준선과 측정선을 일치시키고 시험기 전면 판넬 zero set sw.를 눌러 "0" set 한다.(그림 10 참조)
⑦ 시험하중은 하중핸들을 돌려 시험에 적합한 하중을 선정한다.
　 하중은 시험기 우측부에 있는 하중변환핸들을 돌려 1kg, 2kg, 5kg, 10kg, 20kg, 30kg, 50kg으로 변환이 가능하며 시험편의 종류와 크기에 따라 적합한 것을 선정한다.
⑧ 시험하고자 하는 시편의 표면상태를 확인하고 이상이 없으면 터렛반을 돌려 그림 12와 같이 압입자가 시험편측으로 오게 해준다.
⑨ 전면 조절판넬의 시작 스위치(start sw.)를 누른다.
⑩ 유지시간이 경과 후 하중이 제거되면 대물렌즈가 시편 위로 향하게 터렛반을 돌려준다. 그리고 그림 13의 계측기 내의 기준선과 측정선을 이용하여 압입자국의 대각선이 그림 14 상태로 해준다.

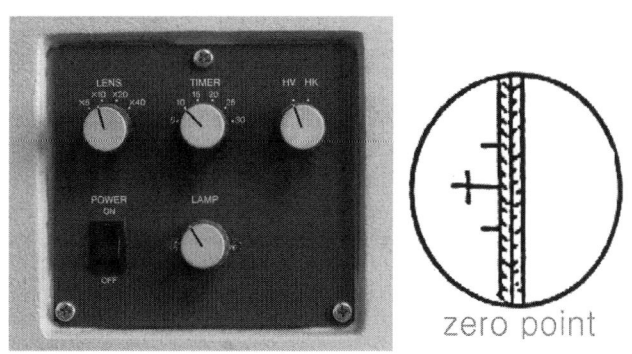

그림 10 zero point 설정

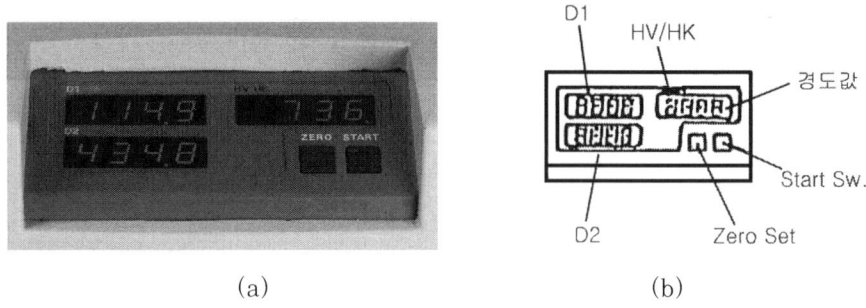

그림 11 미소비커스경도 시험기 작동조절 판넬 외관(a)과 구조도(b)

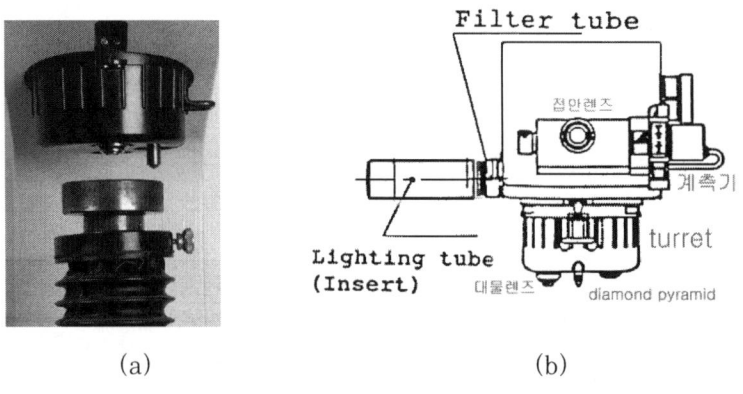

그림 12 turret의 외관(a)과 구조도(b)

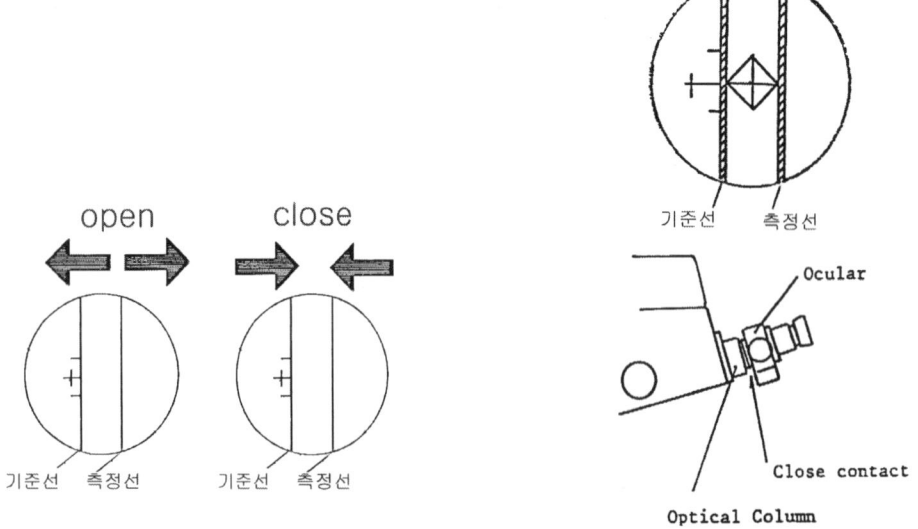

그림 13 접안렌즈 내의 기준선과 측정선   그림 14 미소비커스경도시험의 압입자국 측정방법

압입된 자국의 대각선의 길이($D1$)를 계측 현미경을 이용하여 그림 15와 같은 순서로 측정되면 입력버튼을 누른다. 다시 계측기를 90°회전시켜 같은 방법으로 나머지 대각선의 길이($D2$)도 그림 16과 같이 측정하고 다시 입력 버튼를 누른다.

⑪ 이 때 화면에 지시되는 비커스 경도값은 내장된 컴퓨터가 계산하여 비커스경도값을 디지털로 표시해주는데 이것을 읽으면 된다.

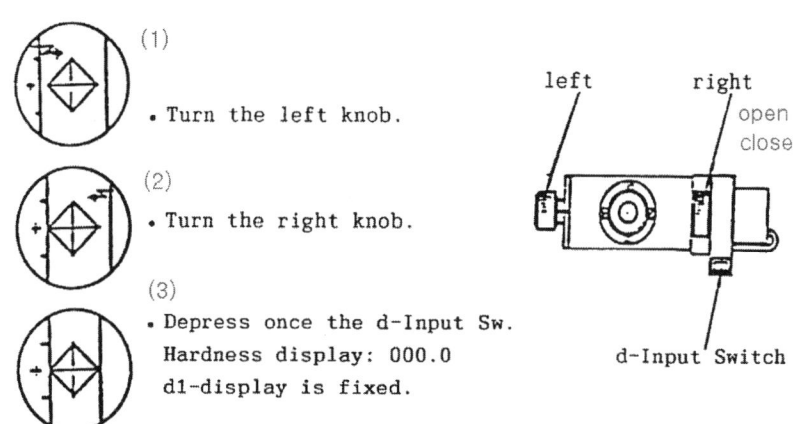

그림 15 대각선(D1)의 측정

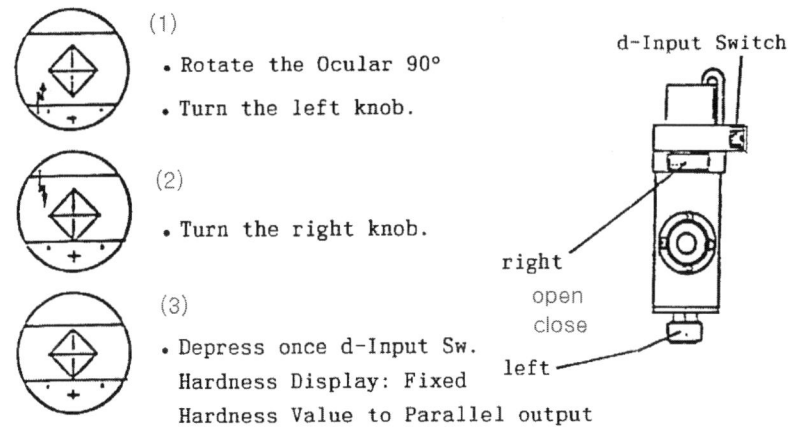

그림 16 대각선(D2)의 측정

4.4 압입자국의 측정방법

비커스경도시험의 경우에 압입자국의 대각선의 길이측정은 그림 8의 접안경(Ocular)와 계측 현미경 등을 사용하여 실시한다. 따라서 시험기 자체의 성능과 압입자국 측정의 정확성 등이 경도측정값의 오차를 결정하게 된다. 그러므로 압입자국 대각선의 길이의 측정을 정확하게 하여 신뢰성 있는 경도값을 측정하려면, 이미 정확한 대각선 길이가 알려진 표준압입자국을 사용하여 각 측정자의 개인차를 결정해야 한다. 또한 각 측정자가 같은 압입자국의 대각선 길이를 반복해서 측정하여, 측정자의 흐트러짐을 알아야 한다. 이것은 시험기의 안정도와 함께 그 측정자에 의해 측정된 경도값의 신뢰 폭을 결정하는데 필요하다.

압입자국을 측정할 때에 계측현미경을 취급함에 있어서 다음 사항을 유의하여야 한다. 첫째는 조명램프의 위치를 적절하게 조정하여 시야 전체가 고르게 밝게 해야 하며, 압입자국 양단의 밝기가 같게 하는 것이 좋다. 둘째는 측정자의 눈과 현미경 광축과의 어긋남에 따라 측정값이 변하는 경우가 있으므로 항상 같은 위치에 앉아서 측정하도록 신경을 써야 한다.

그림 17은 비커스경도시험 시 계측현미경 내의 시야와 비커스경도시험 시 사용한 압입자와 측정할 서로 직각방향의 압입자국의 두 대각선 d_1, d_2을 나타내고, 여기서 두 대각선의 평균값d 를 식 (4.18)을 이용하여 압입자국의 대각선 길이를 결정한다. 이 측정값을 식 (4.18)에 대입하여 비커스경도값을 구하거나 환산표를 직접 읽음으로서 비커스경도값(H_V)을 정한다.

$$d = \frac{d_1 + d_2}{2} \tag{4.18}$$

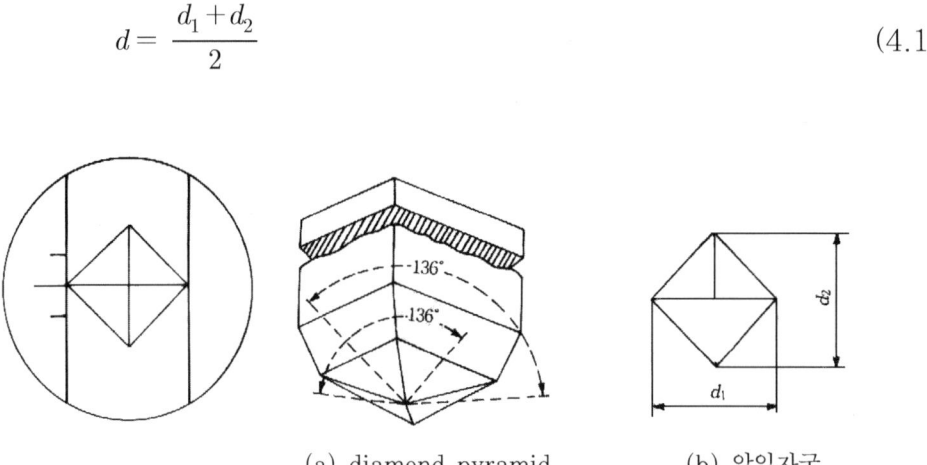

(a) diamond pyramid   (b) 압입자국

그림 17 접안렌즈 내의 시야와 압입자국의 대각선 길이의 측정방법

그림 18은 비커스경도시험 시의 압입자국의 형태를 나타내며, 완전한 압입자국은 그림 19(a)와 같이 정사각형이나 브리넬경도시험시의 압입자국에서 설명한 바와 같이 비정상적인 압입자국이 비커스경도시험에서도 관찰됨을 알 수 있다.

그림 19(b) 형태는 압입자국의 피라미드 평면 주위에 금속이 쑥 들어간 결과로서 이런 경우는 어닐링처리된 금속에서 관찰되며, 이와 같은 경우에는 참값보다 크게 나타난다. 그림 19(c)는 피라미드 평면 주위에 금속이 볼록한 모양의 압입자국을 나타내고, 이런 경우는 냉간가공된 금속에서 주로 관찰된다.

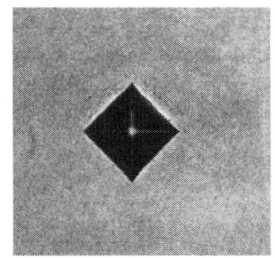 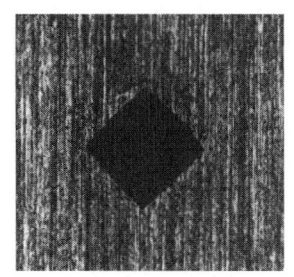

(a) 경면상태 　　　　　　(b) 연마 상태

그림 18 비커스경도시험 시 시험편의 표면상태에 따른 압입자국의 형상

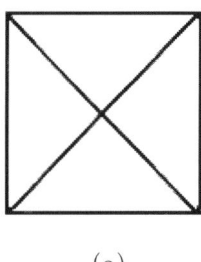 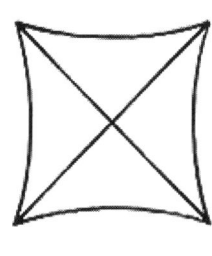 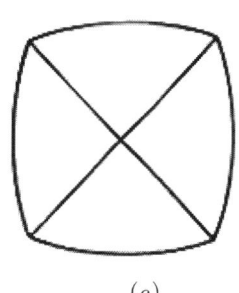

(a) 　　　　　　(b) 　　　　　　(c)

그림 19 비커스경도시험 시의 압입자국의 형태

그것은 압입자 주위의 금속이 융기하거나 쌓이기 때문이다. 이런 경우의 대각선의 길이의 측정값은 작은 접촉면적을 나타내어 높은 경도값을 나타내는 오류를 일으킨다.

5. 쇼어경도시험(Shore Hardness Test)

과 목 명	재료 시험(1)	과제번호	MT-05
실습과제명	쇼어경도시험	소요시간	8시간
목 적	1. 쇼어경도시험의 측정원리와 특징을 이해시킨다. 2. 쇼어경도시험기의 조작방법을 숙지시킨다. 3. 각종 금속재료의 쇼어경도를 측정하고, 재료의 성분과 조성 및 열처리에 따른 기계적인 변화를 이해시키는데 있다.		

사용기재, 공구, 소모성 재료	규 격	수 량	비 고
쇼어경도시험기		1대	
연마지	#400, 600, 800, 1200	각각 5장	
OHP 용지	A4	30매	
빔프로젝트		1set	
SM25C			
SM45C			
STC3종			
STC5종			
황동			

관련 지식

1. 쇼어경도의 측정원리를 설명한다.
2. 쇼어경도시험기의 종류와 특징에 대하여 설명한다.
3. 쇼어경도시험기의 작용방법에 대하여 숙지시킨다.
4. 쇼어경도시험기의 적용범위에 대하여 설명한다.
5. 개인별, 조별실습을 통하여 협동정신과 책임의식을 고취한다.
6. 시험실습 시 안전과 유의사항을 주지시킨다.

5.1 관련 지식

1) 관련규격을 조사시킨다.

① KS B 0807 쇼어경도시험방법
② KS B 5527 쇼어경도시험기
③ KS B 5531 쇼어경도 기준편
④ ASTM E 448 Standard Practice for Scleroscope Hardness Testing of Metallic Materials.

2) 쇼어경도시험(Shore Hardness Tester)의 종류와 구조를 설명한다.

1906년 쇼어(A.F.Shore)는 퀜칭처리한 강에 대해서는 브리넬구(球)는 스트레인을 일으킨다는 것을 알게 되었으므로, 충격법으로 경도를 규정할 것을 제안하였다. 쇼어경도시험은 대표적인 반발경도시험으로서, 일정한 높이에서 시험편에 해머를 낙하 충돌시켜 그 반발높이를 기준으로 하여 경도값을 나타낸다.

이 시험기는 선단에 구형의 다이아몬드 팁(tip)이 박힌 무게 약 2.4gf의 해머를 254mm의 높이에서 낙하시켰을 때 퀜칭한 고탄소강에서의 평균 반발높이를 눈금판에서 100으로 하였고, 연한 황동에서의 높이를 10으로 나타내도록 하였다. 그러나 다이아몬드 팁의 형상이나 해머의 반발비와 경도값의 관계 등은 구체적으로 밝히지 않았다. 이와 같이 당초부터 경도값의 정의에 모호함이 있지만 한편으로는 시험기의 조작이 간편하고 시험이 신속하게 이루어진다는 점과 시험기의 가격이 저렴하고 경량이기 때문에 현장의 검사수단으로 널리 보급되었다.

이 장치는 스크레로스코프(scleroscope)이라고도 하며, 정적압입시험과는 달리 하중이 동적으로 작용한다. 쇼어경도계에는 C형, SS형, D형 등이 있는데 보통 목측형(目測型)인 C형과 지시형(指示型)인 D형이 많이 사용된다.

표 1은 쇼어경도시험기의 종류를 나타낸다.

표 1 쇼어경도시험기의 종류

경도계의 종류	낙하거리(h_0)	해머(hammer)의 종류
C형 (目測型)	10″(254mm)	약 2.36 (g)
SS형 (目測型)	10″(255mm)	2.5 (g)
D형 (指示型)	$\frac{3}{4}$″(19.05mm)	약 36.2 (g)
해머의 반발비와 경도값의 관계	$H_S = \dfrac{10,000 \cdot h}{65 \cdot h_0}$	$H_S = 140 \cdot \dfrac{h}{h_0}$

(1) C Type

이 시험기는 내경이 약 6mm인 유리관을 해머의 가이드로 이용해서 해머가 낙하 및 리셋(reset)을 고무로 된 공기벌브(bulb)로 작동시킨다(그림 1). 계측통 헤드의 해머작동 장치를 나타내고 있다.

(1)은 해머(전체길이가 약 20mm), (2) 유리관, (3)은 해머를 끌어올리는 후크(hook), (4)는 공기벌브(blub)로 통하는 고무관이다. 벌브를 급격히 쥐었을 때 생기는 압력에 의해 피스톤(5)이 왼쪽으로 밀려 레버(6)를 시계방향으로 회전시키고 레버와 래치(latch)에 의해 연결된 캠(cam)을 시계방향으로 움직이게 한다. 그렇게 되면 후크(hook)의 상단에 접해 있는 원추형 시트(seat)(8)이 물려 내려와 후크를 열어 해머를 낙하시킨다. 이 때 공기의 흐름을 제어하는 볼 밸브(9)가 닫히기 때문에 압력상승으로 인한 해머 가속현상은 일어나지 않게 된다. 플렌지(10)도 내려와 해머의 윗공간을 바깥 공기와 통하게 한다. 공기벌브를 더욱 세게 누르면 캠은 그림과 같이 회전하여 원추형 시이트(8)와 플렌지(10)가 용수철의 힘에 의해 위쪽으로 되돌아가서 바깥공기와의 통하게 된다. 공기벌브를 더욱 세게 누르면 캠은 그림과 같이 회전하여 원추형 시트(seat)(8)와 플렌지(10)가 용수철의 힘에 의해 위쪽으로 되돌아가서 바깥 공기와의 통로를 닫게 된다. 이때 공기벌브를 이완시키면 압력저하가 발생하여 볼 밸브가 열리게 되고, 밸브(11)가 닫혀 있는 상태이기 때문에 낙하했던 해머가 빨리 올라가 열린 후크에 걸려 다음 시험을 위해 준비하게 된다.

경도값은 유리관 뒤쪽에 표시되어 있는 눈금을 목측한다. 이 시험기에서 중요한 부분은 해머와 유리관인데, 치수와 형상은 이미 설명한 바와 같이 현재 규격화되어 있지 않는 상태이기 때문에 시험기에 따라 차이가 있다.

특히 해머 선단에 박힌 다이아몬드 팁은 앞에서 설명한 비커스 환산방식에 부합된 반발높이를 나타내도록 임의의 형상으로 연마되고 있기 때문에 평균반경이 0.6~2mm인 진구도가 좋지 않은 구면으로 되어 있다. 표면의 마무리 가공상태도 비커스 압자나 로크웰 압입자와 같이 매끈하지 않다. 해머 본체는 비교적 연한 강철로 만들어지기 때문에 유리관과의 마찰에 의해 바깥부분이 점차 마모되어 해머운동에 대한 저항이 사용횟수와 함께 변화하는 결점이 있다. 따라서 유리관의 내면은 매끄럽고 굽지 않은 것을 사용해야 한다. 해머와 유리관의 틈새(직경의 차)는 보통 0.1~0.2mm정도로 해머운동이 자유낙하 운동과 크게 다르지 않으나 몇 퍼센트 정도의 손실은 피할 수 없다. 이 시험기는 다음에 설명하는 D형 시험기와 비교해서 구조가 비교적 간단하고 해머가 작기 때문에 시험편의 질량에 따른 경도값의 변화가 작다는 장점이 있으나, 해머의 반발높이를 목측하지 않으면 안 되기 때문에 숙달을 필요로 하고 측정자에 따른 개인오차가 나타나는 결점이 있다.

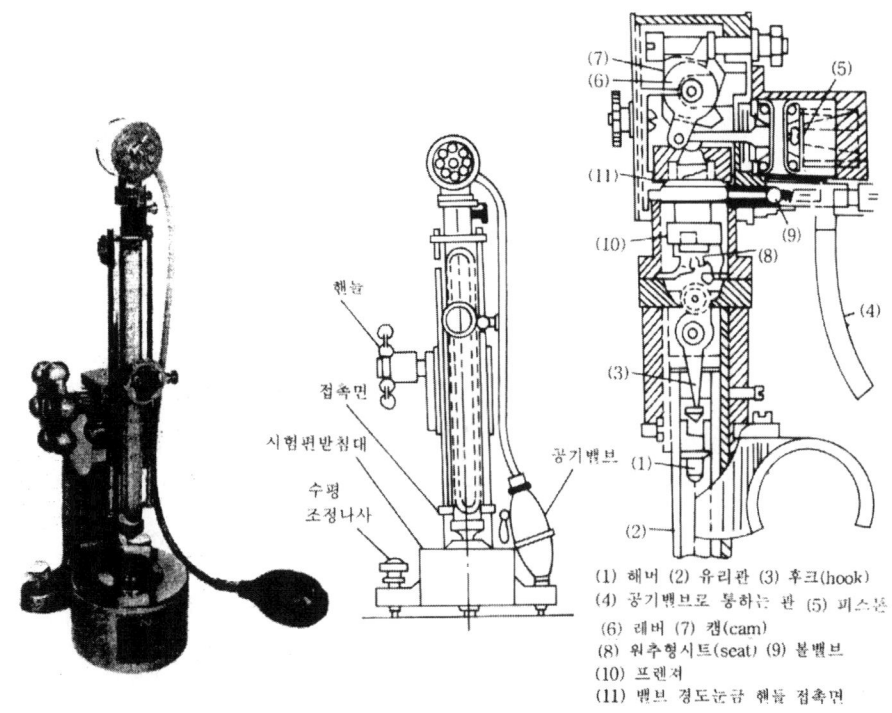

그림 1 C형 쇼어경도시험기의 외관과 계측통의 구조도

(2) D Type

이 시험기는 길이가 약 100mm이고 직경이 약 8mm인 강철로 된 축의 선단에 C Type 시험기와 같은 모양의 다이아몬드 팁(diamond tip)을 박아 해머(Hammer)로 사용하고 있다. 해머의 작동과 반발높이의 지시장치는 해머가 반발하여 최고높이에 도달하였을 때 그 높이에 해당하는 경도값이 다이알게이지(Dial Gauge)에 나타나도록 설계되었다.

그림 2는 D형 쇼어경도시험기의 외관과 계통측 내부의 주요 구조를 나타내고 있다. 해머는 처음에 캡(cap)을 사이에 두고 게이지 하단에 지탱되어 있다. 조작바퀴(knob)를 시계방향으로 돌리면 테이퍼슬리브(taper sleeve)가 하강하게 되는데 이때 게이지, 캡, 해머가 함께 내려간다. 결국에는 캡의 돌출부가 후크에 걸려 그림과 같이 캡과 해머는 일정한 낙하위치에서 정지하고 슬리브와 게이지만이 계속 하강한다. 마침내 슬리브의 왼쪽 상단 돌출부가 후크의 상단에 닿아 후크를 바깥쪽으로 밀어 캡으로부터 이탈시킨다. 그러면 해머는 캡과 함께 낙하하여 시편에 충돌하고 반발하게 된다. 캡은 해머가 반발하는 동안에도 계속 하강하여 게이지 하단과 충돌하게 된다. 이 때 판 용수철에 의해 슬리브에 지지되어 있는 게이지가 끌려 내려온다.

이렇게 되면 게이지 윗부분에 위치했던 강철구가 테이퍼 부분에 끼어들어 해머가 하강운동을 막는다(일종의 볼 클러치이다.). 따라서 해머는 반발높이가 최대인 점에서 정지하게 된다. 이 때 조작바퀴를 반시계 방향으로 돌리면 해머는 볼 클러치에 잡힌 채로 일정거리만큼 들어올려져 반발높이에 해당하는 경도값이 다이얼 게이지에 나타난다. 이렇게 해서 경도의 한 사이클이 끝나게 되는데 조작바퀴 내부에는 해머와 슬리브의 무게를 지지하는 용수철이 있기 때문에 다이얼 게이지의 지시값은 그대로 유지된다. 이 시험기에 특히 중요한 부분은 해머, 볼 클러치, 다이얼 게이지이다.

해머의 다이어몬드 팁에 대한 규정은 C형의 경우와 같고 볼 클러치와 다이얼 게이지는 반발높이 측정에 중요한 부분이기 때문에 쇼어경도 0.5 단위까지를 문제 삼는 정밀한 시험에서는 약 0.07mm정도의 정확성이 요구된다. D형의 구조는 C형에 비해 복잡하지만 조작이 쉽고 경도값을 읽을 때 개인오차가 작기 때문에 보다 많이 사용하고 있다.

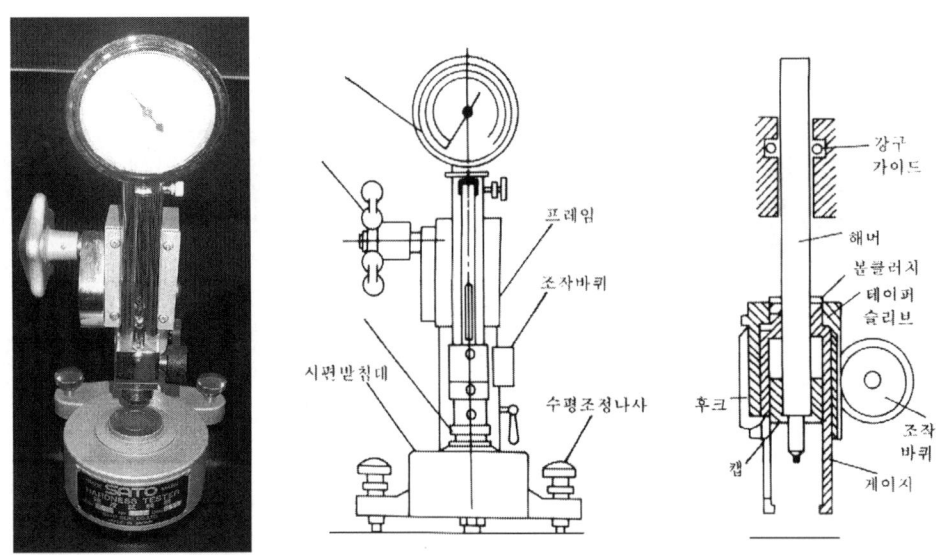

그림 2 D형 쇼어경도시험기의 외관과 해머작동기구

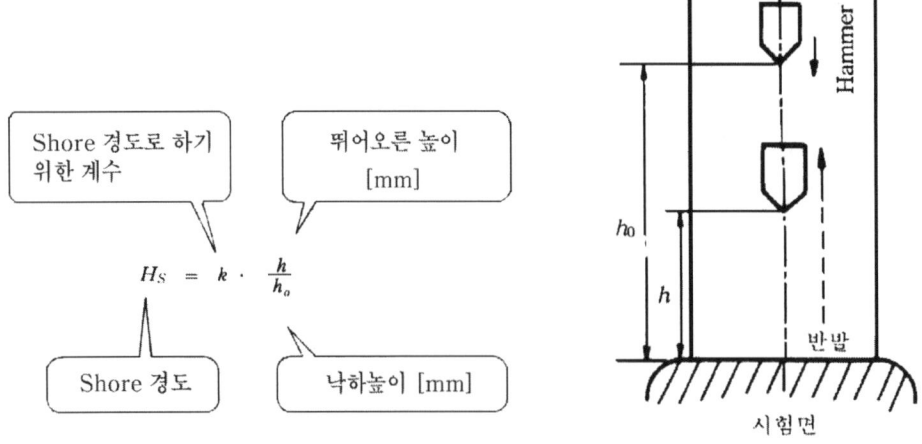

그림 3 쇼어경도시험기의 측정원리 설명도

3) 쇼어경도시험의 측정원리를 이해시킨다.

쇼어경도의 측정원리는 그림 3에서 보는 바와 같이 지름 $\frac{1}{4}''$, 길이 $\frac{3}{4}''$의 강봉(steel bar)의 하단에 지름 $0.02''$의 다이아몬드 볼(Diamond Ball)을 붙인 작은 해머(Hammer)를 $10''$ 높이의 유리관 내에서 연직으로 낙하시켜 시편의 표면에 충돌해서 탄성에 의해 튀어오를 때에, 해머의 상단이 이르는 최고 높이를 관의 내벽에 붙여 둔 눈금을 읽음으로서 경도를 결정한다.

이 수치가 쇼어경도값(H_S)이다. 쇼어경도(H_S)란 시편의 표면 위에 일정높이(낙하높이) h_0에서 낙하시킨 해머가 튀어오른 높이(반발높이 ; rebound height)에 비례하는 값으로서 다음과 같은 식으로부터 쇼어경도를 결정한다.

$$H_S \propto \frac{h}{h_0} \tag{5.1}$$

$$H_S = k\frac{h}{h_0} \tag{5.2}$$

H_S : 쇼어경도값
k : 쇼어경도를 결정하기 위한 상수
h_0 : 낙하높이
h : 반발높이

$$H_S = k\frac{h}{h_0} = \frac{10,000}{65}\frac{h}{h_0} \tag{5.3}$$

이 식의 산출근거는 담금질한 고탄소강을 시편으로 하고 C형 Shore경도계를 사용하여 $h_0 = 10''$ 높이에서 해머를 낙하시킬 때 반발높이가 $h = 6.5''$가 되었을 때를 $H_S = 100$으로 정하고, $h = 0$와의 높이 차이인 $6.5''$를 100등분하여 쇼어경도의 눈금으로 정한다. 그러므로 쇼어경도의 단위 1은 해머가 반발하는 높이 $0.065''(1.651mm)$에 해당된다.

4) 쇼어경도시험기의 특징

시험기가 적고 중량이 가벼워서 휴대하기가 용이하며, 시험편에 아주 적은 흔적이 생기기 때문에 완성제품을 직접 시험할 수 있다. 시험편이 비교적 적고 얇은 것도 측정이 가능하다. 쇼어경도시험기는 비교적 탄성률에 큰 차이가 없는 재료를 시험할 때에는 경도치의 신뢰성이 크다. 그러나 고무와 같이 탄성율의 차이가 큰 재료에서는 부적합하다. 예를 들면 경질고무는 강철보다 큰 쇼어경도치가 나타나는 모순이 생길 수 있다. 그러나 탄성율과 쇼어경도값이 비례되는 것만은 아니다. 예를 들면 탄소강에서 C%에 따라 경도는 상당히 큰 차이가 있는 반면에 탄성률은 대체로 변화가 없다.

5.2 시험방법

쇼어경도시험기에 의한 경도시험은 간편하고 신속하지만 정확한 쇼어경도값을 얻기 위해서는 시험편 및 시험기의 취급에 주의가 필요하다. 동적시험의 특징 때문에 압입경도시험의 경우와는 다른 특별한 주의도 필요하다. 시험하기 전에 시험편이 쇼어경도시험을 하기에 충분한 조건을 가지고 있는지를 고려하고 필요한 준비를 하여야 한다. 쇼어경도시험은 동적시험이기 때문에 경도값이 시험편의 크기나 형상에 영향을 받게 된다.

식 (5.3)에서 나타낸 경도의 정의에서 알 수 있듯이 쇼어경도는 해머와 시험편의 충돌에 의한 반발비 $\frac{h}{h_0}$으로 결정되지만, 고전적인 충돌 이론에 의하면 이것은 해머의 시험편의 질량비에 관계한다. 따라서 해머와 시험편의 질량에 영향을 받게 된다. 시험편 질량에 따른 경도값의 변화는 C형 시험기에서는 작게 나타나고, D형 시험기에서는 크게 나타난다. 따라서 D형 시험기는 가능한 같은 크기의 질량을 가진 시험편의 비교에 사용하는 것이 바람직하다. 시험편의 질량효과는 시험편 받침대의 질량을 크게 할수록 감소한다. 시험편의 질량과 받침대의 질량은 서로 보완적 관계에 있으므로 매우 작은 시험편이라도 받침대 위에 단단하고 정하여 시험을 할 수 있기 때문에 KS규격에서는 시험편의 질량을 원칙적으로 100g 이상으로 규정하고 있다.

쇼어경도값은 시험편의 질량뿐만 아니라 형상에 의해서도 영향을 받는다. 일반적으로 매우 얇은 시험편일 경우 전체 질량이 충분하더라도 시험편 받침대의 경도(약 H_S 80이 보통이다)에 영향을 받게 되거나 시험편 자체에 의한 용수철 효과 때문에 값이 변하게 된다. 시험편의 두께가 5mm 이상이면 그와 같은 현상은 피할 수 있고 2~3mm 정도에서도 그렇게 큰 오차를 발생하지 않는다.

원통면 등과 같이 시험위치의 아래의 빈 부분이 있는 시험편의 시험은 경도보다 탄성이 그 결과를 크게 좌우하기 때문에 피하는 것이 좋다. 가운데가 비어 있지 않은 구면이나 원주형으로 된 제품면에 대한 시험은 곡률반경이 작지 않으면(10mm 이상이면 충분하다) 영향이 없으나 해머를 곡면의 정점에서 정확하게 낙하시켜야 한다.

시험편의 시험면이 거칠 경우에는 경도값이 저하하여 정확한 경도값을 얻을 수 없다. 시험면이나 시험면의 뒷면은 거칠기보다도 평면도가 중요하며 받침대의 표면과 충분히 밀착되도록 가공하고, 스케일(scale), 먼지, 유지(油脂) 등을 제거해야 한다. 쇼어경도시험에 의해서 생기는 압입자국의 깊이는 시험편의 경도가 H_S 90부근일 때 약 $10\mu m$, H_S 30부근일 때는 $30\mu m$ 정도이기 때문에 표면층의 두께가 이 값보다 충분히 작으면 표면층의 영향을 무시할 수 있다.

1) 시험순서

① 그림 2의 쇼어경도시험기를 정반과 같은 곳에 올려놓는다.

② 그림 2의 수평조절나사를 돌려 앤빌이 수평이 되도록 조정해준다.

③ 앤빌 위에 시험편을 올려놓는다.

④ 손잡이을 돌려서 게이지 끝이 시험편에 닿도록 해준다.

⑤ 오른쪽의 조작바퀴를 돌려 Diamond Hammer를 자유낙하시킨다.

⑥ 눈금판의 지시계가 가르치는 경도값을 읽어주며, 원칙으로 0.5단위로 읽는다.

⑦ 쇼어경도값은 KS B 0807에 의하여 경도측정은 원칙으로 5회 연속측정한 값의 평균치를 측정치로 한다.

⑧ 쇼어경도의 수치에는 그 앞에 경도기호를 병기한다.

(보기) H_S 25.5, H_S 51.0

⑨ 사용하는 시험기가 C type인가 D type인가를 명시할 필요가 있는 경우에는 기호 C 또는 D를 경도기호 H_S의 바로 뒤에 첨가하고 경도의 수치와 병기한다.

(보기) $H_S C$ 25.5, $H_S D$ 51.0

2) 쇼어경도시험 시 유의사항

어떤 형태의 시험기라도 우선 시험기를 안정한 설치대 위에 놓고 계측통에 부착되어 있는 연직봉을 보면서 수평조절나사를 조정하여 연직으로 만든다. 연직선에 대한 기울기가 1° 이내이면 경도의 지시에 영향은 없으나, 기울기를 0.5° 이내로 유지하는 것이 바람직하다. 그 다음에 시험편을 받침대 위에 놓고 시험위치를 정하게 되는데 원칙적으로 시험위치는 시험편 가장자리 끝에서 4mm 이상, 이미 시험하여 시험자국이 있을 때에는 자국 중심 간의 거리가 자국 직경의 2배 이상 떨어져 있어야 한다. 시험편 가장자리에서의 측정은 시험편에 대한 지지가 불충분해 본래의 경도값보다 작게 나오기 쉽고, 시험자국의 주변에서는 가공경화 때문에 본래의 경도보다 높은 값을 얻게 된다.

일반적으로 쇼어경도시험에서 자국의 직경이 경도에 따라 0.3~0.6mm 정도일 때 자국 중심 간 거리가 1.2mm 이상이면 시험결과는 신뢰하여도 좋다. 시험위치가 결정되면 시험기 본체 좌측에 부착된 시험편 누름 핸들로 측정관을 내려 시험편을 받침대에 누른다. 이 때 시험편을 누르는 힘이 불충분하면 본래보다 낮은 경도값을 나타내게 된다.

KS규격에서는 20kgf 이상의 힘을 주어 시험하도록 규정하고 있으나, 실제로는 20kgf 이상에서도 H_S 90 이상의 시험편에서는 H_S값이 1이상 달라지는 경우가 있으므로 $H_S \pm 1$ 정도의 차이가 문제되는 시험은 40kgf 정도의 힘을 가해주는 것이 적당하다. 이 정도의 힘은 보통 측정자가 핸들을 약간 힘 있게 누르는 것으로 쉽게 가할 수 있다. 시험이 끝나면 해머 조작바퀴를 돌려 해머를 낙하시킨다.

C형 시험기에서는 미리 그 시편에 대해 예비시험을 하여 해머의 대략적인 반발높이를 구하고 그 부근의 눈금을 수평하게 볼 수 있는 위치에 측정자의 시선을 집중시킨다. 눈금판은 해머 가이드 유리관의 뒤에 있기 때문에 위 사항을 지키지 않으면 시차에 의한 오차가 생기게 된다. 해머작동용 공기밸브를 급격히 누르면 해머가 낙하하여 반발하게 되는데 반발한 해머가 정점에 도달했을 때의 눈금을 눈으로 읽는다. 숙련자는 0.1눈금까지 읽을 수 있으나 보통은 0.5눈금 위까지 읽으면 충분하다.

D형 시험기의 경우에는 해머 조작바퀴를 회전시켜 시험하게 되는데 해머를 낙하시키기 위한 회전과 경도값을 나타내게 하기 위한 회전방법에 주의가 요망된다. 이미 설명한 바와 같이 조작바퀴를 회전하면 후크가 젖혀져 해머가 낙하하게 되는데 이때 후크의 선단은 원호를 그리기 때문에 조작바퀴의 회전이 너무 늦어지면 해머의 낙하개시가 늦어져 경도값이 떨어진다. 반면에 너무 빠르면 해머는 낙하위치에서 이미 초기속도를 가지게 되어 높은 경도값을 나타낸다. 경도값은 0.1단위까지 쉽게 읽을 수도 있지만 보통은 0.5 또는 0.2단위까지 측정한다. 쇼어경도시험은 시험결과의 흐트러짐이 비교적 큰 반면, 시험이 신속하게 때문에 적어도 5회 이상 반복측정을 하여 그 값들의 평균값으로 경도값을 나타낸다. 측정위치와 측정회수의 선택은 시험편의 성질, 시험의 목적 등을 충분히 고려하여 결정한다.

시험할 때 주의해야 할 또 하나의 사항은 주위온도이다. 이제까지의 결과에 의하면 쇼어경도값은 온도의 상승에 따라 아주 작기는 하지만 떨어지게 되는데, 그 변화율은 $-0.03 \sim -0.07 H_s$/℃ 정도이다. 정밀을 요하는 측정은 20 ± 3℃ 정도의 환경에서 시험을 해야 한다.

6. 미소경도시험(Micro Hardness Test)

과 목 명	재료 시험(1)	과제번호	MT-06
실습과제명	미소경도시험	소요시간	12시간
목 적	1. 미소경도시험의 측정원리와 특징을 이해시킨다. 2. 미소 비커스경도시험기의 조작방법을 숙지시킨다. 3. 각종 금속재료의 미소 비커스경도를 측정하고, 재료의 성분과 조성 및 열처리에 따른 기계적인 변화를 이해시키는데 있다.		

사용기재, 공구, 소모성 재료	규 격	수 량	비 고
미소경도시험기		1대	
연마지	#400, 600, 800, 1200	각각 5장	
OHP 용지	A4	30매	
빔프로젝트		1set	
SM25C			
SM45C			
STC3종			
STC5종			
황동			
Al 합금			

관련 지식

1. 미소 비커스경도시험용 압입자를 설명한다.
2. 미소 비커스경도시험의 측정원리와 특징을 설명한다.
3. 비커스시험과 미소 비커스경도시험의 비교 설명한다.
4. 미소 비커스경도시험기의 조작요령을 설명한다.
5. 개인별, 조별실습을 통하여 협동정신과 책임의식을 고취한다.
6. 시험실습 시 안전과 유의사항을 주지시킨다.

6.1 관련 지식

일반적으로 경도시험에 비해 작은 시험하중으로 경도시험를 측정하는 것을 미소경도시험(마이크로경도시험)이라고 한다. KS B 5540 마이크로 경도시험에서는 시험하중이 15~1,000gf인 경우를 미소경도시험 또는 마이크로경도시험이라고 부른다.

미소경도시험은 다음과 같은 경우에 주로 이용된다.
① 시계의 부품, 면도날, 전자부품, 반도체부품 등의 작고 얇은 부품의 경도 측정
② 표면경화층, 도금층, 표면코팅층 등의 경도측정
③ 유리, 보석과 같이 큰 힘이 가해지면 흠이 생기는 재료의 경도측정
④ 금속조직, 결정입자 등의 연구

1) 시험 목적

① 각종 공업재료의 미소비커스경도값, 누프경도값을 측정한다.
② 각종 공업재료의 경도와 강도와의 관계를 이해시킨다.
③ 각종 금속재료의 가공상태, 열처리 및 표면처리 상태의 재료특성을 평가하는데 있다.

2) 관련규격조사

① KS B 5540 마이크로경도시험방법
② ASTM E 384 Standard Test Method for MICROHARDNESS OF MATERIALS
③ ASTM E 140 STANDARD HARDNESS CONVERSION TABLES FOR MATERIAL

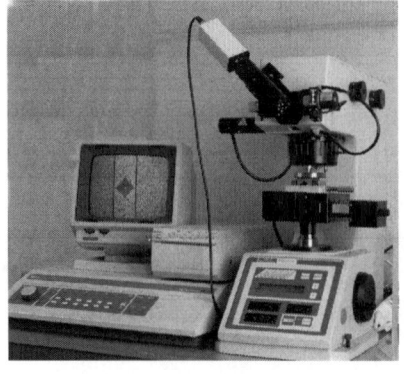

그림 1 미소시험기와 주변장치의 외관(AKASHI)

3) 시험기의 종류와 구조

그림 1은 자동미소경도시험기의 외관을 나타낸다. 시험하중이 작고 이에 따른 압입자국이 적기 때문에 시험기는 시험하중을 조용히 가할 수 있고 압입자국의 크기를 정확히 잴 수 있어야 한다. 이 때문에 시험기 제작자에 의해 여러 가지 특색을 가진 구조의 시험기가 생산되고 있다. 압입자국측정용 현미경은 거의 배율 200~600배이다.

4) 시험 시의 주의할 점

시험방법 및 시험상의 주의점은 비커스경도시험기의 경우와 같지만 시험하중이 작고 압입자국이 작기 때문에 특히 다음 사항에 유의해야 한다.

압입자국이 작기 때문에 시험편은 잘 연마된 면이어야 한다. 즉, 시험편은 압입자국의 대각선 길이를 그 측정값의 0.4% 또한 0.2μm 중 큰 값까지 쉽게 측정할 수 있도록 매끈해야 한다. 버핑(buffing) 등의 마무리 작업 중에 발생하는 가공경화층이 가능한 적도록 주의한다. 작은 시편의 연마 중에는 가능한 가공경화층이 적게 생기도록 주의한다. 작은 시편의 연마 중에는 시편을 수지에 마운팅(mounting)하여 수지와 함께 연마하는 것이 좋다. 이때 수지가 굳을 때 열이 발생하며 수지가 급속히 굳으면 시편이 수지에서 발생된 열 때문에 영향을 받게 되므로 특히 주의한다.

표면층의 경도를 측정하는 경우에는 그 표면에 대해 30° 정도의 경사를 갖는 절단면을 만들어 측정해도 좋다. 후자의 경우에는 측정면을 비교적 넓게 얻을 수 있다는 장점이 있다. 시편의 두께는 원칙적으로 비커스경도시험인 경우에는 1.5d 이상(d는 대각선 길이), 또한 누우프경도시험인 경우에는 0.3d 이상(d는 긴 쪽의 대각선의 길이)이어야 한다. 예로서 시험하중 100kgf인 경우에 필요한 시험편의 최소두께를 표 1에 나타내었다.

표 1 측정 가능한 시험편의 최소두께(μm)

시험편의 경도 \ 시험하중	100kgf
900	21
700	23
500	28
300	36
100	62

5) 미소비커스경도시험의 적용범위

① 박판, 시계의 부품, 바늘, 면도칼 앞부분 및 가는 선 등과 같은 작은 부품 또는 얇은 부품의 경도측정에 이용
② 도금층, 표면침탄층, 표면 탈탄층, 질화층 등의 표면층의 경도측정에 이용
③ 유리, 보석 등과 같이 큰 힘이 가하면 흠이 생기는 재료의 경도측정에 이용
④ 금속조직의 특정 석출물 또는 상의 경도측정 및 결정격자(비철금속의 단결정과 같이 연한 것의 경도를 측정할 때 하중을 아주 작게 해야 함) 등의 연구에 이용

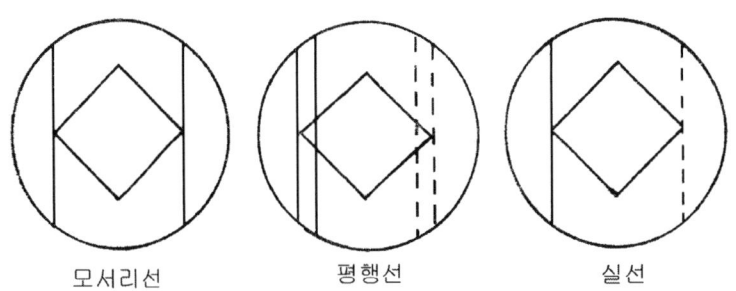

모서리선   평행선   실선

그림 2 계측현미경 접안부의 표선의 종류

6) 미소비커스경도시험(Micro Vickers Hardness Test)

(1) 미소비커스경도시험의 측정원리

일반적인 미소비커스경도시험도 일반적인 비커스경도시험과 측정원리는 같으나, 작용하중만이 1000g 이하이다. 미소비커스경도 값의 단위는 사용하지 않는다.

그림 3은 미소비커스경도시험의 압입자국을 나타낸다.

$$H_V = \frac{P}{A} = \frac{\text{작용하중}}{\text{압입된 자국의 표면적}} = \frac{1.8544\,P(\text{Kgf})}{d^2}$$

$$= \frac{1854.4\,P(\text{gf})}{d^2} \tag{6.6}$$

H_V : 미소비커스경도값(Micro Vickers Hardness Number)
P : 작용하중(Applied Load) [gf]
d : 압입자국의 대각선의 평균길이(Mean Diagonal of indentation) [μm]

7) 누프경도시험 (Knoop Hardness ; H_K)

미소비커스경도보다 탄성회복의 영향을 적게 하기 위해서는 대각선을 길게 하면 되므로 누프, 피터슨 및 에머슨(E.Knoop, C.G.Peters and W.B.Emerson ; 1939년) 등은 저면이 마

름모꼴인 pyramid를 압입자로 해서 사용할 것을 제안했다. 이 때 pyramid의 대능각(對稜角)의 하나는 그림 4(b)와 같이 172°30′이고 다른 하나의 대능각은 130°이다. 따라서 압입자국의 마름모꼴의 장단(長短) 양 대각선의 길이를 각각 a와 b라고 하면, 다음과 같이 긴 대각선과 짧은 대각선의 길이의 비가 약 7.11 : 1이다.

누프 압입자국의 깊이와 넓이는 같은 길이의 대각선을 가진 비커스경도의 압입자국의 것의 15%에 불과하기 때문에 압입자국의 간격을 더 좁게 할 수 있고 얇은 층의 경도와 취성재료의 경도를 측정할 때 유리하다. 그림 3은 동일 시험편을 동일 하중상태의 누프경도와 미소비커스경도시험 시 압입자국의 관계를 비교한 것이다. 미소경도시험에 사용하는 하중은 작기 때문에 시험편의 연마는 잘 할 필요가 있고, 연마중의 가공경화는 결과에 영향을 줄 수 있기 때문에 시험편의 다듬질에 극히 주의해야 한다.

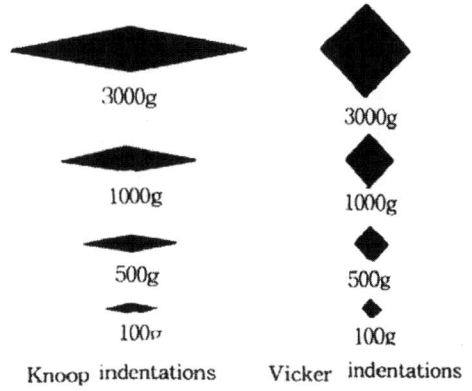

그림 3 동일하중상태에서 누프경도과 미소 비커스경도시험의 압입자국 비교

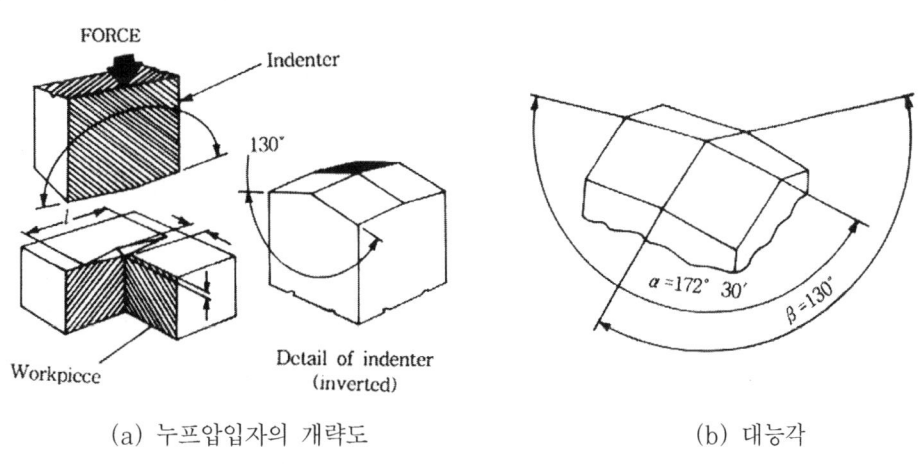

(a) 누프압입자의 개략도   (b) 대능각

그림 4

누프자국의 긴 대각선의 하중이 약 300gf일 때에는 탄성회복에 영향을 받지 않으나, 하중이 작을 경우에는 소량의 하중의 탄성회복이라도 큰 영향을 줄 수 있다. 더욱이 자국이 매우 작을 경우에는 자국의 실제 끝을 정하는데 오차가 크게 된다.

이러한 요인으로 인하여 경도값이 크게 되는 경향이 있다. 그러므로 하중이 300gf 이하로 감소할수록 미소경도수가 증가하는 것이 관찰된다. Tarasov와 Thibault는 탄성회복과 측정의 정확성에 대한 보정을 행할 경우, 누프경도값이 100gf 하중까지 일정하게 됨을 보였다.

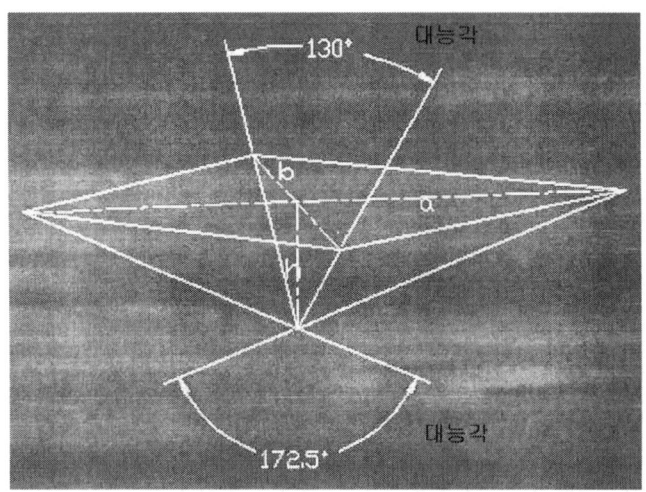

그림 5 누우프압입자의 대각선 길이의 비(a : b)

(1) 누프경도시험 시 압입자국의 두 대각선의 길이의 비

$$\frac{\tan\dfrac{172°30'}{2}}{\tan\dfrac{130°}{2}} = \frac{\dfrac{a/2}{h}}{\dfrac{b/2}{h}} = \frac{a}{b} = \frac{2\times 15.257052}{2.1445069}$$

$$= \frac{7.114480}{1} \doteqdot 7.11 \qquad (6.10)$$

(2) 누프경도시험(Knoop Hardness Test)의 측정원리

$$H_K = \frac{P}{A_0} = \frac{작용하중}{압입자국의\ 투영면적(마름모꼴의\ 면적)} = \frac{P}{\dfrac{1}{2}\cdot a\cdot b}$$

$$= \frac{P}{\frac{1}{2} \cdot a \cdot \frac{\tan\frac{130°}{2} \cdot a}{\tan\frac{172°30'}{2}}} = \frac{2\tan\frac{172°30'}{2}P}{\tan\frac{130°}{2}a^2} = \frac{14.2289P}{a^2}$$

$$\therefore H_K = \frac{P}{A_0} = \frac{14.229P(\text{Kg})}{a^2(\text{mm}^2)} = \frac{14229\ P(\text{gf})}{a^2(\mu\text{m})} \tag{6.12}$$

$$\left[1\mu\text{m} = \frac{1}{1000}\text{ mm} = 0.001\text{ mm}\right]$$

H_K : 누프경도값(Knoop Hardness Number)
P : 작용하중(Applied Load) [gf]
a : 압입자국의 긴 대각선의 길이(Long Diagonal of indentation) [μm]

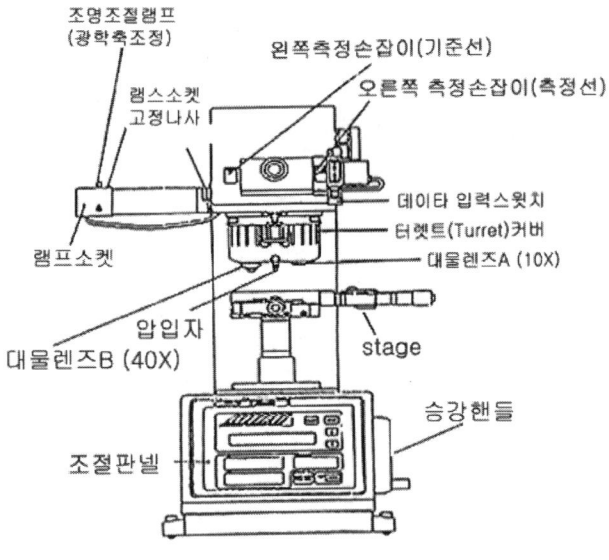

그림 6 미소경도시험기의 정면도

6.2 미소경도시험기(Mitutoyo AT-201)의 시험방법

1) 시험순서

① 시험기 본체, 컴퓨터, 비디오 프린트 및 모니터의 전원을 ON시킨다(그림 6 참조). 이때 모니터에 초기화면이 나타나고, 본체의 stage가 자동적으로 동작하여 원점 위치로 이동한다.

② 시편을 앤빌 위에 올려놓고 초점을 맞춘다.

③ 화면에 나타난 2개의 측정선(Digital Ocular)을 겹친 후, 경도시험기 본체 옆에 달려 있는 Zero Set switch를 눌러서 0 set한다. 이 조작은 전원을 놓은 후 맨 처음에 하여야 한다.

그림 7 전원 및 zero point조절 스위치   그림 8 Turret이동과 시편의 고정

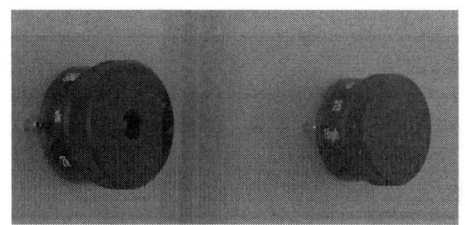

그림 9 미소비커스경도시험기의 하중변환손잡이

④ Main Menu에서 F1 inst Factors Setting(기기조건의 설정)으로 들어가면
   ㉮ F1 OBJ LENS Mag select(대물렌즈 배율 설정)
      본 시험기에는 ×10과 ×40배율의 렌즈가 2개 있음
   ㉯ F2 TEST FORCE select(시험하중 선택)
   ㉰ F3 OUTPUT select(출력설정) ⇒ 모두 YES
   ㉱ INDENTER select(압입자 선정)
   위의 조건 설정을 마친 다음에 다시 Main Menu로 되돌아간다.
⑤ F2 AUTO meas에서 다시 F2 Preset을 친다.
⑥ X와 Y를 움직여서 모니터상의 흐릿한 ✝자 모양의 중심을 측정하고자 하는 위치에 놓은 후 기판에서 Preset를 누르고 Enter를 친다.
   ⇒ 이 때 ✝자의 중심부가 좌표 (0,0)로 인식된다.
⑦ Main Menu로 되돌아가서 F3 File Control을 친다.

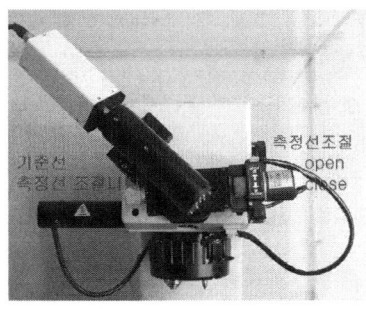
그림 10 미소경도시험기의 계측부의 외관

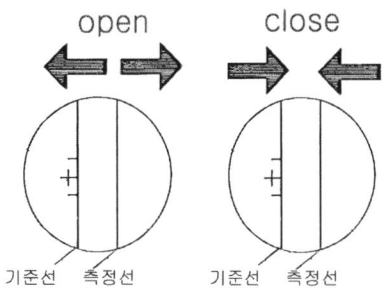
그림 11 계측부의 접안렌즈 내의 기준선과 측정선

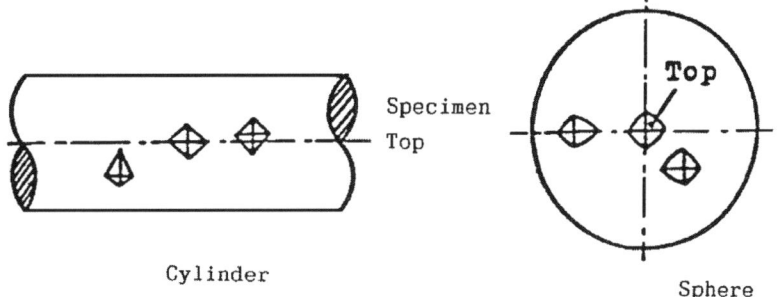
그림 12 cylinder와 sphere 시험편의 측정부위

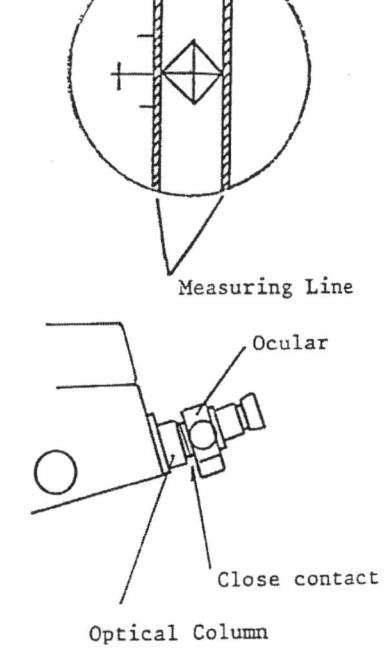
그림 13 미소비커스경도시험의 압입자국 측정

 (1) 왼쪽 손잡이를 돌려 기준선을 압입자국의 왼쪽 끝에 맞춘다.

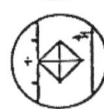 (2) 오른쪽 손잡이를 돌려 측정선을 오른쪽 끝에 맞춘다.

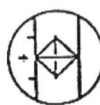 (3) 데이타입력 스윗치를 한번 누른다.
경도 표시 : 000.0
D1 값이 고정된다.

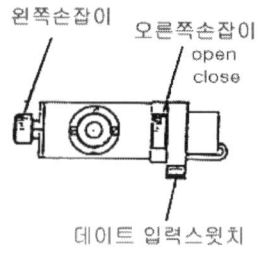

그림 14 대각선(D1)의 측정

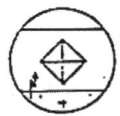 (1) 접안렌즈부를 90도 돌려준다. 기준선을 압입자국의 아래 끝에 맞춘다.

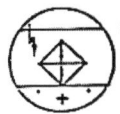 (2) 오른쪽 손잡이를 돌려 측정선을 압입자국의 위쪽 끝에 맞춘다.

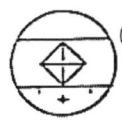 (3) 데이타입력 스윗치를 한번 누른다.
경도표시 : 대등한 경도값이 고정

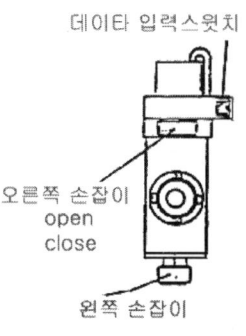

그림 15 대각선(D2)의 측정

⑧ F2 New File Marking을 친다.

⑨ File을 만든 후 Enter를 치면 자동적으로 Judgement Value Input화면으로 간다.

⑩ Upper limit(경도 상한치) ↵ Lower limit(경도하한치) ↵ 치면, Meas pattern select 화면으로 넘어간다.

⑪ Line, Zigzag 등의 원하는 측정패턴을 결정한다.

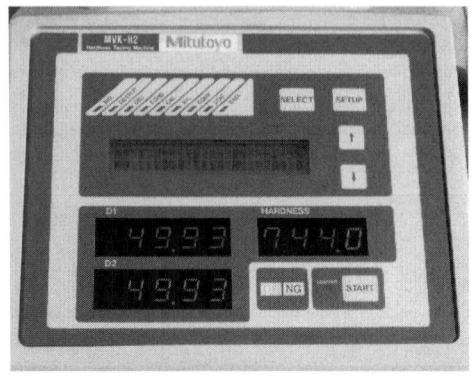

그림 16 미소비커스경도시험기 작동 조절 판넬 외관

⑫ Line을 선택하는 경우,

　[1] Coordinate Setting, 　[2] Pitch Setting 이 나타난다.

　이 중 1을 치고 ENT를 친다. 그러면 다음 화면으로 돌아간다.

　[1] S.P. X : 0 　　　　　　[6] E.P. X : 측정할 거리

　[2] S.P. Y : 0 　　　　　　[7] E.P. Y : 0

　[3] Number : 측정할 거리 내의 측정 개수

⑬ Main Menu로 넘어가서 F2 Auto Meas를 친다.

⑭ F1 File select를 치면 앞에서 만든 file명이 나타난다.

　이것을 선택하고 Auto Meas로 가서 F3 Indenting/Reading을 선택한다.

⑮ 기판에서 Start키를 누르고, 렌즈에서 압입자로 돌려놓은 후 Disp를 누르면, 자동적으로 정해진 횟수만큼 측정한 후 원래의 위치로 되돌아간다.

⑯ Disp키를 누르고 각 Indent의 D1, D2를 측정하여 입력하면 된다.

⑰ Data는 Main Menu에서 F4 Data Processing을 선택하여 F5 Data Display를 친 후 File을 선택하면 화면에 측정된 모든 결과가 나타난다.

⑱ F3 Graphics를 선택하면 그래프로도 출력된다.

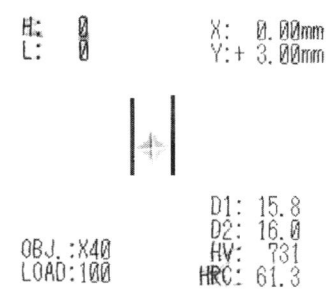

그림 17 미소비커스경도시험 결과

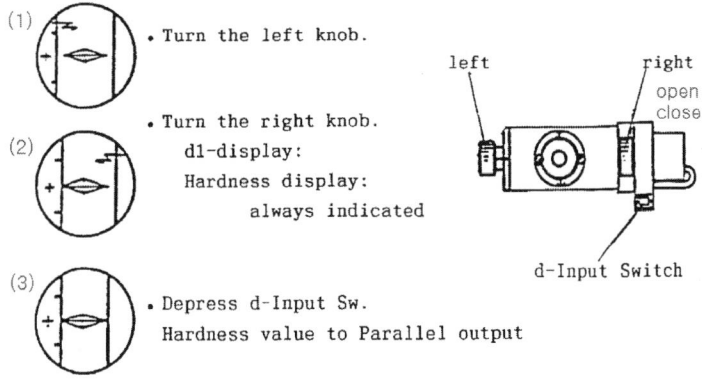

그림 18 누프경도시험 시 압입자국의 측정

7. 에코팁경도시험(EQUO-TIP Hardness Test)

과 목 명	재료 시험(1)	과제번호	MT-07
실습과제명	에코팁경도시험	소요시간	12시간
목 적	1. 에코팁경도시험의 측정원리와 특징을 이해시킨다. 2. 에코팁경도시험기의 조작방법을 숙지시킨다. 3. 각종 금속재료의 에코팁경도를 측정하고, 재료의 성분과 조성 및 열처리에 따른 기계적인 변화를 이해시키는데 있다.		

사용기재, 공구, 소모성 재료	규 격	수 량	비 고
에코팁경도시험기		1대	
연마지	#400, 600, 800, 1200	각각 5장	
OHP 용지	A4	30매	
빔프로젝트		1set	
SM25C			
SM45C			
STC3종			
STC5종			
황동			
Al 합금			

관련 지식

1. 에코팁경도시험의 측정원리를 설명한다.
2. 에코팁경도시험기의 구조도와 작동방법을 설명한다.
3. 에코팁경도시험기의 적용범위에 대하여 설명한다.
4. 개인별, 조별실습을 통하여 협동정신과 책임의식을 고취한다.
5. 시험실습 시 안전과 유의사항을 주지시킨다.

7.1 관련 지식

1) 시험 목적

① 산업현장에서 운반이 곤란한 중형, 대형제품이나 이미 설치되어 있는 기계설비 등의 경도시험을 할 수 있다.
② 실제 열처리제품의 경도측정을 별도로 시편제작 없이 간편하게 할 수 있다.

2) 측정원리

이 시험기는 1970년 스위스의 Dr. Leeb에 의해 개발된 반발시험기의 일종이다. 측정관 내의 초강구 해머가 용수철의 힘으로 시편 표면에 충돌할 때 충돌 전후의 해머의 속도비를 재료의 경도를 나타낸다. 측정원리는 시험할 때 텅스텐 카바이드 팁으로 된 impact body는 스프링 힘에 의해 시험면을 충돌하고 반발한다. 영구자석이 내장된 impact body가 coil을 전진과 후진하여 통과하는 동안 electric voltage를 일으킨다. 이 voltage는 velocity와 비례하며 indicating device에 경도값 L로 표시된다.

$$L = 1000 \times \frac{V_R}{V_1} \tag{7.1}$$

여기서 L은 EQUO-TIP경도 값이며 V_R은 해머가 시편에서 반발한 직후의 속도이고, V_1는 해머가 시편에 충돌하기 직전의 속도이다. 충돌 및 반발속도 V_1, V_R은 측정관 선단부에 내장된 코일의 자속의 영구자석으로 된 해머가 통과함으로서 발생한 전압변화에 의해서 측정된다.

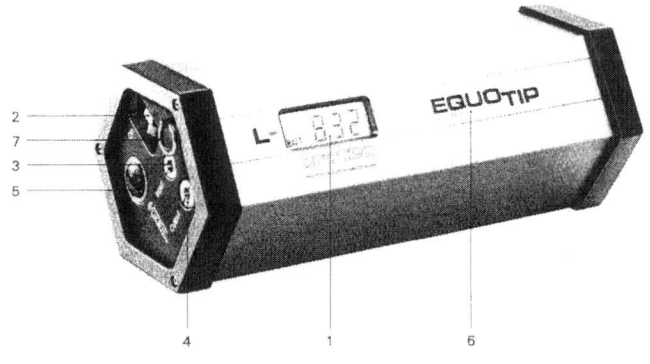

1 Digital display of hardness value L and battery checking
2 On/Off switch
3 Connecting socket for impact devices
4 Signal output, connecting socket for EQUOprinter or EQUOlimit
5 Cover for battery holder
6 Housing
7 Suspension eyelets

그림 1 Electronic Indicating Device의 외관

3) 시험기의 구조와 종류

(1) 시험기의 구조

EQUOTIP경도시험기는 크게 그림 1과 같은 Electronic Indicator Device와 그림 2와 같은 Impact Device 두 부분으로 나누어진다.

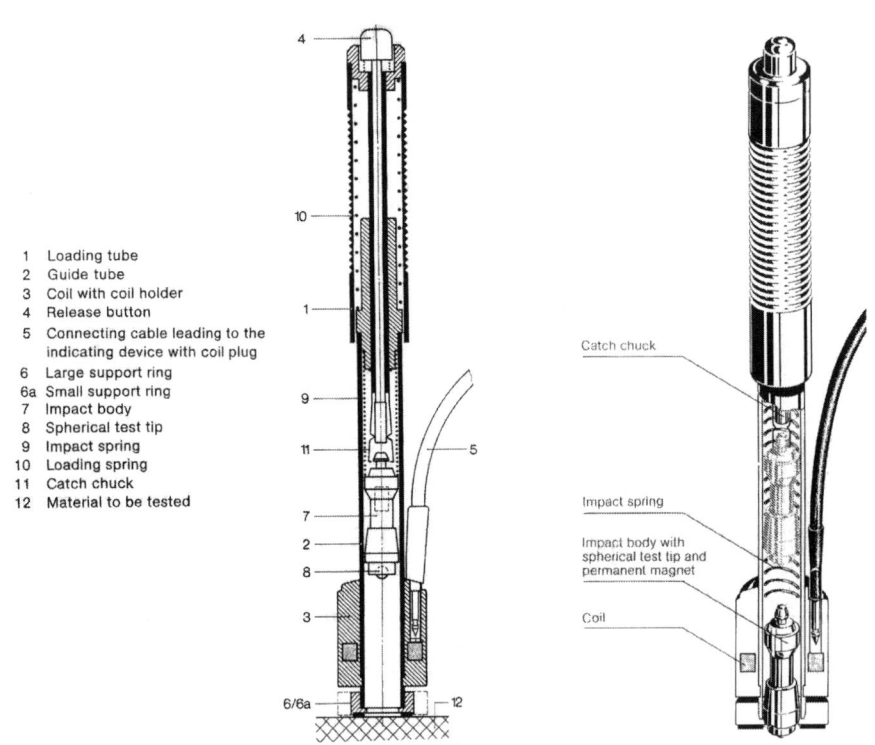

그림 2 Impact device의 구조도

(2) Impact Device의 종류

가장 일반적인 Impact Device의 형태는 D-type이고, 특별한 Impact Device는 특별한 형상이나 표면을 가진 한정된 종류에 국한되어 사용한다. 그림 3은 Impact Device의 종류와 사용범위를 나타낸다.

(3) 사용범위

Impact Device D는 EQUO TIP SYSTEM으로 금속물질의 경도값을 측정하는데 있어서 가장 기본이 된다. 다른 Impact device와 비교하여 가장 일반적이며, 다른 측정 system의 경도값으로 환산할 수 있는 환산표가 가장 많다.

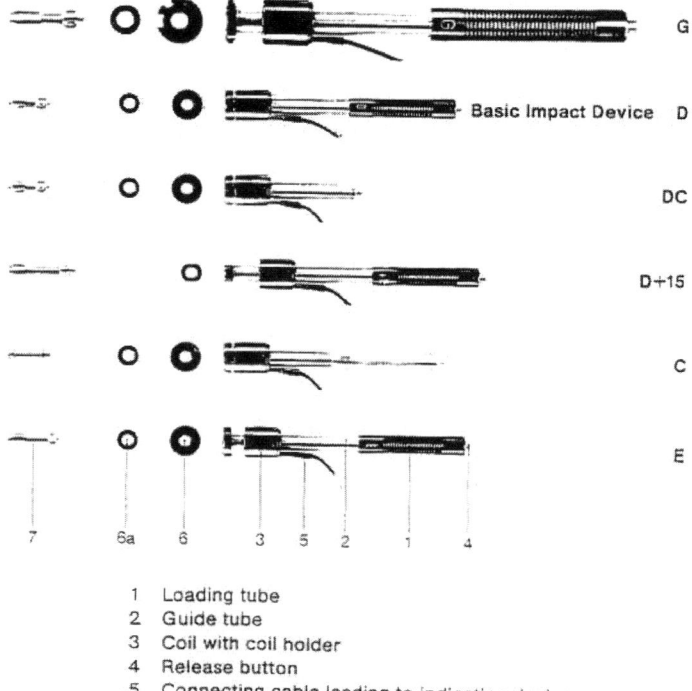

1 Loading tube
2 Guide tube
3 Coil with coil holder
4 Release button
5 Connecting cable leading to indicating device with coil plug
6 Large support ring
6a Small support ring
7 Impact body with spherical test tip of tungsten carbide (with Type E of synthetic diamond)

그림 3(a) Impact Device의 종류

그림 3(b) 에코팁경도시험기의 사용범위

4) 측정위치의 선정과 준비 및 사용범위

(1) 시험중 피검물의 지지방법

피검물이 움직이거나 검사할 때 충격으로 빗나가지 않도록 해야 한다. 주의해야 할 피검물은 얇은 피검물, 작은 피검물, 코팅된 피검물, 둥근 피검물 등이다. 접합하지 않은 위치에서는 측정값의 변화가 크다.(±20 이상일 경우도 있다.)

측정위치에서는 피검물의 표면이 금속색을 띠고 피검물 자체 표면에서 검사가 행해져야 한다. 과도한 그라인딩은 삼가해야 한다.

구 분	D/ DC, E/D+15	G	C
대형중량물	5kg 이상	15kg 이상	1.5kg 이상
중형물	2~5kg	5~15kg	0.5~1.5kg
소형경량물	0.05~2kg	0.5~5kg	0.02~0.05kg
커플링한 최소두께	3mm	10mm	1mm
표면경화했을 경우 최소경화두께	0.8mm	-	0.2mm

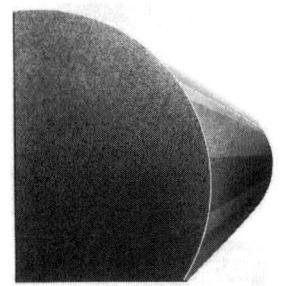  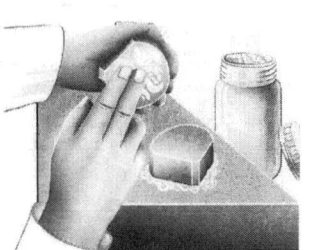

대형부품　　　　　　중형부품　　　　　　소형부품

그림 4　시험중 피검물의 지지방법

너무 거칠은 표면에서는 측정값의 변화폭이 크며 측정값이 낮게 된다.
Heating시에는 측정값이 낮게 나오며, Cold Forming시에는 측정값이 높아진다.

(2) 측정위치의 선정

피검물이 움직이거나 검사할 때 충격으로 빗나가지 않도록 해야한다. 주의해야 할 피검물은 얇은 피검물, 작은 피검물, 코팅된 피검물, 둥근 피검물 등이다. 접합하지 않은 위치에서는 측정값의 변화가 크다.(±20 이상일 경우도 있다.)

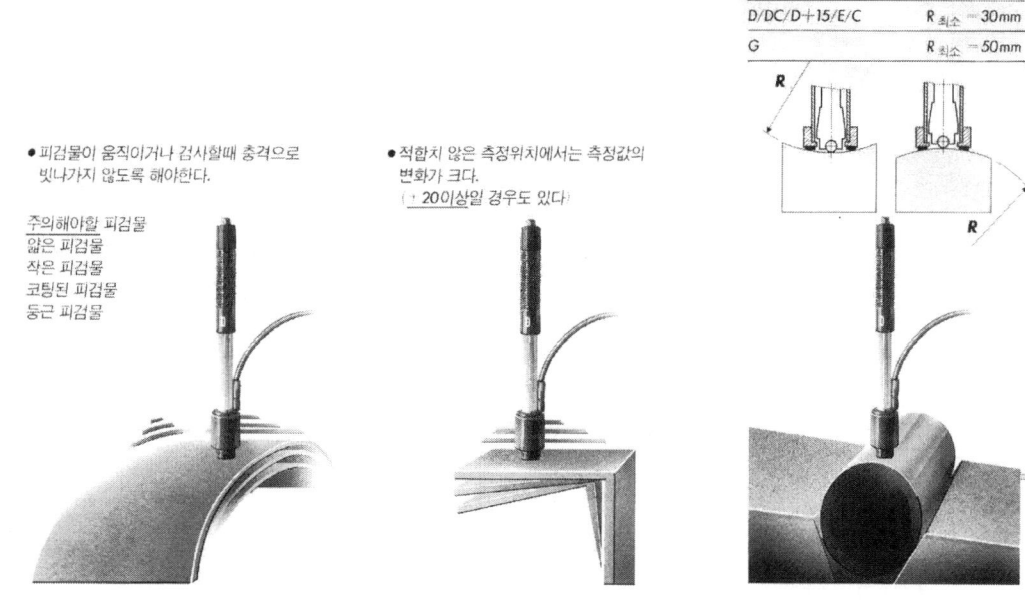

그림 5 측정위치의 선정

(3) 측정할 곳에 대한 준비

측정위치에서는 피검물의 표면이 금속색을 띠고 피검물 자체 표면에서 검사가 행해져야 한다. 과도한 그라인딩은 삼가해야 한다. 너무 거칠은 표면에서는 측정값의 변화폭이 크며 측정값이 낮게 된다. Heating시에는 측정값이 낮게 나오며, Cold Forming시에는 측정값이 높아진다.

7.2 시험순서

① Impact Device와 Indicator Device를 연결한다.
② ON/OFF Switch를 ON으로 하고 LCD에 숫자 0이 3개 나타나는가를 확인한다. 이때 Battery Checking Instrument의 바늘은 녹색영역에 있어야 한다.

Battery의 충전상태가 좋지 않을 때는 빨간색 영역을 바늘이 지시하여 LCD에 숫자 0이 나타나지 않는다.

③ Switch를 ON하여 약 5초간 기다린 후 첫 번째 시험을 시도한다. 그러나 두 번째 시험부터는 연속적으로 시험해도 상관없다.

④ Impact Device를 시험편 표면에 수직하게 놓고 한 쪽 손으로 시험편 위에 놓여 있는 Device를 감는다.

⑤ 접촉되는 것(혹은 톡하고 부딪히는 소리)이 느끼질 때가지 다른 손으로 Change Tube를 누른 후 처음 위치로 되돌아온다.

⑥ Realse Button을 살짝 누르면 경도시험이 시작된다.

⑦ LCD에 나타난 L-경도값을 읽은 후, ④ 과정부터 반복하여 3~5회의 측정값을 평균해서 읽는다.

7.3 시험결과 처리

① 측정과 평균값 구하기

Test방향을 수직으로 하지 않았을 때에는 경도값을 환산표에 참고하여 보정해야 한다.

(예) $LD_1 = 615$

$LD_2 = 618$

$LD_3 = 621$

$$\therefore LD = \frac{1854}{3} = 618$$

② L 경도값은 규격으로 사용할 수 있으며 직접 경도값으로 활용될 수 있다. 이유는 경도값 L이 뛰어난 정확도를 갖고 있기 때문이다. 전체 측정범위에 걸쳐서 ±4L을 넘으면 부정확한 측정이다.(즉, L=800에서 ±0.5%)

③ 필요하다면 L-경도값을 다른 경도값으로 환산할 수 있다.

(예 : H_B, H_RC, H_RC, H_RA, H_V, HSD 등)

그림 7은 충돌시험 신호곡선을 나타낸다. 그림 6은 에코팁경도시험의 측정방법을 나타낸다.

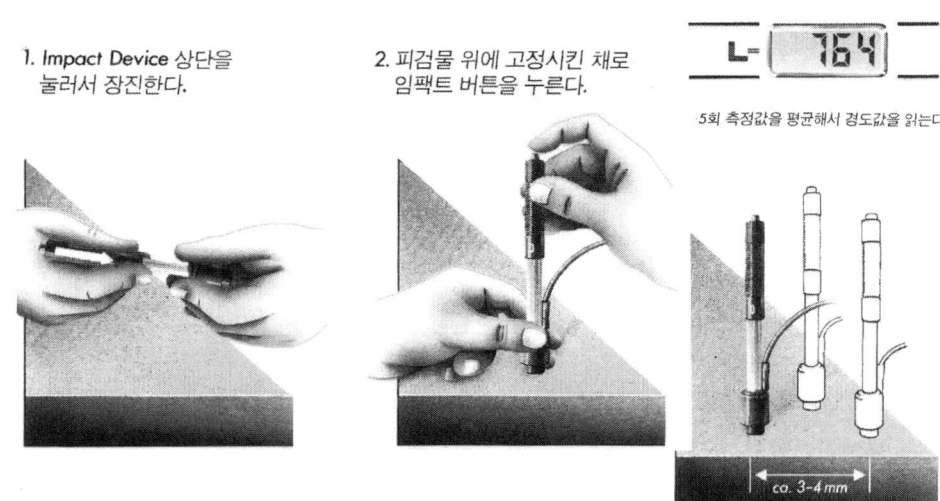

그림 6 에코팁경도시험의 측정방법

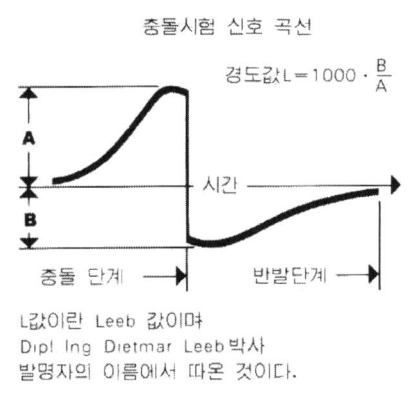

그림 7 충돌시험 신호곡선

7.4 특징

① 경도값의 측정이 수 초 내에 완료된다.
② 조작이 간편하여 경험이 없는 사람일지라도 정확한 경도값을 쉽게 얻을 수 있고, 개인오차를 발생시키지 않는다.
③ 측정정밀도가 높다.
④ 측정관의 유지방향(수직, 경사, 수평 등)에 제약이 없기 때문에 종래에 경도시험의 상식으로는 생각하지 못한 측정도 가능하다.
⑤ 디지탈 표시방법을 사용하고 있다.

⑥ 보조링을 사용하면 요철면과 협소한 장소에서도 측정이 가능하다.

측정관의 종류는 여러 가지가 있어서 사용목적에 따라 선택하여 사용할 수 있고, 통상의 경도눈금으로의 환산은 각 재질에 따라 작성된 환산표를 이용한다.

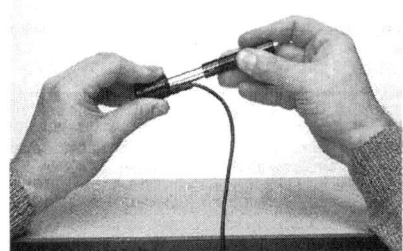

그림 8 Impact 방향에 따른 경도값의 보정방법

7.5 Impact Device의 관리

EQUO TIP은 약 1,000번 내지 2,000번 시험한 후 Impact Body와 Guide Tube를 소제하는 것 이외에는 특히 주의해야 할 것이 없다. Impact Body와 Guide Tube를 소제하는 방법은 다음과 같다.

① 보조링을 제거한 후 Impact Body를 Guide Tube로부터 분리한다.
② Impact Body와 Spherical TIP에 묻어 있는 먼지나 금속가루를 제거한다.
③ 공급된 솔로 Guide Tube를 소제한다.
④ Impact Device의 어떤 부품에도 기름을 치지 않는다.

8. 충격시험

과 목 명	재료 시험(1)	과제번호	MT-08
실습과제명	충격시험	소요시간	12시간
목 적	1. 충격시험의 측정원리와 인성과 취성에 대하여 이해시킨다. 2. 충격시험기의 조작방법을 숙지시킨다. 3. 각종 금속재료의 충격치를 측정하고, 재료의 성분과 조성 및 열처리에 따른 내충격성의 기계적인 성질변화를 이해시키는데 있다.		

사용기재, 공구, 소모성 재료	규 격	수 량	비 고
충격시험기		1대	
연마지	#400, 600, 800, 1200	각각 5장	
OHP 용지	A4	30매	
빔프로젝트		1set	
SM25C			
SM45C			
STC3종			
STC5종			
회주철			
구상흑연주철			

관련 지식

1. 충격시험에서 구하는 충격치에 대하여 설명한다.
2. 인성과 취성에 대하여 설명한다.
3. 충격시험기의 종류에 대하여 설명한다.
4. 충격시험기의 작동방법과 주의사항을 설명한다.
5. 개인별, 조별실습을 통하여 협동정신과 책임의식을 고취한다.
6. 시험실습 시 안전과 유의사항을 주지시킨다.

8.1 관련 이론

정적인 인장시험에서는 만족한 강도를 나타내었다고 해도 충격적인 동하중에서도 꼭 강하다고는 할 수 없다. Ni-Cr강을 템퍼링할 때 생긴 템퍼링취성은 좋은 예이다. 충격시험이란 시험편에 충격적인 하중을 가함으로써 재료의 충격에 대한 저항, 즉 인성과 취성의 정도를 판정함을 목적으로 하며 특히 저온 취성, 노치취성(notch 취성), 템퍼링취성 등의 성질을 알 수 있다.

1) 관련규격 조사

KS B 0809 : 금속재료의 충격시험편
KS B 0810 : 금속재료의 충격시험방법

2) 충격시험의 종류

충격시험에서는 시험편을 $10^{-3} \sim 5 \times 10^{-3}$초 동안에 순간적으로 하중을 가하여 파단한다. 이 파단에 필요한 에너지(흡수에너지)의 크기로 재료의 강도, 취성을 판단한다. 충격시험은 시험편에 가해지는 하중의 종류에 따라 충격인장시험, 충격압축시험, 충격굽힘시험, 충격비틀림시험 등이 있다. 공업적으로 널리 사용하는 것은 Notch를 가진 시험편에 충격굽힘하중을 가하는 충격굽힘시험이 주로 쓰이고 있다. 온도, 특히 저온에서 재료의 강도가 문제인 경우에도 쉽게 상온과 다른 상태에서 시험할 수 있는 이점이 있다.

3) 충격굽힘시험

① 샤르피충격시험(Charpy impact test)
② 아이죠드충격시험(Izod impact test)

재료는 정하중에 대한 강도가 같더라도 여기에 충격하중을 주어 파괴시킬 때 큰 저항(인성, 점성이 강한 성질)을 나타내는 것과 매우 작은 저항(취성의 성질)을 나타내는 것이 있다.

일반적으로 인장강도가 높고 연성이 충분하여 정하중에 의한 인장시험에서 파괴 시까지 큰 소성변형을 나타내는 재료는 충격파괴에 대해 큰 충격에너지를 흡수하므로 충격저항이 커서 점성이 강한 성질을 나타내고, 이에 반해 연성이 없는 재료는 가령 인장강도가 높더라도 충격에너지의 흡수능력이 적기 때문에 충격저항이 작아 취성을 나타낸다. 이와 같은 점성강도 및 취성의 측정에는 Notch를 가진 시편에 충격굽힘하중을 주어 파괴시험을 할 때 그 차가 확실히 나타난다. 그러나 재료에 충격에 대한 강도는 같은 재료에서도 시편의 형상과 크기, 시험방법 등에 현저히 달라지며 충격에 대한 강도를 재료의 고유의 상수로 발견하기는 현재로서는 곤란하다.

공업적으로 시편의 치수를 정하고 규정된 방법(KS B 5522, KS B 0809)에 따라 충격시험을 해서 충격파괴시 실제로 시편이 흡수한 에너지(kg-m ; 시편을 파괴하는데 필요한 에너지) 또는 노치부의 원단면적으로 파괴에너지를 나눈 수치($kg-m/cm^2$)로서 그 재료의 충격치를 정한다.

샤르피충격시험에서 측정된 값은 Notch(균열)를 갖는 재료의 내충격성에 대한 정성적 비교는 가능하지만 구조물, 기계 등의 설계 계산에 직접 사용할 수는 없다. Charpy식과 Izod식 충격시험 결과인 충격치는 시험편의 형상과 정의가 다르기 때문에 수적인 관련성은 없다. 충격치는 강도계산의 수치로서 사용되는 것이 아니고 재료를 사용할 때 특성의 비교에 사용된다.

4) 충격굽힘시험기(impact bending tester)

충격굽힘시험은 현재 가장 널리 사용되는 충격시험이다. 충격굽힘시험편에는 노치(Notch)가 있는 것과 없는 것이 있다. 노치가 없는 것은 레일, 차축 등의 실물시험에 사용된다. 충격굽힘시험에는 단일 충격시험과 반복충격시험이 있는데 단일충격시험기로는 샤르피충격시험기, 아이죠드충격시험기, 길레이(Guillery type)충격시험기, 올센(Olsen type)충격시험기 등이 있으며 반복충격시험기로는 마쯔므라(Matzumura type) 반복충격시험기가 있다.

(1) 샤르피충격시험기(Charpy type impact testing machines)

이 시험기는 진자식의 해머에 의해 1회 충격으로 시험편을 파괴하는 능력과 강성을 가지고 있다. 해머가 시험전에 높이 올려져 있을 때의 각도(인상각 ; 引上角)와 시험 후에 해머가 높여져 있는 각도(상승각 ; 上昇角)를 읽기 위한 지침과 눈금판, 시험편을 지지하는 장치 등으로 구성되어 있다.

그림 1은 샤르피충격시험기의 외관과 구조도이다. 그림 1(b)의 진자형 해머는 눈금판의 중심과 회전축의 둘레를 부드럽게 회전할 수 있는 구조로, 소정의 인상각에서 정지시켜 빗장을 풀면 해머의 자중에 의해 낙하하여 축의 둘레를 회전시킨 것과 같이 된다.

시험편은 중심축의 직하의 지지대 위에 정지하고 그림 2에서와 같이 그 중앙을 해머가 강타하도록 하여 고속으로 굽힘 파단시킨다. 해머는 시험편을 파단시키는 에너지를 잃어도 남은 에너지에 의해 반대측으로 들어 올려지며, 이때 눈금판의 바늘을 회전시켜 해머의 상승각을 눈금판으로 읽을 수 있도록 되어 있다. 파단에 요하는 에너지를 측정하기 위하여 회전부의 마찰저항이나 공기저항 등이 가능한 적도록 만들어졌다. 보통 강재 등에 사용되는 시험기에 용량은 30kg-m이며 대용량은 75kg-m, 소형용은 3kg-m, 또는 0.5kg-m의 것 등이 있다.

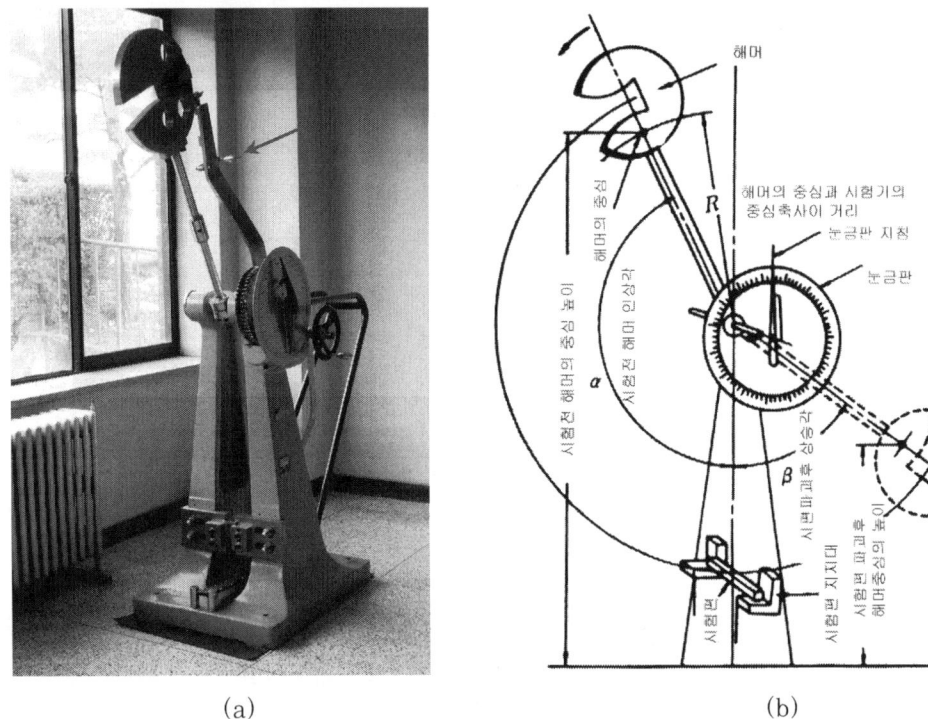

그림 1 샤르피충격기의 외관과 구조도

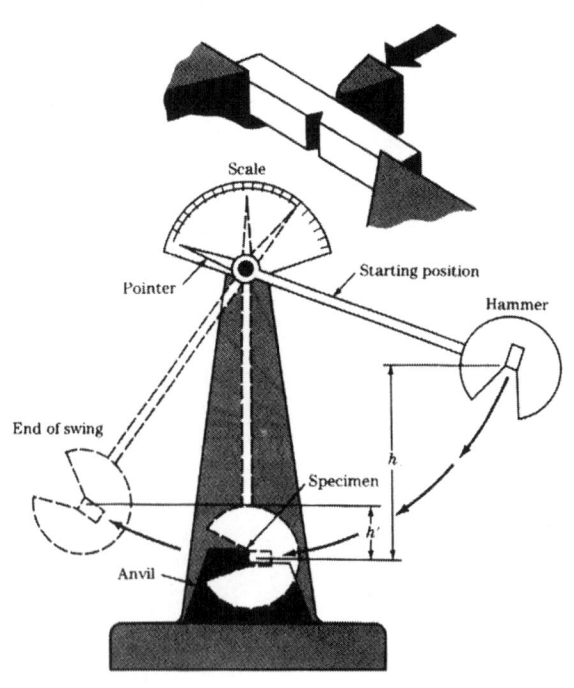

그림 2 샤르피충격시험의 타격지점과 방향

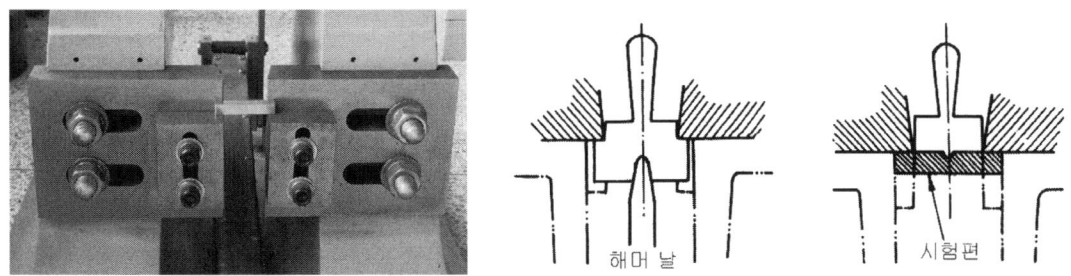

그림 3 시험편의 setting 및 해머 위치게이지와 시험편 위치게이지

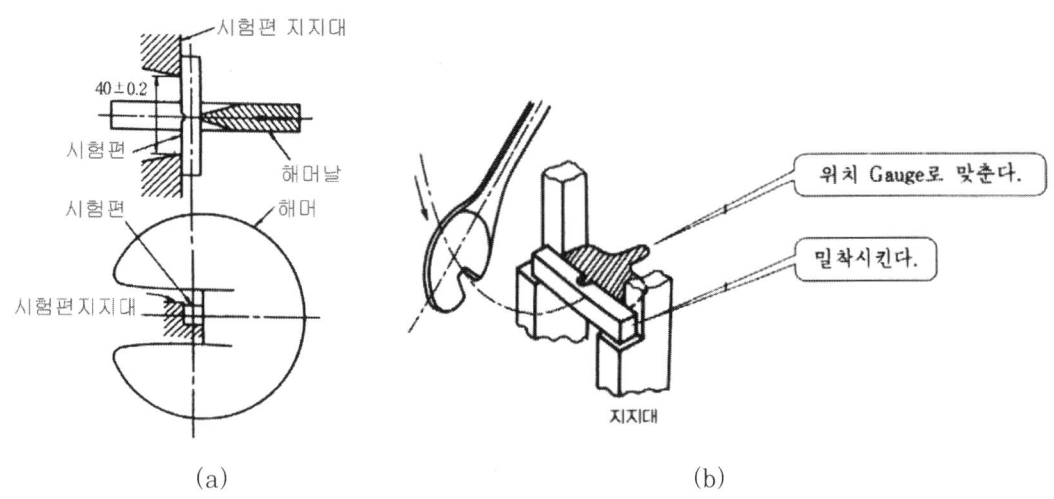

(a)   (b)

그림 4 샤르피 충격시험에서의 지지방법(a)과 타격방향(b)

(2) 아이죠드충격시험기(Izod type impact tester)

그림 5는 Izod 충격시험기의 외관과 아이죠드충격시험기의 구조도를 나타낸다.

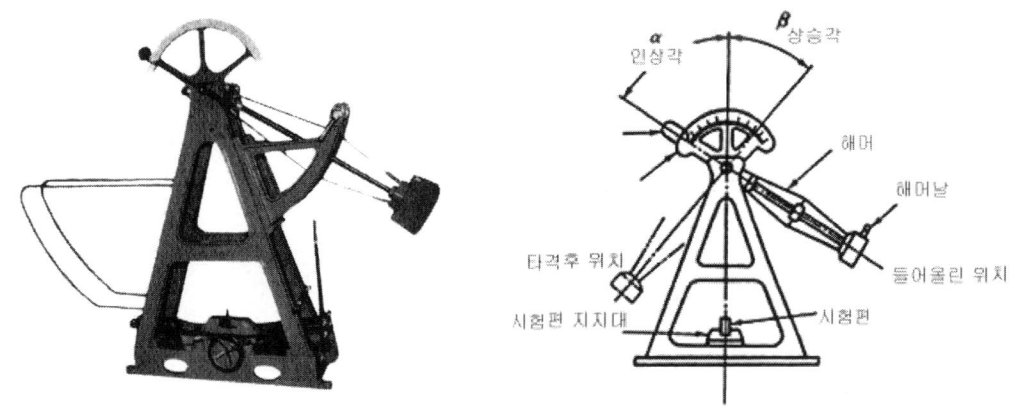

그림 5 아이죠드충격시험기의 외관과 구조도

샤르피충격시험기와 마찬가지로 노치부 시험편을 진자형 해머로 타격하고 파단에 요하는 에너지를 측정하여 재료의 인성과 취성을 측정한다. 시험방법은 샤르피충격시험기에서와 같으나 시험편을 그림 5에서처럼 한 쪽만 강하게 고정하고 지지하며, 형상치수가 약간 다르고, 시험기의 용량은 대개 16.6kg-m(120ft-lb)이다.

5) 충격치(impact value)의 정의

$$U = \frac{E}{A} = \frac{\text{시험편을 판단하는 데 요하는 충격에너지(흡수에너지}}{\text{파단하기 전 노치부의 단면적}}$$

$$= \frac{WR(\cos\beta - \cos\alpha)}{A} \qquad (8.1)$$

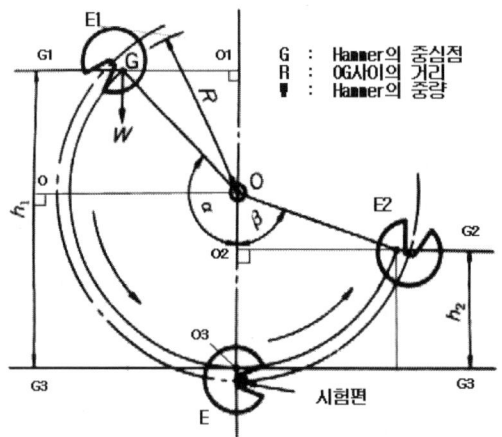

그림 6 Charpy충격시험의 측정원리 설명도

$$E = E_1 - E_2 \,(\text{kg}-\text{m})$$

$$E_1 = Wh_1 = W(\overline{O_1 O_3}) = W(\overline{OO_3} + \overline{O_1 O})$$
$$= W\{R + R\cos(180-\alpha)\} = WR\{1+\cos(180-\alpha)\}$$
$$= WR(1-\cos\alpha) \qquad (8.2)$$

$$E_2 = Wh_2 = W(\overline{G_2 G_3}) = W(\overline{OG_3} + \overline{OO_2})$$
$$= W(R - R\cos\beta) = WR(1-\cos\beta) \qquad (8.3)$$

$$E = E_1 - E_2$$
$$= \{WR(1-\cos\alpha)\} - \{WR(1-\cos\beta)\}$$

$$= WR\{(1-\cos\alpha)-(1-\cos\beta)\}$$
$$= WR(\cos\beta-\cos\alpha) \tag{8.4}$$

U : 충격치(Kg/mm²)
E : 시험편을 파단하는데 요하는 충격에너지(Kg-m)
A : 파단하기 전 시험편의 노치부의 원단면적(mm²)
W : 해머의 중량(Kg)
R : 해머의 회전축의 중심(中心)에서 해머의 중심(重心)까지의 거리(mm)
α : 해머의 인상각(°)
β : 시험편 파단 후 해머의 상승각(°)
E_1 : h_1인 지점의 해머의 위치에너지(Kg-m)
E_2 : h_2인 지점의 해머의 위치에너지(Kg-m)

실제로 시험편을 파단하는 필요한 에너지(E)는 다음과 같다.

$$E = E_1 - E_2 - E_e \tag{8.5}$$

여기서 E_e는 Hammer의 운동 중에 손실된 에너지로서 공기저항, 중력의 작용, 중심 축에서 bearing과의 마찰저항, 지침의 운동에너지 등이다. 그러나 이 에너지는 측정이 곤란하므로 무시하고 시험한다. Charpy충격치(U)는 시험편 파단에 요하는 에너지를 시험편의 노치부의 원단면적으로 나눈 값으로서, 단위는 kg-m/cm²가 사용된다. 충격치는 KS A 0021에 따라 소수점 이하 한 자리에서 끝맺음한다.

$$\therefore U = \frac{E}{A} = \frac{WR(\cos\beta-\cos\alpha)}{A} \text{ (kg-m/cm}^2\text{)}$$

8.2 충격시험방법 및 시험순서

1) 충격시험편

(1) 시험편의 KS규격

KS B 0809에 금속재료 충격 시험편에 대해 규정되어 있으며 Charpy 시험편은 3호, 4호, 5호 시험편(그림 7), Izod시험편은 1호와 2호 시험편(그림 8)이다. 일반적으로 깊은 노치의 것이 충격치가 다소 작게 측정되나 측정치의 산포가 적다.

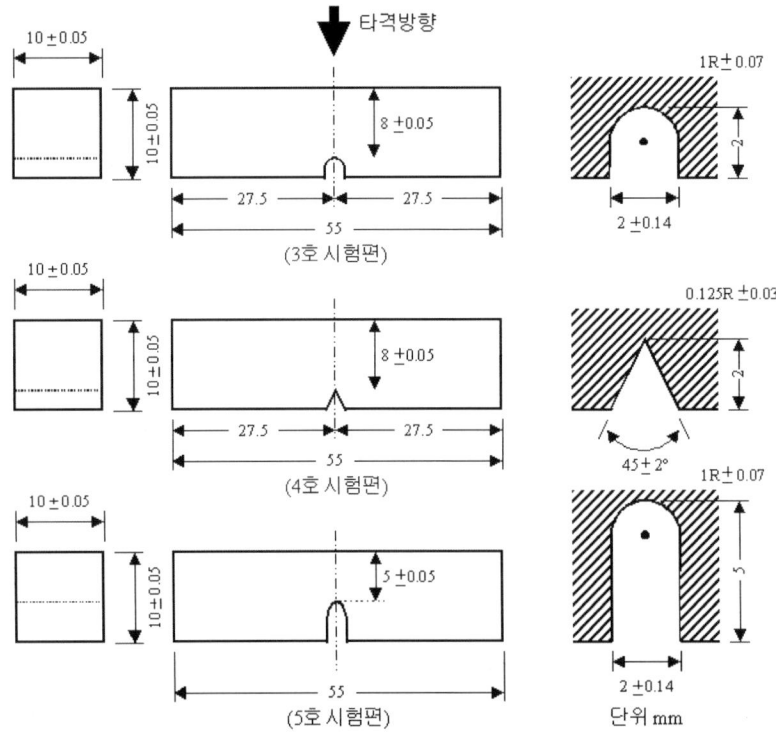

그림 7 샤르피 충격시험편

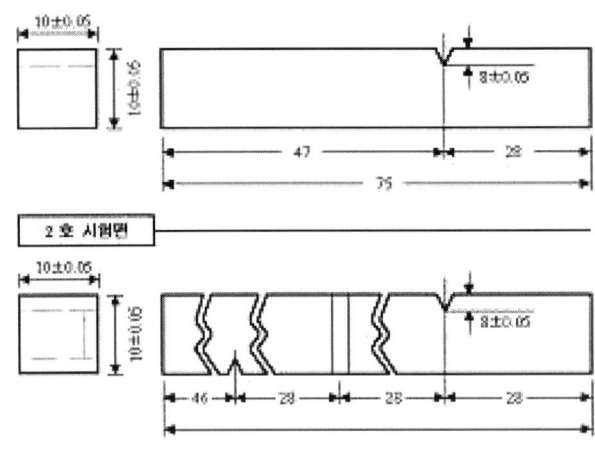

그림 8 아이죠드충격시험편

(2) 시험편의 채취방법

그림 9는 압연한 시험편의 압연방향과 압연에 직각방향으로 시험편을 채취한 것을 나타낸다. 그림 10은 Al-Li 압연재에서 비등방성거동에 대하여 나타낸다. 일반적으로 금속재료는 응고시의 합금원소 혹은 불순물원소의 편석이 생기고 단련한 결과 이 편석이 신장되어서 섬유상조직이 된다. 또 비금속개재물로 단련방향으로 신장되어 정렬된다. 압연이나 단조 등의 작업을

하여 만든 재료는 시험편의 채취방법에 따라서 성질이 많이 달라진다.

그림 11은 시험편의 채취방법에 의한 충격치의 차이를 나타낸다.

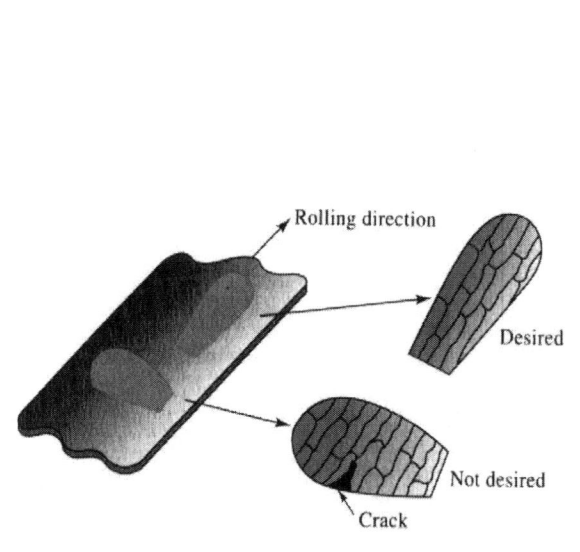

그림 9 압연 시험편의 채취방향

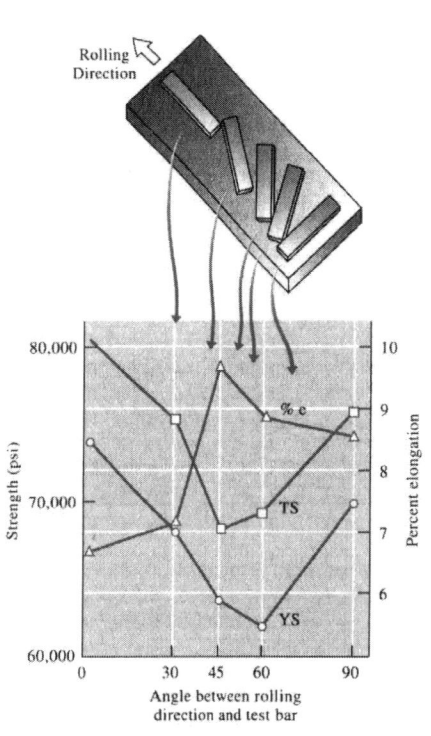

그림 10 Al-Li 압연재에서 비등방성거동

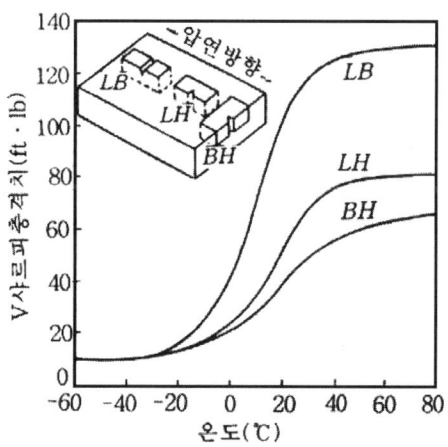

그림 11 샤르피충격시험편의 시험편 채취방향과 충격치와의 관계

2) 샤르피충격시험 방법

이 방법은 G.Charpy가 1901년에 발표한 시험방법으로 지금까지도 널리 사용되고 있다. 그림 6과 같이 해머를 규정의 인상(引上) 각도의 위치에서 낙하시켜 시험편을 파단하고 남은 에너지에 의해 반대측으로 올라간 각도 β를 측정하여 시험편을 파단하는데 필요한 에너지(E)를 산출한다. 시험편의 파단에 요하는 에너지(E)는 해머가 잃어버린 위치에너지로서 시험 전 해머의 위치에너지(E_1)와 시험편 절단 후 해머가 올라간 때의 위치에너지(E_2)와의 차로서 표현된다.

그림 12는 충격시험 후 파단 방향을 나타내고, 파단음을 들어본다. 그림 13은 파단 후 파면 상태를 나타낸다.

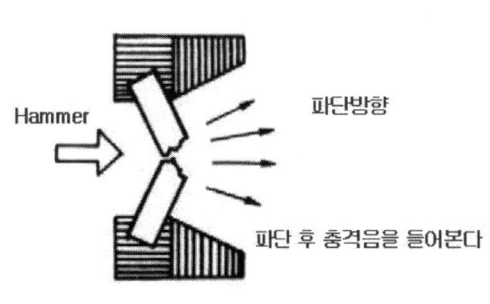

그림 12 충격시험 시 파단음 관찰

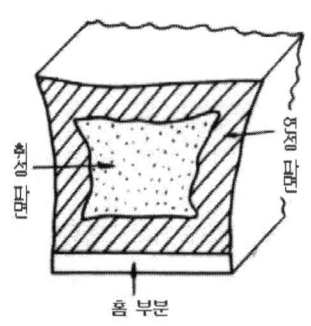

그림 13 충격시험 후 파단면 관찰

3) Izod충격시험방법

아이죠드충격시험은 V 노치 시험편의 한 끝을 견고하게 고정하고 다른 끝을 해머로 타격 파단하여 이 때의 흡수에너지를 구하는 시험으로 표준 시험기의 용량은 16.6kg-m, 타격속도는 약 4m/sec정도이다. 시험편을 확실히 고정된다는 장점은 있으나 고온이나 저온으로는 적합하지 않으므로 최근에는 그다지 사용하지 않고 있다. KS에서는 충격치로서 파단에너지(kg-m)를 채용하고 있으며, 나타내는 수치는 소수점 1자리까지 나타낸다.

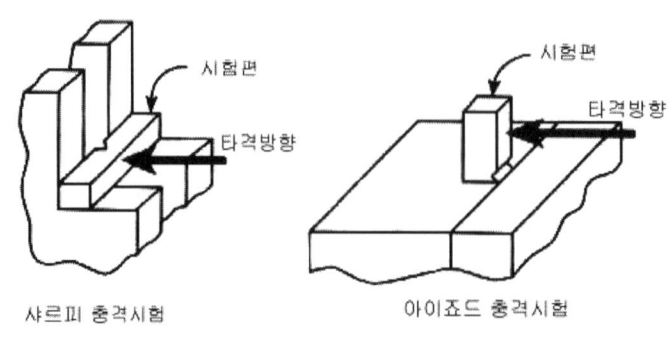

그림 14 충격시험의 타격방향 비교

인상각(α)　　　　　　　　상승각(β)

그림 15　Charpy충격시험의 인상각(α)과 상승각(β)

4) 충격굽힘시험에서의 고려할 사항

(1) 노치(Notch)의 영향

① 노치의 형상

　충격시험편은 노치가 있어 여기에 응력집중이 생기고 또한 노치 형상에 따라 파괴형상이 다르다. 노치 부분의 응력은 다른 부분보다 크게 되며, 이 현상은 노치효과(notch effect) 또는 응력집중(stress concentration)이라 한다.

② 노치부의 둥글기

　노치부의 둥글기가 작을수록 응력집중이 크다. 따라서 같은 노치부가 있더라도 그 둥글기가 작을수록 빨리 파단되고 흡수에너지도 작게 된다. 상기 시험편을 사용하고 다른 치수는 같게 하고 노치저면의 지름 d만을 변화해서 시험한 것이다. 노치부의 모양을 샤르피식과 아이죠드식으로 해서 동일 충격충격시험을 하면 후자의 경우는 흡수에너지가 작게 되는 것을 표 1에 나타내었다.

표 1　재질과 충격시험방법에 따른 흡수에너지의 관계

시험편	흡수에너지			
	탄소강	연철(鍊鐵)	Ni강	Ni-Cr강
샤르피식 대형 표준시험편 (길이 120mm)	18.0	33.6	41.0	26.2
아이죠드식 노치만이 위와 다른 경우	4.9	9.1	23.6	17.9

③ 노치의 깊이의 영향

시험편의 형상, 노치부의 모양과 곡률반경를 같게 하고, 단 깊이만을 변화시켰을 때에는 비흡수에너지는 노치가 얕을수록 크다. 즉, 노치부의 깊이가 클수록 충격치는 많이 감소한다.

5) 템퍼링취성(temper brittleness)

정적인 시험에서는 만족한 강도를 나타내었다고 해도 충격적인 동하중에서도 꼭 강하다고 할 수 없다. Ni-Cr강을 템퍼링하여 생긴 템퍼링취성은 그 좋은 예이다. 이 시험에서 시험편을 $10^{-3} \sim 5 \times 10^{-5}$초 동안에 순간적으로 하중을 가하여 파단한다.

Cr, Mn 등의 탄화물을 형성하는 원소가 함유되는 합금강에서는 퀜칭한 다음에 템퍼링온도에서 서서히 냉각하였을 때 같은 조직을 급냉한 것에 비하여 충격치가 적게 된다. 이 현상을 템퍼링 서냉취성이라 한다.

표 2는 Ni-Cr강재의 인장시험과 충격시험한 결과를 나타낸다. 정적인 기계적 성질은 큰 차이가 없으나 충격치는 대단히 차이가 나타나는 것을 볼 수 있다. 이와 같은 강재를 시험온도를 변화시켜 급냉, 서냉한 것의 충격치의 변화는 그림 16과 같다. A재는 200℃부근에서 취성이 생겨 충격치가 적고, B재료는 -50℃에서 취성이 생긴다.

템퍼링취성의 원인으로는 템퍼링온도에서부터 서냉으로 인하여 주로 탄화물(carbide)가 α-Fe의 결정경계에 석출되어 이것이 노치효과(notch effect)를 주게 되어 충격치가 작아지는 원인이 된다. Ni-Cr강은 템퍼링온도에서 급냉시키면 탄화물이 철 중에 고용된 상태로 되어 노치효과의 원인이 생기지 않고, 또한 기지(matrix)가 소르바이트(sorbite)조직으로 되므로 충격치가 크다. 템퍼링취성은 특수강에서 Mo 0.3%를 첨가시키면 템퍼링온도에서 서냉하여도 충격치가 저하되지 않는다.

표 2 Ni-Cr강재의 인장시험과 충격시험 결과

구분	열처리조건	인장강도 (kg/mm^2)	연신율 (%)	단면수축율 (%)	브리넬 경도	충격에너지 (ft-lb)
A	820℃에서 유중 퀜칭한 후 630℃에서 서냉	78.3	21.4	51.8	231	8.9
B	820℃에서 유중 퀜칭한 후 630℃에서 급냉	78.0	22.3	55.8	229	57.0

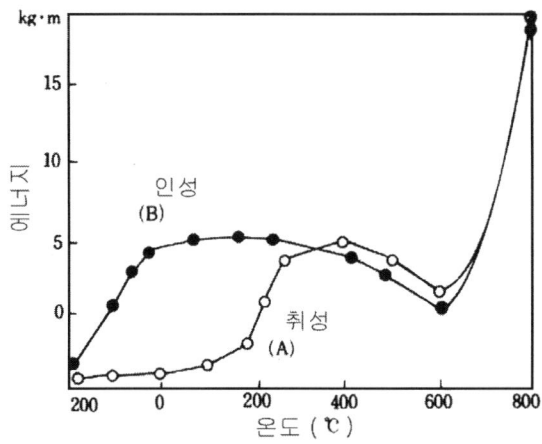

그림 16 Ni-Cr강의 템퍼링온도와 냉각속도에 따른 충격치의 변화

6) 시험순서

① 시험편의 표면상태를 점검한다.

② 시험편의 폭과 노치부의 폭의 길이(cm)를 측정한다.

③ 시험편의 노치부의 단면적(cm^2)을 계산한다.

④ 그림 3(a)와 같이 해머위치게이지로 해머의 위치를 설정해준다.

⑤ 그림 3(b)와 같이 시험편위치게이지로 시험편을 설치해준다.

⑥ 그림 1과 같이 햄머를 충격시험기에 부착된 핸들을 돌려 지시된 인상각으로 인상시키고, 인상각의 지시눈금을 확인하여 맞추어준다.

⑦ 충격시험을 하기 전에 해머가 자유낙하할 때 매우 위험하므로 미리 안전에 대비한다. 또한 충격시험을 할 때 시험편의 파단 시 시험편이 비산하는 경우가 있으므로 시험기에서 일정한 거리를 두고 실험을 진행한다.

⑧ 그림 1(a)의 화살표로 나타낸 훅을 내려치면 해머가 자유낙하여 시험편을 노치부를 중앙부를 내려쳐서, 그림 12와 같이 일정한 파단음을 생성하며 파단된다. 이때 파단음도 인성재료와 취성재료의 차이점을 주지시킨다.

⑨ 시험편이 파단되면 곧 바로 눈금판의 상승각이나 파단에너지를 관찰한다.

⑩ 시험편이 파단되면 그림 13과 같이 파단된 두 개의 시험면을 관찰하여 인성재료와 취성재료의 파단면을 관찰한다.

⑪ 그림 13과 같이 파단면의 상태를 조사하여 취성재료와 인성재료의 파단면의 상태를 비교해본다.

⑫ 충격치는 식 (8.1)에 시험 전 측정한 노치부의 단면적 A와 충격시험 후 파단하는데 필요한 충격흡수에너지 값을 대입하면 구할 수 있다.

9. 인장시험

과 목 명	재료 시험(1)	과제번호	MT-09
실습과제명	인장시험	소요시간	16시간
목 적	1. 시편을 일정한 속도로 일축방향으로 인장력을 가하여 재료의 항복점, 인장강도, 연신율, 단면수축율 및 하중과 연신량선도 등의 기계적 성질을 평가한다. 2. 비례한도, 탄성한도, 탄성계수 등과 같은 물리적 성질을 이해하고 기계설계의 기초자료로 이용할 수 있다. 3. 인장에 대한 변형거동에서 다른 응력상태의 변형거동을 어느 정도 추정할 수 있으며, 재료의 생산 및 가공공정 등의 검토와 미지의 신재료에 대한 물성파악에도 활용한다.		

사용기재, 공구, 소모성 재료	규 격	수 량	비 고
에코팁경도시험기		1대	
연마지	#400, 600, 800, 1200	각각 5장	
OHP 용지	A4	30매	
빔프로젝트		1set	
SM25C			
SM45C			
STC3종			
STC5종			
황동			
Al 합금			

관련 지식

1. 공칭응력-공칭변형률 곡선을 이해시킨다.
2. 진응력-공칭변형률 곡선을 설명한다.
3. 만능시험기의 구조와 명칭을 소개한다.
4. 시험편의 제작 및 준비과정을 설명한다.
5. 만능시험기를 이용하여 인장시험의 조작요령을 설명한다.
6. 항복점현상과 파단연신율의 추정을 설명한다.
7. 개인별, 조별실습을 통하여 협동정신과 책임의식을 고취한다.
8. 시험실습 시 안전과 유의사항을 주지시킨다.

9.1 관련 지식

1) 관련규격을 조사

KS B 0801 금속재료 인장시험편
KS B 0802 금속재료 인장시험방법
KS B 5521 인장시험기
KS A 0021 수치 맺음법

2) 공칭응력 - 공칭변형률곡선

인장시험은 시편에 대하여 연속적으로 일정한 속도의 일축 인장을 가하면서 주어진 시편의 연신을 얻는데 필요한 하중을 측정함으로써 재료의 기계적인 성질을 평가하기 위한 방법으로 널리 사용된다. 인장시험에서 얻은 하중-연신량곡선으로부터 시편의 크기와 무관한 공칭응력-공칭변형률곡선을 구하여 나타내는 것이 보통이다.

(1) 공칭응력(nominal stress) σ_n

공칭응력-공칭변형률곡선에 사용한 공칭응력은 인장시편의 세로방향(인장방향)으로서 평균응력(average stress)이며, 시편에 작용하는 하중 P를 시편의 초기 원단면적(orginal area) A_0으로 나눈 값으로 정의한다.

$$\sigma_n = \frac{P}{A_0} \, (\mathrm{Kg/mm^2}) \tag{9.1}$$

(2) 공칭변형률(nominal elongation)

공칭응력-공칭변형률곡선에서 사용된 변형률은 평균선형변형률(average linear strain)이며, 시편에 작용하는 하중 P를 시편의 초기단면적(original area) A_0으로 나눈 값으로 정의된다.

$$\epsilon_n = \frac{\delta}{l_0} = \frac{\Delta l}{l_0} = \frac{l - l_0}{l_0} \tag{9.2}$$

$\delta = \Delta l = l - l_0$
l_0 : 시험 전 시편의 초기의 표점거리
l : 시험 후 변형된 시편의 늘어난 표점거리

탄성영역에서는 응력이 변형률과 직선적으로 비례한다. 하중이 항복강도에 해당하는 값을 초과할 경우 시편은 전체적인 소성변형을 겪게 되며, 만약 하중이 제거되더라도 이 때의 소성변형은 영원히 남게 된다. 이 후 계속적인 소성변형을 하기 위해서는 소성변형률이 증가함에 따라 응력이 증가하는 금속가공경화가 일어난다.

소성변형이 일어나는 동안 시편의 체적은 일정하므로 즉 $A_0 l_0 = Al$이므로 시편의 길이가 증가함에 따라 시편의 표점거리 내의 단면적은 감소한다. 초기의 가공경화는 이 단면적의 감소를 보상하는 것보다 크며, 따라서 변형률이 증가함에 따라 공칭응력도 계속적으로 증가한다. 가공경화에 기인된 변형하중의 증가보다 시편 단면적의 감소가 큰 상태에 도달하게 된다. 이와 같은 조건은 시편에서 다른 부분보다 약한 곳에서 처음 도달되며 이후의 소성변형은 이 영역에 집중적으로 일어나, 결국 시편은 네킹(necking)이 일어나거나 국부적으로 얇아진다. 이때부터 시편의 단면적 감소가 가공경화에 의한 변형하중의 증가보다 더욱 급격히 일어나므로 시편의 변형에 요구되는 실제하중은 저하하고 식 (9.1)에서 처럼 공칭응력은 파단이 일어날 때까지 계속해서 감소한다. 그림 1은 금속의 공칭응력과 공칭변형률곡선의 예를 나타낸다.

재료를 인장할 때 처음 재료가 탄성 인장된다. 탄성 인장이 된다는 것은 하중이 제거되면 시편이 원래의 길이로 회복되는 것을 의미한다. 재료를 탄성한도 이상으로 인장하면 하중을 제거하더라도 원래의 길이로 되돌아가지 못하고 소성변형된다. 시편을 더욱 인장하면 응력이 증가하고 재료는 가공경화된다고 할 수 있다. 마침내 공칭응력이 최고점에 이르게 되는 이 최고 공칭응력을 인장강도(tensile strength)라고 한다.

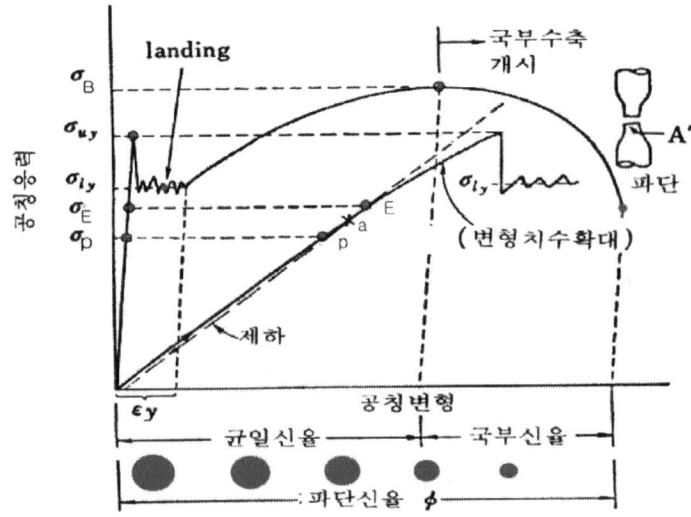

그림 1 공칭응력-공칭변형률곡선

인장강도에 이르게 되면 시편에 국부수축(necking)이 일어나고 변형이 진행되면 이 부분에 변형이 집중되어 단면적이 급속히 줄어든다. 국부수축(necking)이 일어나지 않고 파괴되는 재료에서는 인장강도와 파괴강도가 같지만, 국부수축(necking)이 일어나는 재료에서는 파괴가 일어나는 하중이 인장강도에서의 하중보다 작다.

3) 항복점현상

탄성영역에서는 응력과 변형률 사이에 금속의 경우, 직선 관계식 (9.3)이 성립하며 이것을 보통 후크의 법칙(Hooke's law)이라고 한다.

$$\sigma = E\epsilon \tag{9.3}$$

여기서 E는 탄성계수(modulus of elasticity ; 영율 Young's modulus)로서 비례상수이다. 그림 3에 나타난 바와 같이 연강과 같은 항복점이 있는 금속의 응력-변형률곡선으로서 탄성변형에서 소성변형으로의 천이가 불연속적이며 천이구역은 국부적으로 불균일하다. 탄성변형과 함께 하중이 직선적으로 증가하다가 갑자기 떨어져 일정한 하중에서 작은 하중의 변동이 일어나다가 다시 증가한다.

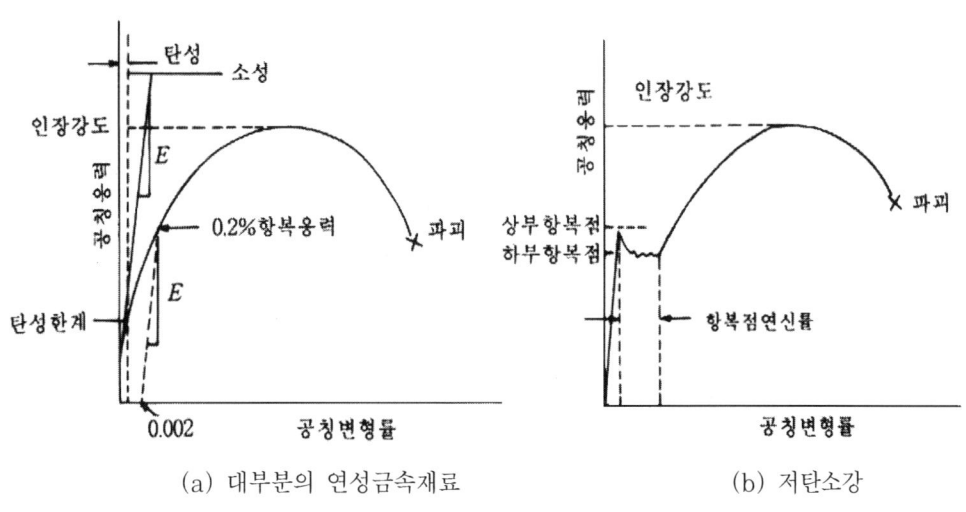

(a) 대부분의 연성금속재료 (b) 저탄소강

그림 2 연성금속재료의 공칭응력과 공칭변형률곡선

(1) 상부항복점(upper yield point)
응력과 변형률곡선에서 갑자기 하중이 떨어지기 시작하는 시점에서의 응력을 말한다.

(2) 하부항복점(lower yield point)
하중이 떨어져서 거의 일정하게 유지되는 시점에서의 응력을 말한다.

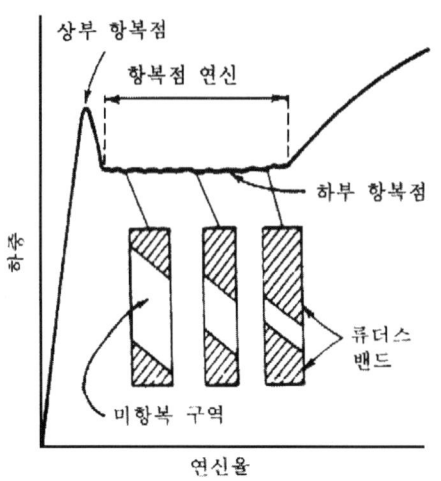

그림 3 전형적인 항복점 거동

(3) 항복점 연신(yield point elongation)

이와 같은 일정한 하중에서 생성된 연신을 말하며 항복점 연신 중에서 일어나는 변형은 불균일하다. 그림 2(a)는 금속과 요업재료의 최대 탄성변형률은 0.5% 이하인 것이 보통이다. 변형이 탄성적인 것으로 소성적으로 변하는 점은 응력-변형률곡선의 기울기가 탄성계수와 달라지는 응력이다. 이 점을 정확히 결정하기가 어렵기 때문에 여러 가지 근사값이 종종 사용된다. 이것들 중 가장 널리 사용되는 것이 0.2% 항복강도인데 이것을 소성변형률이 0.2%일 때의 응력으로 정의된다.

그림 3에서 나타낸 바와 같이 연강이나 몇 가지 다른 금속에서 상부항복점과 하부항복점을 나타낸다. 응력과 변형률곡선에 상부항복점과 하부항복점이 나타날 때 인장시편에 류더스밴드(Lüders band)가 나타난다. 이 류더스밴드(Lüders band)는 흔히 시편의 물림부 근처의 응력집중점에서 시작하는 밴드모양의 불균일변형인데 변형이 진행됨에 따라 시편 전체로 퍼진다.

류더스밴드(Lüders band)가 시편 전체에 퍼지게 되면 정상적인 가공경화가 일어난다. 류더스밴드(Lüders band)가 시편 전체에 퍼짐으로써 시편이 연신되는 정도가 그림 2(b)의 항복점 연신율에 해당한다. 항복점 연신율 영역의 톱니의 하나하나는 류더스밴드(Lüders band)의 하나하나의 발생과 관계가 있다.

(4) 항복의 측정

소성변형, 항복점이 일어나기 시작할 때의 응력은 변형률 측정기기의 감도에 의존한다. 거의 대부분의 재료는 탄성 거동에서 소성거동으로 점차적으로 천이가 일어나며, 따라서 소성변형이 시작되는 지점을 정확히 정의하기가 어렵다.

① 비례한계(proportional limit) σ_p

Hooke의 법칙이 성립하는 응력의 상한치이며, 이것도 측정의 정도(精度)에 의존한다. 변형률에 직선적으로 비례하는 응력에서의 최대응력으로 응력-변형률 곡선 상 직선 부분에서 벗어나는 곳으로 측정한다. 응력-연신율곡선에서 후크의 법칙에 의한 직선부가 변화되어 곡선으로 변하기 시작하는 점의 응력이다. 탄성한계보다 적은 값이다.

② 탄성한계(elastic limit) σ_E

응력을 제거하였을 때 연신률(strain)이 완전히 0으로 되돌아가는 응력의 상한치이다. 즉, 잔류연신율이 0이 되는 최대응력을 말한다. 여기서 잔류연신률이 0의 여부는 측정하는 시험기의 정도(精度)에 의존하므로 보통 잔류하는 연신률(영구 연신율 : perment set)이 0.001~0.003% 될 때의 응력을 말한다. 보통 응력과 변형률곡선에서 완전히 하중을 제거했을 때 측정이 가능한 어떠한 잔류변형률이 없이 재료가 견딜 수 있는 최대응력으로 나타내며, 변형률 측정의 감도가 증가함에 따라 이 값은 점차 감소하여 결국에는 미소변형률 측정으로부터 결정되어지는 진탄성한계값에 접근한다. 탄성한계의 결정은 하중을 점점 증가시키며 가했다 제거했다 하는 반복 실험과정을 해야 한다. 그러나 보통 비례한계와 탄성한계는 구별하지 않는 경우가 있다.

③ 항복점(yield point)

응력-변형률곡선에서 보는 바와 같이 P점, E점 이상으로 응력이 커져서 점 Y에 도달하면 응력이 더 커지지 않아도 연신율이 커진다. 이 때의 응력을 항복점(yield point, yield stress)이라고 하며, 비례한계와 탄성한계는 구하기 어려워도 이 항복점은 알아내기 쉬워서 기계적 성질의 하나로서 이것을 측정하여 탄성파손의 표기로 삼고 있다. 항복점은 강에서는 탄소량이 적은 경우 뚜렷하게 나타나며 항복현상이 나타나는 이유는 최대 전단응력 방향과 45°(축과)방향으로 배열된 결정군이 작용하는 전단응력에 견딜 수 없어서 갑자기 결정면 사이에 미끄럼이 생기기 때문이다. 한 곳에서 슬립이 시작되면 전체에 파급되어 평행부 전역이 슬립이 생긴 상태가 되고서 항복이 끝난다.

㉮ 상부항복점(upper yield point) σ_{uy}

이 때 맨 처음 항복이 생긴 때의 응력(Y점)이 제일 크며, 이와 같이 항복 개시 전의 최대응력을 점 상부항복점이라 한다. 상부항복점은 항복이 시작되는 점이기 때문에 알아보기 쉬워서, 보통 항복점이라면 상부항복점을 나타난다.

$$\sigma_{uy} = \frac{P_{uy}}{A_0} \tag{9.4}$$

상부항복점을 구하기 위하여 시편을 서서히 인장하였을 때 시편 팽행부가 신장을 하기 이전의 최대하중, 예컨대 하중 지침을 가진 시험기에서는 지침이 일시적으로 멈추거나 역행하기 이전의 최대하중 P_{uy}을 구한다.

㉯ 하부 항복점(Lower yield point) σ_{ly}

항복구역(YY″구간)에서의 최저응력을 나타내며, 항복이 진행중의 거의 일정한 하중을 원단면적(A_0)으로 나눈 값이다.

$$\sigma_{ly} = \frac{P_{ly}}{A_0} \qquad (9.5)$$

하부항복점을 구하기 위해서는 시편을 서서히 인장하였을 때 시편 평행부가 신장한 후 대략 일정한 하중, 예컨대 하중 지침을 가진 시험기에서는 일시 정지 또는 역행한 후에 일시 정지하는 하중 P_{ly}을 구한다.

㉰ 항복점강하(yield drop) : $[\sigma_{uy} - \sigma_{ly}]$

㉱ 항복점신장(yield elongation) : ϵ_y

㉲ 항복강도(yield strength ; 내력, 보증응력, 안전응력 proof stress)

그림 2(a)와 같이 항복점이 뚜렷하지 않는 재료에서는 탄성 회복의 정도를 판단하는 데 쓰고자 위의 항복점에 해당하는 점으로써 항복강도를 정하며, 보통 0.2%의 영구연신률이 생기는 점으로 한다. 상부항복점, 하부항복점, 항복강도 또는 인장강도를 구하기 위한 하중의 읽음은 적어도 그 크기의 0.5%까지로 한다. 항복점과 항복강도 및 인장강도의 수치는 첫째 자리에서 끝맺음한다. 다만 응력의 측정치가 $10kg/mm^2$인 경우에는 유효 숫자 2자리가 되게 수치를 끝맺음한다. 지정된 작은 소성 변형률을 일으키는데 요구되는 응력이다.

이 성질의 일반적인 정의는 응력-변형률 곡선 상에서 탄성영역의 직선에 평행하게 지정된 변형률을 상쇄시킨 점에서 시작하는 직선을 그려 곡선과 교차하는 점으로 정의되는 상쇄 항복강도(offset yield stress)이다. 미국의 경우 상쇄량이 주로 0.2%(e=0.02)나 0.1%(e=0.01)로 규정로 규정하고 있다. 규정된 영구연신률 $\epsilon = 0.2$%인 경우 항복강도($\sigma_{0.2\%}$)는 다음과 같다.

$$\sigma_{0.2\%} = \frac{P_{0.2\% strain offset}}{A_0} \qquad (9.6)$$

㉖ 항복비(降伏比 ; yield ratio) σ_R

$$\text{항복비 } \sigma_R = \frac{\sigma_y (\text{항복점})}{\sigma_B (\text{인장강도})} \tag{9.7}$$

4) 인장강도(Tensile Strength)

인장강도(TS) 혹은 최대인장강도(ultimate tensile stregth : UTS) : 재료에 가한 최대하중($P_{\max}$; 인장하중)을 시편의 초기 원단면적(A_0)으로 나눈 값으로 표현된다.

$$\sigma_B = \frac{P_{\max}}{A_0} \tag{9.8}$$

σ_B : 인장강도 (kg/mm^2)
$P_{\max}$: 최대하중 (kg)
A_0 : 시험 전 원단면적 (mm^2)

5) 연성의 측정

(1) 연성 측정의 의의

① 압연이나 압축과 같은 금속가공 공정 시 파괴 없이 금속이 변형될 수 있는 양을 제시해준다.
② 설계자에게 금속이 파괴 전까지 소성적으로 변형할 수 있는 능력을 제시해준다.
   고연성 재료는 설계자가 극심한 하중의 예상이나 응력의 계산에 있어서 오류를 범하는 경우에도, 파괴 없이 재료가 쉽게 국부적으로 변형을 일으킴으로써 이에 대한 대비를 할 수 있다.
③ 공정조건이나 불순물량의 변화에 대한 척도를 제시해준다. 연성값과 재료기능성 사이에는 직접적인 관계가 존재하지는 않지만 연성값이 재료의 질(質)을 평가하는데 쓰이기도 한다.

(2) 연신율과 단면수축율의 측정

연성측정의 기준으로는 파괴시 공칭 변형율인 연신율(elongation) ϵ_f 과 단면수축율(reduction of area) ϕ_f가 있다. 이 두 성질은 파괴 후 시편을 다시 짜맞혀 파단 후 표점거리(l_f)과 파단부의 최종 단면적(A_f)을 측정함으로써 얻어진다. 이들 연신율과 단면수축율은 일반적으로 %로 표시한다.

$$\epsilon_f = \frac{l_f - l_0}{l_0} \times 100 (\%) \tag{9.9}$$

ϵ_f : 파괴 시 공칭 연신율(percentage elongation) %

$$\phi_f = \frac{A_0 - A_f}{A_0} \times 100 (\%) \tag{9.10}$$

ϕ_f : 파괴 시 단면수축율(Reduction of Area) %

소성변형의 상당량이 인장시편의 네킹 영역에 집중되기 때문에 ϵ_f값은 시편 초기의 표점거리(l_0)에 의존한다. 표점거리가 작으면 작을수록, 네킹 영역으로부터의 총연신율의 기여량은 커지게 되어 ϵ_f값은 커지게 된다. 그러므로 연신율값을 나타낼 때 시편의 표점거리(l_0)는 항상 명시되어야 한다.

표점거리의 장단에 좌우되는 동시에 시편의 단면적에 따라 변화한다. 표점거리가 증가함에 따라 전체 연신율 및 단면수축율의 영향은 다음의 그림 4와 같이 변화한다. 따라서 실험할 때 표점거리를 명시한다는 것이 가장 필요한 일이다.

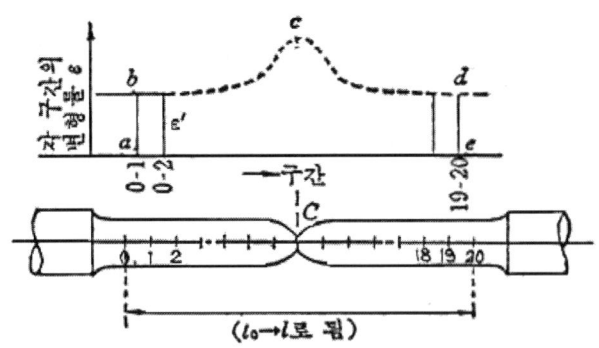

그림 4 표점거리와 연신율과의 관계

그림 4는 표점거리와 연신율의 관계를 표시한다. 여기서 표점거리가 크면 연신율은 감소되고, 단면수축율은 큰 차이가 없다. 단면수축율은 이런 단점을 극복할 수 있다. 단면수축율 값은 표점거리가 필요 없는 값(zero gauge length elongation)으로 나타낼 수 있다. 소성변형 시 체적의 변화는 없으므로

$$Al = A_0 l_0 \tag{9.11}$$

$$\frac{l}{l_0} = \frac{A_0}{A} = \frac{1}{1 - \phi_f} \tag{9.12}$$

$$\epsilon_0 = \frac{l-l_0}{l_0} = \frac{A_0}{A} - 1 = \frac{1}{1-\phi_f} - 1 = \frac{\phi_f}{1-\phi_f} \tag{9.13}$$

이 된다.

이것은 파괴 직전 매우 짧은 표점거리에 기초한 연신율을 나타낸다. 네킹으로 인한 이런 단점을 극복하기 위해 또 다른 방법은 네킹이 시작하는 점까지의 균일한 변형률(uniform strain)에 기초하는 percentage elongation을 사용하는 것이다. 일반적으로 연신율의 변화와 단면수축율의 변화는 밀접한 관계를 갖고 있다. 연신율은 재료의 연성(延性)의 정도를 표시하고, 단면수축율은 전성(展性)의 정도를 표시하므로, 연성과 전성의 구별을 명확히 할 수 있다.

① 파단연신율

시편 파단 후의 영구 연신율으로서 혼동의 우려가 없을 때에는 그냥 연신율이라 하기도 한다. 파단연신율의 수치는 KS A 0021에 의해 첫째 자리에서 끝맺음한다. 다만, 표점거리가 100mm를 초과하는 경우에는 더 정밀하게 하여도 좋다.

$$\epsilon_f = \frac{l-l_0}{l_0} \times 100(\%) \tag{9.14}$$

ϵ_f : 공칭 연신율(percentage elongation) %

l_0 : 시험 후 표점거리로서 시편의 양 파단면의 중심선이 일직선상에 있도록 주의하여 파단면을 접촉시켜 KS B 0802에 의하여 측정한 표점거리(mm)로서 판상시편에 있어서 파단면을 접촉시켰을 때 폭의 중앙부에 틈새(cp)가 있을 경우 그림 5에도 그 틈새(cp)의 치수는 빼지 않고 표점 $0_1, 0_2$간의 거리로써 파단연신율을 측정한다.

l : 시험 후 파단된 시험편을 짜 맞춘 표점거리

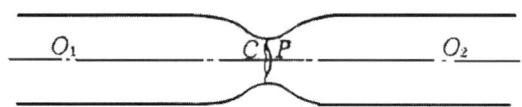

그림 5 판상시험편에 파단면을 접촉시켰을 때 폭의 중앙부에 있는 틈새

인장시험으로부터 측정된 연신율은 표점거리와 단면적에 의존한다. 이것은 전체변형이 네킹 전까지의 균일변형과 네킹이 시작한 후의 국부변형의 두 요소 때문이다. 균일 변형률의 정도는 재료의 금속학적인 조건(n을 통하여)과 시편의 크기 및 형태가 네킹형성에 미치는 영향에 의존한다.

그림 6은 네킹이 생긴 인장시편의 길이에 따른 국부 연신율의 변화를 나타내 준다.

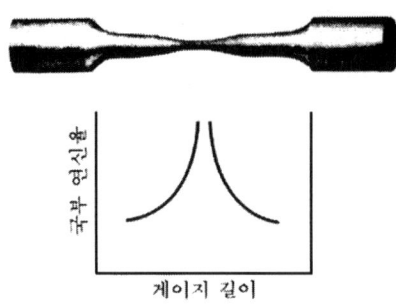

그림 6 인장시편의 표점거리에서 위치에 따른 국부연신율의 변화

$$\epsilon_0 = \frac{l-l_0}{l_0} = \frac{A_0}{A} - 1 = \frac{1}{1-\phi_f} - 1 = \frac{\phi_f}{1-\phi_f} \qquad (9.15)$$

표점거리가 짧을수록 네킹지역에서 국부변형이 시편 길이의 전체 연신률에 미치는 영향이 더욱 커짐을 쉽게 알 수 있다.

파괴가 일어날 때의 시편의 총연신(δ)은 다음과 같다.

$$\delta = \Delta l = l_f - l_0 = \alpha + \epsilon_u l_0 \qquad (9.16)$$

α : 국부네킹 변형량
$\epsilon_u l_0$: 균일연신량

인장연신율은 다음과 같은 식으로 주어진다.

$$\epsilon_f = \frac{l_f - l_0}{l_0} = \frac{\alpha}{l_0} + \epsilon_u \qquad (9.17)$$

이 식으로부터 총연신율은 시편의 표점거리의 함수임을 알 수 있다. 즉, 시편의 표점거리가 짧을수록 %연신율은 증가한다. 인장시험 시 변형율의 분포에 대한 체계적인 연구 결과에 의하면 시편의 형태가 기하학적으로 유사하면, 기하학적으로 유사한 네킹(necking) 지역을 형성한다는 것이다. 발바(Barba)의 상사성법칙에 의하면

$$\alpha = \beta \sqrt{A_0} \qquad (9.18)$$

파단시 연신율은 다음과 같다.

$$\epsilon_f = \beta \frac{\sqrt{A_0}}{l_0} + \epsilon_u \qquad (9.19)$$

$$K = \frac{l_0}{\sqrt{A_0}} = \frac{\text{표점거리}}{\sqrt{\text{시편의 표점거리}}} = \text{constant (상수)} \qquad (9.20)$$

서로 크기가 다른 시편의 연신율을 비교하기 위해서는 시편이 기하학적으로 같은 형태이어야 한다는 것은 일반적으로 알려진 사실이다. 식 (9.19)로부터 유사성이 성립하기 위해서는 기하학적인 인자가 판상의 시편의 경우 $\frac{l_0}{\sqrt{A_0}}$, 원주상의 시편의 경우 $\frac{l}{d_0}$가 일정한 값으로 유지되어야 한다.

표 1에서 보는 바와 같이 다른 나라에서도 특정한 $\frac{l_0}{\sqrt{A_0}}$의 표준값을 규정하고 있다.

표 1 각국에서 사용되는 인장시편의 크기

시편의 형태	미국(ASTM)	영국		독일
		1962년 전	현재	
판상($\frac{l_0}{\sqrt{A_0}}$)	4.5	4.0	5.65	11.3
봉상($\frac{l_0}{\sqrt{d_0}}$)	4.0	3.54	5.0	10.0

② 단면수축율(reduction of area) ϕ_f

단면수축율의 측정에는 원형단면의 시편을 사용한다. 단면수축율의 수치는 KS A 0021(수치의 맺음법)에 의해 첫째자리에서 끝맺음한다.

$$\phi_f = \frac{A_0 - A_f}{A_0} \times 100 (\%) \qquad (9.21)$$

ϕ_f : 공칭 단면수축율(reduction of area ; %)
A_f : 시편의 파단면을 주의하여 접촉시켜 KS B 0802에 의하여 측정한 최소 단면적 (mm^2)
A_0 : 시험 전 원단면적(mm^2)

(3) 파단연신율의 추정

인장시험의 성적은 시편의 파단위치에 따라 첫째자리에서 끝맺음한다. 다만, 표점거리가 100 mm를 초과하는 경우에는 더 정밀하게 하여도 좋다.

- A : 표점 사이의 중심으로부터 표점거리의 $\frac{1}{4}$ 이내

  〔그림 7의 (A)부〕에서 파단한 경우

- B : 표점 사이의 중심으로부터 표점거리의 $\frac{1}{4}$ 을 초과하여 표점 이내

  〔그림 7의 (B)부〕에서 파단한 경우

- C : 표점 밖 〔그림 7의 (C)부〕에서 파단한 경우

이 A, B, C의 구분은 파단 후의 표점사이의 거리로 생각하여도 좋다. 시편의 파단위치가 그림 7의 (B)부의 경우로 표점 사이의 중앙에서 절단되었을 때 파단연신율의 값을 추정하는데 다음의 방법에 따른다.

① 미리 적당한 길이로 등분하여 눈금을 기입한다.

② 시험 후의 파단면을 접촉시켜 짧은 쪽의 파단면상의 표점(O_1)의 파단위치 P에 대한 대칭점에 가장 가까운 눈금 A를 구하고, O_1A간의 길이를 측정한다.

③ 긴 쪽의 파단면상의 표점 O_2와 A사이의 등분수를 n으로 하고 n이 우수인 때는 A로부터 O_2의 방향으로 $\frac{n}{2}$ 번째의 눈금, n이 기수인 때는 $\frac{n-1}{2}$ 번째의 눈금의 중점을 B로 하여 AB간의 길이를 측정한다.

④ 추정치는 다음 식으로 산출하여 추정치라고 표시한다.

$$\text{추정치} = \frac{O_1A + 2AB - \text{표점거리}}{\text{표점거리}} \times 100\,\% \tag{9.22}$$

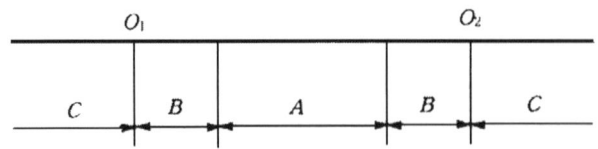

그림 7 시험편의 파단위치에 따른 기호 표시

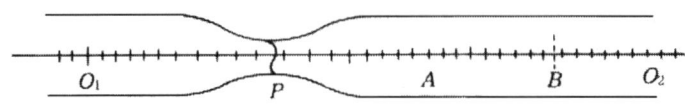

그림 8 파단연신율의 추정

6) 진응력-진변형률곡선(true stress-true strain curve)

(1) 공칭응력과 진응력

① 공칭응력(nomial stress, engineering stress) σ_n

$$\sigma_n = \frac{P_0}{A_0} = \frac{\text{작용하중}}{\text{시험 전 시편의 원래 단면적}} \tag{9.23}$$

② 진응력((true stress, actual stress) σ_t

$$\sigma_t = \frac{P}{A} = \frac{\text{작용하중}}{\text{하중을 받고 있는 상태에서의 순간 순간 단면적}} \tag{9.24}$$

③ 공칭응력과 진응력의 관계

$$A_0 l_0 = Al, \qquad A = \frac{A_0 l_0}{l}$$

$$\epsilon_n = \frac{l - l_0}{l_0} = \frac{l}{l_0} - 1 \tag{9.25}$$

$$\frac{l}{l_0} = 1 + \epsilon_n \tag{9.26}$$

$$\sigma_t = \frac{P}{A} = \frac{P}{\left(\frac{A_0 l_0}{l}\right)} = \frac{P}{A_0} \frac{l}{l_0} = \frac{P}{A_0}(1+\epsilon_n) = \sigma_n(1+\epsilon_n) \tag{9.27}$$

〈공칭응력과 진응력의 관계〉

$$\therefore \sigma_t = \sigma_n(1+\epsilon_n) \tag{9.28}$$

위 식은 인장시편 표점거리의 부피는 일정하고 변형률은 균일하게 분포되었다는 가정을 바탕으로 한다. 그러므로 위 식은 네킹(necking)이 일어나기 전까지만 유효하다. 최대하중 이상에서는 진응력은 실제하중과 실제 단면적의 측정으로 결정되어야만 한다.

(2) 공칭변형률과 진변형률

① 공칭변형률(nominal strain) ϵ_n

$$\epsilon_n = \frac{l - l_0}{l_0} \times 100\,(\%) \tag{9.29}$$

② 진변형률(true strain; logarithmic strain; natural strain) ϵ_t

실제 변형률은 다수의 순간순간의 변형률 증분의 합으로 생각하면

$$\epsilon_t = \Sigma(\Delta\epsilon_t) = \Sigma(\frac{\Delta l}{l}) \qquad (9.30)$$

$$d\epsilon_t = \frac{dl}{l} \qquad (9.31)$$

l : 연신의 증분 Δl이 일어났을 때 그때 그때의 시편의 표점거리
l_0 : 시편의 원래의 표점거리

연신의 증분 Δl이 일어났을 때 그때 그때의 시편의 표점거리 l에 대응하는 변형률은 $\Delta l \to 0$에 따르는 극한값, 즉 다음 적분으로 주어진다.

$$\epsilon_t = \int_{l_0}^{l} d\epsilon_t = \int_{l_0}^{l} \frac{dl}{l} = \ln(\frac{l}{l_0})$$

진변형률

$$\epsilon_t = \ln(\frac{l}{l_0}) \qquad (9.32)$$

이와 같은 그 때 그 때 실제 치수를 기초로 하는 변형률의 증분을 총합하여 얻어진 변형률을 진변형률(true strain)이라 말한다. 가끔 진변형률을 위 식과 같이 대수로 표시되기 때문에 대수변형률(logarithmic strain 또는 natural strain)이라고도 한다.

$$\sigma_t = \frac{P}{A} \qquad (9.33)$$

$$\epsilon_t = \int_{l_0}^{l} d\epsilon_t = \int_{l_0}^{l} \frac{dl}{l} = \ln(\frac{l}{l_0}) \qquad (9.34)$$

여기서 A는 하중 P를 지탱하고 있을 때의 최소 단면적, l은 소성변형 후 응력을 받고 있지 않는 상태에서의 표점거리를 나타낸다. 부하상태에서 측정할 경우에는 탄성변형률에 대한 보정을 해야 한다.

$$\epsilon_t = \ln(\frac{l_f}{l_0}) - \frac{\sigma}{E} \qquad (9.35)$$

여기서 l_f는 부하상태에서의 측정한 표점거리이다.

③ 공칭변형률과 진변형률과의 관계

$$\epsilon_n = \frac{\delta}{l_0} = \frac{dl}{l_0} = \frac{l-l_0}{l_0} = \frac{l}{l_0} - 1 \qquad (9.36)$$

$$\therefore \frac{l}{l_0} = 1 + \epsilon_n$$

$$\epsilon_t = \ln\left(\frac{l}{l_0}\right) = \ln(1+\epsilon_n) \qquad (9.37)$$

일반적으로 금속재료는 일정하면 부피는 증가하고 비중을 감소하지만 사실상 0.1% 정도 밖에 안 되어서 부피의 증가는 없다고 가정한다.

(3) 진응력과 진변형률곡선(true stress-true strain curve)

공칭응력-공칭변형률곡선은 시편의 초기 단면적에 기초하는데 비해 시험도중에 시편의 단면적은 계속적으로 변하기 때문에 진정한 금속의 변형특성을 나타내지 못한다. 인장시험 시 연성 금속은 시험 중에 불안정하게 되어 네킹이 일어난다. 시험도중 네킹이 일어나는 단계에서 시편의 단면적은 급격히 감소하고 계속적인 변형을 위해 필요한 하중은 떨어진다.

초기 단면적에 기초한 평균응력도 마찬가지로 감소하여 응력-변형률곡선에서 최대 하중점 이후 하중은 떨어진다. 실제적으로 금속은 파괴가 일어날 때까지 계속해서 가공경화가 일어나므로 계속적인 변형을 위한 응력은 증가해야만 한다. 따라서 시편의 실제적인 단면적에 기초를 한 진응력이 사용된다면 응력-변형률곡선은 파괴가 일어날 때까지 계속 증가할 것이다.

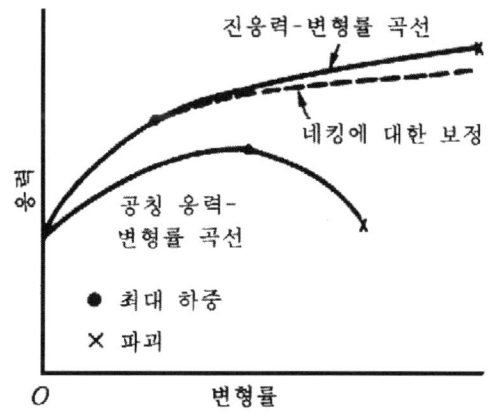

그림 9 공칭응력과 공칭변형률곡선과 진응력-진변형률곡선의 비교

변형률 또한 계속적인 매 순간마다 측정한 값에 기초하는 경우 이때 얻어지는 곡선을 진응력-진변형률 곡선이라고 한다. 이 곡선은 재료의 근본적인 소성유동 특성을 나타내 주기 때문에 유동곡선(flow curve)이라고도 한다. 유동곡선상의 모든 점들은 인장 시 곡선에 나타난 양만큼의 변형률을 받은 금속의 항복응력으로 생각되어질 수 있다. 그러므로 이 지점에서 하중을 제거한 후 다시 하중을 가하면 재료는 제거된 하중에 도달할 때까지 탄성적으로 거동할 것이다.

그림 9는 진응력-진변형률곡선과 이에 해당하는 공칭응력-변형률 곡선을 비교하였다. 비교적 큰 소성변형에 비해 탄성영역은 매우 작으므로 y축으로 포함시켰음을 주목하라.

9.2 시험방법

1) 만능시험기(UTM; Universal Testing Machine)

그림 10 SATEC 만능시험기의 외관

2) 시편의 준비

① 표준시편은 KS B 0801에 규정된 규격에 의하여 준비한다.
② 시험편의 평행부에 그림 11과 같이 표점(gauge mark)을 만든다.
　판상의 시편의 경우 시편의 평행부의 폭과 두께 및 표점거리를 미리 측정해둔다.
　환봉시편의 경우 표점거리의 양 끝 부 및 중앙부 3개소에서 서로 직교하는 두 방향에 대하여 지름과 표점거리를 측정하여 기록한다.(그림 12와 그림 13 참조)

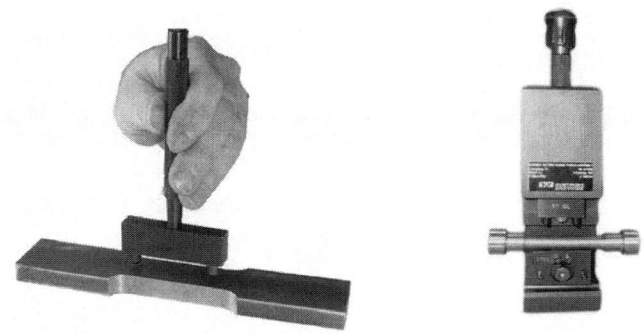

그림 11 표점의 marking

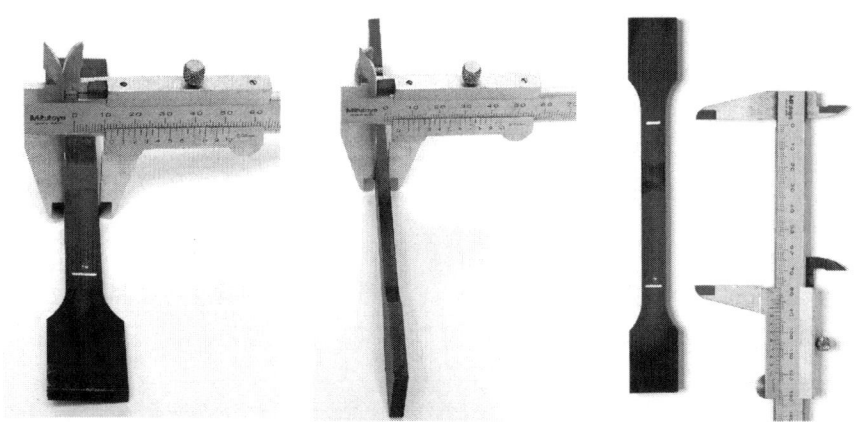

그림 12 판상 인장시험편의 폭과 두께 및 표점거리 측정

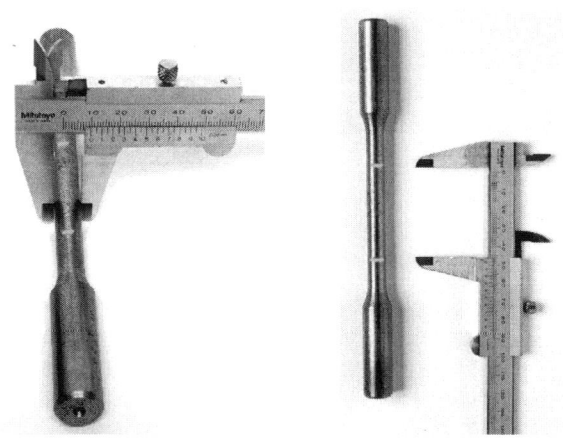

그림 13 환봉상의 인장시편의 직경과 표점거리 측정

③ 시편의 평행부를 금긋기 바늘로 표시해준다.
④ 시편을 V블록 또는 표점거리 측정대 위에 놓고 고정한다.
⑤ 표면게이지로 평행부에 중심선을 긋는다.
⑥ 버니어 캘리퍼스를 사용하여 규정의 표점거리를 정확하게 잡고, 양 표점을 금긋기 바늘로 표시한다. 이 때 표점거리는 규정치수의 적어도 0.1%까지 멈추고 이 값을 기록한다.
⑦ 양 표점거리 사이를 일정한 규정대로 등분한다.

3) 인장시험의 data sheet를 작성하고 다음 사항을 결정한다.

① 시료번호 :
② 시료종류 : 원형, 사각, 파이프
③ 지름, 폭, 두께 측정 :   [mm]
④ 표점거리 측정 :   [mm]
⑤ 예상 최대 하중 결정 :   [kgf]
⑥ 예상 최대 변위 결정 :   [mm]
  신율계 사용 결정 :   사용,   미사용
⑦ 시험정보파일 :   .par
⑧ 연속시험 횟수 :   회
⑨ 사용 프로그램 : SPECIAL V2.0

4) 인장시험기의 작동방법

① 인장시험기와 컴퓨터의 전원을 켠다.
② 바탕 화면의 Special 프로그램의 아이콘을 Double Click하면 다음과 같은 화면이 나타난다.
③ Special 주 화면이 나타나면, 기존의 시험정보 파일을 만들어져 있다면 파일 메뉴에서 기존의 "정보 파일 선택"을 선택할 수 있도록 시험정보파일 메뉴를 선택한다.

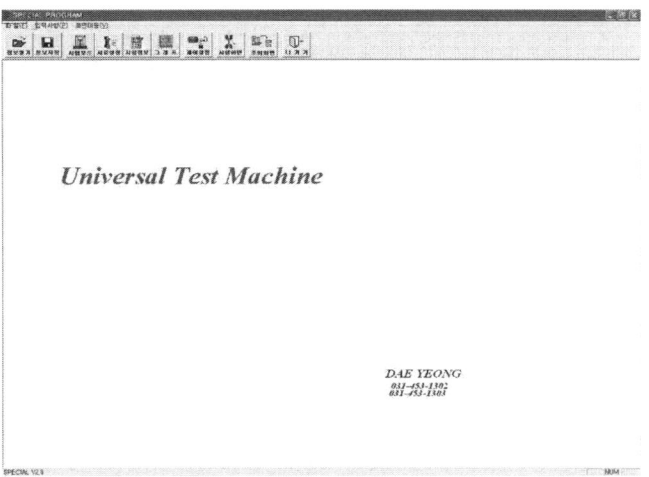

(a) 초기화면

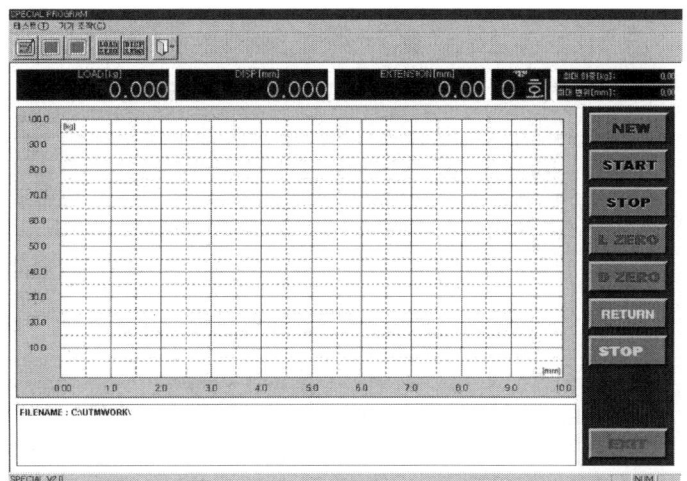

(b) 시험화면

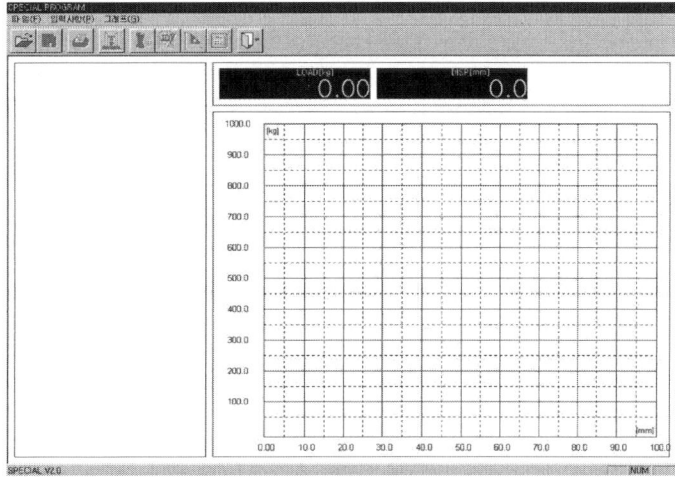

(c) 조회화면

그림 14 초기화면, 시험화면, 조회화면

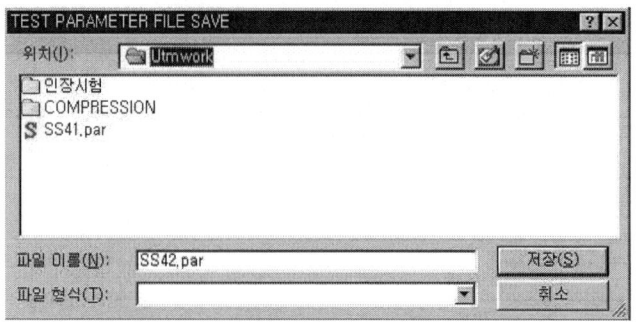

그림 15 필요에 따라 정보파일 선택

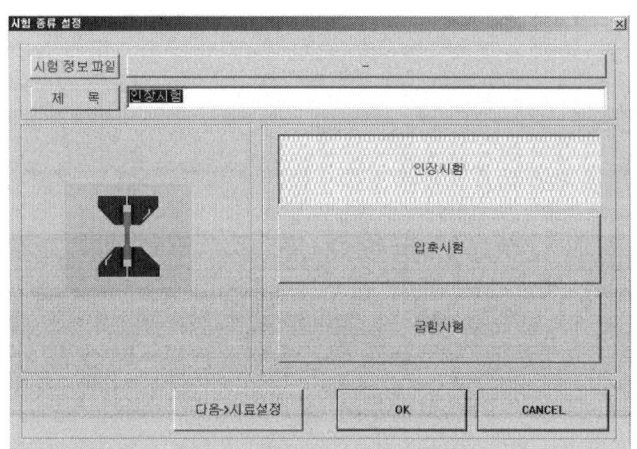

그림 16 인장시험 모드 설정

④ 시험모드 선정을 한다.

그림 14의 초기화면에서 인장시험 시 파일 메뉴 중에서 시험모드를 클릭하면, 그림 16과 같은 시험종류 설정화면이 나타나며, 이 화면에서 인장시험 시에는 인장시험을 클릭한 다음 그림 16의 하부 메뉴막대에서 '다음 → 시료설정'을 클릭하면 시료설정화면으로 이동한다.

⑤ 시료조건에 대하여 '시료설정' 화면에서 직접 입력하여 설정한다.

환봉상의 시편의 경우 시편의 표점거리와 환봉 시편의 평행부의 직경을 입력하고, 그림 17의 하단부의 메뉴막대에서 '다음 → 시험정보'를 클릭하면 다음의 시험정보설정 화면으로 이동한다.

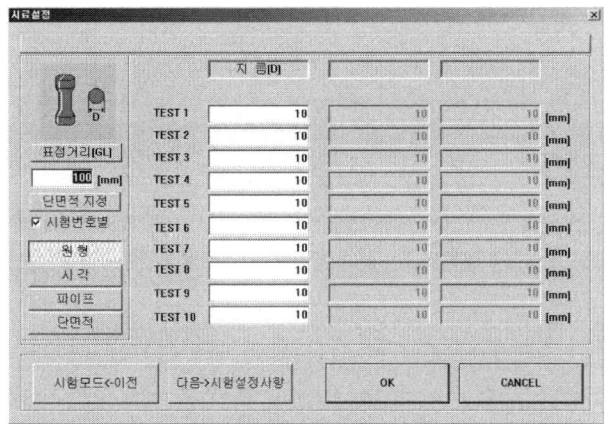

그림 17 시료정보설정

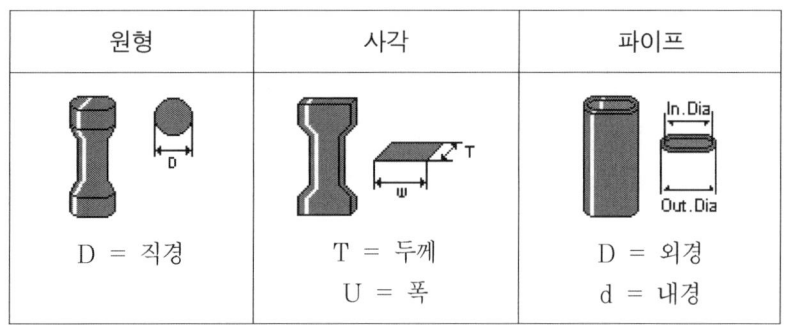

그림 18 시편의 형상에 따른 단면적 입력설정

시료종류 설정에서 환봉상의 시편의 경우 시료형태를 원형으로 선택하고 미리 측정된 표점거리와 환봉상의 평행부의 직경을 직접 입력한다.

〈순서〉

시료종류 : 시편의 모양에 맞게끔 시편의 종류를 설정한다.

표점거리 : 시편에 맞게 설정하고 시료에 직접 표시해 둔다.

사이즈 입력 : 시편 종류에 따라 미리 측정된 각 부위의 사이즈를 설정해준다.

현재 시험하고자 하는 시료의 형태를 지정한다. 기본적으로 제공하는 시료의 형태는 원형 시료, 사각시료, 파이프이며 그밖에 시료에 대해서는 사용자가 직접 단면적을 계산하여 설정한다.

㉮ 원형시편의 지름을 입력한다.

㉯ 사각시편의 평행부의 폭와 두께를 입력한다.

㉰ 파이프시편의 외경과 내경을 입력한다.(길이는 특수한 경우에만 사용되어진다.)

　　단면적이 이밖의 다른 형태일 경우 단면적을 직접 계산해서 넣는다.

㉱ 그림 17에서 시험번호별 지정은 각각의 시료에 대해 단면적을 다르게 설정할 경우에 선택한다. 시험 시 정확한 강도값을 구하고자 할 때는 각각의 시료마다 정확한 수치를 기록하도록 한다. TEST 1~TEST 6은 시험순서를 의미한다. 따라서 사용자는 첫 번째 시료의 사이즈를 TEST1에 두 번째를 TEST2에 차례대로 기록하도록 한다.

※ 단면적 적용식

원형시편 단면적 $= \dfrac{\pi D^2}{4}$

사각시편 단면적 $= 폭(U) \times 두께(T)$

파이프시편 단면적 $= \dfrac{\pi(D외경)^2}{4} - \dfrac{\pi(d내경)^2}{4}$

⑥ '시험정보 설정'에 대하여 직접 입력하여 설정한다.

그림 19와 같이 시험정보파일을 선택한다. 새로운 시험 정보 파일을 만들 경우에 사용자는 모든 시험설정 상태를 마친 후 시험정보파일 저장을 선택해서 파일을 저장하면 된다. 이때 파일명은 사용자가 지정해 주어야 한다. 파일 이름은 실제 정보파일에 대한 새로운 파일명을 적는다. 저장 시 확장자는 *.par를 반드시 붙이도록 한다.
※ 시험정보파일의 생성 수정 및 저장은 초기화면에서만 이루어진다.
인장시험항목이 선택되었는지 확인하고 제목란은 현재 시험하는 제목에 맞게 기입하도록 한다. 예) 제목명 : 'SAMPLE TENSILE TEST'

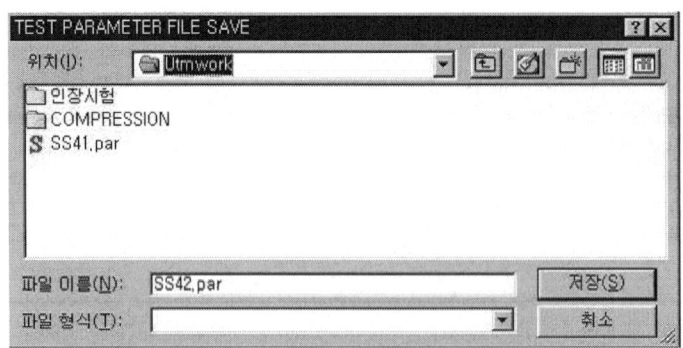

그림 19 시험정보파일 선택과 저장

그림 20에서 보는 바와 같이 시험 파일명에 파일명을 (예) "SAMPLE_001"과 같이 입력하고, 이때 시험일자, 시험자, 시료명, 시료규격, 시험온도, 시험번호 등도 입력해준다. 설정이 끝나면 그림 21에서 하부 메뉴막대의 '다음 → 그래프 설정'을 클릭하면 그래프설정으로 이동한다.

※ 주의 : 파일의 확장자는 Special이 자동으로 인식하여 붙여주므로 확장자는 생략하고 적는다.(파일명에는 특수문자가 올 수 없다.)

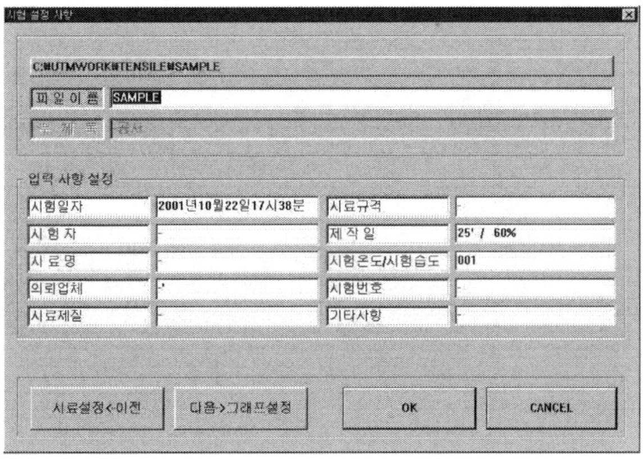

그림 20 인장시험 시 시험설정 사항

⑦ '그래프 설정'화면에 대하여 직접 입력하여 설정한다.

그림 21과 같이 하중(y축)과 변위(x축)에 대하여 최소범위와 최대범위를 설정변경하고 단위에 대해서도 설정 변경해준 다음, 그림 21의 하부 메뉴막대에서 '다음 → 제어설정'를 클릭하면 다음의 제어설정으로 이동한다.

인장시험 시 나타나는 그래프의 단위를 설정하며 주의할 점은 시험 시에는 하중의 단위가 [kg]과 변위의 단위가 [mm]로 고정된다. 이는 시험 시에 단위변환으로 인해 시간에 의해 데이터 측정시간의 오차를 최대한 줄이기 위한 조치이다. 따라서 사용자는 시험 시에는 단위를 [kg]과 [mm]로 고정해서 시험하며, 시험이 끝난 후 조회 또는 프린트 시 단위를 바꾸어 주기 바란다.

하중과 변위에 대해 시험그래프의 기본적인 크기를 지정하도록 한다.

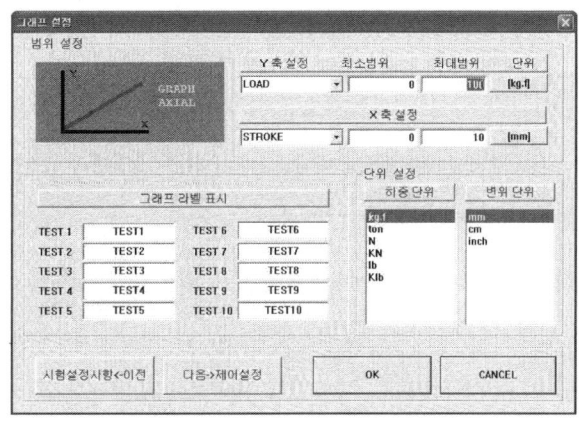

그림 21 그래프 설정 화면

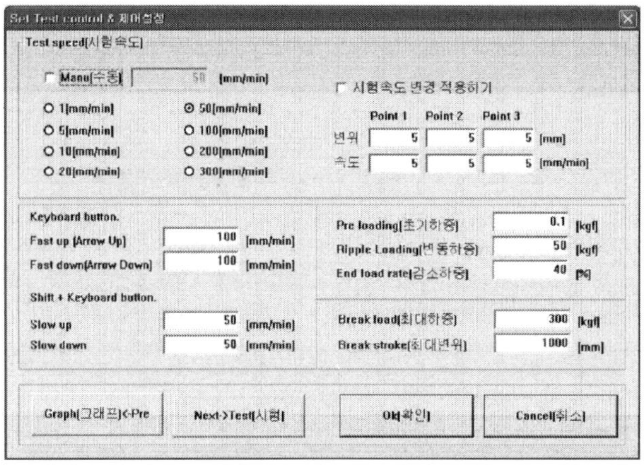

그림 22 제어설정 화면

㉮ 그래프 라벨

조회 시 그래프의 끝부분에 나타나는 식별표시이다. 사용자가 변경해서 사용할 수 있다.

㉯ Y축 및 X축 설정항목{LOAD, STRESS, STROKE, STRAIN, TIME}

Y축 상에 표시되어지는 값을 선택하도록 한다.

제공되어지는 항목으로는 {LOAD, STRESS, STROKE, STRAIN, TIME}이 있으며, 사용자는 필요에 맞게 선택하여 사용한다.

㉰ RANGE(AUTO SCALE)

시험화면에서 그려지는 그래프의 최초크기(Default size)이므로 알맞게 설정하여 사용하도록 하며, 이 값은 그래프의 크기에 따라 자동으로 변화하게 되는 AUTO SCALE을 제공하므로 적당한 값을 설정하여도 무방하다.

㉱ 단위 설정

하중과 변위의 단위를 설정하는 부분으로 시험이 끝나고도 변경이 가능하다.

하중 - Kg, ton, N, KN, lb, Klb

변위 - mm, cm, inch

⑧ '제어설정'화면에 대한 해당 항목을 직접 선정 및 입력하여 설정한다.

시험 시에 적용되는 속도 등과 같은 제어 설정 부분과 항복점을 구할 경우 적용되는 기타 설정 값들에 사용되어지는 값을 지정하는 것으로, 사용자는 반드시 시험 전 이 설정 값을 확인한 후 시험에 들어가야 한다.

㉮ EXTENSOMETER

재료의 연신율을 구할 경우 일정구간에 해당되는 시료의 길이를 체크하여 이 구간 안에서 일어나는 신율의 변화를 알 수 있도록 고안된 장치.

㉯ 설정 순서

시험하고자 하는 시험속도설정은 자동과 수동으로 설정할 수 있으며, 그림 22에서 시험속도설정 항목에서 사용자지정란에 아무 지정이 없으면 자동으로 진행되며, 수동으로 할 경우 사용자지정을 클릭하고 직접 시험속도를 입력해준다. 다음에 하중채널과 변위채널을 선택한다. 신율계를 사용하고자 할 경우에는 반드시 EXTEN1을 선택해야 한다. 모든 설정이 끝나고 그림 22 하부메뉴막대의 '다음 → 시험(Test)화면'을 클릭하면 시험(Test)화면으로 이동한다.

㉰ 시험속도 설정

- 사용자 지정 : 기본적으로 준비되어 있는 속도에 나와 있지 않은 속도를 설정하고자 할 경우 선택한 후 설정하고자 하는 속도를 입력한다.
- 하중 채널 선택 : 현재 준비되어 있는 하중의 측정 범위 값을 선택한다.
  낮은 범위로 갈수록 분해능이 높아져 좀 더 세밀한 관찰을 할 수 있다.(하지만 1톤 이상의 하중 측정에서는 그다지 의미가 없다.)
- 변위 채널 선택 : 현재 준비되어 있는 변위의 측정 대상을 선택한다.
- 스트로크(STROKE) : 기계부분의 크로스헤드가 이동하는 변위를 측정한다.
- EXTEN1 : 기계부분의 신율계(EXTENSOMETER)장치가 이동하는 변위를 측정한다.

ⓐ FAST UP/DOWN & SLOW UP/DOWN

시험 화면으로 전환하면 자판의 화살표 키로 기계의 크로스헤드 부분을 움직일 수 있다. 이때 이동되는 속도를 설정한다. 또한 (SHIFT+화살표 키) 하면 SLOW에 설정된 값으로 이동한다.

ⓑ PRE LOAD(측정시작 하중)

시험 시 하중의 감지가 되어야지만 변위의 측정을 시작한다. 설정되어진 값에서부터 변위의 변화를 측정하기 시작한다. 그래프 초기부분의 하중이 제로이면서 변위가 측정되어지는 것을 방지하기 위한 값이다.

ⓒ DYN LOAD(하중 변동구간)

시험 시 초기 하중이 증가하는 시점에서 시험이 끝날 경우 이는 하중이 시료의 슬립 등에 의해 변화하여 시험 종료가 작동하는 것이므로, 이럴 경우 사용자는 값을 크게 변경하도록 한다. 변동구간의 설정은 시료의 예상 최대하중의 10% 정도의 값을 설정하도록 한다.

ⓓ END LOAD(하중 감소량)

시험 종료시점을 설정한다. 최대 하중을 기준으로 최대 하중에서 설정한 값만큼 시료의 하중이 줄어들었을 경우 시험은 종료된다.

ⓔ BREAK LOAD

하중값이 이 설정값을 넘으면 무조건 정지시킨다.(사용하지 않고자 할 경우에는 장비의 최대 용량을 설정한다.)

ⓕ BREAK STROKE

크로스헤드(crosshead)의 이동 범위가 이 설정값을 넘으면 무조건 정지시킨다.(사용하지 않고자 할 경우에는 장비의 최대 용량을 설정한다.)

ⓖ BREAK EXTEN1

신율계의 이동 범위가 이 설정값을 넘으면 무조건 정지시킨다.(사용하지 않고자 할 경우에는 장비의 최대 용량을 설정한다.)

- 신율계(EXTENSOMETER) : 신율계를 부착할 경우 반드시 이 기능에 선택해야 한다.(기본으로는 장비의 크로스헤드 움직임을 감지하는 변위계가 설정되어 있다.)
- END LOAD(하중 감소량) : 시험 중 하중이 설정 % 감소하면 시료가 파단되거나 시험이 종료되었는지 알리기 위해 하중 값 감소 백분율을 설정한다.

  보통 금속재료일 경우 40% 이하로 설정하며, 고무나 다른 연질 재료는 작게 설정할 경우 시험 중에 종료될 수 있으므로 금속재료보다 높게 설정한다. 또한 이 파단점 설정은 변동구간의 하중 이상에서만 작동하게 되어 설정된 값만큼 하중이 감소하면 시험을 종료하게 된다.
- 기준 하중

  시료의 최대 하중을 근거로 하여 최대 하중에 대한 백분율을 말한다.
- 시험속도 변경하기

  시험 변위에 따라 시험속도를 변경할 수 있다. 각 Point 1, 2, 3별로 거리를 설정하고 속도 1, 2, 3에서 원하는 속도를 입력한다. 시험 중에 각 Point별로 정해진 속도로 변경되게 된다.

⑨ 인장시험의 테스트(Test)화면으로 전환하면 화면 우측의 NEW 버튼을 선택한다.

이때 시편을 그림 24와 같이 인장시험기에 고정하고, 이때 그립(grip)에 시험편을 setting할 때의 유의할 점을 나타낸다.

그림 23은 시험화면으로 변경할 경우 나타나는 화면이며 인장시험은 모두 이 화면에서 이루어진다. 화면 현재 제어정보(하중, 변위, 시험횟수) 등이 나타나며 중간에는 시험그래프

가 우측으로 제어 버튼이 나타나게 된다. 하단에는 현재 시험 정보와 입력되어지는 파일에 대한 정보가 표기된다. 각각의 버튼은 상황에 따라 상태(사용 불가능)가 자동으로 바뀌게 되어 있다.

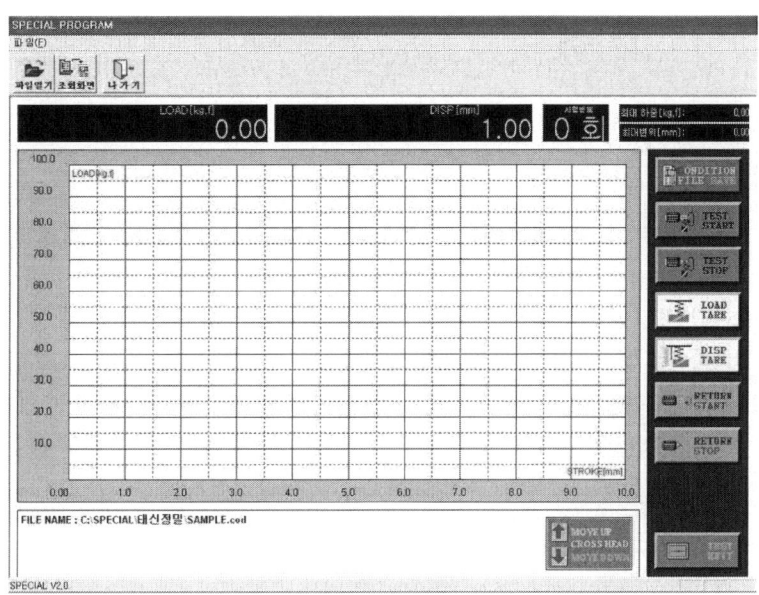

그림 23 테스트(Test)화면

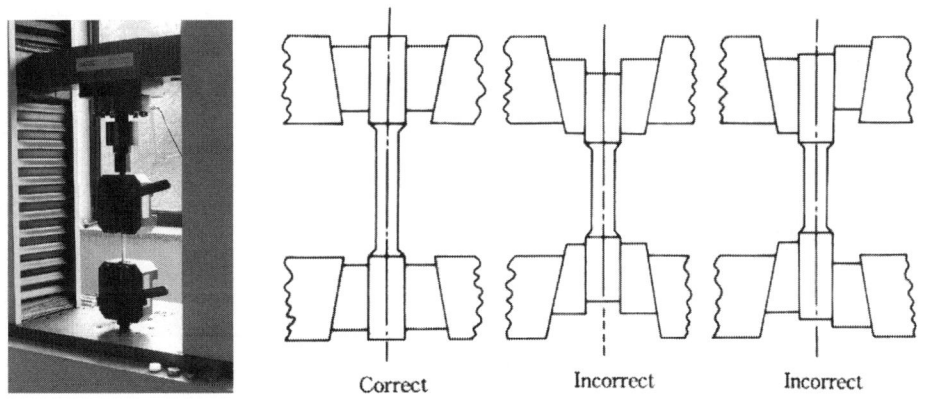

그림 24 시험편의 setting과 setting 시 유의사항

㉮ 제어정보표시

그림 25 제어정보화면

- 하중〔荷重 LOAD〕(kg) : 현재 측정기에 표시된 실제 하중을 표시한다.
- 변위〔變位 DISP〕(mm) : 현재 측정기에 표시된 실제 변위를 표시한다.
- EXTENSION(mm) : 현재 측정기에 표시된 변위계의 실제 변위를 표시한다.
- 시험횟수 : 현재 진행되고 있는 시험의 횟수를 표시한다.

Special은 총 6회의 연속 시험을 할 수 있다.
- 최대하중, 최대변위 : 시험 시 표시되는 값으로 한 시험에 있어서의 최대하중값과 최대 변위값이 표시된다.

〈버튼설명〉

아래 버튼들은 시험기의 종류에 따라 표시되거나 안 될 수 있다.

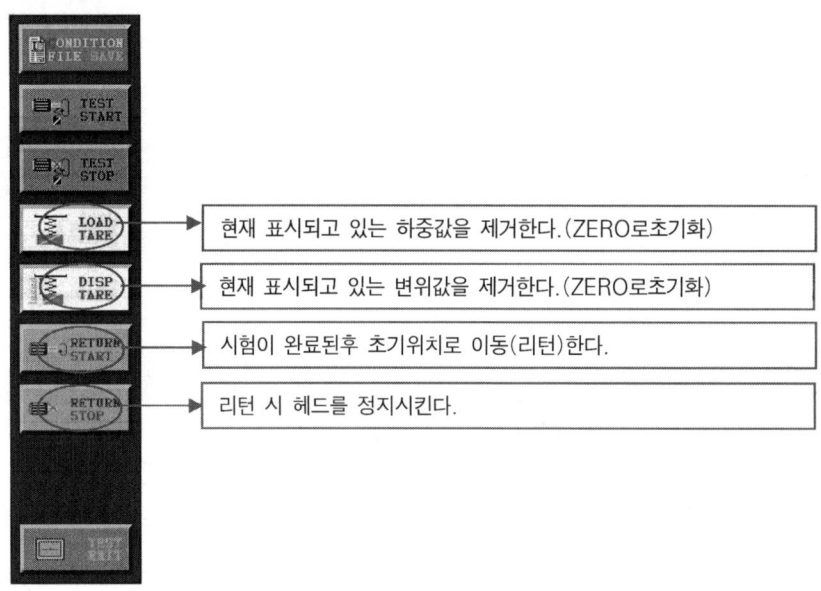

그림 26 시험버튼

- NEW : 시험에 관한 설정사항을 저장하는 부분으로 시험 전 반드시 먼저 선택해야 한다. 여기서는 "그림 26은 입력사항 설정"에서 지정된 파일명에 기입된 값으로 만약 예전 시험명과 중복이 될 경우 파일명을 변경할 수 있는 다음과 같은 변경박스가 나타난다. (예)를 선택한 경우 다음과 같은 파일 이름 변경 박스가 나타난다. 파일 이름에 적당한 새 파일명을 적고 'OK'를 선택한다. 정상적으로 파일이 생성되면 화면 시험시작 버튼이 사용가능 상태로 변화된다.
- START : 시험정보 저장이 이루어졌을 경우 이 버튼이 활성화되면서 시험 준비 상태에 들어가게 된다.

- STOP : 시험 중에 시험을 중단할 경우 이 버튼을 선택하면 시험이 종료되며 파일 저장여부를 묻는 화면이 나타난다.
- L-ZERO : 현재 표시되어지고 있는 하중값을 제로로 만든다. 장비를 처음 키거나 시험 후에는 하중값이 약간 증가 또는 감소되어 제로점을 표시 못하는 경우에 이 값을 제로로 만들어 주는 기능이다.
- D-ZERO : 현재 표시되어지고 있는 변위값을 제로로 만든다. 장비를 처음 키거나 시험 후에는 변위값이 약간 증가 또는 감소되어 제로점을 표시 못하는 경우에 이 값을 제로로 만들어 주는 기능이다.
- RETURN : 시험 후 크로스헤드의 위치를 초기위치까지 자동으로 이동시킨다.
- STOP : 크로스헤드의 위치 이동시 멈추고자 할 경우 사용한다.(시험 스톱 버튼이 아님)
- EXIT : 테스트 화면을 종료한다.

※ 주의 : 시험 화면상에서 빠져나갈 경우 반드시 시험을 중지시키고 테스트 화면을 끝낼 것.

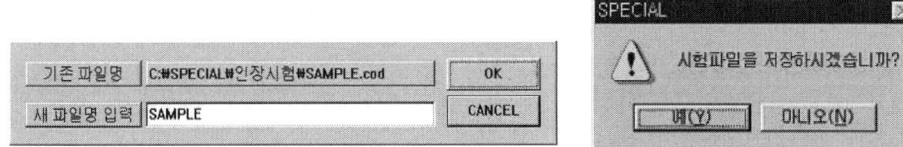

그림 27 시험파일 저장

⑩ 시험 준비 상태이므로 다시 한 번 INDICATER를 확인하며 시료의 위치 기계의 동작 상태를 확인한다.
  ※ 주의 : 표시부의 하중, 변위의 숫자를 확인하여 ZERO로 되어 있지 않으면 ZERO로 설정한다. ZERO 설정은 화면 우측의 "L-ZERO", "D-ZERO"로도 설정할 수 있으며 기기의 제로 버튼으로도 설정할 수 있다.(그림 26 참조)
  - LOAD-TARE : 인디케이터의 하중 부분의 값을 제로로 초기화시켜준다.
  - DISP-TARE : 인디케이터의 변위 부분의 값을 제로로 초기화시켜준다.
⑪ 시료를 설치하고 모든 준비가 완료되었으면 시작(START) 버튼을 눌러 인장시험을 시작한다.
⑫ (서버모터 구동일 경우) 자동 조작이므로 시험이 완료될 때까지 기다린다.

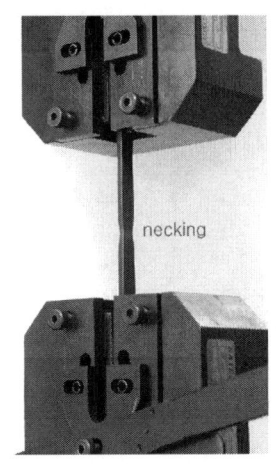 

그림 28 네킹 시작　　　　그림 29 인장시험의 종료 후 시편의 파단상태

⑬ 시료가 파단될 경우 그래프는 자동으로 멈추므로, 이때는 STOP 버튼을 선택한다.

⑭ 파괴된 시료를 기계에서 제거한 뒤 새로운 시료를 설치하고 ⑨~⑫ 항목을 반복한다.

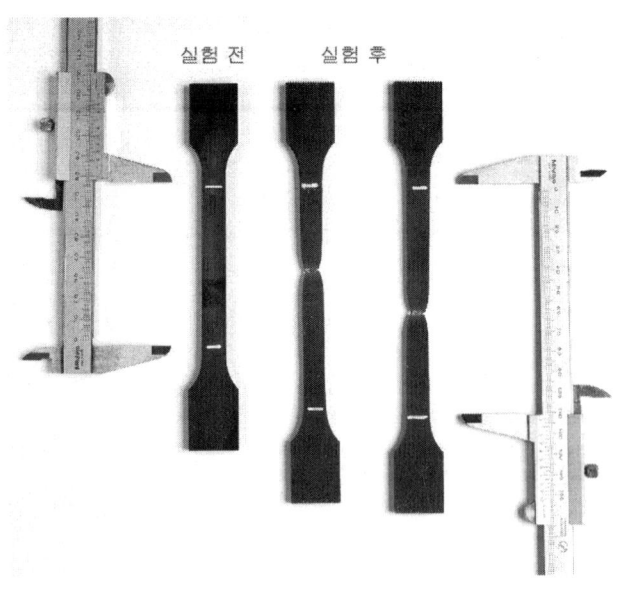

그림 30 인장실험 전후의 표점거리의 측정

⑮ EXIT버튼을 선택하여 시험화면을 종료한다.(시험중에 시험화면을 종료하면 심각한 오류가 발생할 수도 있으므로 사용자는 필히 주의하여 주기 바란다.)

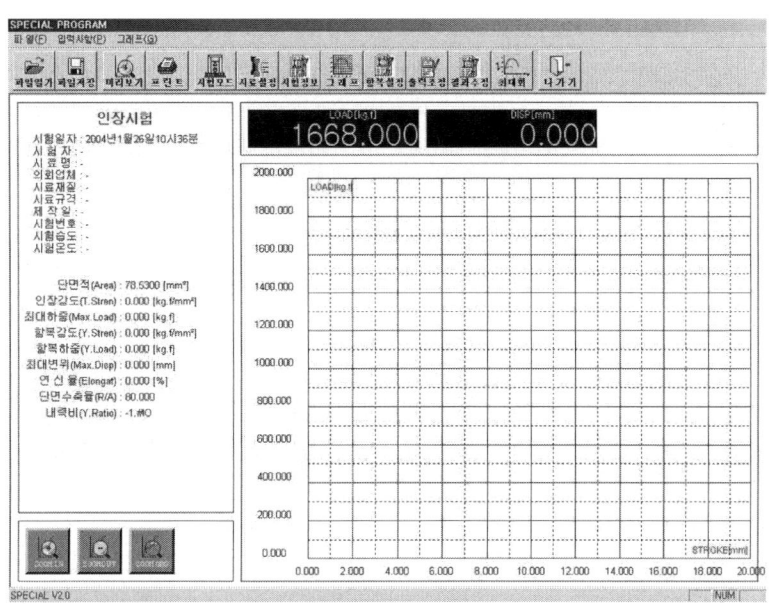

그림 31 조회 화면

⑯ 조회화면으로 전환되면 파일 메뉴의 '시험파일저장'을 선택한다.

그림 32와 같이 조회화면에서는 시험했던 파일의 조회 및 저장이나 기타 정보 변경 출력 등의 작업을 수행한다.

㉮ 조회화면구성

다음과 같은 분석 화면으로 전환된다. 화면의 좌측 부분에는 시험의 결과치가 표시되며 오른쪽은 그래프표시, 상단에는 마우스 포인트에 해당되는 하중 및 변위값이 표시된다.

- 그래프 표시

  그래프 설정에서 지정된 하중과 변위의 단위로 데이터들이 정렬되며, 각 범위는 설정 사항에서 변경하면 그래프의 범위를 변화시킬 수 있다.

- 데이터 표시

  그래프에 마우스 포인터를 가져갈 경우 마우스 포인터가 위치하는 점에 대해 그에 대응하는 하중 값 및 변위값이 표시되어진다.

- 시험 결과 표시

  시험 결과치 및 시험 시 입력사항 등이 표시된다. 시험 결과치는 현재 시험한 파일에 대해 1번 이상의 시험을 연속으로 한 경우 연속시험에 대한 각각의 데이터를 합산한 평균치가 나타난다. 만약 한 개의 시험의 데이터를 분석하고자 할 경우에는 그래프 설정에서 해당 파일만을 체크 표시한다.

⑭ 조회 메뉴
- 시험 파일 조회 : 선택할 경우 파일들을 찾는 다음과 같은 대화상자가 나타난다. 각각의 시험 파일들은 시험 방법(인장, 압축, 굴곡)별로 구분되어 저장되어 있으며 사용자는 찾고자 하는 파일의 시험방법에 해당하는 폴더를 선택한다.
- 시험 파일 저장 : 시험 시에 적용되었던 각각의 시험 정보들은 조회화면에서 다시 재설정 및 수정이 가능하며 이를 재저장시켜서 변경된 값을 유지할 수 있다. 만일 시험파일을 수정하여 이를 계속적으로 관리하고 싶다면 반드시 시험파일을 수정한 후 '시험파일 저장'을 선택해 파일을 저장시킨다.
- 프린트 : 현재 보여지고 있는 시험파일을 프린트로 인쇄한다.
- 미리보기 : 현재 보여지는 시험파일의 출력물을 미리 볼 수 있다.
- 나가기 : 조회화면을 종료한다.

⑰ FIND CONDITION BOX가 나타나면 Tension folder를 선택해서 Tension cod를 선택한다.

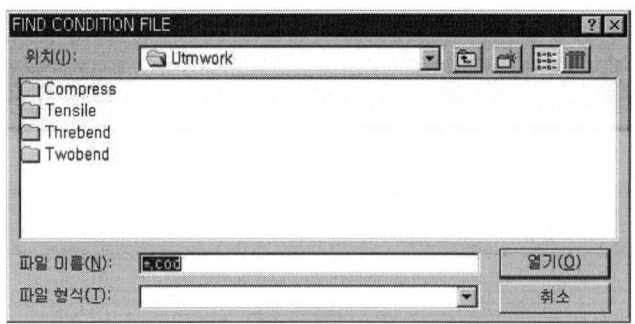

그림 32 시험파일 조회

그림 33 시험파일저장

⑱ 조회화면의 좌측 시험결과를 검토한다.
  ㉮ 항복점이 적당치 않을 경우 입력사항 메뉴의 '항복점설정'을 변경하도록 한다.
  ㉯ CP1, CP2의 비례한도구간을 시험결과를 참조로 재설정한다.

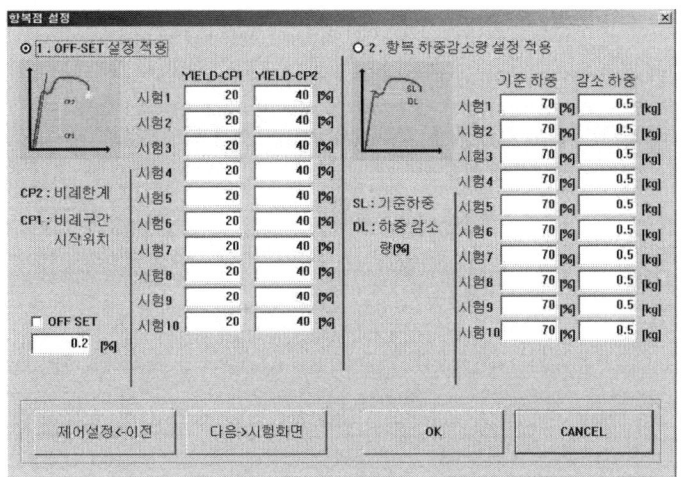

그림 34 항복점 설정

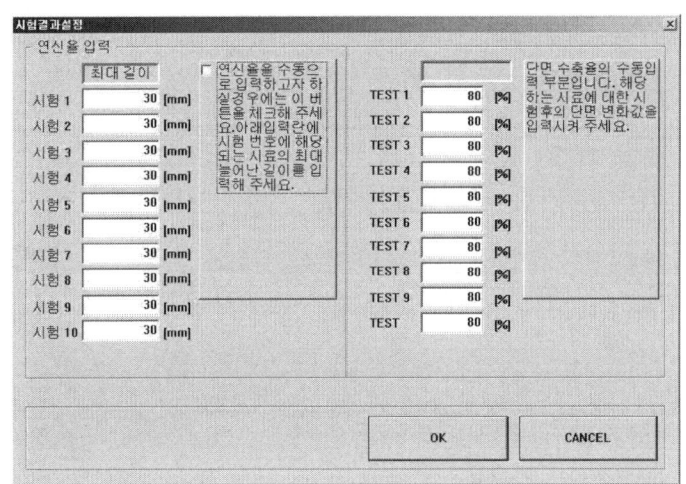

그림 35 시험결과 수정

⑲ 항복점 설정(OFFSET 설정)

㉮ CP1은 시료의 비례구간이 시작하는 시점을 의미한다.

㉯ Offset 선 그리기를 선택하면 그래프에 Offset 선이 그려지는데, 이때 Off set 선이 그래프의 직선 구간과 일치하는지 확인한다.

㉰ 만일 일치하지 않는다면 CP2의 값을 가지고 기울기를 설정한다. 그래프 모양에 따라 차이는 있겠지만 높은 값을 주게 되면 그래프는 오른쪽으로 기울어지고 낮게 설정하면 왼쪽으로 기울어진다.

※ CP1, CP2 : 그래프상의 직선 구간 중 적당한 두 점을 지정.

작은 값은 CP1에 큰 값은 CP2에 설정한다. 이 값은 항복점을 구하기 위한 조건이므로 반드시 지정한다.(Ex 금속, CP1 : 20 % CP2 : 50%)

위의 두 지점은 모두 최대 하중을 기준으로 설정하며 최대 하중 대비 설정 %만큼

값을 취한 다음 이 두 점간의 기울기를 계산한다. 이 기울기를 기준으로 비례구간을 설정한 다음 이 구간의 기울기를 표점거리의 0.2%만큼 우측으로 이동하여 그래프와 만나는 지점(내부적으로 STRESS-STRAIN 곡선을 취함) 지점을 항복점으로 설정하게 되는 것이다.

ⓐ 비례 구간 설정(LINEARITY)

- YIELD- CP1(START OF LINEARITY)
  그래프의 직선(비례구간)이 시작되는 시점을 의미하므로 사용자는 시험 결과의 그래프를 보고 시작점을 지정하도록 한다.

- YIELD-CP2(END OF LINEARITY)
  그래프의 직선(비례구간)이 끝나고 탄성한계점으로 변화되는 시점을 의미하므로 사용자는 시험 결과의 그래프를 보고 한계점을 지정하도록 한다. 하지만 이 CP2의 값은 일단 직선구간 안에서 그 값을 변경해도 기울기는 변화하지 않으므로 굳이 정확한 한계 값을 지정하지 않아도 됨을 알 수 있다.

ⓑ 항복점 설정(하중 감소점)

먼저 최대 하중을 기준으로 한 기준하중 값을 설정한다. 기준하중은 다음과 같은 방식으로 구해진다. 이 방법은 일반 철근이나 SS41과 같은 강을 시험할 경우 항복점이 명확히 그려지는 경우에 선택하면 정확한 항복점의 값을 알아낼 수 있다

$$기준하중 = 최대하중 \times \frac{입력값[100\%]}{100}$$

프로그램에서는 적어도 이 기준하중 이상에서의 하중값을 측정하고 이 측정한 값에서 최소한 '감소하중'에 설정한 값만큼 하중이 떨어지면 이 점을 항복점으로 설정하게 된다. 그러므로 적어도 기준하중 이하에서는 항복점이 구해지지 않는다는 의미이다. 이것은 시험이 시작될 경우 슬립 등에 의해 하중이 변화하여 이 점이 항복점으로 구해지는 것을 방지하기 위함이다.

ⓒ 시험결과 수정

- 연신율 수정
  일반적으로 연신율을 측정할 경우에는 시료의 표점거리에 정확히 장착되어지는 신율계를 쓰게 된다. 이러한 신율계가 장착된 장비는 곧바로 정확히 측정되는 연신율이 나오지만 신율계가 없는 장비인 경우에는 수작업으로 연신율을 측정할 수 있도록 위와 같이 수동으로 측정한 연신율을 입력할 수 있게끔 되어 있다. 일단 시험이 끝난 후 표점거리를 포함한 전체 연신 길이를 시험번호에 맞는 자리에 넣어 준다.

• 단면수축률 입력

사용자가 수작업으로 계산한 단면 수축률 값을 시험 번호에 맞게끔 넣어준다.

⑳ 보고서 설정을 선택해서 출력 항목을 설정하고 재설정할 사항들은 변경하여 주고 반드시 재 저장을 하고 프로그램을 종료한다.

• LOAD CALIBRATION VALUE :

• DISP CALIBRATION VALUE :

㉑ 보고서 설정

각 시험별 보고서 출력 항목을 설정한다. 실제로 나오는 항목은 체크 표시가 된 것만 나오도록 되어 있다. SPEC 설정은 보고서 출력 부분의 MAX, MIN 부분의 STANDARD 항목을 기입하여 주면 된다.

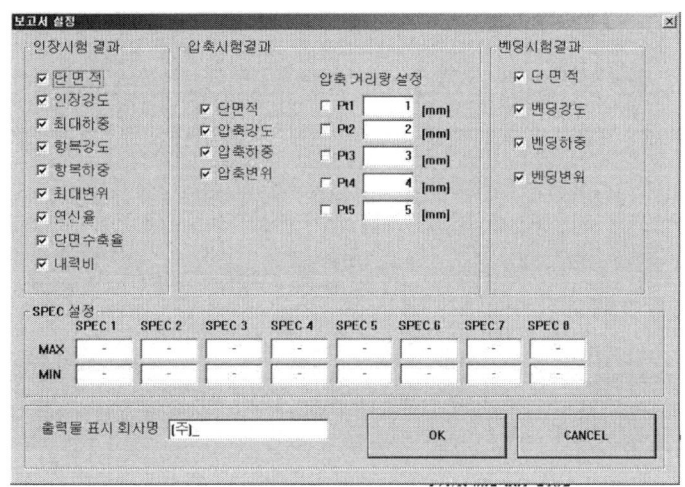

그림 36 보고서 설정

표 2 실험 데이터의 예

시편 No	단면적 Area [mm²]	인장강도 T.S [kgf/mm²]	인장하중 P_{max} [kgf]	항복강도 Y.P [kgf/mm²]	항복하중 Py [kgf]	최대변위 L_{max} [mm]	연신율 ϵ [%]	단면수축율 ϕ [%]
max								
min								
1	78.53	0.99	77.69	0.81	63.57	3.59	7.18	80.00
평균	78.53	0.99	77.69	0.81	63.57	3.59	7.18	80.00

10. 압축시험(Compression Test)

과 목 명	재료시험실습(1)	과제번호	MT-10
실습과제명	압축시험	소요시간	12시간
목 적	1. 압축시험의 시험방법을 체득시켜 압축에 의한 재료의 압축강도, 비례한도, 항복점, 탄성계수 등을 결정하기 위하여 행한다. 2. 압축시험에 대한 재료의 저항력, 즉 재료에 압축응력을 가해질 경우의 변형저항 및 파괴강도를 구하기 위하여 행한다.		

사용기재, 공구, 소모성 재료	규 격	수 량	비 고
만능시험기	PAT-30S	1대	
정반		1대	
버니어 캘리퍼스	150mm	5개	
OHP	A4	1대	
OHP 용지	A4	10매	
빔프로젝트		1set	
회주철			

관련 지식

1. 압축시험용 시험편의 제작과 시험준비 및 진행과정을 설명한다.
2. 만능시험기의 조작요령을 설명한다.
3. 압축파단상태를 관찰시킨다.
4. 압축시험에서 측정대상을 이해시킨다.
5. 개인별, 조별 실습을 통하여 협동정신과 책임의식을 고취한다.
6. 시험실습시 안전과 유의사항을 철저히 주지시킨다.

10.1 관련 이론

1) 관련 규격 조사

KS B 5533 : 압축시험기

ASTM E9-70 : 압축시험편

2) 압축에 의한 변형 및 파괴형태

(1) 시편의 길이에 따른 압축의 종류

압축시험에서는 단면치수에 대한 길이의 비에 따라 파괴현상에 차이가 있다. 그림 1의 (a)와 같은 가늘고 긴 직주을 압축하면 굽히면서 (b)와 같이 절손된다. (b)의 파괴형식을 좌굴(buckling)이라 한다.

그림 1(c)와 같은 압축재는 굽히는 일이 없이 어떤 하중의 크기에서나 (d)와 같이 파괴가 발생한다. 전자를 장주(long column)라 하고, 후자를 단주(short column)라 한다.

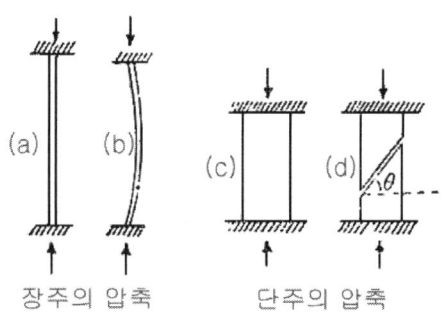

그림 1 장주와 단주의 압축

(2) 가압면적에 따른 압축의 종류

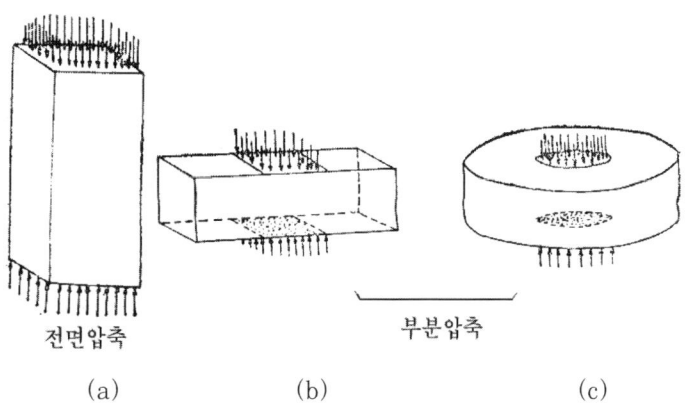

그림 2 전면압축(全面壓縮)과 부분압축(部分壓縮)

보통 압축시편의 단면전체에 압축력을 가하는 전면압축과 일부분에 압축을 가하는 부분압축이 있다. 그림 2는 가압면적에 따른 압축의 종류를 나타낸다.

(3) 중심압축과 편심압축

그림 3과 같이 하중의 중심 또는 편심된 위치에 작용하는가에 따라 중심압축과 편심압축으로 구별된다.

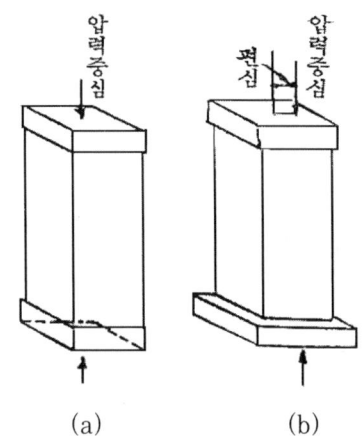

그림 3 중심압축(中心壓縮)과 편심압축(偏心壓縮)

(4) 압축에 의한 변형 및 파괴형태

압축시험은 압축력에 대한 재료의 항압력(抗壓力), 즉 재료에 압축응력이 가해질 경우의 변형저항과 파괴강도를 구하는 시험으로서, 시험편에 압축하중을 가해 응력-변형곡선을 구하고 이로부터 재료의 기계적 성질을 파악하는 시험으로, 응력-변형곡선, 또는 진응력-변형곡선에 의해 압축 비례한계, 탄성한계, 항복점 또는 내력, 탄성계수 및 압축강도(취성재료의 경우는 파괴강도)가 구해진다.

압축강도는 취성재료를 시험할 때 잘 나타나며, 연성재료에 있어서는 파괴를 일으키지 않으므로 압축강도를 결정하기 곤란하다. 그러므로 편의상 시편의 주편(周片)이 생기는 때, 균열이 발생하는 응력으로서 압축강도로 취급하는 경우가 있다.

취성재료는 재료의 표면이나 내부에 존재하는 미세균열 때문에 압축강도에 비하여 훨씬 낮은 인장강도를 나타낸다. 압축시험을 할 때에는 시편의 단면적이 증가하기 때문에 인장시험과 같은 네킹(necking)이 일어나지 않는다. 그러나 연성이 큰 재료는 압축시험을 하는 경우가 별로 없다. 왜냐하면 장치의 가압판과 재료사이의 마찰로 인하여 시편의 접촉부에의 변형이 구속되어 몸통팽창이 일어나고 이 때문에 응력상태가 균일하지 않기 때문이다.

주철이나 콘크리트재와 같이 취약한 재료는 압축시험 시 탄성변형 후 약간의 소성변형을 하며 파괴되므로 그때의 응력을 파괴강도라고 할 수 있다. 강인한 재료나 연질의 재료는 압축에 의한 탄소성 변형량이 커서 시험하중이 높아져도 파괴가 되지 않는 경우가 있으므로 설계상 파괴에 상당한다고 여겨지는 변형량에 대응하는 압축응력을 압축강도로 본다. 일반적으로 강의 인장응력-변형곡선과 압축응력-변형곡선의 형상은 거의 같게 보이나, 보통주철, 동합금 등의 재료는 동일 변형량에 대응하는 인장응력에 비해 압축응력이 매우 큰 것이 있으며, 압축하중이 걸리는 구조재의 설계기준 자료로서 압축강도를 알 필요가 있다.

한편 소성가공에 있어서는 압축응력을 써서 성형하는 방법이 많으므로 압축시험에 의해 구한 진응력-변형곡선은 소성가공에 있어서 재료의 변형저항을 구하는 기준으로 이용할 수 있다. 시험편에 압축하중을 가하면 시험편과 평행한 공구면 사이에는 마찰이 생기며 이 마찰력은 시험편의 압축변형을 구속한다. 이러한 부가적인 전단응력이 압축응력에 조합되므로 시험편의 변형량이 커짐에 따라 변형의 양식은 복잡하다. 연성재료는 하중축과 45°를 이루는 면에, 압축의 경우도 인장과 마찬가지로 최대 전단응력이 생기며 이에 따라 slip변형이 일어난다. 따라서 압축항복응력은 동일재료의 인장항복응력과 거의 같으며 탄성계수도 거의 같다. 즉, 이러한 관계는 등방체라 볼 수 있는 재료의 경우이고 특별한 이방성을 갖는 재료나 Bauschinger효과가 있는 재료에서는 인장과 압축에서의 항복점이 다르다.

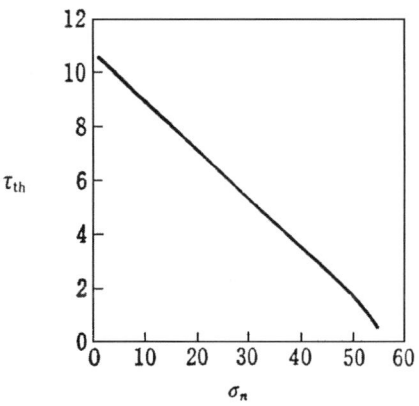

그림 4 slip면에 작용하는 수직응력 σ_n과 이론전단응력 τ_{th}의 관계

응력축에 45°인 면상의 수직응력 크기는 인장 또는 압축력의 1/2이다. 이 면상에 걸리는 수직응력은 인장 부하의 경우는 인장력이고 압축 부하의 경우는 압축력이다. 이론계산에 의하면 금속결정에 있어서 전단항복응력 τ_{th}는 그림 4에 제시된 바와 같이 전단면에 걸리는 수직 인장응력 σ_n이 클수록 감소하나 이는 다축 응력하에서의 변형한계라고 볼 수밖에 없다.

파괴의 경우에 인장력은 균열을 확대하고 압축력은 닫는 작용을 하므로 취성재료는 인장파괴응력에 비해 압축파괴응력이 크다. 그러므로 퀜칭강재 등과 같은 취성재료의 항복점을 구하는 경우는 인장시험보다 압축시험을 더 많이 행한다. 연성이 풍부한 재료에서는 하중의 증가에 따라서 단면적이 증대하여 파단시킬 수 없게 되는 경우가 있다. 압축시험은 주로 내압에 사용되는 재료에 적용되며, 예로서 주철, 베어링합금, 연와, 콘크리트, 목재, 타일, 플라스틱 및 경질고무 등에 사용된다.

그림 5는 압축에 의한 시편의 변형상황을 나타낸다.

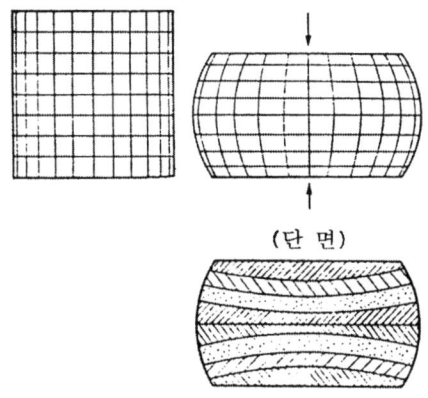

그림 5 압축에 의한 변형상태

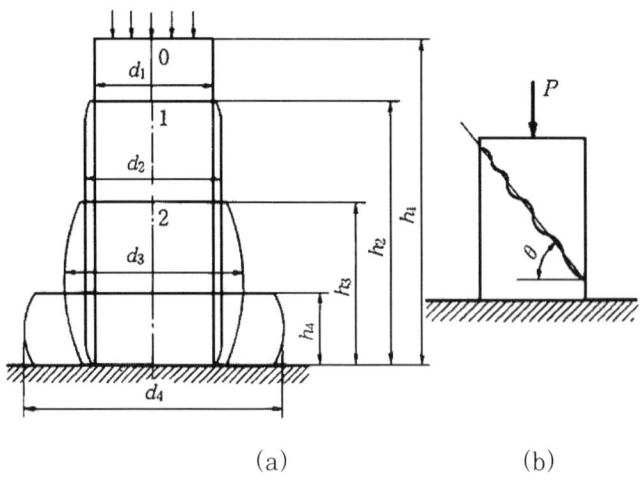

(a)　　　　　　　　(b)

그림 6 압축에 의한 변형

압축시험에 필요한 시편의 길이와 단면적과의 비는 시험결과에 중대한 영향을 미치게 되므로, 단면적에 비교하여 길이가 지나치게 길면 가한 하중이 재료를 압축하는 힘이 되지 않고 재료를 굽히기 때문에 파괴되는 결과를 초래한다. 이와 반대로 너무 짧을 때에는 실제 압축력이 표시되지 않는다. 그러므로 실용적인 길이는 비교적 취성재료의 경우 직경의 1~1.5배로 한다.

그림 6에서 보는 바와 같이, 직경 d, 높이 h로 표시되는 압축시편에 하중 P를 가하여 압축하였을 때 높이가 $h2$로 감소하고 직경이 $d2$로 증가하였다면, 이때 시편의 임의 단면에서 압축력에 대한 압축응력의 크기는 다음 식으로 결정된다.(단, A_0는 초기 단면적이가 A는 압축변형된 후의 단면적이다.)

- 압축응력(σ_C)

$$\sigma_C = \frac{P}{A_0} = \frac{P}{\frac{\pi d_2}{4}} \; (\text{kg/mm}^2) \tag{10.1}$$

- 압축률(ϵ_c)

$$\epsilon_c = \frac{h_1 - h}{h_1} \times 100(\%) \tag{10.2}$$

- 단면변화율(ϕ_C)

$$\phi_C = \frac{A - A_0}{A_0} \times 100(\%) \tag{10.3}$$

압축시험을 하여 그 재료의 탄성한계, 비례한계, 항복점등에 의한 곡선을 그려보면, 인장시험의 경우와는 기울기가 일반적으로 차이가 있다. 비교적 취성이 큰 재료는 항복점 이상의 하중을 가하면 파괴된다. 이 때에 하중에 상당하는 내력을 압축력(compression force)이라고 한다. 인성이 크면 재료를 아무리 압축하여도 파쇄되지 않으므로 압축력의 결정은 어렵다. 이와 같은 재질은 항복점을 압축응력으로 정한다. 연강은 일반적으로 압축한계가 인장시험의 결과와 대략 일치하므로, 보통 압축시험을 하지 않는다.

그림 7에 각종 재료의 압축파괴 특성을 나타내고 있다. 그림 7(b)는 연성재료의 예로서 원주가 압축됨에 따라 압축을 받는 면적은 증가하고 원판에 가까운 곳은 세로 균열이 생기고 있다.

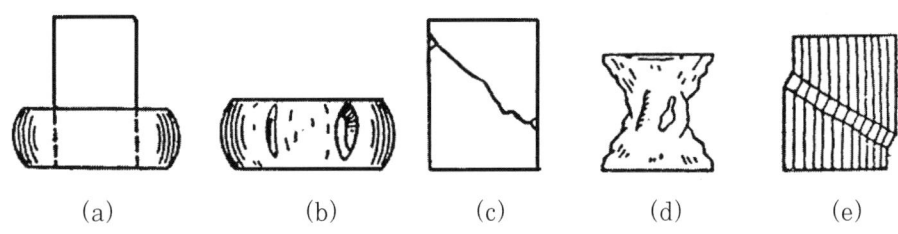

그림 7 각종 재료의 압축파괴 형태

(c)는 회주철과 같은 취성재료의 파괴 예이고, (d)는 콘크리트의 예로서 먼저 표면부의 파편이 떨어지고 압축판을 바닥으로 하는 삼각형부는 남는다. 그리고 (e)는 목재의 파괴 예이다.

그림 8에서처럼 단면이 마찰력에 의해 구속을 받아 단면 주변부 (A, C)에 큰 응력집중이 일어나 이 부분으로부터 항복이 일어나기 시작한다. 연강 시험편에서는 이 때 Lüders band가 나타나고 인장시험의 경우와 마찬가지의 Lüders band가 시험편의 전 표면을 덮고 거의 일정한 응력에서 소성변형이 계속되며 그 후에는 가공경화가 일어난다.

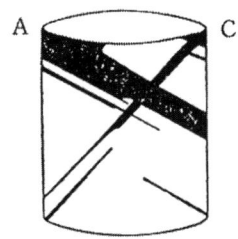

그림 8 연강시편의 압축에 의한 류더스 밴드의 발생

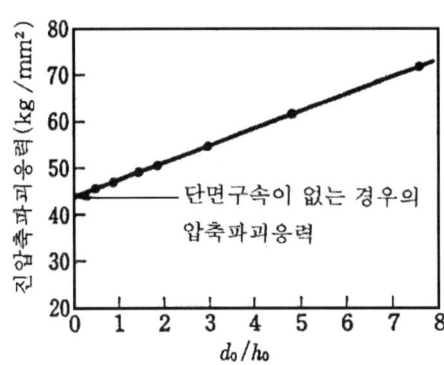

그림 9 주철 환봉시편의 치수비와 진압축 파괴응력과의 관계

그림 9는 주철의 진압축 파괴응력의 d_0/h_0의 관계 예이며, 이와 같이 일반적으로 d_0/h_0가 클수록 압축파괴응력이 크게 되는 제일의 원인은 단면마찰력에 의한 변형의 구속이다. 주철보다 연성이 풍부한 재료의 경우, 파단시 직경 d_f와 높이 h_f의 비 d_f/h_f와 파괴응력과의 사이에는 직선관계가 있다는 결과가 있다.

그림 10은 연성재료의 압축파단 상황으로서 (a)는 단조한 강과 같이 단조연신방향으로 섬유조직이 발달하고, 개재물도 늘어났으며, 원주 방향에 인장력에 의한 균열을 보이며, (b)는 slip 파단으로 활동 등이 이런 형식의 파단을 나타낸다. 이 때 파단면과 축이 만드는 각도는 대개 45°이지만 단면효과나 파단면의 마찰력 등의 영향으로 반드시 45°는 아니다. 주철은 연성이 부족하나 형식(b)의 파괴가 일어나며 소입한 공구강과 같이 매우 딱딱하고 취약한 경우에는 세로

균열이 발생한다. 파괴형식은 재료중의 결함이나 조직에 따라 다르므로 파괴상황을 주의깊게 관찰하고 고찰해야 한다.

그림 10 압축파괴상태

3) 바우싱거효과(Bauschinger Effect)

인장시험 시 초기 항복응력을 A점이라 하자. 같은 연성재료를 압축시험하면 항복강도는 점선으로 표시된 곡선의 B점으로 대략 인장 때와 비슷할 것이다.

바우싱거효과(Bauschinger Effect)는 이제 새로운 시편에 인장 항복강도 이상의 인장하중을 가하면, 유동응력은 경로 O-A-C를 따라 C점으로 향할 것이다. 이 때 하중을 제거하면 약간의 탄성 이력효과를 무시할 때 경로 C-D를 따르게 된다. 이제 압축응력을 가하면 소성유동은 E점에 해당하는 응력에서 일어나기 시작하는데, 이 값은 재료의 압축항복응력보다 많이 낮다. 항복응력이 인장 시에는 가공경화에 의해 A점에서 C점로 상승하지만 압축 시에는 감소하게 된다. 이 현상을 바우싱거효과(Bauschinger Effect)라 한다.

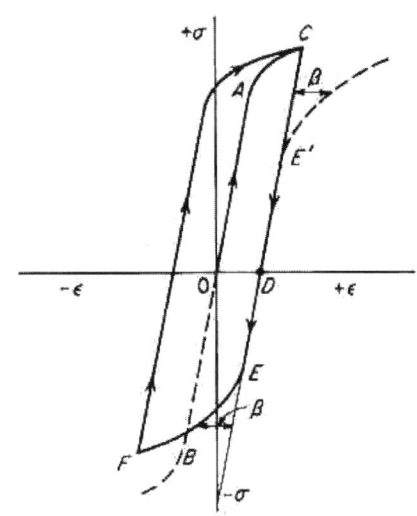

그림 11 바우싱거효과(Bauschinger Effect)

이 현상은 가역적인 현상이므로 원래의 시편에 소성 압축응력을 가한 후 인장응력을 가하면 인장항복강도가 낮아진다. 바우싱거 효과의 양을 표시하는 방법은 바우싱거 변형률(Bauschinger strain) β로 표시하는 것이다. β는 주어진 응력에서 인장과 압축 곡선사이의 변형률 차이이다.

단결정에서 원래 방향으로 슬립에 필요한 응력보다 반대방향으로 슬립을 유발시키는데 더 낮은 응력이 필요하다. 이런 가공경화의 방향성을 나타내는 것을 바우싱거효과(Bauschinger effect)라 하고, 바우싱거효과는 다결정질재료에서는 일반적인 현상이다.

반복하중이 그림 11에서처럼 가해지면, 하중을 F점까지 계속 압축을 가한 다음 하중을 제거하고 다시 인장을 가하면, 기계적인 이력곡선이 얻어진다. 곡선 내부면적은 항복응력 이상으로 가하는 초기의 변형률과 반복적으로 가한 하중 횟수에 따라 변한다. 하중의 주기가 많이 반복되었다면, 피로에 의한 파손이 일어날 것이다.

Bauschinger효과는 금속의 성형공정에 중요한 영향을 미친다. 예를 들면 Bauschinger 효과는 강판의 굽힘에서 중요한데, 심하게 냉간가공된 강판을 반대반향으로 굽히면 가공연화를 일으킨다. 이러한 가장 좋은 예로서 압출재나 압연재를 롤러 사이를 통과시키며, 서로 반대방향의 굽힘하중을 번갈아 받도록 하여 곧 바로 펴는 straightening공정이 있다. 이러한 롤러작업은 냉간가공 상태의 항복강도를 감소시키고 연신율을 증가시킬 수 있다.

10.2 시험방법

1) 압축시험편

압축시험편으로는 보통 짧은 원주상의 시편이 쓰이며 직경을 d_0, 단면적을 A_0, 길이를 h_0라 할 때 단면마찰과 굽힘, 휘어짐 등을 고려하여 $h_0/d_0 = 1 \sim 2$ 또는 $\sqrt{A_0}/h_0 = 1$ 정도가 쓰인다. 주철과 같이 소성변형능이 작은 재료는 전길이 h_0를 표점간거리로 할 때가 많다. 그러나 탄성률과 같이 작은 변형영역의 측정은 $h_0/d_0 = 5$ 정도의 긴 원주 시험편도 사용한다. 시험편 중앙부에 변형 게이지를 붙이거나 정밀연신계를 써서 단면마찰 효과가 그다지 영향을 미치지 않는 정도에서 변형량을 측정한다. 시험편 단면을 축에 정확히 수직으로 하고 마찰저항을 줄이기 위해 매우 평활한 마무리 가공이 필요하다. 후술하겠으나 h_0/d_0가 다르면 그 응력-변형선도가 다르므로 h_0/d_{01}를 일정하게 해야만 동일 재료에 대해서 대개 일정한 응력-변형선도를 얻는다. h_0/d_0가 1 이상이 되면 단주압축의 범위가 되어 단면 마찰구속력의 영향이 크게 되어 그림 12와 같은 응력-변형의 관계를 나타낸다.

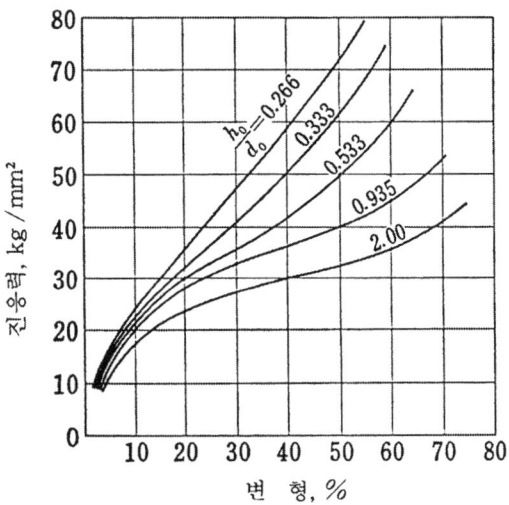

그림 12 직경과 길이의 비(h_0/d_0)에 의한 구리의 압축응력

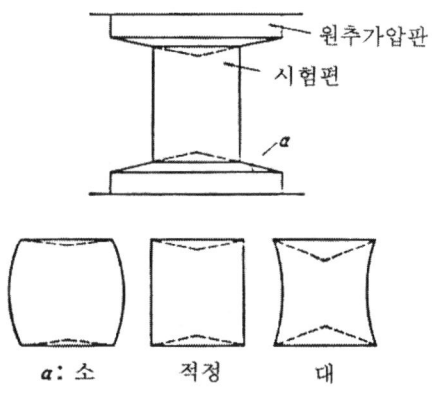

그림 13 원추가압판의 형상과 변형모양

시험편 끝면에서의 마찰저항을 작게 하기 위해서 가압판에 고압용 윤활제를 바르기도 한다. 그림 13은 원추형 가압판을 사용한 경우에 시편의 변형상황을 나타낸 것으로 적당한 정각(頂角)의 가압판을 사용함에 따라 정확한 원주상 그대로의 압축이 가능함을 보여주고 있다. 가압판은 충분한 경도를 갖고 있어야 하며 보통 베어링강 정도 이상의 내마모강이 좋으며, 경질재료의 경우는 초경합금인 WC-Co계 소결합금을 사용하는 것이 좋다.

시험편의 압축 양단면은 평행하게 가공해야 하며 단면의 거칠기는 단면마찰력의 크기에 영향을 미친다. 마찰구속력은 그 작용하는 단면에서 가장 강하므로 시험편의 변형은 중앙부가 가장 심하여 그림 10처럼 술통 모양으로 부푼다. 따라서 시험결과의 해석은 압축응력에 부가된 전단응력이 조합된 조건에서 고려되어야 한다.

압축시편은 양쪽 단면이 완전히 평행되도록 가공되는 것이 대단히 중요한 일이다. 평행하지 않는 시편에는 하중이 균들하게 가하여지지 않는 결점이 있다. 또한 시편에 접촉하는 압축대판에는 구면좌가 있는 것을 사용하여 하중이 항상 축방향으로 작용하도록 한다.

시험목적이 탄성에 관한 것일 때에는 하중이 비교적 작으므로 다소 긴 시편을 사용하여도 굽힘 염려가 없으나, 굽힘강도를 시험할 때에는 파괴되므로 굵고 짧은 시편을 사용한다. 보통 압축시편에는 시편의 길이 l과 직경 d 또는 폭 b와의 관계는 다음 범위가 가장 널리 사용된다.

$$l = (1.5 \sim 2.0)d \quad \text{(봉재)} \tag{10.4}$$
$$l = (1.5 \sim 2.0)b \quad \text{(각재)} \tag{10.5}$$

압축시험편에 관해서 KS규격은 아직 정해져 있지 않으나 ASTM E9-70을 소재하면 표 1과 같다.

표 1 압축시험편의 치수

시험편	직경(d)×길이(l)mm	용도 예
짧은 시험편	(30 ± 0.25) × (25 ± 1.0)	베어링 합금
중간 길이 시험편	(13 ± 0.25) × (38 ± 1.0) (20 ± 0.25) × (60 ± 3.0) (25 ± 0.25) × (75 ± 3.0) (30 ± 0.25) × (85 ± 3.0)	일반금속
긴 시험편	(20 ± 0.25) × (160 ± 3.0) (32 ± 0.25) × (최소 320)	압축변형을 정밀하게 측정할 때 사용

ASTM E9-70(1972)에서는 이외에 인치 치수를 규정하는 예도 있음

2) 압축시험 방법

원주 시험편을 만능시험기 압축부 내압판 사이에 윤활제를 얇게 바르고 정확한 위치에 놓으며, 구면좌 또는 sub-press를 사용하는 경우도 마찬가지다. 압축하중은 서서히 가하며 압축속도는 변형속도가 일정하게 되도록 부하한다. 압축시의 변형속도는 압축이 진행됨에 따라 증가한다. 한편 유압식 시험기에서는 부하의 증가에 따라 하중속도가 저하하는 경향이 있으므로 변형속도의 변동은 어느 정도 상쇄된다. 그러나 압축에 의한 단면적 증가와 가공경화에 의한 부하의 증대가 큰 경우도 있으므로 조작 밸브의 가감을 적당히 하여 일정한 변형속도가 유지되도록 한다.

실온에서의 압축시험은 대개의 금속재료는 재결정온도 이하에서의 압축시험시 소위 냉간가공이 될 수 있으므로, 특히 고속이거나 충격시험이 아닌 한, 변형속도의 영향은 비교적 적으므로 엄밀하게 하중속도를 제어할 필요는 없다. 그러나 열간 압축시험이나 고속 충격압축시험의 경우는 변형속도의 영향이 크므로 일정 변형속도의 시험이 바람직하다. 캠 압축식 시험기에서는

정변형 속도의 압축이 가능하므로 기계자체의 특성을 고려하여 시험한다.

단면과 내압판 간의 윤활은 고압에서도 충분히 유막을 형성할 수 있은 양질의 것이 필요하며 colloid상 흑연, 2산화 몰리브덴 등을 함유한 동식물성유 또는 광물유와의 혼합유가 쓰인다. 단면의 마무리 거칠기가 적당하면 윤활의 유지가 유효하게 사용하여 평행측면의 압축이 근사적으로 진행되어 압축시험 결과가 단순화 된다.

하중과 압축변위는 하중계 및 변형계로 측정하여, 변형속도가 0.003%/s 이하인 정적 시험의 경우는 시험기의 눈금을 읽거나 dial gage를 읽어 응력-변형곡선을 그릴 수 있지만 동적 압축시험의 하중 및 압축변형은 전기적 변형량으로 바꾸어 oscilloscope 등을 써서 계측 기록한다. 대개 하중계는 저항성 변형계를 이용한 load cell이나 용량형 하중계가 많고 변위는 용량형 또는 저항 습동형 변위계가 주로 쓰인다.

취약한 재료는 파괴까지 가압하고, 연성재료는 압축률 50%까지 시험하며, 특별한 경우에는 시험편 측면이 원주방향 인장응력에 의해 균열이 생길 때까지 시험하는 경우도 있다. 실제의 압축시험에서 시험편의 휨이 발생하는 경우가 있으므로 압축변형량을 측정하는 데에는 시험편 좌우 양측에 2개의 연신계를 설치하고, 직경의 변화를 측정하는 데에는 높이의 중간쯤 되는 곳에 서로 직각인 2방향에서 측정한 후 그 평균치로서 구한다. 최초의 표점거리가 h_0, 원단면적이 A_0인 시험편을 P가 되는 하중에 의해 압축하여 각각 h와 A로 변화한 경우, 선변형(압축률) 및 단면적 증가율 ϕ는 다음의 식으로 주어진다.

$$\epsilon = (h - h_0)/h_0 = (A_0 - A)/A_0 \tag{10.6}$$

$$\phi = (A - A_0)/A_0 \tag{10.7}$$

또 진변형 ϵ_t는 인장의 경우와 같으므로

$$\epsilon_t = \ln(h/h_0) = \ln(A_0/A) \tag{10.8}$$

이 되어 공칭응력은 P/A_0, 진응력은 P_A로 주어진다.

그림 14는 압축시험에 의한 응력-변형선도의 한 예로서 곡선(a)는 공칭응력-압축률(선변형), 곡선(b)는 진응력-압축률의 관계이다. 그리고 그림 15는 시험편의 최초 높이 h_0와 직경 d_0의 비에 진응력-변형선도가 변화하는 모양을 나타내며, 이와 같은 치수효과의 최대 원인은 단면의 마찰저항이다.

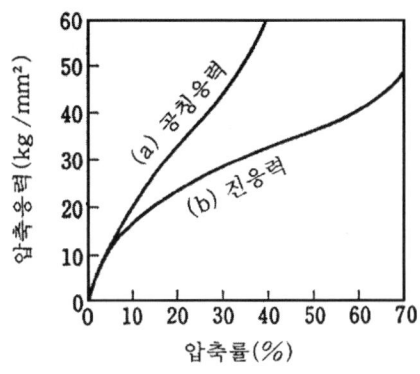

그림 14 순동의 압축에 의한 응력-변형곡선

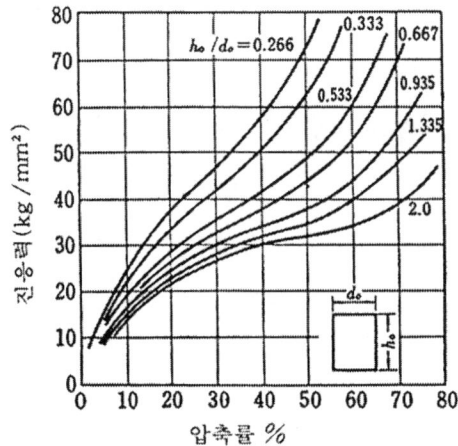

그림 15 환봉상 순동 시편의 응력-변형곡선에 미치는 h_0/d_0의 영향

3) 시험항목 검토사항

① 시험편의 재질, 성분을 표시
② 시험편의 치수 측정(시험 전 후 직경 d_0, d와 길이 h_0, h의 3개소 평균치
③ 시험편의 중량 W 및 비중량
④ 탄성한에 있어서 하중 P

$$\text{공칭응력 } \sigma_E = P_e/A_0 \text{ (kg/mm}^2\text{)} \tag{10.9}$$

$$\text{진 응 력 } \sigma_a = P_e/A \text{ (kg/mm}^2\text{)} \tag{10.10}$$

⑤ 탄성한에 있어서 압축 λ_e

$$\text{공칭변형 } \epsilon_A = \lambda_e/h_0 \times 100\% \tag{10.11}$$

$$\text{진 변 형 } \epsilon_a = \lambda_e/h \times 100\% \tag{10.12}$$

⑥ 탄성계수 $E = \sigma_e / \epsilon_e$

단 연성재료에서 탄성역이 진응력-변형곡선 상에 있지 않은 경우, 즉 응력의 증가와 더불어 소성역에 들어가는 경우는 원점에서 응력-변형곡선에 접선을 그어 그 기울기를 탄성계수로 한다.

⑦ 최대하중 P_{m50}

응력-변형곡선에 극대점이 있으면 그 최대치 P_m를 취하나 50%변형에 대응하는 응력치를 비교하면 좋다.

⑧ 압축강도

$$\text{공칭압축강도} \quad \sigma_n = P_{m50} / A_0 \ (\text{kg/mm}^2) \tag{10.14}$$

$$\text{진압축강도} \quad \sigma_a = P_{m50} / A_0 \ (\text{kg/mm}^2) \tag{10.15}$$

⑨ 내부마찰각

물체 내의 면 요소에 작용하는 수직응력 σ, 전단응력을 τ, μ_f를 정수 $\tau + \mu_f \sigma$가 재료 고유의 slip저항 τ_0에 달할 때 그 면에서 slip이 생긴다고 하면 $\tau_0 = \tau + \mu_f \sigma$, $\mu_f > 0$가 내부마찰의 조건이다. slip면과 방향을 결정하기 위해 $\tau + \mu_f \sigma$가 최대가 되는 면과 방향을 구한다. Mohr원에 의해 최대 주응력상의 응력 σ, τ에 대해서

$$\tau + \mu_f \sigma = \tau_m \sin 2\theta + \mu_f (P + \tau_m \cos 2\theta), \ 0 \leq \theta \leq \pi/2$$

단,

$$\sigma_1 \geq \sigma_2 \geq \sigma_3, \ P = \frac{1}{2}(\sigma_1 + \sigma_2), \ \tau = \frac{1}{2}(\sigma_1 + \sigma_2) \geq 0$$

좌편을 θ로서 미분하면 0으로 하면

$$\cot 2\theta = \mu_f$$

$$\sin 2\theta = \frac{1}{\sqrt{1+\mu_f^2}}, \ \cos 2\theta = \frac{\mu_f}{\sqrt{1+\mu_f^2}} \tag{10.16}$$

이를 위 식에 대입하여 θ의 최대치를 구하면

$$(\tau + \mu_f \sigma)_{\max} = \sqrt{1 + \mu_f^2} \ \tau_m + \mu_f P$$

$$\therefore \tau_0 = \sqrt{1 + \mu_f^1} \ \tau_m + \mu_f P$$

$$= \frac{1}{2}[(\sigma_1 - \sigma_3) + (\sigma_1 + \sigma_3) \sin \phi] / \cos \phi$$

순수 압축에서는 $\sigma_1 = \sigma_2 = 0$이며 마찰각 θ는

$$\tan\phi = \cot 2\theta = \mu_f$$

$$\therefore \phi = \frac{\pi}{2} - 2\theta \tag{10.17}$$

취성재료의 slip파단면을 종이로 감고 연필로 전사(轉寫)하여 각 θ를 구해 마찰각 ϕ를 구한다.

⑩ 취성재료의 파괴상황을 기록하고 해석한다.

⑪ 연성재료의 경우는 진응력-변형곡선을 그려 이 곡선에 의해 변형량에 대한 압축 응력을 구하며 각종 소성가공에 있어서 변형저항을 구할 수 있다.

브리넬경도실험 결과기록표

| 과 | 학년 | 반 | 조 | 학번 | 성명: |

| 조원 | |

시험기	명 칭			시험 일자		
	모델명			계측기	명 칭	
	제작회사				배 율	
	용 량				허용오차	

시편	재 질	
	연마방법	
	표준시험 보정치	

하중 (P=KD²)	K											
	D(mm)	5	10	5	10	5	10	5	10	5	10	5	10
	P(kg)											
	작용시간(sec)											

압입자국직경 (d)	측정횟수		1	2	3	1	2	3	1	2	3	1	2	3	1	2	3	1	2	3
	d_1 (mm)	5																			
		10																			
	d_2 (mm)	5																			
		10																			
	d (mm)	5																			
		10																			
	실제직경 (mm)	5																			
		10																			

관계식	브리넬경도	마이어경도
	$H_B = \dfrac{P}{A} = \dfrac{P}{\pi Dh} = \dfrac{2P}{\pi D(D - \sqrt{D^2 - d^2})}$	$P_m = \dfrac{4P}{\pi d^2}$

시 편 재 질	
브리넬 경도값 (HB)	
마이어경도값	
경도의 단위	
브리넬경도시험 결과의 표시방법	

로크웰경도실험 결과기록표

과	학년	반	조	학번	성명:

조원					
시험기	명칭				
	모델명				
	제작회사				
	용량				
시험조건	시험일자				
	시험온도				℃
	하중작용시간				초
	표준시험편 보정치				
압입자	스케일				
	재질				
	형상				
	기준하중				
	시험하중				
	눈금판의 색깔				
	로크웰경도의 관계식				
	용도				
시험편	기호				
	재질				
	연마조건				
	지지방법				
측정치	1회				
	2회				
	3회				
	4회				
	5회				
	평균값				
	흐트러짐값				
	표준편차				
실험소견					

비커스경도실험 결과기록표

	과	학년	반	조	학번		성명 :		
조 원									

시험기	명칭		계측현미경			압입자			
	제작회사		대물렌즈 배율			재질			
	모델명		접안렌즈 배율			형상			
	용량		배율			대면각(θ)			

시편	구분	No 1	No	No 3	No 4	No 5
	재질					
	연마방법					
	지지방법					

시험조건	시험일자					
	시험온도					
	작용하중					
	작용시간					
	표준시편이용여부					
	보정치					

압입자국의 대각선 길이 (d)	1회	d1					
		d2					
		d					
	2회	d1					
		d2					
		d					
	3회	d1					
		d2					
		d					
	평균값						

비커스경도(H_V)의 관계식	$H_V = \dfrac{P}{A} = \dfrac{P}{\dfrac{d^2}{2\sin\frac{\theta}{2}}} = \dfrac{2P\sin\frac{\theta}{2}}{d^2} = \dfrac{1.8544 P}{d^2}$

H_V 경도값	구분	계산치	환산치	계산치	환산치	계산치	환산치	계산치	환산치	계산치	환산치
	1회										
	2회										
	3회										
	평균값										

비커스경도값의 표시법	
실험 소견	

쇼어경도실험 결과기록표						
과 학년 반 조 학번 성명 :						
조 원							
시험기	명 칭					
	제작회사					
	모델명	(D) TYPE		(C) TYPE		(SS) TYPE
	낙하거리					
	형식	목측형, 지시형		목측형, 지시형		목측형, 지시형
시편	구분	No 1	No 2	No 3	No 4	No 5
	재질					
	연마방법					
	지지방법					
측정값	1회					
	2회					
	3회					
	4회					
	5회					
	평균값					
경도비교	브리넬경도치					
	로크웰경도치					
	비커스경도치					
경도의 단위						
측정원리						
실험 소견						

미소경도실험 결과기록표							
과　　　학년　　　반　　　조　　　학번　　　　성명:							
조 원								
시험일자				계측현미경		대물렌즈	
시험기	명 칭					접안렌즈	
	제작회사					배율	
	모델명			압입자		재질/형상	
	용량					대면각(θ)	
시편	구분	No 1	No	No 3	No 4	No 5	
	재질							
	연마방법							
	지지방법							
시험조건	시험일자						
	시험온도						
	작용하중						
	작용시간						
	표준시편이용여부						
	보정치						
KS 규격							
경도측정	1회	d_1					
		d_2					
		H_V					
	2회	d_1					
		d_2					
		H_V					
	3회	d_1					
		d_2					
		H_V					
관계식	마이크로 비커스경도(H_V) 관계식	$H_V = \dfrac{P}{A} = \dfrac{P}{\dfrac{d^2}{2\sin\dfrac{\theta}{2}}} = \dfrac{2P\sin\dfrac{\theta}{2}}{d^2} = \dfrac{1.8544\,P(\text{kg})}{d(\text{mm})^2} = \dfrac{1854.4\,P(\text{gr})}{d(\mu\text{m})^2}$						

마이크로 H_V 경도값	재질									
	구분	측정치	계산치	측정치	계산치	측정치	계산치	측정치	계산치	측정치	계산치
	경도값 측정치	1회									
		2회									
		3회									
	평균값									
	로크웰경도									
	비커스경도									
KS 규격										
비고										

에코팁경도실험 결과기록표							
과 학년 반 조 학번 성명:							
조 원							
시험기	명 칭						
	제작회사						
	Device 종류						
시편	구분	No 1	No 2	No 3	No 4	No 5	
	재질						
	두께						
	연마방법						
측정값	LD_1						
	LD_2						
	LD_3						
	LD_4						
	LD_5						
	평균값						
환산값	브리넬경도						
	로크웰경도						
	비커스경도						
경도의 단위							
측정원리							
실험 소견							

		샤르피 충격실험 결과기록표								
	과 학년 반 조 학번 성명:									
조 원										
시험기	명 칭									
	제작회사									
	모델명									
	충격시험의 형식	충격인장시험, 충격굽힘시험, 충격압축시험, 충격비틀림시험								
시편	구분	No 1			No 2			No 3		
	재질									
	치수									
	처리상태									
	연마방법									
	시험온도									
	구분	1회	2회	3회	1회	2회	3회	1회	2회	3회
	인상각									
	상승각									
	a (cm)									
	b (cm)									
	A (cm^2)									
	E(kg-m)									
충격치(U) (kg-m/cm^2)	1회									
	2회									
	3회									
	평균값									
경도	로크웰경도값									
	비커스경도값									
관계식	$U(\mathrm{kg-m/cm^2}) = \dfrac{E}{A} = \dfrac{E_1 - E_2}{A} = \dfrac{WR(\cos\beta - \cos\alpha)}{a \times b}$ $E:$ $\qquad\qquad\qquad A:$ $\alpha:$ $\qquad\qquad\qquad \beta:$ ★ 샤르피충격시험에서 충격치(U)가 클수록 (인성, 취성)이 있으며, 샤르피충격시험의 결과에서 상승각(β)이 클수록 (인성, 취성)이 있다. ★ 충격치의 끝맺음은 어떻게 하는가?									
비고	연성파괴와 취성파괴의 파단상태를 비교하여 설명하시오.									
실험 소견										

<table>
<tr><td colspan="7" align="center">인장실험 결과기록표</td></tr>
<tr><td colspan="7">　　　　과　　　　학년　　반　　　조　　　　학번　　　　　　　성명</td></tr>
<tr><td colspan="7">조원</td></tr>
<tr><td colspan="3">시험기 명칭</td><td colspan="2">제작회사</td><td colspan="2"></td></tr>
<tr><td colspan="3">용량</td><td colspan="2">실험일자</td><td colspan="2"></td></tr>
<tr><td colspan="2">시편(specimen)
형상(shape)</td><td>판상,봉상</td><td>판상,봉상</td><td>판상,봉상</td><td>판상,봉상</td><td>판상,봉상</td></tr>
<tr><td colspan="2">평행부의 두께 T(mm)</td><td></td><td></td><td></td><td></td><td></td></tr>
<tr><td colspan="2">평행부의 직경 d_0(mm)</td><td></td><td></td><td></td><td></td><td></td></tr>
<tr><td colspan="2">평행부의 폭 W(mm)</td><td></td><td></td><td></td><td></td><td></td></tr>
<tr><td colspan="2">표점거리 L_0(mm)</td><td></td><td></td><td></td><td></td><td></td></tr>
<tr><td colspan="2">원 단면적 A_0(mm)</td><td></td><td></td><td></td><td></td><td></td></tr>
<tr><td colspan="2">항복하중 P_{uy}(kgf)</td><td></td><td></td><td></td><td></td><td></td></tr>
<tr><td colspan="2">항복하중 P_{ly}(kgf)</td><td></td><td></td><td></td><td></td><td></td></tr>
<tr><td colspan="2">항복하중 $P_{0.2}$(kgf)</td><td></td><td></td><td></td><td></td><td></td></tr>
<tr><td colspan="2">상부항복점 σ_{uy}(kg/mm^2)</td><td></td><td></td><td></td><td></td><td></td></tr>
<tr><td colspan="2">하부항복점 σ_{ly}(kgf/mm^2)</td><td></td><td></td><td></td><td></td><td></td></tr>
<tr><td colspan="2">항복강도 $\sigma_{0.2}$(kgf/mm^2)</td><td></td><td></td><td></td><td></td><td></td></tr>
<tr><td colspan="2">최대하중 P_{max}(kgf)</td><td></td><td></td><td></td><td></td><td></td></tr>
<tr><td colspan="2">인장강도 σ_B(kgf/mm^2)</td><td></td><td></td><td></td><td></td><td></td></tr>
<tr><td colspan="2">파단 후 표점거리 L(mm)</td><td></td><td></td><td></td><td></td><td></td></tr>
<tr><td colspan="2">공칭변형률(ϵ_n)</td><td></td><td></td><td></td><td></td><td></td></tr>
<tr><td colspan="2">파단연신율 ϵ(%)</td><td></td><td></td><td></td><td></td><td></td></tr>
<tr><td colspan="2">시험 후 최소직경 d(mm)</td><td></td><td></td><td></td><td></td><td></td></tr>
<tr><td colspan="2">단면수축률 ϕ(%)</td><td></td><td></td><td></td><td></td><td></td></tr>
<tr><td>관련 지식</td><td colspan="6">☐ 응력의 정의
☐ 변형률의 정의
☐ 공칭응력과 공칭변형률곡선
☐ 후크의 법칙(Hook's Law) :
☐ 탄성계수(modulus of elasticity; Young's modulus)
☐ 탄성한계(elastic limit)
☐ 상부항복점(upper yield point)
　　하부항복점(lower yield point)
　　항복강도(yield strength), 내력
☐ 인장강도(tensile strength)
☐ 항복비(yield ratio)
☐ 연신율(elongation)
☐ 파단수축률(Reduction of Area)
☐ 공칭응력과 진응력의 관계
☐ 공칭변형률과 진변형률의 관계
☐ 강성계수(modulus of rigidity)
☐ 프아송의 비(Poisson's ratio)</td></tr>
<tr><td>실험 소견</td><td colspan="6"></td></tr>
</table>

압축실험 결과기록표				
과　　　학년　　반　　　조　　　학번　　　　성명 :				
조 원				
시험기	명 칭			
	제작회사			
	모델			
	용량			
시편	구분	No 1	No 2	No 3	No 4
	재료				
	형상				
	가공방법				
시험 전 직경 d_0 (mm)				
시험 전 높이 h_0 (mm)				
원래 단면적 A_0 (mm^2)				
시험 후 직경 d (mm)				
시험 전 높이 h (mm)				
시험 후 단면적 A (mm^2)				
압하율 ϵ (%)				
최대하중 P_{max} (kg)				
단면변화율 ϕ_c (%)				
압축강도 σ_c (kg/mm^2)				
관련 지식	☐ 압축강도 ☐ 압축률 ☐ 단면변화률 ☐ 인장시험과 압축시험에서 응력-변형률곡선을 관찰 ☐ 연성재료와 취성재료의 압축시험할 때의 거동 관찰				
실험 소견					

제 3 장

열처리 실험실습 1

1. 탄소량에 따른 퀜칭경도

2. 냉각속도에 따른 퀜칭경도

3. 퀜칭온도에 따른 퀜칭경도

4. 템퍼링온도에 따른 경도변화

1. 탄소량에 따른 퀜칭경도

과 목 명	열처리 실험실습 1	과제번호	PHT-1
실습과제명	탄소량에 따른 퀜칭경도	소요시간	2주
목 적	구조용탄소강인 SM25C와 SM45C, 탄소공구강인 STC3강을 사용하여, 퀜칭 후 경도시험을 실시하여 탄소량에 따른 퀜칭경도의 차이를 확인하고, 그 이유에 대하여 고찰한다.		

사용기재, 공구, 소모성 재료	규 격	수 량	비 고
열처리로		3	
유 냉 조			
수 냉 조		1	
경도시험기	Rockwell	1	
충격시험기	Charpy		
연 마 지	#400, #800, #1200	각 160매	
SM25C, SM45C, STC3강			

1.1 관련 이론

모든 강은 기본적으로 철과 탄소로 이루어진 합금이라고 부르는 것이 가장 적절하다. 일반적으로 2.0%C 이하의 철강재료를 강(鋼, Steel)이라 하고, 2.0%C 이상의 철강재료를 주철(鑄鐵, cast iron)이라 규정하고 있으나, 1.3~2.5%C범위의 철강재료는 실용성이 없으므로 공업적으로 거의 생산하지 않고 있다.

한편 강은 탄소강(炭素鋼, carbon steel)과 합금강(合金鋼, alloy steel)[1]으로 분류되는데, 여기서 우리는 탄소강과 합금강의 구분을 명확히 할 필요가 있다.

탄소강은 기본적으로는 Fe와 C의 2원합금이지만 일반적인 탄소강에는 C 이외에 Si, Mn, P, S 등의 불순물이 소량 함유되어 있는데, 이들 원소는 특별히 어떤 목적을 위해서 첨가된 것이 아니라 제선과정중에 광석이나 scrap으로부터 혼입되었든가 아니면 정련과정에서 첨가된 것이 잔존하는 것이기 때문에 이들 원소가 함유되어 있다 할지라도 특수강이라 부르지 않는다. 한 예로 KS규격에 기계구조용 탄소강재로 규정된 SM 45C강의 공칭성분은 0.45C, 0.75Mn, 0.04P, 0.05S 및 0.22Si이다.

한편 합금강을 정확히 정의한다는 것은 쉬운 일은 아니지만, 일반적으로는 탄소강에서는 얻을 수 없는 특수한 성질을 얻기 위하여 1종 또는 그 이상의 합금원소를 첨가시킨 강을 말한다. 그 예로서 스테인리스강은 Cr을 12%이상 첨가하여 내식성을 향상시켰고, 합금공구강은 Cr, Mo 및 V 등의 원소를 첨가하여 내마모성과 더불어 열처리특성을 향상시킨 특수강의 전형적인 예이다.

1) 탄소량에 따른 분류

대부분의 탄소강에 있어서 함유된 탄소량에 따라서 강의 성질과 적절한 열처리방법이 결정되기 때문에 가장 중요한 원소는 탄소(炭素, carbon)이다. 이와 같이 탄소량의 실제적인 중요성 때문에 탄소강을 분류하는 한 가지 방법이 바로 이 탄소량에 따른 분류이다.

일반적으로 0.3wt% 이하의 탄소를 함유하는 탄소강을 저탄소강(低炭素鋼, low carbon steel) 또는 연강(軟鋼, mild steel)이라고 부르고, 0.3~0.6wt%의 탄소량을 함유하는 탄소강을 중탄소강(中炭素鋼, medium-carbon steel), 그리고 0.6wt% 이상의 탄소량을 가진 탄소강을 고탄소강(高炭素鋼, high-carbon steel)이라고 한다. 고탄소강 중 0.77%C 이상의 탄소강을 특히 공구강(工具鋼, tool steel)이라고 부른다. 한편 1.3wt% 이상의 탄소를 함유하는 강은 몇 가지 공구강을 제외하고는 거의 사용되지 않고 있다.

---

[1] 특수강(特殊鋼, special steel)이라고도 불리어진다.

2) 강(鋼)과 열처리(熱處理)

일반적으로 강의 용도가 다양하고 그 사용량도 큰 이유는 첫째, 탄소량에 따라서 기계적 성질이 현저하게 변화된다는 것이다. 표 1은 순철(0%C), 0.2%C강 및 0.8%C강을 서냉시킨 후의 항복강도를 나타낸 것으로서, 탄소량이 0%에서 0.8%로 증가함에 따라 항복강도가 4배 이상 증가하고 있는 것을 보여주고 있다.

표 1 탄소량에 따른 항복강도의 변화

탄소량(wt%)	항복강도(psi)	연신율(%)
0%(순철)	15,000	62
0.2%	32,000	35
0.8%	65,000	14

이와 같이 서냉시켰을 때 탄소량이 증가함에 따라서 강도가 높아지는 이유는 시멘타이트(cementite : Fe_3C)라고 불리우는 철탄화물의 양이 증가되기 때문이다. 즉, 이 탄화물은 매우 강하기 때문에 강 속에 존재하게 되면 강도 및 경도를 향상시키게 된다.

한편 강은 퀜칭 열처리를 실시한 이후에도 탄소량에 따라서 경도가 다양하게 변화되는데, 일반적으로 탄소량이 높아짐에 따라 퀜칭경도는 상승한다.

그림 1은 이에 대한 결과를 나타내 주는 그림이다. 통상적으로 순철은 강도 및 경도가 매우 낮아서 구조용 재료나 공구용 재료로 사용하기에 부적당하다. 그러나 순철에 탄소가 함유되면 그 자체로도 강도 및 경도가 높아질 뿐만 아니라, 그림 1에서 알 수 있는 바와 같이 열처리(퀜칭)에 의해서도 강도 및 경도증가를 꾀할 수 있다.

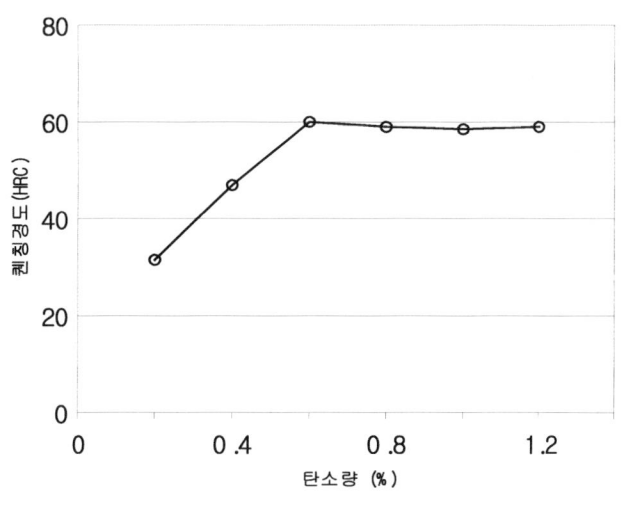

그림 1 탄소량에 따른 퀜칭경도

3) 마르텐사이트 변태

오스테나이트 상태로부터 상온으로 급격히 냉각(퀜칭)하면 탄소가 확산할 만한 시간적 여유가 없으므로 이동하지 못하여 α철 내에 고용상태로 남아 있게 된다. 그런데 탄소원자가 차지할 수 있는 격자틈자리의 크기는 γ철(0.51Å)에서보다는 α철(0.35Å)에서 더 작기 때문에 격자가 팽창될 수밖에 없다. 이때 야기되는 응력 때문에 강의 경도가 증가되어 경화된다. 이와 같이 α철 내에 탄소가 과포화 상태로 고용된 조직을 마르텐사이트(martensite)라고 부른다.

이 마르텐사이트 변태가 시작되는 온도를 M_S점, 종료되는 온도를 M_f점이라고 하며, 이 온도는 오스테나이트의 화학조성에 따라서 달라지는데 공석강에서는 약 230℃정도이다.

또한 마르텐사이트 조직의 형태도 탄소량에 따라서 래스(lath), 혼합 및 판상(plate) 마르텐사이트로 변화된다.

그림 2는 몇 가지 소재의 마르텐사이트 조직을 나타낸 것으로서, 사진에 대한 설명은 아래 표 안에 서술되어 있다.

소 재 : 과공석강(1.61%C, 0.155%Si, 0.36%Mn, 0.050%P)
열처리 : 1100℃에서 30분 유지한 후 얼음물에 수냉.

1, 3) 이 조직은 고탄소강의 전형적인 마르텐사이트 조직을 나타내고 있다. 변태는 완료되지 않았다. 많은 잔류오스테나이트가 마르텐사이트 needle 사이에 존재하고 있다. 마르텐사이트 needle 축을 따라 꽤 넓은 twin도 나타난다. 그리고 마르텐사이트 needle의 특정한 방위를 알 수 있다.

소 재 : Cr강(1.40%C, 0.60%Mn, 0.20%Si, 1.50%Cr)
열처리 : 850℃에서 30분 유지 후 유냉.

2) Single-stage replicas, carbon, pre-shadowed Pt-Ir 30°.
전자현미경으로 관찰하면 마르텐사이트 needle 내부에는 탄화물의 석출이 없다는 것을 알 수 있다.

소 재 : Fe-Ni 합금(33.4%Ni)
열처리 : 1230℃에서 64시간 유지한 후 얼음 섞은 염수에 냉각. 다시 액체산소에 냉각.

4) Thin foil.
이 조직은 마르텐사이트 needle의 내부조직을 나타내는 것으로서, 많은 수의 극히 밀집된 twin으로 구성되어 있다.
잔류오스테나이트는 조직의 왼쪽 중심에 보이는데, 전위밀도가 크다. 이것은 퀜칭시에 일어나는 내부응력에 의해서 일부 형성된 것으로, 다소 network 모양으로 존재하고 있다.

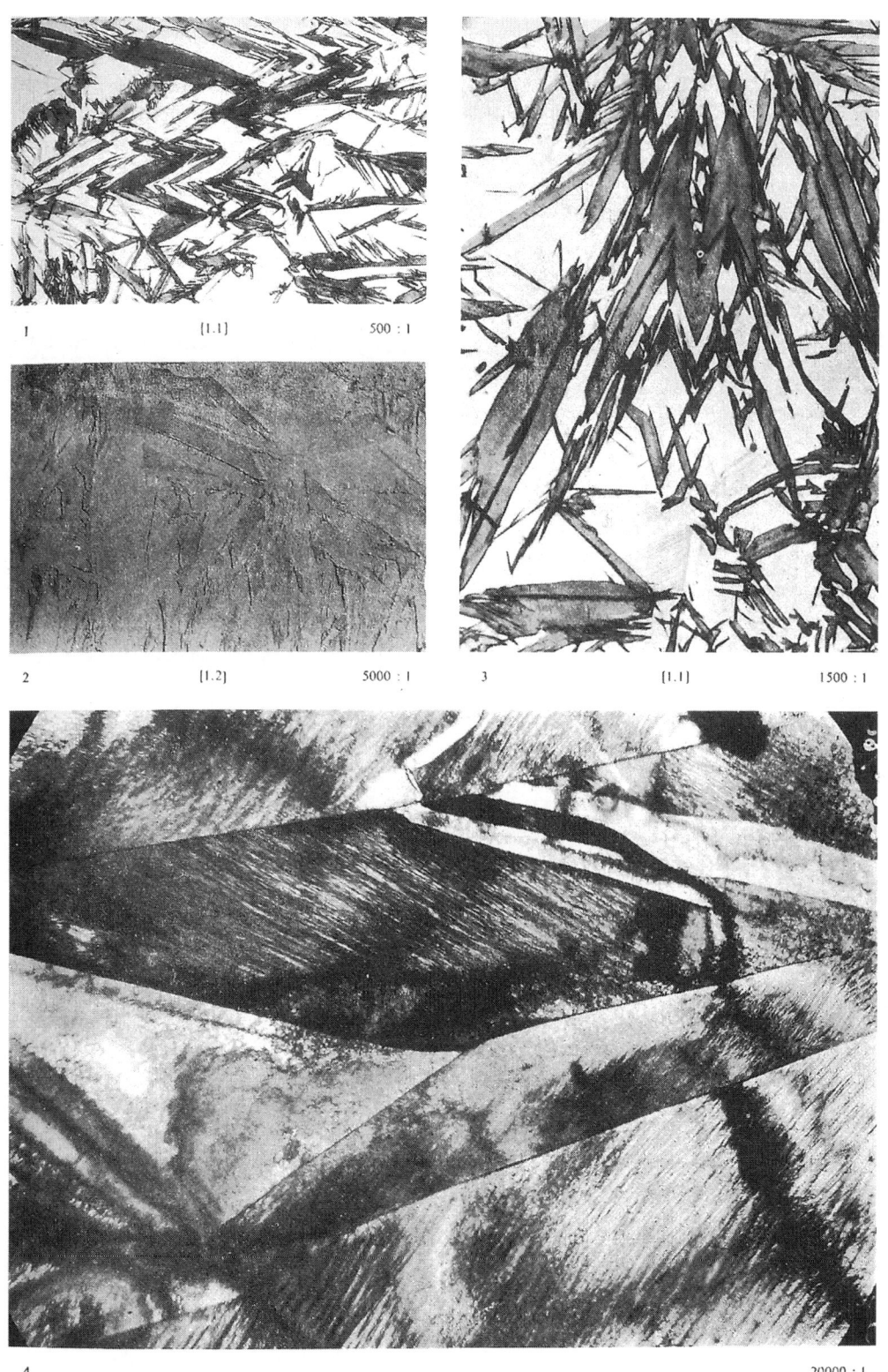

그림 2 마르텐사이트 조직

1.2 실습 순서

(1) 시편 준비

① 실습용 강종(SM25C, SM45C, STC3)을 수령한다.
② 실습 용도에 맞게 절단 후 연마한 후에 초기경도를 측정한다.
③ 시편에 각자의 실험조 및 학번을 punching한다.

(2) 퀜칭

① 3기의 열처리로의 온도를 실습용 강종에 맞는 오스테나이트화 온도로 설정해 놓는다. 즉 SM25C(900℃), SM45C(850℃), STC3(800℃)의 온도로 설정한다.
② 시편을 열처리로에 장입한다.
③ 소정의 오스테나이트화 온도에 도달한 후, 30분 유지하고 수냉한다.
④ 산화 스케일 및 탈탄층을 최소한 1mm 이상 연마하여 제거한 후에 경도시험을 행한다.

(3) 결과 정리

3가지 강종에 대한 퀜칭경도를 컴퓨터 프로그램을 이용하여 막대그래프를 나타낸 후에 탄소량에 따라 퀜칭경도가 다른 이유에 대하여 고찰해본다.

2. 냉각속도에 따른 퀜칭경도

과 목 명	열처리 실험실습 1	과제번호	PHT-2
실습과제명	냉각속도에 따른 퀜칭경도	소요시간	3주
목 적	탄소공구강인 STC3, 합금공구강인 STS3강과 STD11강을 사용하여, 냉각속도를 달리하여 퀜칭함으로써, 냉각속도에 따른 강종별 퀜칭경도의 차이를 확인하고, 그 이유에 대하여 고찰한다.		
사용기재, 공구, 소모성 재료	규 격	수 량	비 고
열처리로		3	
유 냉 조			
수 냉 조		1	
경도시험기	Rockwell	1	
충격시험기	Charpy		
연 마 지	#400, #800, #1200	각 160매	
STC3, STS3, STD11			

2.1 관련 이론

1) 연속냉각변태(continuous cooling transformation)

(1) 공석강의 연속냉각변태

대부분의 실제 열처리작업에서는 항온변태에 의해서 강을 열처리하기도 하지만 오스테나이트 온도영역에서 상온까지 연속적으로 냉각변태시켜서 열처리하고 있는 경우도 많다. 따라서 항온변태곡선을 연속냉각변태곡선으로 전환시키지 않으면 안 된다. 이를 위해서는 항온변태곡선 위에 연속냉각곡선을 그려서 구할 수가 있다.

세로축은 온도, 가로축은 시간(log 눈금)으로 정하여 항온변태곡선 위에 여러 가지 냉각속도로 냉각시켰을 때의 연속냉각곡선을 그림 1에 나타냈는데, 여기서는 간단히 하기 위해서 냉각곡선을 직선으로 표시하였다. 실제적인 열처리작업에서는 아무리 느린 냉각인 노냉(爐冷, furnace cooling)을 시킨다 해도 평형냉각보다는 매우 빠른 냉각이고, 더욱 빠른 냉각인 유냉(油冷, oil quenching)이나 수냉(水冷, water quenching)은 비평형냉각조건이 되기 때문에 $Fe-Fe_3C$ 상태도로부터 상변화를 예측할 수 없다. 따라서 그림 1을 통하여 연속냉각속도에 따른 변태조직의 변화에 대하여 기본적인 안목을 기르는 것이 합금강을 포함한 실제 열처리작업에 직접적으로 연결되기 때문에 후술하는 내용의 중요성은 재언을 요하지 않는다.

지금 몇 개의 공석강 시험편을 A_1 변태점 이상의 온도(그림 1에서 t)로 가열한 후, 여러 냉각속도($v_1 \sim v_6$)로 냉각시켰다고 하자. 이때 그림 1에서 직선의 기울기가 클수록 냉각속도가 큰 것이다. 노냉과 같이 제일 느린 냉각은 직선 v_1, 공랭처럼 약간 빠른 냉각은 직선 v_2, 유냉과 같이 더욱 빠른 냉각은 v_3, v_4, 수냉과 같이 가장 빠른 냉각은 v_5, v_6로 나타내진다.

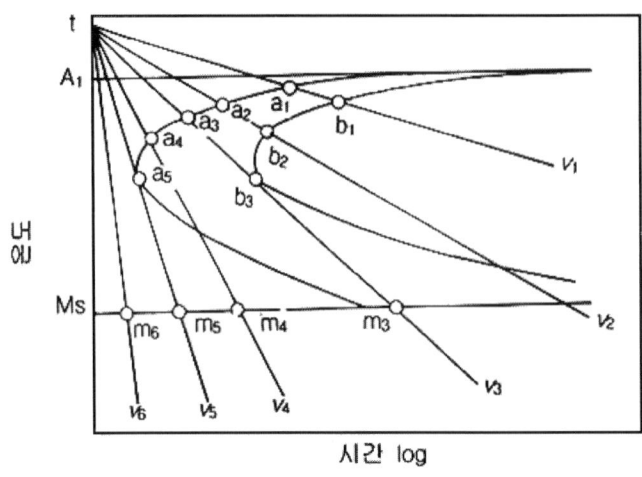

그림 1 S곡선과 연속냉각곡선과의 관계

제일 느린 냉각속도인 v_1에서는 냉각곡선이 펄라이트 변태의 개시 및 종료선을 통과하고 있다. 즉, 변태개시선과는 a_1점에서, 종료선과는 b_1점에서 교차하고 있다. 이와 같이 노냉시에는 오스테나이트가 펄라이트로 변태하게 된다. 특히 이 변태가 변태개시선의 가장 높은 온도에서 일어나므로 이 펄라이트 조직은 조대하게 된다.

좀더 빠른 냉각속도(공랭)인 v_2에서도 역시 냉각곡선이 펄라이트 변태의 개시 및 종료선을 통과하고 있으므로 오스테나이트는 펄라이트로 변태된다. 그러나 변태개시온도가 a_2이고, 종료온도가 b_2이므로 노냉시보다는 약간 낮기 때문에 펄라이트 조직은 좀더 미세해진다. 이와같이 공랭에 의해서 형성된 미세 펄라이트를 소르바이트(sorbite)라고 부른다.

더욱 빠른 냉각속도인 v_3의 냉각속도에서는 변태온도가 더욱 낮으므로 형성된 펄라이트는 소르바이트보다 더욱 미세해진다. 이와 같이 가장 미세한 펄라이트를 트루스타이트(troostite)라고 부르며, 트루스타이트 변태가 시작되는 온도를 Ar′이라고 한다.

이와 같은 이유로 해서 v_3보다 빠른 냉각일 경우에 냉각곡선은 단순히 변태개시선과 a_4에서 교차될 뿐이며 종료선과는 교차되지 않는다. 이것은 펄라이트 변태가 시작되었을 뿐 종료되지 않았다는 것을 의미한다. 다시 말하면 일부의 오스테나이트는 펄라이트로 변태되지만 나머지는 펄라이트 조직으로 변태할 만한 시간적 여유가 없었다는 것을 나타내는 것이다. 따라서 펄라이트로 변태되지 못하고 남아 있는 오스테나이트는 그대로 냉각되다고 m_4점에 도달되면 마르텐사이트로 변태하게 된다. 이와 같은 마르텐사이트 변태가 시작되는 온도를 Ar″, 또는 흔히 Ms점이라고 한다. 그러므로 v_4의 속도로 냉각하면 트루스타이트와 마르텐사이트의 혼합조직을 얻을 수가 있고 이때의 냉각속도는 유냉에 해당된다.

냉각속도가 v_5보다 클 때에는 오스테나이트는 전혀 페라이트와 시멘타이트로 분해되는 일 없이 모두 마르텐사이트로 변태된다. 탄소강에서는 이러한 냉각속도가 수냉에 해당된다. v_5와 같이 펄라이트를 형성함이 없이 전적으로 마르텐사이트를 형성시키는 최소의 냉각속도를 임계냉각속도(臨界冷却速度, critical cooling rate)라고 한다.

그림 1에서 연속냉각변태를 설명할 때 주의해야 할 사항이 한 가지 있다. 즉, 그림에서 냉각속도 v_3~v_1은 도면상에서 마르텐사이트 변태개시온도인 Ms점을 통과하고 있다. 예를 들면 냉각곡선 v_3는 m_3점에서 Ms선과 교차하고 있지만 마르텐사이트로 변태하는 것은 아니다. 왜냐하면 이 냉각곡선은 이미 펄라이트 변태개시선과 종료선을 통과했기 때문에 전부 펄라이트로 변태되어 마르텐사이트로 변태할 오스테나이트가 남아 있지 않기 때문이다. 따라서 마르텐사이트 변태는 일어나지 않게 되고, m_3점보다 오른쪽의 Ms선은 아무런 의미가 없는 선이 되는 것이다.

(2) 연속냉각변태도

한편 공석탄소강을 연속냉각시키면 오스테나이트로부터 펄라이트로의 변태개시는 어느 일정한 온도에서 일어나는 것이 아니라 냉각속도가 커짐에 따라 변태개시온도는 낮아진다. 그러므로 그림 1에서와 같이 항온변태곡선으로부터 연속냉각에 의해서 형성되는 조직을 직접적으로 예측하는 것은 실제적으로 정확한 것이 아니다. 실험결과에 의하면 공석탄소강에서의 연속냉각변태도는 항온변태곡선에 비하여 좀더 저온측으로, 그리고 좀더 장시간 쪽으로 이동되어 있다는 사실을 알 수 있다.

그림 2는 공석탄소강의 연속냉각변태도가 항온변태곡선과 비교할 때 약간 右下측으로 이동되어 있는 것을 보여주는 것이다. 일반적으로 항온변태곡선을 IT 곡선, 또는 TTT곡선이라고 부르는 것과 구별하기 위해서 연속냉각변태도를 CCT곡선(continuous cooling transformation diagram)이라고 부른다.

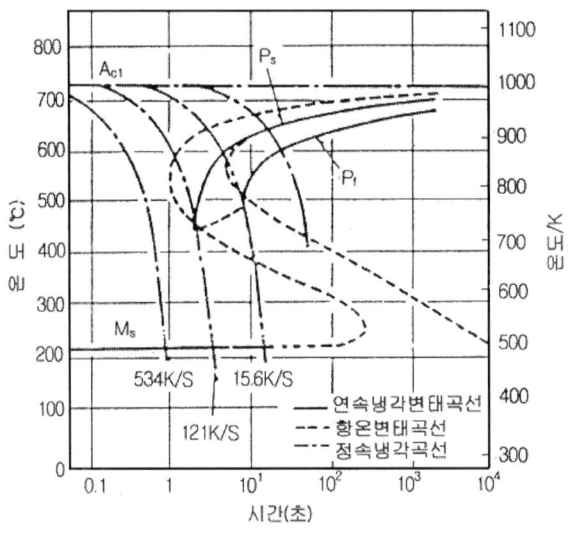

그림 2 공석강의 연속냉각변태곡선과 항온변태곡선의 비교

한편 그림 3은 위와 같은 공석강의 연속냉각변태도 위에 오스테나이트화 온도로부터 여러 가지 속도로 냉각시켰을 때의 냉각곡선과 그에 따른 형성조직을 나타내고 있다. 곡선 A와 같이 매우 느린 냉각인 노냉에 의해서 조대한 펄라이트를 형성시키는 열처리 방법을 풀림(annealing)이라고 하고, 곡선 B와 같이 좀더 빠른 냉각인 공랭에 의해서 미세한 펄라이트인 소르바이트를 형성시키는 열처리방법을 노멀라이징(normalizing)이라고 한다. 또한 곡선 D와 같이 가장 급랭인 수냉에 의해서 전부 마르텐사이트 조직을 얻는 열처리방법을 퀜칭(quenching)이라고 하는데, 이 방법은 강을 경화시키는 열처리방법으로서 그 중요성이 매우 크다.

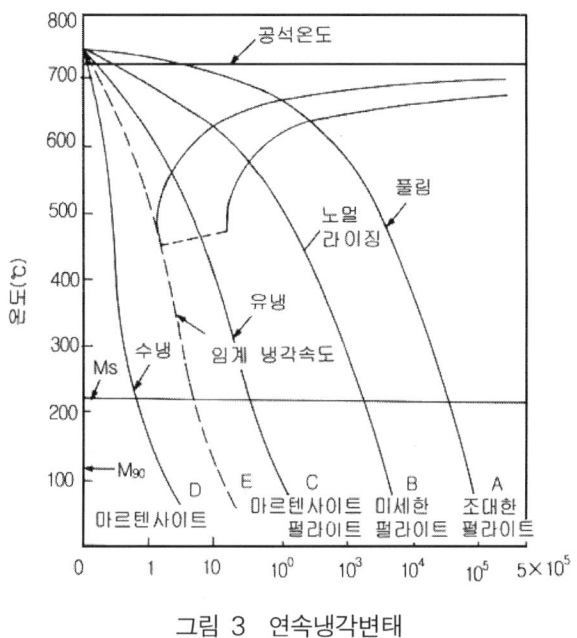

그림 3 연속냉각변태

한편 곡선 C와 같은 냉각속도에서는 그림 1에서 설명한 바와 같이 미세한 펄라이트의 변태가 개시되지만 이 변태를 완료시킬 만한 충분한 시간이 없기 때문에 펄라이트로 변태하지 못하고 남아 있는 오스테나이트가 마르텐사이트로 변태하게 된다. 따라서 최종조직은 극히 미세한 펄라이트인 트루스타이트와 마르텐사이트의 혼합조직으로 된다.

공석탄소강의 연속냉각변태도로부터 알 수 있는 또하나의 중요한 사실은 그림 3의 곡선 A, B 및 C에서 보는 바와 같이 펄라이트 변태를 일으키고 난 후에야 베이나이트 변태개시선이 통과된다는 것이다. 이 사실은 연속냉각에 의해서는 베이나이트 변태가 일어날 수 없다는 것을 의미한다. 따라서 베이나이트 조직을 얻기 위해서는 공석강을 M_s온도와 nose 온도사이로 급랭시켜서 항온변태시키는 수밖에 없다. 그러나 이것은 탄소강에만 해당되는 것으로서 합금원소가 첨가된 특수강에서는 연속냉각에 의해서도 베이나이트 변태를 일으킬 수 있다.

2) 강의 변태에 미치는 합금원소의 영향

앞에서는 강에서 일어나는 펄라이트변태나 마르텐사이트변태 등에 대한 기본적인 사항을 설명하였다. 본 절에서는 탄소강에 합금원소가 첨가되었을 때에 이러한 변태상황이 어떻게 달라지는지를 설명하고자 한다. 즉, 탄소강에 Ni 이나 Cr 등의 합금원소가 첨가되면 S곡선이 우측으로 이동하여 펄라이트 변태가 일어나기 어려워짐으로 두께가 큰 강재를 퀀칭할 때에 냉각속도가 작아도 마르텐사이트 조직을 얻을 수 있고, 또한 18Cr-8Ni 스테인리스강에서처럼 M_s점이 현저하게 저하됨으로써 상온에서도 완전한 오스테나이트 조직상태로 존재하게 된다.

퀜칭-템퍼링 처리를 행하여 사용하는 기계구조용강이나 공구강에서 합금원소를 첨가하는 목적은 여러 가지가 있지만 그중에서도 중요한 사항은 전술한 바와 같이 펄라이트 변태를 억제시켜서 퀜칭에 의한 마르텐사이트 조직을 얻기 쉽도록 하기 위한 것이다. 즉, 경화능을 향상시키기 위한 것이다. 경화능에 대한 구체적인 설명은 후술하기로 하고, 본 절에서는 우선 경화능에 대한 예비지식으로서 펄라이트 변태와 마르텐사이트 변태에 대한 합금원소의 영향에 대해서 설명하기로 한다.

(1) 펄라이트 변태에 미치는 영향

① A_1, A_3 및 A_{cm} 선의 변화

강을 퀜칭하거나 풀림처리할 경우에 우선 오스테나이트 상태의 온도로 가열할 필요가 있다. 탄소강에서는 A_3 또는 A_{cm} 선 이상으로 가열하면 오스테나이트 단상으로 되지만, 합금원소가 첨가되면 이 A_3 및 A_{cm} 선의 온도가 달라지므로 합금강에서는 오스테나이트 조직으로 하기 위한 가열온도의 선정에 주의할 필요가 있다.

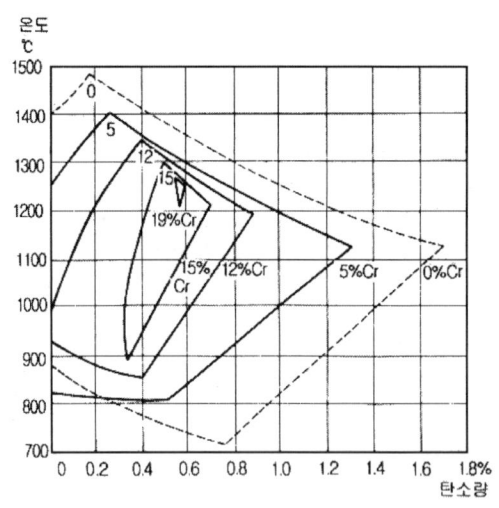

그림 4 오스테나이트 영역에 미치는 Cr과 C의 영향.
점선은 탄소강의 오스테나이트 영역을 나타낸다.

그림 4는 Cr 첨가에 따라 A_3선과 A_{cm}선이 변화되는 상태 즉, 오스테나이트 상영역이 변화되는 상태를 나타낸 것으로서, Cr량이 증가함에 따라 723℃, 0.8%C에 해당되는 A_1 변태점이 저탄소 쪽으로 그리고 고온측으로 이동함으로 오스테나이트 단상영역은 Cr량이 증가함에 따라 점점 좁아지게 된다. 따라서 오스테나이트화하기 위해서는 보다 높은 온도로 가열해야만 한다는 것을 알 수 있다.

이와 같은 경향은 탄소와의 친화력이 강한 원소 즉, 탄화물 형성원소에서 공통적으로 볼

수 있는 현상으로서, 예를 들면 0.8%C-18%W-4%Cr-1%V을 함유한 고속도공구강에서는 900℃ 정도로 가열시 오스테나이트 중에 고용되는 탄소량은 불과 0.25% 정도이므로 이것을 퀜칭하여 마르텐사이트 조직으로 변태시켜도 그다지 경화되지 못하지만, 1270~1300℃로 가열하면 0.55% 정도의 탄소가 오스테나이트 중으로 고용됨으로 이것을 퀜칭하면 HRC 65~67 정도의 경도를 얻을 수 있다.

(2) 펄라이트 변태속도의 변화

평형상태도상에서 A_1 및 A_3선이 합금원소 첨가에 의해서 변화되는 양상은 전술한 바와 같으나 실제로 오스테나이트 상태로부터 어느 냉각속도로 냉각시킬 때에 Ar_3변태나 Ar_1변태가 어떻게 나타나는가 하는 것은 냉각속도와 합금원소에 의해서 현저하게 달라진다.

펄라이트 변태속도는 핵생성속도(N)과 핵성장속도(G)에 의해서 결정되지만 합금원소 중에서 Co와 Al만은 이 N과 G를 증가시켜서 펄라이트 변태를 촉진시키는 반면에 그 이외의 원소들은 펄라이트변태를 지연시키는 효과를 갖고 있다. 특히 Mo, Ni 및 Mn 등은 그 작용이 현저한데, 예를 들면 Mn은 0.2%에서 0.8%로 함유량이 증가하면 G를 1/5로 감소시키고, 또 Mo은 불과 0.5%첨가로서 G를 1/100로, N을 1/1000로 감소시킨다고 알려져 있다.

그림 5는 펄라이트 변태속도에 미치는 Ni의 첨가영향을 나타낸 것으로서, 오스테나이트 안정화원소(austenite stabilizer)인 Ni은 펄라이트변태를 지연시키기 때문에 펄라이트 변태개시선이 오른쪽으로 이동되어 있는 것을 볼 수 있다. 따라서 펄라이트 변태가 완료되는데에 걸리는 시간이 훨씬 길어지게 된다. 또한 Ni첨가에 의해서 A_1 변태온도도 낮아짐을 알 수 있다.

이와같이 펄라이트변태를 지연시키는 합금원소를 첨가하면 두께가 큰 강재를 퀜칭하는 경우에 중심부의 냉각속도가 다소 늦더라도 펄라이트변태가 일어나기 어려우므로 완전한 마르텐사이트 조직으로 경화된다는 사실을 알 수 있다.

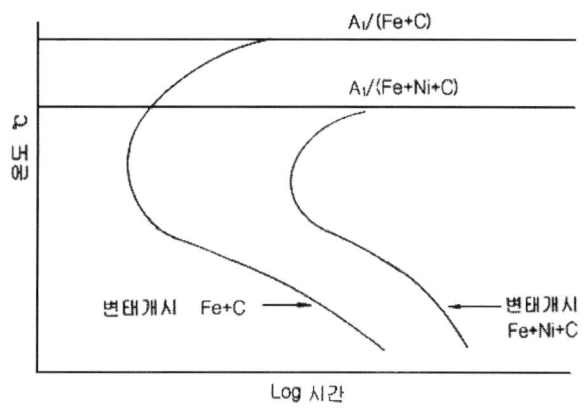

그림 5 오스테나이트 안정화 원소 Ni에 의한 변태곡선의 이동

3) 퀜칭(Quenching)

일반적으로 사용하는 "열처리"란 말은 주로 이 '퀜칭'을 의미한다고 해도 과언이 아닐 정도로 퀜칭은 열처리의 대명사처럼 여겨져 왔다. 즉, 강을 연(軟)한 상태로부터 가장 단단한(硬) 상태로 급격하게 변화시킴으로써 열처리효과를 가장 실감나게 해주는 방법이다.

(1) 퀜칭의 목적

강의 퀜칭(quenching)은 오스테나이트화 온도로부터 급랭하여 마르텐사이트 조직으로 변태시켜서 강을 경화하는 열처리방법을 말하는데, 그 목적은 강의 종류에 의해 2가지로 대별된다.

그 하나는 공구강의 경우인데, 이것은 다른 금속재료를 절삭가공하기 위해 되도록 단단하거나 내마모성이 커야 하므로 고탄소 마르텐사이트의 특징인 큰 경도를 그대로 이용한다. 따라서 많은 공구강에서는 템퍼링온도를 150~200℃의 비교적 낮은 온도로 하거나, 고합금강에서처럼 500~600℃로 템퍼링을 하더라도 퀜칭상태와 거의 같든지 혹은 그 이상의 경도가 얻어지도록 하여야 한다.

다른 하나의 경우는 구조용강으로서, 여기에는 강도도 요구되지만 오히려 강한 인성이 요구되는 용도로 제공하기 위해 일단 퀜칭해서 마르텐사이트 조직으로 하고, 500~700℃의 상당히 높은 온도로 템퍼링을 해서 퀜칭상태에 비해 훨씬 낮은 경도·강도의 상태로 만드는 것이다. 예를 들면 기계구조용 탄소강에서 퀜칭상태의 인장강도는 170kg/mm^2 이상이고, 브리넬경도도 500 이상이지만 실제로 사용될 때에는 충분한 템퍼링을 해서 인장강도 100kg/mm^2 이하, 브리넬경도 300 이하로 한다.

표 1 불완전 퀜칭에 의한 인성의 저하

성분 (%)	C 0.35	Si 0.26	Mn 0.96	Cr 0.56	Ni 0.66	Mo 0.24	인장시험 결과		
기호	퀜칭 방법			퀜칭 조직		템퍼링 방법	인장강도 (kg/mm^2)	연신율 (%)	단면수축율 (%)
M	900℃- 1시간 수냉			마르텐사이트		550℃, 1시간 수냉	89.6	21.4	68.9
M+B	900℃- 1시간→ 수중(5초간)→ 400℃염욕(5초간)→수냉			마르텐사이트 베이나이트		590℃, 1시간 수냉	88.9	21.4	63.8
M+P	900℃- 1시간→ 600℃ 염욕(115초간) → 수냉			마르텐사이트 펄라이트		625℃, 1시간 수냉	86.1	20.7	57.8

그렇게 볼 때 무리하게 퀜칭할 필요없이 노르말라이징 정도면 되지 않겠는가 하는 의문이 생기나, 사실은 이와 같이 퀜칭과 템퍼링을 한 강은 노르말라이징 처리한 강에 비해 강도와 인성의 면에서 현저하게 우수하다.

표 1에 나타낸 것처럼 Ni-Cr-Mo강의 퀜칭방법을 변화시켜서 마르텐사이트, 마르텐사이트와 베이나이트, 마르텐사이트와 펄라이트의 3종류의 조직으로 해서 인장강도가 약 $89kg/mm^2$의 일정값이 되도록 각기 적당한 온도를 골라서 템퍼링처리를 했을 때의 인장시험결과를 나타냈다. 표에서 알 수 있듯이 완전 마르텐사이트조직을 템퍼링한 경우에 비해 베이나이트나 펄라이트를 갖는 불완전 퀜칭조직을 템퍼링한 것은 천이온도가 상승하여 상온이하에서의 충격값의 감소가 특히 심하다.

(2) 오스테나이트화

강을 퀜칭해서 마르텐사이트 조직으로 변태시키기 위해서는 우선 그 강을 오스테나이트 상태로 가열하여야 한다. 이 처리를 오스테나이트화라고 하며, 일반적으로 열처리시 냉각도중에 일어나는 모든 변태는 오스테나이트로부터 시작된다. 따라서 오스테나이트를 모상(母相, parent phase)이라고도 부른다.

① 가열온도

전술한 바와 같이 마르텐사이트로 변태시키기 위해서는 우선 오스테나이트 상태로 가열해야만 하는데, 그때의 가열조건, 특히 가열온도는 강의 성질에 중대한 영향을 미치므로 가열온도의 선정은 무엇보다도 중요하다.

여기서 우선 정확히 규정해야 할 것은 용어문제로서, 상황에 따라서 가열온도, 퀜칭온도 및 오스테나이트화 온도를 구분해서 사용하기도 하지만 본 절에서는 이 3가지 용어를 동일한 의미로써 사용한다.

퀜칭을 위한 가열온도는 수냉하는 경우, 아공석강에서는 Ac_3 변태점 이상 30~50℃ 정도, 과공석강에서는 Ac_1 변태점 이상 30~50℃ 범위로 하는 것이 보통이며, 유냉의 경우는 이것보다 다소 높은 온도를 사용한다. 가열온도가 이 온도범위보다 높아짐에 따라서 오스테나이트의 결정립은 점차 크게 성장하여 조대화되기 쉬워진다.

그런데 과공석강에서는 오스테나이트화 온도에서 오스테나이트와 미용해 탄화물이 공존하는데, 이 탄화물이 오스테나이트 결정립계의 이동, 즉 결정립성장을 방해하는 효과가 있다. 미용해 탄화물이 조대하거나 그 수가 적으면 그만큼 결정립은 조대해진다.

한편 아공석강에서는 오스테나이트화시 모든 탄화물이 고용되므로 결정립성장은 매우 빠른 속도로 진행된다.

이와 같이 결정립이 조대해지면 마르텐사이트변태가 용이하여 열처리가 다소 쉽게 되기는 하지만 열처리 후의 인성은 현저하게 감소된다. 표 2는 베어링강 2종(STB 2 : 1%C,

1.3%Cr)의 직경 8mm의 환봉을 유냉했을 때와 마르템퍼링(후술)했을 때 인성에 미치는 오스테나이트화 온도의 영향을 나타낸 것으로, 어떤 경우도 오스테나이트화 온도가 상승함에 따라 인성이 감소됨을 알 수 있다.

표 2 베어링강을 유냉 및 마르템퍼링 처리시 오스테나이트화 온도에 따른 인성변화

오스테나이트화 온도(5분간 가열)	마르템퍼링 처리재(200℃의 염욕으로 급랭하여 10분간 유지 후 공랭)		상온으로 유냉	
	경도(HRC)	흡수에너지 (kg-m)	경도(HRC)	흡수에너지 (kg-m)
830℃	61	15.0	64	9.0
900℃	65	5.0	66	4.0
950℃	64	1.5	64	2.5

그러나 공구강의 경우는 오스테나이트화시에 탄화물을 적당히 고용시켜서 마르텐사이트를 충분히 단단하게 하는 동시에, 잔류오스테나이트량을 줄이는 것이 동시에 중요하다. 탄소공구강에서는 상기와 같은 온도범위를 선택하면 별다른 문제는 없지만, 과공석강의 경우 온도가 지나치게 높으면 오스테나이트중의 탄소량이 많아져서 M_s점이 저하하고, 상온으로 냉각시 잔류오스테나이트가 많아져 충분한 경화가 안 될 뿐 아니라 열균열도 일어나기 쉽게 된다.

한편 고속도공구강 등과 같이 W이나 Cr 등 탄화물을 만들기 쉬운 합금원소를 다량 함유한 강에서는 이들의 원소 때문에 공석변태점이 상승하는 동시에 오스테나이트중의 탄소고용도가 감소한다. 표 3은 주요 합금원소 1% 첨가에 따른 변태온도의 변화를 나타낸 것이다.

표 3 합금원소 1% 첨가에 따른 변태온도의 변화

	A_1 변태점(723℃)에 대한 변화		A_3 변태점(910℃)에 대한 변화	
+℃	Si	22	Si	31
	Cr	23	V	38
	W	50		
	Mo	70		
-℃	C	0	C	220
	Mn	14	Cr	2
	Ni	15	Ni	23
			Mn	35

예를 들면 18%W-4%Cr-1%V형의 고속도강(SKH2)에서는 공석점이 850℃ 정도까지 상승되므로 900℃ 부근으로 가열해도 오스테나이트의 탄소농도는 0.20~0.25% 정도이므로 경도가 겨우 HRC 50 정도밖에 되지 않는다. 가열온도를 높이면 점점 탄화물의 고용량이 증가하여 1300℃ 부근에서는 약 0.55% 정도의 탄소가 고용해서 퀜칭경도는 HRC 66~67로 충분히 높아진다. 또한 고용된 W, Cr과 같은 합금원소때문에 열처리하기 매우 쉽고, 또 고속절삭으로 날끝온도가 상승해도 쉽게 경도가 저하되지 않는 우수한 템퍼링연화저항성이 얻어지는 것이다.

그러나 이 경우도 지나치게 온도가 높아지면 역시 결정립의 조대화로 인해 취화된다. 이와 같이 강의 성질이 손상될 만큼의 고온까지 가열시키는 것을 과열(過熱, overheat)이라 한다. 더우기 그 정도가 더욱 심하여 입계가 일부 용융하기 시작한다든지 입계를 따라 내부까지 산화가 진행되어 나머지 열처리나 기계가공 등의 작업에서도 정상적인 성질을 회복할 수 없다든지 하는 경우를 버닝(burning)이라고 한다.

② 가열시간

또한 오스테나이트화시에는 가열시간도 중요하다. KS 규격에서도, 여러 회사의 카탈로그에서도 퀜칭온도(오스테나이트화 온도)는 규정되어 있지만 가열시간, 특히 오스테나이트화 온도에서 유지하는 시간에 대한 규정은 찾아볼 수 없다. 그러나 열처리란 가열온도, 가열시간 및 냉각의 조합이므로 필수적으로 가열시간이 필요하다.

작업능률이나 원가 등의 입장에서는 가열시간은 가능한 한 짧을수록 바람직하지만, 실제로는 가열방법이나 재료의 크기에 따라 그 중심부까지 필요한 온도로 상승시키기 위한 시간과 확산에 의해 탄화물이 고용되어 균일한 오스테나이트로 형성되는데에 필요한 시간을 생각해야 한다. 합금원소가 많이 함유될수록 일반적으로 열전도율은 적고 또 확산속도도 늦으므로 장시간의 가열이 필요하다.

한편 오스테나이트화 처리시의 가열시간은 그림 6에서 나타낸 바와 같이 승온시간(昇溫時間), 균열시간(均熱時間) 및 유지시간(維持時間)으로 이루어져 있다. 승온시간이란 부품의 표면이 소정의 오스테나이트화 온도로 도달되는데 필요한 시간을 말하고, 균열시간이란 부품의 표면과 중심의 온도가 일치하기까지의 시간을 말하며, 유지시간이란 부품 전체가 그 온도에서 유지되는 시간을 말하는 것이다. 따라서

$$승온시간 + 균열시간 + 유지시간 = 가열시간$$

이란 관계가 성립된다.

여기서 우리가 주의해야 할 사항은 그림 6에서도 알 수 있듯이 로내온도의 승온속도와 부품의 승온속도가 다르다는 것이다.

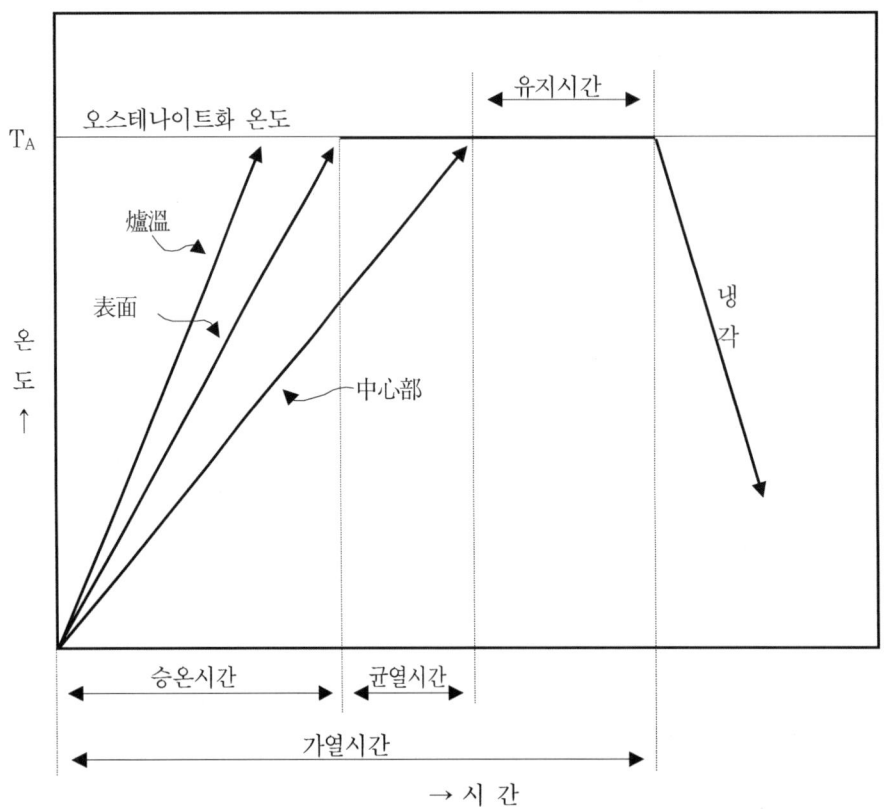

그림 6 퀜칭시 가열패턴 및 용어정의

따라서 여기서 사용되는 '온도'라는 말은 부품의 실제온도를 의미하는 것으로, 로내분위기 온도 즉, 온도계로 지시되는 온도가 아니다.

승온시간은 부품의 크기에 따라서 달라지지만 유지시간은 부품의 크기에는 별 영향이 없고, 강종에 따라서 달라진다. 즉,

$$승온시간 = f\,(부품의\ 크기)$$
$$유지시간 = f\,(강종) \text{ ---- 아공석강인가 과공석강인가에 따라 다르다.}$$
$$승온시간 + 유지시간 = 가열시간(\text{soaking time})$$

여기서 가열시간에는 표면과 중심부의 승온시간의 차이, 즉 균열시간도 포함되어야 하지만 그 시간의 차이는 의외로 작다. 다시 말해서 표면이 퀜칭온도에 도달하면 중심부도 거의 동시에 그 온도에 도달된다고 보아도 좋다는 것이다.

고탄소저크롬 베어링강에서 탄화물이 고용에 필요한 시간은 900℃의 경우, 미세펄라이트 조직에서 약 2분, 펄라이트조직에서 약 3분, 구상화조직에서 1시간 이상이 필요하다고 한다.

그리고 전술한 중심부와 표면의 승온시간의 차이도 고려해서 각 강종의 오스테나이트화 온도로의 적당한 가열시간을 선정해야 하는데, 탄소강이나 합금공구강(STS)에서는 살두께 25mm당 약 30분, 고합금공구강(STD)에서는 그 1.5배 정도, 또 스테인리스강 등은 2배인 60분 전후를 유지한다. 고속도공구강은 1200~1350℃에서 퀜칭하고 있는데, 그로 인한 가열에는 염화바륨($BaCl_2$) 용융염욕을 사용하는 경우가 많고, 차가운 강재를 직접 고온염욕 중에 넣으면 균열이 생길 위험이 있으므로 1회 또는 2회의 예열을 해주는 것이 좋다.

(4) 냉각매체

강을 퀜칭할 때 복잡한 형상의 고합금강에서는 간혹 공랭이라고 하여 단순히 공기중 방랭(放冷)만으로 마르텐사이트조직을 얻을 수 있는 경우도 있지만, 그 외의 경우는 물 또는 기름 속에 투입해서 급랭하는 것이 보통이다. 잘 알려진 것처럼 기름보다 물에서의 냉각속도가 빠르지만 기름이나 물도 그 온도에 따라, 혹은 첨가물에 따라, 혹은 교반하는 정도에 따라서도 그 냉각능력은 변화된다. 일정한 조건으로 수냉한 경우에도 강재가 냉각되는 과정이 단순하지만은 않고 냉각도중에 냉각속도는 커지거나 작아지게 되어 미묘하게 변화한다.

그림 7은 직경 12.7mm(0.5 in.)의 강봉을 수냉했을 때의 냉각곡선을 표시한 것으로 냉각 상황은 대략 3단계로 구분된다.

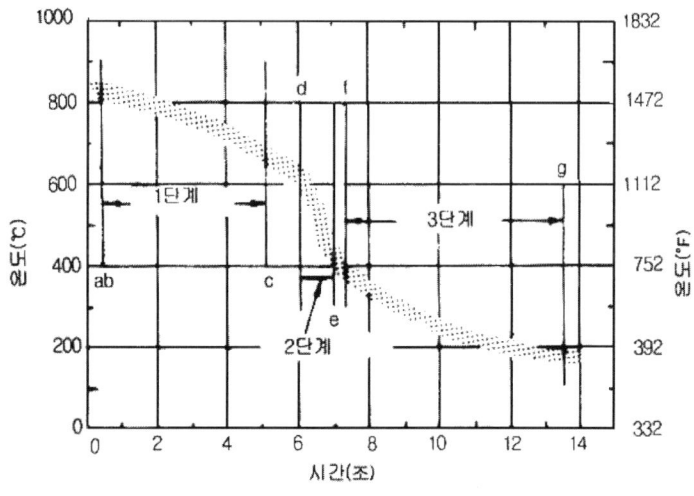

그림 7 수냉시의 냉각단계

① 제1단계 : 가열된 강재의 표면에 증기막이 생겨서 열전도도가 작아지므로 강의 냉각은 비교적 늦다. 이 단계를 증기막단계라고 한다.

② 제2단계 : 강표면에서 심한 비등이 일어나고, 증기막은 곳곳에서 파괴되어 기포로 되어 없어지므로 강표면은 직접 물과 접촉해서 전도와 대류에 의해 열이 방출되어 급속히 냉각된다. 이 단계를 비등단계라고 한다.
③ 제3단계 : 수증기의 발생은 없고, 강의 온도와 물의 온도의 차가 적어지므로 다시 냉각속도는 늦어진다. 이 단계를 대류단계라고 한다.

강의 퀜칭시에는 펄라이트변태가 일어나기 쉬운 A_1~550℃간의 온도범위를 충분히 급랭시켜야 한다. 그렇게 하기 위해서는 특히 제1단계가 나타나는 시간을 되도록 짧게 할 필요가 있는데, 그것은 수중에서 8자의 형태로 강재를 강하게 흔들어 준다거나 물을 심하게 교반시켜서 수증기막이 빠르게 파괴되도록 하면 된다. 또한 수온을 되도록 낮추거나 5~10% 정도의 식염이나 염화칼슘을 물에 녹이면 제 1단계는 단축된다.

그러나 Ar′변태가 일어나는 온도범위를 충분히 빠른 속도로 냉각시키면 그 후의 냉각까지 반드시 빨리할 필요는 없다. 오히려 300℃ 이하에서 냉각속도를 늦출 수만 있다면 부품 내외의 온도차를 줄이고, 변태응력의 발생이 적어져 열균열이나 열변형의 위험도 없어질 것이다. 즉, 약 550℃ 부근까지의 냉각속도는 크고, 300℃ 이하에서의 냉각속도는 반대로 작아지는 냉각매체가 이상적이라 할 수 있다.

Grossmann 등은 액의 냉각능력을 나타내는 일반적 수치로 퀜칭액과 강의 계면의 열전달계수 α와 강의 열전도도 λ의 비($H=\alpha/\lambda$)는 퀜칭액의 냉각능(冷却能, severity of quench)이라는 값을 쓰고 있다.

정지한 물의 냉각능을 1.0으로 하면 공기, 기름, 물 및 식염수의 H 값은 대략 표 4에 나타낸 바와 같은 값으로 된다. 이 표에서 보면 물이나 기름을 심하게 교반할 경우 정지된 상태에 비해서 4배 정도까지 냉각능력이 크게 되므로 퀜칭할 때 교반이 대단히 중요한 의미를 가지고 있다는 것을 알 수 있다.

표 4 퀜칭액의 냉각능 H의 값

교반 정도 \ 냉매	공기	기름	물	염수
정 지	0.02	0.25~0.30	1.0	2
조 용 하 게	……	0.3~0.35	1.0~1.1	2~2.2
중 정 도 로	……	0.35~0.40	1.2~1.3	……
충 분 하 게	……	0.4~0.5	1.4~1.5	……
강 하 게	0.05	0.5~0.8	1.6~2.0	……
심 하 게	……	0.8~1.1	4	5.0

(5) 퀜칭균열

통상적인 퀜칭시에는 냉각과정에서 피처리품의 표면온도와 중심부의 온도차이를 일으키기 때문에 오스테나이트→마르텐사이트 변태가 균일하게 진행되지 않는다. 그림 8은 표면부와 중심부의 냉각속도 차이에 따라 변태시기에 차이가 생겨서 이것이 표면부에 인장잔류응력을 형성하는 과정을 나타낸 것이다. 이 잔류응력이 충분히 크면 퀜칭균열을 일으키게 되는 것이다.

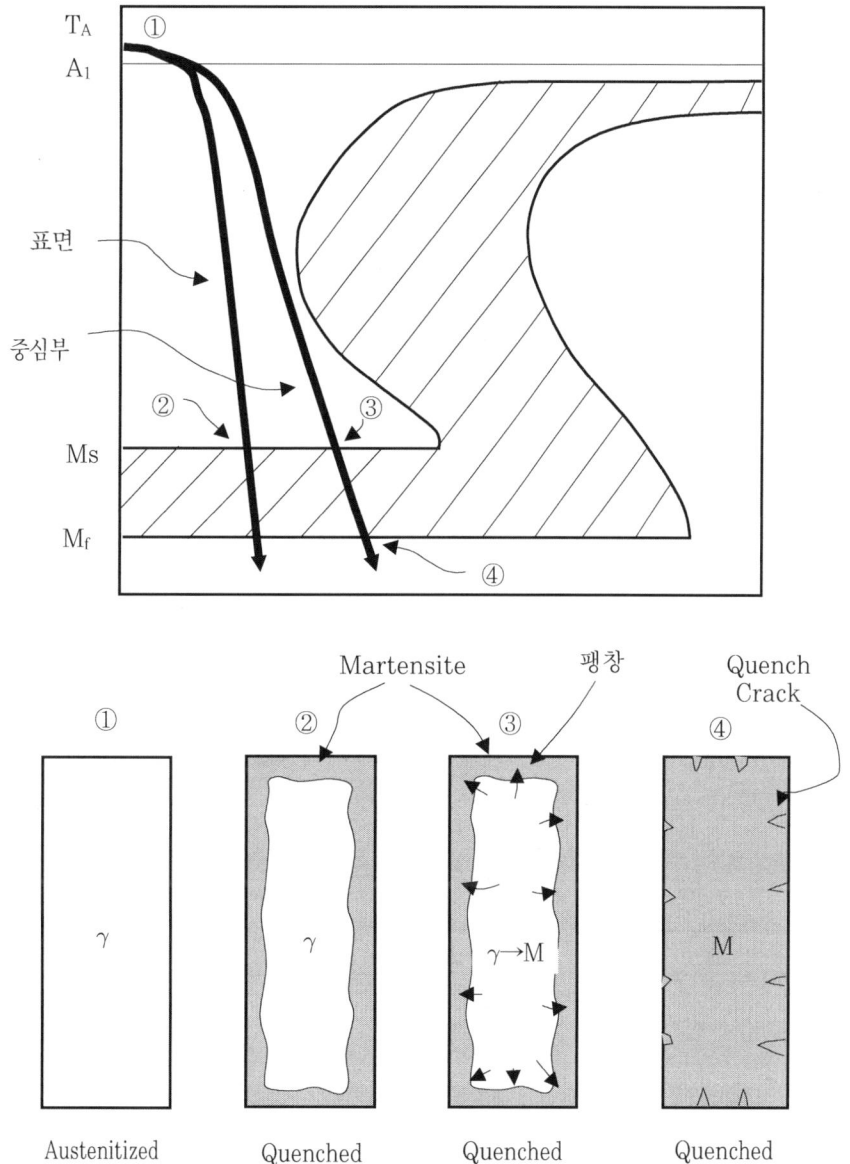

그림 8 퀜칭시에 형성된 잔류응력에 기인하여 퀜칭균열을 발생시키는 과정을 나타내는 모식도

이러한 현상은 얇은 부위와 두터운 부위가 공존하는 경우에도 동일하게 나타나는데, 얇은 부위는 냉각이 빠르고 두터운 부위는 냉각이 느려지게 된다. 이로 인한 변태개시의 차이가 퀜칭변형의 큰 원인으로 작용하게 되고, 이것이 극단적인 경우에는 퀜칭균열까지 일으킬 수 있다. 따라서 퀜칭변형이나 퀜칭균열의 가장 큰 원인은 부위에 따라 냉각이 불균일하게 일어나는 것이기 때문에, 금형설계를 할 때에는 얇은 부위와 두터운 부위가 가능하면 공존하지 않도록 하는 것이 매우 중요하다.

마르퀜칭(Marquenching)[2]은 이와 같이 냉각과정에서 발생되는 온도차이를 오스테나이트 →마르텐사이트 변태개시 직전에 해소시켜서 변태를 균일하게 진행되도록 하므로써 퀜칭변형을 방지하는 방법이다. 그 처리방법은 오스테나이트화 온도로부터 Ms점보다 약간 높은 온도에서 강 전체가 동일한 온도가 될 때까지 유지한 후에 퀜칭을 행하면 강의 표면부와 중심부가 동시에 마르텐사이트로 변태하므로 잔류응력의 도입을 피할 수 있게 되는 것이다.

2.2 실습 순서

(1) 시편 준비
① 실습용 강종(STC3, STS3 및 STD11)을 수령한다.
② 실습 용도에 맞게 절단 후 연마한 후에 초기경도를 측정한다.
③ 시편에 각자의 실험조 및 학번을 punching한다.

(2) 퀜칭
① 3기의 열처리로의 온도를 강종에 맞는 퀜칭온도로 설정해 놓는다.(STC3 : 800℃, STS3 : 850℃, STD11 : 1020℃)
② 실습용 강종(STC3, STS3 및 STD11) 시험편을 수냉용, 유냉용, 그리고 공랭용으로 강종별로 3가지를 준비하여 퀜칭로에 장입한다.
  → 1주에 강종 하나씩 실습한다.
③ 소정의 온도에 도달한 후, 30분 유지하고 수냉한다.
④ 산화 스케일 및 탈탄층을 최소한 1mm 이상 연마하여 제거한 후에 경도 시험을 행한다.

(3) 결과 정리
3가지 강종의 냉각속도에 따른 퀜칭경도를 컴퓨터 프로그램을 이용하여 막대그래프로 나타낸 후에, 냉각속도가 달라짐에 따라 퀜칭경도가 다른 이유에 대하여 고찰해본다.

---
[2] 오스테나이트 상태로부터 Ms 직상의 열욕으로 퀜칭하여 강의 내외가 동일한 온도가 되도록 항온유지한 후, 과냉 오스테나이트가 항온변태를 일으키기 전에 공랭시켜서 마르텐사이트 변태가 천천히 진행되도록 하는 처리방법을 말한다.

연습문제

1. 항온변태시키기 위해서는 γ 영역으로부터 Ms 온도 이상의 어느 온도로 급랭시켜야만 한다.
   (1) 급랭하는 이유는 무엇인가?
   (2) 냉각매체로는 어떠한 것을 사용하는가?

2. 탄소강에서 베이나이트는 연속냉각변태 시 얻어질 수 없는 이유는 무엇인가?

3. 공석탄소강을 600℃에서 항온변태 도중에 상온으로 급랭시켰다. 변태조직은 무엇인가?

4. 임계냉각속도란 무엇인가를 CCT곡선에 나타내고 서술하시오.

5. 잔류오스테나이트(γ_R)가 형성되는 이유를 자세히 설명하시오.

6. γ_R이 존재시 나타나는 문제점은 어떤 것들인가?

7. 일반적으로 탄소강에 비해서 합금강의 Ms점이 더 낮다. 이유는 무엇인가?

8. 합금원소 첨가로 인한 펄라이트 변태의 지연효과는 실제 열처리시 어떠한 중요성을 가지는가?

3. 퀜칭온도에 따른 퀜칭경도

과 목 명	열처리 실험실습 1	과제번호	PHT-3
실습과제명	퀜칭온도에 따른 퀜칭경도	소요시간	3주
목 적	구조용탄소강인 SM45C, 구조용합금강인 SCM440강과 합금공구강인 STD11강을 사용하여, A_1변태온도 직하 및 이상의 온도로 오스테나이트화 온도를 달리하여 퀜칭함으로써, 오스테나이트화 온도의 중요성을 알아보고자 한다.		

사용기재, 공구, 소모성 재료	규 격	수 량	비 고
열처리로		3	
유 냉 조			
수 냉 조		1	
경도시험기	Rockwell	1	
충격시험기	Charpy		
연 마 지	#400, #800, #1200	각 160매	
SM45C, SCM440, STD11강			

3.1 관련 이론

1) 퀜칭의 과정

Bill Bryson은 자신이 저술한 저서 "Heat Treatment, Selection, And Application Of TOOL STEELS"에서 열처리공정을 빵굽는 공정에 비유하여 설명하고 있다. 즉, 케익을 구울 때 정해진 온도보다 낮은 온도에서 굽거나 정해진 시간보다 짧은 시간 동안 구우면 덜익은 채로 되어 사람이 소화시키기에 적당치 않게 되고, 반대로 너무 오랜 시간동안 굽거나 너무 높은 온도에서 굽게 되면 케익은 너무 바삭바삭해지게 된다.

The Recipe for Heat Treating D2 Tool Steel

Yes, that's a great way to describe the heat treating process. After all, cooking a piece of steel is, in some ways, almost like cooking a cake. If you undercook it by cutting the time short, it will come out raw and unfit for human consumption. If you cook it too long, or at too high a temperature, it overcooks and gets crispy and burnt. The same basic thing happens to steel. If you undercook the steel, it will lack hardness and be sort of soft or raw in its own way. If you overcook it or overheat it, it will destroy or burn the molecular structure and cause it to be brittle or crisp. Neither result is very palatable.

그림 1 Bill Bryson의 "Heat Teatment, Selection, And Application Of TOOL STEELS"의 원문

이와 유사한 일이 강의 열처리시에도 일어난다. 다시 말해서 강의 열처리시 온도가 낮거나 유지시간이 적으면 경도가 낮아지게 되고, 반대로 너무 고온으로 가열하거나 장시간 가열하면 성질이 취약해진다는 것이다. 이렇게 되면 위의 두 경우 중 어떤 경우에도 사용하기에 적당치 않게 된다.

(1) 장입(Loading the Furnace)

현장에서는 별다른 생각없이 장입하고 있다 할지라도, 우리는 가끔 이러한 질문을 던져보곤 한다. 과연 열처리로에 금형을 장입하고 가열하는 것이 좋을까? 아니면 이미 설정온도에 도달해 있는 상태에서 로의 문을 열고 장입하는 것이 좋을까.

물론 진공로에서 열처리할 경우에는 선택의 여지없이 금형을 장입한 후에 가열할 수밖에 없다. 그러나 피트형(pit-type)이나 박스형(box-type) 전기로에서 가열하는 경우에는 선택할 여지가 남아 있게 된다.

이것은 OX 문제처럼 다룰 수 있는 사안은 아니다. 일반적으로 대부분의 공구강은 가열되어 있는 로에 장입하는 것보다는 장입해 놓고 나서 서서히 가열하는 것이 바람직하다. 즉, 응력이 더 적게 발생한다는 측면에서 좋다는 것이다.

그러나 이러한 rule은 모든 강종에 적용되는 것은 아니고, 특별히 고속도강에서는 급속하게 가열하는 것이 더욱 바람직하다. 이것이 염욕로를 흔히 사용하는 이유이다.

(2) 예열(Preheating)

금형을 장입하고 나면 로의 온도를 예열온도로 설정한 후에 로를 가동시키는 것이다. 즉, 퀜칭은 예열처리에서부터 시작된다. 예열은 열충격을 완화시켜서 변형을 방지할 목적으로 처리하는 것이다.

예열온도로서는 변태점 직하, 즉 650~700℃를 선택하는 것이 좋다. 그것은 변태점에서 펄라이트가 오스테나이트로 변태할 때 체적이 수축하므로 변태 전에 부품 전단면을 균일한 온도로 하여 변형을 방지하기 위해서이다. 특히 형상이 복잡한 금형에 대해서는 제2단 예열을 실시하는 것이 바람직한데, 강이 탄성체로부터 소성체로 변하는 온도, 다시 말해서 450~500℃를 채용하는 것이 좋다. 변형은 소성체일 때에 일어나기 때문이다.

한편 예열을 위한 가열시간은 두께 25mm당 약 40분 정도가 좋다. 이 정도의 시간이면 부품의 중심부까지 예열온도에 도달된다. 그리고 유지시간은 필요치 않다.

(3) 오스테나이트화(Austenitization)

실질적으로 퀜칭은 오스테나이트화로부터 시작된다. 오스테나이트화 온도(T_A), 즉 퀜칭온도는 퀜칭경화의 key point이다. 그 온도는 필히 변태점 이상이어야 한다. 이 온도에서 소정 시간만큼 유지해서 소요량의 탄화물을 오스테나이트 속으로 고용시키지 않으면 안 된다. 이 유지시간은 금형의 두께에 관계없다는 것은 이미 설명한 바와 같다.

- 탄소공구강(STC) ············ 800~850℃× 약 5분
- 저합금공구강(STS) ············ 830~850℃× 약 7분
- 고합금 공구강(STD11)············ 1030℃×10~15분
- 고속도강(SKH) ············ 1250℃× 약 5분

(4) 냉각(Cooling)

오스테나이트화 온도(T_A)로부터 즉시 냉각할 필요는 없고 약 100℃ 낮춘 온도(T_Q)로부터 급랭한다. 다시 말해서 지연퀜칭을 하는 것이다. 물론 Ms점 이하는 서냉할 필요가 있다. 이를 위해서는 유냉 인상냉각, 마르퀜칭, 경우에 따라서는 공랭을 행하는 것이 좋다.

2) 강종별 열처리 실무

(1) 탄소공구강

탄소공구강은 경화능이 나쁘기 때문에 수냉경화형으로 규정되어 있다. 수냉조는 가능하면 열처리로 옆에 위치시켜서 로에서 신속하게 퀜칭시킬 수 있도록 해야 한다. 퀜칭시 냉각속도가 너무 느리면 연점(soft spot) 또는 퀜칭균열을 발생시킬 수 있게 된다.

판재 형태의 금형 등을 수냉조에 넣을 때에는 수평이 아닌 수직 상태로 침지시켜야 한다. 이렇게 하여 양면(兩面)의 냉각속도가 차이나는 것을 방지할 수 있다. 만일 양면의 냉각이 백분의 1초만 차이나더라도 변형을 일으키기에 충분한 응력을 발생시킨다. 관상 제품을 열처리할 때에도 마찬가지로 수직으로 침지시켜야 한다.

강재가 일단 수냉조에 들어가면 물을 교반시켜 주든가 아니면 강재를 심하게 흔들어 주는 것이 필수적이다. 그렇지 않으면 강재에 인접한 물이 끓게 되어 강재 표면에 증기막을 형성하게 되므로 냉각을 느리게 만든다.

20mm 이상의 두께를 가진 금형에서는 약 4mm 정도의 경화깊이[3]를 나타내고, 8mm 이하의 두께일 경우에 중심부까지 경화시킬 수 있다.

퀜칭 후 변형이 발생되었을 경우에는 200℃ 이상의 온도에 있을 때만이 교정할 수 있다.

그림 2는 탄소공구강 중에서 가장 흔히 사용되는 STC3강의 퀜칭-템퍼링 열처리 싸이클의 한 예를 나타낸 것으로, 공구강의 열처리 공정 중에서 가장 단순하다. 템퍼링은 보통 175℃에서 행하고 1인치(25mm) 두께당 2시간 유지하는 것이 일반적이다.

또한 그림에서 보면 2차 템퍼링은 점선으로 표시하였는데, 탄소공구강은 일반적으로 2차 템퍼링을 실시하지 않기 때문이다. 그러나 금형의 형상이 비교적 복잡하다거나 사용조건이 가혹한 편이라면 인성을 더욱 향상시키기 위한 2차 템퍼링을 실시하는 것이 바람직하다. 이 2차 템퍼링 온도는 보통 1차 템퍼링 온도보다 약 15℃ 이하에서 실시하는 것이 좋다. 이렇게 하므로써 1차 템퍼링시에 얻어진 경도값을 유지할 수 있게 된다.

---

[3] HV550 이상의 경도를 나타내는 깊이를 말한다.

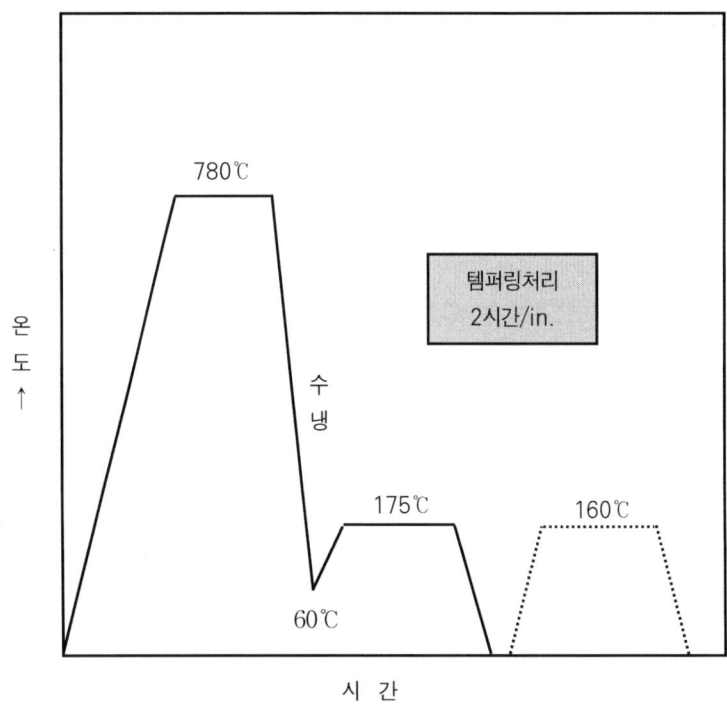

그림 2 STC3강의 열처리 싸이클

(2) 저합금 공구강

 탄소공구강이 펀칭 다이나 콜드 호빙공구에 사용될 경우에는 가해지는 하중에 따라서 사용두께가 결정된다. 만일 이 펀치나 다이가 두께 50mm 정도의 탄소공구강으로 만들어진다면 경화되는 깊이가 매우 작아지기 때문에 작업시에 함몰되는 것을 피할 수 없게 된다. 이러한 경우에는 사용 강종을 유냉경화형인 STS3강 등으로 변경할 수밖에 없다.

 STS3강은 퀜칭온도가 비교적 낮기 때문에(800~850℃) 치수안정성이 우수한 편이다. 이것이 블랭킹 다이에 STS3강이 흔히 사용되는 이유이다.

 그림 3은 유냉경화형 합금공구강인 STS3강의 열처리 싸이클의 한 예를 도시하여 나타낸 것이다. STS3강도 저온템퍼링을 행하며, 탄소공구강과 동일하게 2차 템퍼링은 필요치 않다. 단, 금형의 형상이 복잡하거나 사용조건이 매우 가혹하다면 인성향상을 위하여 2차 템퍼링을 실시하는 것이 바람직하다.

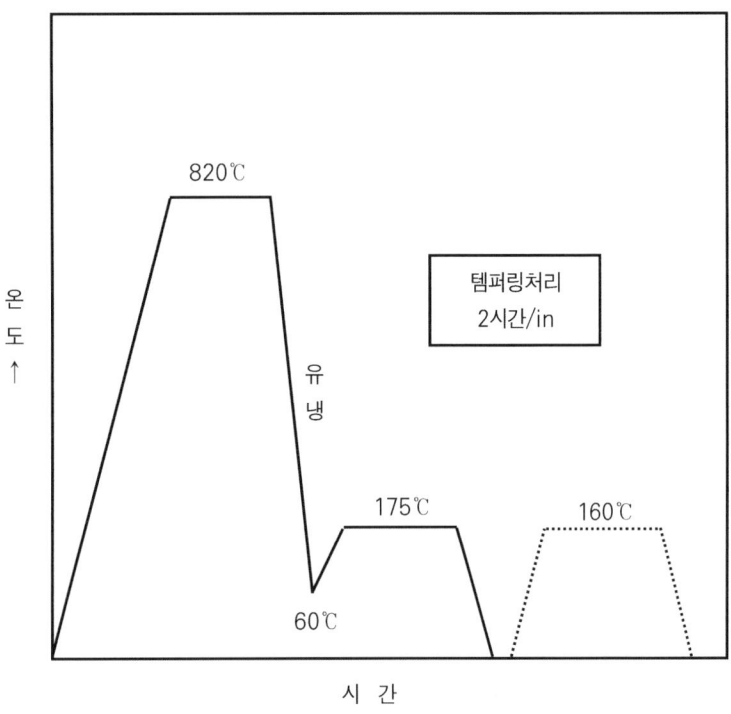

그림 3 STS3강의 열처리 싸이클

(3) 고탄소-고크롬 공구강(STD11)

이 群에 속한 강종은 STD11과 STD1을 들 수 있는데, 이 중 금형용으로 가장 흔히 사용되는 강종은 단연 STD11강이다. 이 STD11강은 경화능이 매우 우수하여 두께 100mm까지도 공랭으로 경화시킬 수 있다.

그러나 두께가 150mm 이상이 되면 공랭으로는 더 이상 최고경도를 얻을 수 없기 때문에 유냉을 사용하는 것이 좋기는 하지만, 이 경우에는 불행하게도 통상적인 유냉경화형 강보다 퀜칭균열을 일으키기 쉬우므로 마르퀜칭을 실시하는 것이 좋다.

이 때 기름의 온도는 200~400℃ 정도로 유지되어야 하고, 균일한 냉각이 이루어지도록 강박(steel foil)으로 싸지 않는 것이 좋다. 금형의 색깔이 검은 색으로 변하는 온도, 즉 540℃ 정도까지 냉각되면 즉시 기름에서 꺼내어 공랭시킨다. 그리고 60℃ 정도까지 냉각되면 곧바로 템퍼링로에 장입하여야 한다.

그림 4는 STD11강에 사용될 수 있는 열처리 싸이클의 한 예를 나타낸 것이다.

STD11강의 템퍼링은 2가지 방법으로 처리할 수 있다. 첫 번째 방법은 200℃에서 single tempering만 행하는 것이다. 이 방법은 그동안 업체 현장에서 흔히 해오던 방법이고, 현재에도 HRC62 정도의 높은 경도를 얻고자 할 때 채택하고 있다.

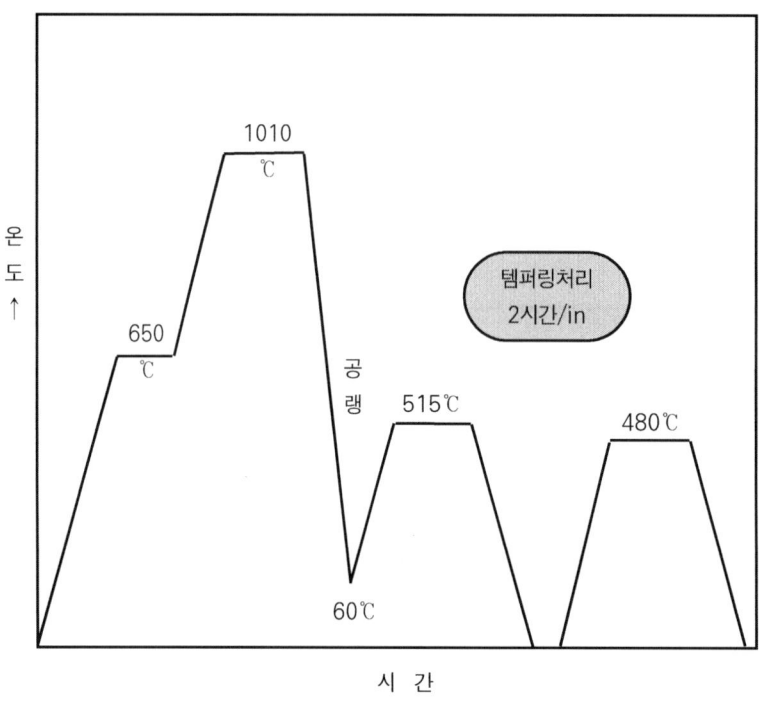

그림 4 STD11강의 열처리 싸이클

그러나 이보다 더욱 일반적이고 바람직한 방법은 그림 4에 나타낸 바와 같이 고온에서 double tempering을 실시하는 것이다. 1차템퍼링 온도는 515℃이고, 유지시간은 1인치당 2시간이다.

1차 템퍼링 후 금형이 상온까지 냉각되면 2차 템퍼링을 실시한다. 2차 템퍼링은 480℃에서 실시하는데, 여기서 중요한 것은 1차 템퍼링 시작 때처럼 60℃까지 냉각되었을 때 2차 템퍼링을 실시하는 것이 아니라, 완전히 상온까지 냉각된 후에 2차 템퍼링을 실시해야만 한다는 것이다.

이렇게 처리하면 경도가 HRC58로 되는데, 이것은 200℃에서 single tempering만 했을 때보다 경도가 HRC4 정도 낮은 값이다. 그럼에도 불구하고 내마모성은 25~30% 우수해진다.

(4) 고속도강(SKH51)

고속도강은 다른 공구강에 비해서 열처리공정이 특별하다. 즉, 퀜칭온도가 매우 높고, 유지시간은 매우 짧다.

예열은 2단 예열을 실시하는데, 1차예열은 650℃, 2차예열은 850℃를 채택하는 것이 좋다. 예열이 끝나면 즉시 퀜칭온도로 급속하게 가열한다. 퀜칭온도는 인성을 위해서는 1175℃ 정도로 낮게 하고, 최고의 경도를 얻고자 할 때는 1245℃ 정도까지 선택할 수 있다.

유지시간은 25mm 정도의 두께일 때 1분 정도면 되고, 150mm 정도의 두께일 때라도 5~6분 정도이다.

그러나 퀜칭 온도가 1240℃ 이상으로 되면 각형 탄화물이 석출되어 인성이 저하된다. 또 퀜칭 온도가 1260℃ 이상으로 되면 결정립계가 국부적으로 용융을 일으키므로 온도제어에 세심한 주의를 기울여야만 한다. 이 발생 온도는 탄소량이 0.1% 증가함에 따라 약 20℃ 정도 저하되므로 대형 부품에서와 같이 편석이 많은 경우에는 퀜칭 온도를 낮게 할 필요가 있다.

냉각제는 염욕(450~550℃)이나 기름(60~150℃)이 좋다. 특히 염욕 퀜칭은 퀜칭변형과 균열을 방지하는 데에 효과적이다. 펄라이트 nose는 750℃ 정도이고 1차 Ms점은 200℃ 정도이므로, 퀜칭 온도로부터 750℃까지는 빨리 냉각하고 200℃ 이하로는 느리게 냉각되도록 하는 것이 바람직하다.

유냉하는 경우에는 불색이 없어지는 온도까지 냉각한 후, 꺼내어 공랭하는 것이 좋다. 퀜칭 경도는 HRC 64~66이다. Mo계 고속도강의 템퍼링은 540~580℃가 일반적이다.

그림 5는 템퍼링 온도에 따른 템퍼링 경도 변화를 나타낸 것으로, W계에서와 같이 2차 경화가 현저하게 나타나고 있는 것을 볼 수 있다. 물론 이것은 잔류 오스테나이트의 2차 마르텐사이트로의 변태에 기인하는 것이므로, 2차 템퍼링의 필요성은 재언의 여지가 없다.

탄소량이 많고, Co첨가량도 많은 고속도강에서는 통상 3회 이상의 템퍼링이 필요하다.

표 1은 SKH 51에 있어서 여러 템퍼링 온도에서 템퍼링 횟수에 따른 잔류 오스테나이트량의 변화를 나타낸 것이다. 표에서 보면 520℃의 템퍼링에서는 2회의 템퍼링으로서도 잔류 오스테나이트가 거의 제거되지 않으나, 580℃에서는 1회의 템퍼링으로 완전히 제거됨을 알 수 있다.

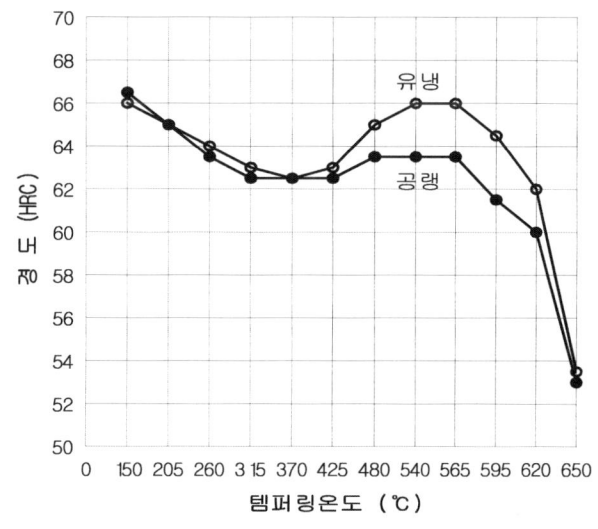

그림 5 SKH51강의 유냉 및 공랭 후 템퍼링온도에 따른 경도 변화

표 1 SKH 51의 템퍼링온도-템퍼링 횟수-잔류 오스테나이트(γ_R)의 관계

템퍼링 온도 (℃)	템퍼링 반복 횟수					
	1	2	3	4	5	6
520	18	18	12	11	10	5
540	17	6	0	0	-	-
560	3	0	0	-	-	-
580	0	0	-	-	-	-

퀜칭 온도 : 1200℃, 템퍼링 시간 : 1hr

그림 6은 SKH 51의 퀜칭·템퍼링 처리 공정을 종합적으로 도시하여 나타낸 것이다. 이러한 작업 후의 경도는 HRC 63~65가 된다.

한편 Mo계 고속도강은 W계 고속도강보다 탈탄을 일으키기 쉽기 때문에 탈탄 방지에 주의하지 않으면 안 된다. 즉, 스테인리스강 foil로써 싸서 가열한다거나, 분위기로, 염욕로 및 진공로의 사용도 바람직하다.

또한 퀜칭시에는 퀜칭온도 제어에 특히 주의할 필요가 있다. 즉, SKH51은 W계 고속도강인 SKH2보다 공정조직 발생온도가 40℃ 정도 낮은데, 만일 1200~1250℃의 퀜칭 온도 범위로 가열시 온도제어에 잘못이 생기면 고속도강 공구가 국부적으로 용융되는 사고를 일으키게 된다.

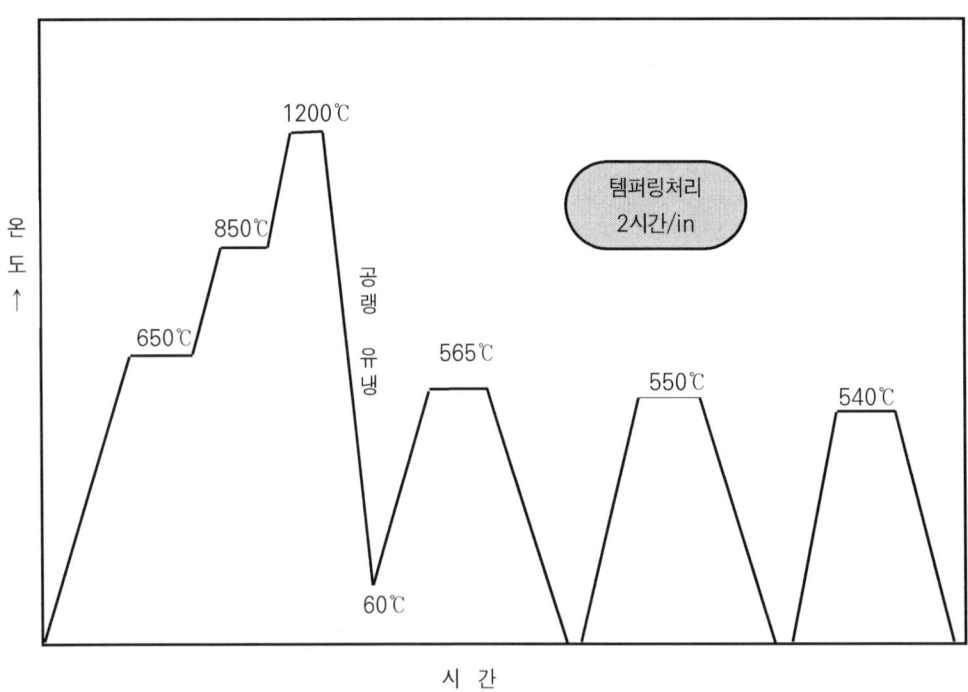

그림 6 SKH51강의 열처리 싸이클

3.2 실습 순서

(1) 시편 준비

① 실습용 강종(SM45C, SCM440 및 STD11)을 수령한다.
② 실습 용도에 맞게 절단 후 연마한 후에 초기경도를 측정한다.
③ 시편에 각자의 실험조 및 학번을 punching한다.

(2) 퀜칭

① 열처리로의 온도를 680℃, 780℃, 880℃ 및 980℃로 설정해 놓는다.
② 실습용 강종(SM45C, SCM440 및 STD11) 시험편을 모두 미리 설정된 4가지 온도로 오스테나이트화하기 위하여 퀜칭로에 장입한다.
   → 1주에 강종 하나씩 실습한다.
③ 소정의 온도에 도달한 후, 30분 유지하고 수냉한다.
④ 산화 스케일 및 탈탄층을 최소한 1mm 이상 연마하여 제거한 후에 경도 시험을 행한다.

(3) 결과 정리

3가지 강종을 가지고 오스테나이트화 온도를 A_1 변태온도 이하, A_1 변태온도 이상으로 설정하여 온도를 달리 하였을 때 퀜칭경도를 컴퓨터 프로그램을 이용하여 막대그래프로 나타낸다.

이 때 얻어진 경도결과를 가지고 오스테나이트화 온도의 중요성과 관련하여 다음 사항에 대하여 고찰한다.

연습문제

1. 680℃에서 퀜칭하면 퀜칭경도가 높아지지 않는 이유는 무엇인가? 즉, 마르텐사이트 변태가 잘 일어나지 않은 이유는 무엇인가?

2. STD11강의 경우 780℃에서 퀜칭하여도 충분히 경화되지 않는 이유는 무엇인가?

4. 템퍼링온도에 따른 경도변화

과 목 명	열처리 실험실습 1	과제번호	PHT-4
실습과제명	템퍼링온도에 따른 경도변화	소요시간	4주
목 적	탄소공구강인 STC3강과 합금공구강인 STD11강 사용하여, 저온과 고온에서 템퍼링을 실시하여 템퍼링온도에 따른 경도변화를 알아보고자 한다.		

사용기재, 공구, 소모성 재료	규 격	수 량	비 고
열처리로		3	
유 냉 조			
수 냉 조		1	
경도시험기	Rockwell	1	
충격시험기	Charpy		
연 마 지	#400, #800, #1200	각 160매	
STC3, STD11강			

4.1 관련 이론

1) 템퍼링(Tempering)

퀜칭에 의해서 얻어진 마르텐사이트는 매우 단단하므로 내마모성에는 바람직하지만, 취약하여 잘 깨질 수 있다는 것이 결점이다. 따라서 내마모성이 요구되는 금형에는 템퍼링이 필수적으로 실시되고 있다. 템퍼링에 의해서 응력이 해소되고, 인성이 나타나며, 내마모성이 발휘되는 것이다.

템퍼링에는 150~200℃의 저온에서 행하는 것과 400~600℃의 고온에서 행하는 것이 있는데, 목적에 따라서 선택하여 실시한다.

(1) 템퍼링의 목적

강재는 퀜칭상태 그대로 사용하는 일은 거의 없고, 보통 반드시 템퍼링을 한다. 그 이유로서는 다음과 같은 것을 들 수 있다.

① 퀜칭시에 형성되는 내부응력(內部應力, internal stress) 때문에, 연삭 등의 다듬질 가공을 하면 응력의 균형이 달라져 변형이나 균열을 발생시킬 수 있고, 또 그대로 사용하면 시간이 경과함에 따라 응력이 완화되는 동시에 변형이 나타나게 된다.

② 마르텐사이트조직은 일반적으로 매우 단단하기 때문에 취약한 성질을 갖고 있다. 또한 높은 경도에 비해 인장강도가 반드시 높다고 할 수는 없으며, 항복점이나 탄성한계도 낮다. 이들의 경향은 탄소량이 많은 강일수록 심하다. 따라서 용도에 따라 적당한 인성을 유지하기 위해서 템퍼링을 해야만 한다. 특히 기계부품으로서 사용하기 위해서는 충분한 인성이 필요하기 때문에 500~650℃ 정도의 고온에서 템퍼링을 한다. 이것은 템퍼링 마르텐사이트조직이 강도와 인성의 겸비라는 점에서 미세펄라이트보다 우수하기 때문이다.

③ 마르텐사이트는 조직은 불안정하여 과포화로 고용해 있는 탄소가 탄화물로서 석출하려는 경향이 강하고 여기에 수반해서 체적의 수축이 일어난다. 또 잔류오스테나이트가 함유되어 있는 경우에는 이것이 사용중에 마르텐사이트로 변태하여 체적의 팽창을 일으킨다. 이와 같이 마르텐사이트도 잔류오스테나이트와 같이 상온에서는 불안정하여 시간에 따라 상변화를 일으켜 부품의 형상이나 치수에 오차를 일으키므로 정밀한 공구나 기계부품 등에서는 주의해야만 한다. 150~200℃에서의 템퍼링으로 경도를 크게 저하시키지 않고도 이와 같은 조직의 불안정성을 다소 제거할 수 있다.

이상과 같은 이유로부터 템퍼링을 한마디로 정의하면 퀜칭에 의해 형성된 불안정한 조직을 안정한 조직으로 변태시킴과 동시에 잔류응력을 감소시키고, 특히 인성을 개선시키기 위하여 A_1점 이하의 적당한 온도로 가열유지 및 냉각하는 조작이라고 말할 수 있다.

(2) 방법

① 저온템퍼링

공구강 등과 같이 높은 경도와 내마모성을 필요로 하는 경우에는 주로 150~200℃의 저온템퍼링을 해서 마르텐사이트 특유의 경도를 떨어뜨리지 않고 치수안정성과 다소의 인성을 개선시키고 있다. 템퍼링시간은 25mm 두께당 30분 유지하는 것이 일반화되어 있고, 템퍼링온도로부터의 냉각은 공랭을 한다.

② 고온템퍼링

기계구조용강 등과 같이 높은 인성을 필요로 하는 경우에는 400~650℃의 온도범위에서 고온템퍼링을 실시하고 있다. 이와 같이 퀜칭·템퍼링에 의해서 인성을 향상시키는 열처리를 조질(調質)이라고도 부르고 있다.

템퍼링온도로부터의 냉각은 급랭(수냉이나 유냉)을 해야만 한다. 서냉을 하는 경우에는 후술하는 템퍼링취성(temper embrittlement)이 나타나기 때문이다.

(3) 템퍼링에 의한 조직과 성질의 변화

퀜칭상태의 마르텐사이트조직은 매우 불안정하고, 펄라이트나 페라이트에 비해 현저하게 硬하다는 것은 이미 여러 번 기술한 바 있다. 따라서 템퍼링의 목적은 전술한 바와 같이 퀜칭상태의 불안정한 마르텐사이트조직을 안정한 조직인 페라이트와 시멘타이트로 변화시키는 동시에 인성을 향상시키기 위한 것이다.

템퍼링온도가 상승하거나 시간이 길어지면 탄화물 입자수는 적어지고 입자크기는 증가하여 광학현미경으로도 관찰할 수 있을 정도의 크기로 된다. 또한 비교적 저온에서 템퍼링할 때 형성되는 탄화물은 판상을 나타내지만, 비교적 고온에서 형성된 탄화물은 점점 구형에 가깝게 된다.

결국 이러한 조직변화를 통해서 알 수 있는 기본적인 사실은 퀜칭조직인 마르텐사이트를 템퍼링하면 과포화된 탄소가 탄화물로서 석출된다는 것이다.

탄화물이 석출되면 처음에는 경도가 약간 저하되지만 궁극적으로 커다란 감소를 가져온다. 잔류오스테나이트의 변태로써 어느 정도 경도에 기여하지만 이것은 기껏해야 탄화물석출에 의한 경도감소를 약간 지연시키는 효과밖에 없다. 따라서 템퍼링온도가 상승함에 따라 경도는 급격히 감소하게 된다.

(4) 템퍼링시의 체적변화

템퍼링가열에 수반하는 체적의 변화를 측정하면 다음과 같이 3단계로 뚜렷하게 구분된다.

- 제1단계 : 50℃ 부근으로부터 230℃ 정도까지의 큰 수축
- 제2단계 : 240~300℃ 범위에서 볼 수 있는 작은 팽창
- 제3단계 : 300~400℃ 범위에서의 큰 수축

물론 이들의 특징적인 변화가 나타나는 온도범위는 가열속도에 따라 변하는데, 가열속도가 커지면 고온측으로 이동한다. 또 상기의 체적변화에 대응한 특성변화는 전기저항이나 자성에서도 확인되고 있다.

따라서 X선 분석이나 전자현미경 등에 의한 연구결과를 종합하면 강의 템퍼링과정에서의 경도 및 체적변화는 다음과 같은 상변화에 기인하는 것이라고 사료된다.

① 제1단계

마르텐사이트중에 과포화로 고용되었던 탄소가 탄화물로서 석출하는 과정이다. 마르텐사이트는 α철의 결정격자 중에 탄소원자가 과포화상태로 고용되어 있으므로 현저하게 팽창된 상태이지만, 100~250℃ 정도의 비교적 낮은 온도에서 템퍼링하면 과포화 마르텐사이트로부터 탄소원자가 빠져나와서 탄소농도가 큰 새로운 탄화물을 형성하기 때문에 체적의 수축을 수반하는 동시에 전기저항도 감소한다.

이와 같이 제1단계의 템퍼링에 의해서 마르텐사이트는 정방정에서 거의 입방정에 가까운 상태가 되나, 아직도 이 단계에서는 0.2~0.3% 정도의 탄소가 고용된 상태라고 추정된다.

② 제2단계

240~300℃의 온도범위에서 확인되는 작은 팽창은 잔류오스테나이트가 하부베이나이트로 변태함에 기인하는 것이다. 이 단계에서 전기저항은 감소하고 자성은 증가한다.

또한 조직의 관점에서도 잔류오스테나이트량이 적고 그것이 마르텐사이트의 침상정에 의해 미세하기 분단되어 있기 때문에 광학현미경 관찰로서는 특별한 변화를 확인할 수 없는 것이 보통이다. 하부베이나이트는 페라이트와 탄화물의 혼합물이나, 이 경우의 탄화물도 시멘타이트가 아닌 육방정의 ε탄화물이라 생각되고 있다.

③ 제3단계

300℃ 이상에서 나타나는 큰 수축이 3단계의 특징이다. 제1단계에서 1차로 탄소농도가 0.2~0.3%로 감소된 기지 페라이트로부터 다시 탄소가 시멘타이트로 석출하여 페라이트 자체는 평형상태의 탄소고용도인 0.02% 이하까지 탄소농도가 감소된다.

더욱 온도가 높아짐에 따라 시멘타이트는 현저한 응집성장으로 조대화되는 동시에 그 수가 감소되어 가는 과정도 이 3단계 중에 포함된다.

400℃ 부근에서 템퍼링했을 때의 조직을 트루스타이트(troostite), 또 500~600℃로 템퍼링했을 때의 조직을 소르바이트(sorbite)라 할 때도 있다.

시멘타이트가 온도상승에 따라 저온에서는 매우 많은 입자가 극히 미세하게 분산되어 있으나, 온도가 높아져서 확산이 용이해짐에 따라 보다 안정한 큰 입자로 성장하려 하기 때문에 입자수는 적어지고 입자간격은 커진다.

시멘타이트는 비커스경도(Hv)로 1100 정도를 나타내는 대단히 硬한 화합물이다. 이에 비해 페라이트는 비커스경도 100 이하의 매우 연한 상이므로 시멘타이트의 분산상태는 강의 강도 및 경도에 큰 영향을 미친다. 즉 시멘타이트 입자가 성장해서 그 수가 작아지면 입자간격은 넓어지고 연성이 큰 페라이트의 연속성이 커지므로 당연히 경도는 감소한다.

따라서 템퍼링시 400℃ 이상에서는 특별한 상변화가 없는데도 경도가 계속해서 감소하는 것은 이러한 이유 때문이다.

(5) 템퍼링연화에 대한 합금원소의 영향과 2차경화(secondary hardening)

템퍼링처리해서 사용하는 구조용강이나 공구강에는 합금원소가 첨가된 여러 가지 강종이 있다. 이 경우의 합금원소 첨가목적은 우선적으로 경화능의 개선을 위한 것으로, 즉 큰 강재나 두께가 큰 강재라 할지라도 퀜칭시 중심부까지 경화되도록 하기 위한 것이다. 그러나 이들의 합금원소는 템퍼링연화에 대하여도 어느 정도 영향을 미치게 되는데, 특히 강력한 탄화물형성원소가 첨가된 경우에는 고온으로 템퍼링을 해도 연화가 잘 안 되어 절삭용 공구나 단조용 금형재 등의 용도로 사용할 수 있다. 즉, 이 경우의 합금원소 첨가목적은 경화능향상 외에 템퍼링연화저항의 개선이라는 목적이 있는 것으로, 강종에 따라서는 오히려 후자의 중요성이 더 크다고 생각되는 강종도 많다.

강에 첨가되는 합금원소 중 Cr, Mo, V, W, Nb 등과 같은 탄화물형성원소는 일반적으로 템퍼링시에 확산이 느리기 때문에 탄화물의 응집도 늦어지고, 같은 경도로 템퍼링하는데 보다 고온 또는 장시간의 템퍼링을 요하게 되므로 템퍼링연화저항성에 크게 기여하게 된다. 그러나 Ni, Mn 및 Si과 같이 특별한 탄화물을 만들지 않고 오직 페라이트 중에 고용하는 원소의 경우는 템퍼링연화저항에 대한 영향은 그다지 현저하지 못하다.

사용하는 도중에 온도가 상승하는 금형은 내열성도 중요한 요소가 된다. 이 때 경도가 저하되는 정도는 강 중에 함유된 합금원소의 종류나 양에 좌우된다. 따라서 템퍼링 연화저항을 크게 하는 합금원소인 Cr, Mo, W 및 V 등을 함유하는 강종을 선택하는 것이 바람직하다.

합금원소를 첨가하면 템퍼링에 의한 연화가 억제되고, 특히 Mo, W 및 V 등을 첨가한 경우에는 600℃ 부근에서 오히려 경화되는 현상이 보인다. 그림 1 및 2는 각각 STD11, SKH51 강에서 템퍼링 온도에 따른 경도변화를 나타낸 것이다.

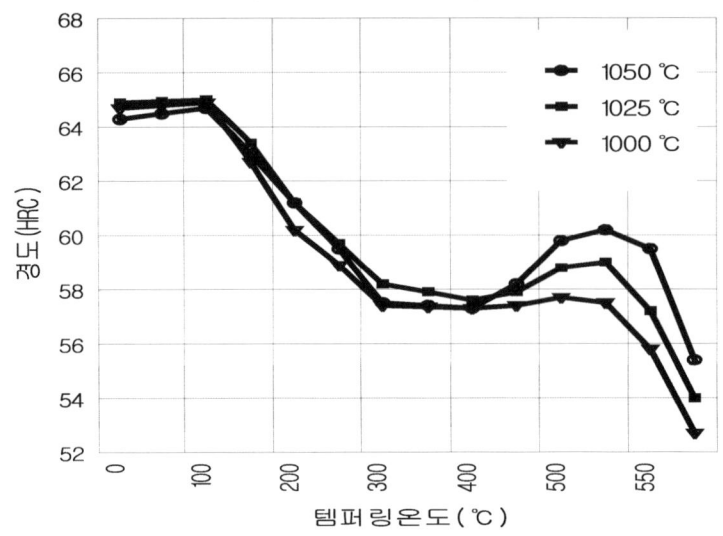

그림 1 STD11강의 템퍼링온도에 따른 경도변화(공랭)

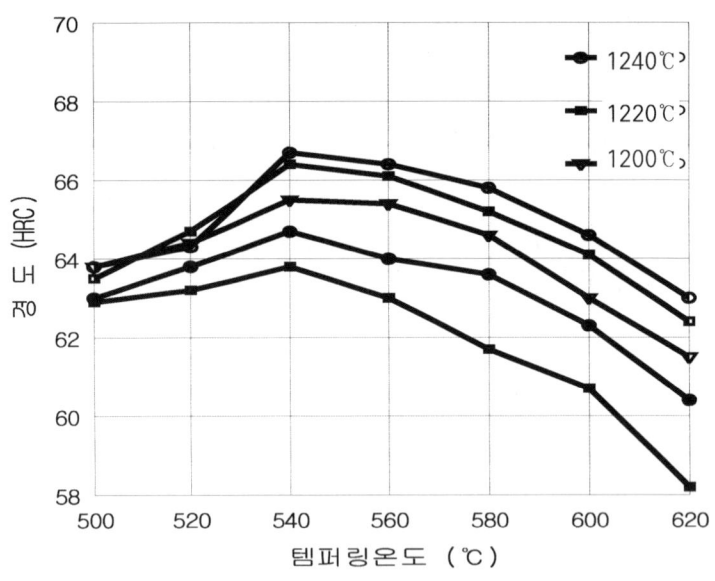

그림 2 SKH51강의 템퍼링온도에 따른 경도변화(유냉)

그림에서 알 수 있는 것처럼 500℃ 부근의 템퍼링시에도 경도의 저하가 적고, 500~600℃에서 경도가 오히려 증가해서 극대점이 나타나게 된다. 이와 같은 현상을 2차경화(二次硬化, secondary hardening) 또는 템퍼링경화(temper hardening)라 하며, V나 Nb의 경우는 불과 0.1% 이하의 첨가에서도 이 현상이 현저하게 나타난다.

두 강종 중에서 특히 고속도강인 SKH51강에서 2차경화 현상이 두드러지게 나타난다. 이 2차경화 현상에 의해서 가열시에 연화저항을 크게 하고, 열간경도를 높이므로 열간에서 사용되는 금형에는 필수불가결한 성질이다.

(6) 2차경화 기구

Mo 첨가의 경우에 나타나는 2차경화는 다음과 같은 원인으로 일어난다. Mo는 탄소에 비해서 확산속도가 훨씬 늦기 때문에 400℃ 이하의 저온에서 템퍼링시에는 오직 탄소원자만이 확산해서 시멘타이트의 석출응집에 의한 연화가 일어난다. 400℃ 이상이 되면 Mo원자도 확산되게 되고 이 Mo은 어느 정도 Fe_3C 중에 고용도를 가지고 있으므로 페라이트기지에서 확산되어 Fe3C 중에 농축되게 된다. 이 때 Mo원자는 Fe_3C 중의 Fe원자의 일부와 교체되므로 이 상태의 탄화물은 $(Fe, Mo)_3C$와 같은 형태로 나타내진다. Mo을 함유한 탄화물은 단순한 Fe_3C에 비해 응집이 늦기 때문에 그만큼 템퍼링에 의한 연화는 탄소강의 경우보다 느려지게 된다. 그러나 Mo만의 탄화물은 Fe_3C보다 늦게 형성된다. 이 Mo탄화물이 형성되는데 필요한 탄소는 페라이트로부터 공급되지만 페라이트의 탄소가 소비되고 난 다음은 $(Fe, Mo)_3C$가 다시 한번 페라이트속에 고용해서 그 탄소와 Mo이 결합해서 새롭게 Mo 탄화물로서 석출하게 된다. 이와 같이 탄화물이 온도상승과 함께 혹은 시간이 경과함에 따라 변화해 가는 것을 탄화물반응이라 일컫는다. Mo의 경우, 새롭게 만들어진 Mo탄화물은 Mo_2C이지만 $(Fe, Mo)_3C$가 다소 응집한 다음 새로운 탄화물이 생기게 되고, 그 때는 역시 극히 미세한 상태에서 시작되어 다시 한번 점점 응집해가게 된다. 즉, Mo_2C가 형성되면 탄화물의 분산상태는 입자간의 평균거리가 다시 작아지므로 더이상 연화되지 않고 오히려 경도가 증가하게 된다. 이것이 Mo첨가에 따른 2차경화의 요인이다.

V나 Nb첨가에 의한 2차경화도 Mo과 같은 기구에 의한 것으로 생각된다.

Cr 첨가 시도 템퍼링연화의 지연은 역시 일어나지만 12%Cr강의 2차경화는 Mo 첨가의 경우와 달리 미세탄화물의 재석출이라기보다는 잔류오스테나이트의 마르텐사이트화가 주원인이라 생각된다. 즉, Cr을 12%나 첨가시킨 강에서는 Ms점이 매우 낮아져서 상온에서도 오스테나이트가 상당히 잔류하므로 이것이 500℃ 부근의 템퍼링시에 탄화물을 석출하여 오스테나이트속의 탄소나 Cr의 농도가 감소하게 된다. 따라서 Ms점이 다시 상승되므로 템퍼링온도로부터의 냉각중에 잔류오스테나이트가 마르텐사이트로 변태하게 되는 것이다.

제 4 장

비파괴검사

1. 비파괴검사의 개론
2. 침투탐상에 의한 결함검사
3. 자분탐상에 의한 결함검사
4. 레플리카법에 의한 조직검사
5. 초음파탐상시험
6. X-선 투과시험

1. 비파괴검사의 개론

과 목 명	비파괴검사	과제번호	NDT-01
실습과제명	비파괴검사의 개론	소요시간	8시간
목 적	비파괴검사의 사용목적 및 비파괴검사의 종류를 소개하고, 동영상 강의를 통하여 비파괴검사의 기본 원리를 이해시켜 비파괴검사 시험 실습의 효과를 높이도록 한다.			
사용기재, 공구, 소모성 재료	규 격	수 량	비 고
컴퓨터	586	1대	
LCD projector		1대	
NDT-강의자료 CD			

안전 및 유의사항

1.1 관련 지식

1) 비파괴검사

비파괴검사 또는 비파괴 시험이라는 것은 재료나 제품, 구조물 등의 여러 종류에 대하여 검사 대상물에 손상을 주지 않고 검사품의 성질이나 상태, 내부구조 등을 알아내기 위한 검사 전체를 말한다.

시험법으로는 아무 장치도 없이 하는 가장 빠르고 경제적인 방법으로서, 육안으로 보고 판단하는 육안검사를 비롯하여 간접 육안검사, 방사선 투과시험, 초음파탐상시험, 자기탐상시험, 침투탐상시험 등 여러 가지 장치를 사용하여 검사하는 방법이 있다.

2) 비파괴검사의 목적

비파괴검사는 여러 가지 목적을 위해서 하고 있으나, 어느 경우에도 우선 비파괴검사를 해서 무엇을 알고자 하는가에 대해 명백히 해야 한다. 그 연후에 비로소 목적을 달성하기 위해서 어떠한 시험법과 시험조건을 사용할 것인가에 대해 결정을 보게 되는 것이다.

현재 비파괴검사가 유용하게 이용되고 있는 목적 가운데 대표적인 것을 들어보면 다음과 같다.

① 제조기술의 개량
② 제조 코스트의 절감
③ 신뢰성의 향상

3) 비파괴검사의 적용 예

① 조립구조부품 등의 내부구조 혹은 내용물의 조사
② 재료 및 용접부의 결함 검사
  • 품질평가
  • 수명평가
③ 재료, 기기의 계측 검사
④ 재질의 검사
⑤ 표면처리층의 두께검사
⑥ 스트레인 측정

4) 비파괴검사의 종류

(1) 외관검사

신뢰도와 외관은 반드시 일치하는 것은 아니나 외관에 따라서 어느 정도 추정이 가능하고 무엇보다 간편함으로 대단히 많이 행해지고 있다. 주된 검사항목은 비드파형의 균등성, 언더컷, 오버랩, 균열, 기공, 슬래그 섞임, 치수불량 등이다.

(2) 리크 시험

수밀(水密), 기밀(氣密), 유밀(油密)이 요구되는 제품에 대하여 채용되며, 가장 일반적인 것으로는 정수압, 공기압에 의한 방법이나 이것 외에 화학지시약, 암모니아 가스, 프레온 가스 등을 사용할 때도 있다. 할로겐 리크시험은 염소, 불소 가스를 사용한다.

헬륨 리크시험은 원자로용 연료봉의 피복검사에 사용한다.

(3) 침투 시험(PT : penetrant test)

표면에 열려 있는 균열, 슬래그 섞임 등을 검출하는 손쉬운 검사법으로, 모든 재료에 적용된다. 표면장력이 적고 침투성이 좋은 액을 표면에 도포하든지 또는 액속에 피검체를 침지시켜 흠부분에 액을 충분히 침지시킨 후, 표면에 부착된 침투액을 잘 씻은 다음 현상액을 뿌려 흠속에 남아있는 침투액을 빨아낸다. 침투액은 적색 염료나 형광물질을 함유시켜 결함의 식별을 용이하게 한다.

(4) 방사선 투과시험

방사선 투과시험은 X선, r선 또는 중성자선의 흡수가 재질 및 그 두께에 따라 다르다는 사실을 이용하여 결함의 유무를 조사하는 방법이다. 보통 용접부에는 X선과 r선이 많이 사용되고 있다.

(5) 초음파시험

초음파시험에는 투과법, 펄스반사법, 공진법 등 여러 가지 방법이 있으나, 용접부의 탐상에는 펄스반사법이 많이 사용된다. 이는 전기적 펄스를 탐촉자의 진동자에 가하여 초음파 펄스를 변화시켜 시험체에 보내고 밑면 또는 결함에서 반사되어 온 초음파를 다시 탐촉자로 받아 내어 전기적 에너지로 변화 증폭시켜 브라운관 상에 나타난 에코의 위치와 파형으로부터 결함의 위치나 크기를 알 수 있는 것이다.

(6) 자분시험

강자성체의 표면 또는 표면에 가까운 결함을 시험체를 자화하여 자분을 적용시켜 검출하는 방법으로서, 손쉽게 이용할 수 있고 표면 결함의 검출감도가 대단히 높다. 시험부에 용접결함

등에 의한 자기적 불연속이 자력선을 끊는 방향으로 존재하게 되면 누설자장이 생기고 이 부분에 자분을 직접 불어 붙이든가, 액체에 현탁하여 불어 붙이든가 하면 자분이 결함부에 흡인 응집되어 자분 모양이 나타난다.

(7) 와류 시험

전자 유도를 이용하여 결함은 물론 조직의 부정, 화학성분의 변화 등을 검출하는 방법으로, 표면 가까이에 있는 결함의 검출감도가 좋고 비자성금속의 검사에도 사용할 수 있다. 물체 주위에 감은 코일에 교류를 흐르게 하면 물체 중에 와전류가 흐르게 된다. 와전류의 크기는 가해진 교류의 주파수와 크기, 시료의 저기 전도도, 투자율, 형상과 치수, 코일과의 상대위치 등에 관계되므로 시료에 불연속 또는 불균질인 부분이 있으면 와전류의 크기도 변화한다.

2. 침투탐상에 의한 결함검사

과 목 명	비파괴검사	과제번호	NDT-02
실습과제명	침투탐상에 의한 결함검사	소요시간	8시간
목 적	1. 액체 침투탐상법에 의한 결함검사의 방법을 알게 한다. 2. 건식법, 습식법 및 형광법의 차이를 알게 하고, 장단점에 대하여 고찰할 수 있도록 한다. 3. 침투탐상에 의하여 나타난 결함의 판정을 할 수 있도록 연습한다.		

사용기재, 공구, 소모성 재료	규 격	수 량	비 고
세척액	통	1	
침투액	통	1	
현상액	통	1	
검사시편	열처리, 용접, 가공		
자외선 등	대	1	
종이걸레	통	1	

안전 및 유의사항

1. 검사할 면을 줄이나 샌드 페이퍼로 연마하면 결함의 흠집이 막혀서 침투액이 스며들기 어려우므로 표면의 녹이나 스케일은 와이어 브러쉬를 이용하여 제거하고 초음파세척기로 세척한다.
2. 침투액, 현상액 등을 사용할 때에는 화기에 주의하여야 한다.
3. 검사액을 살포할 때에는 몸에 닿지 않도록 주의하고, 특히 눈에 들어가지 않도록 하여야 한다.
4. 시험이 끝나면 정리 정돈을 철저히 한다.

2.1 관련 지식

1) 침투탐상의 종류

침투탐상은 사용할 침투액의 색채의 차이와 세척방법의 차이 및 현상방법에 따라 여러 종류로 분류되며, 표 1과 표 2와 같다.

표 1 침투탐상법의 종류

명 칭	방 법	기호
형광침투탐상법	수세성 형광 침투액을 사용하는 방법	FA
	후 유화성 형광 침투액을 사용하는 방법	FB
	용제 제거성 형광 침투액을 사용하는 방법	FC
염색침투탐상법	수세성 염색 침투액을 사용하는 방법	VA
	용제 제거성 염색 침투액을 사용하는 방법	VC

표 2 현상방법의 종류

명 칭	현상방법	기호
건식 현상법	건식 현상제를 사용하는 방법	D
습식 현상법	습식 현상제를 사용하는 방법	W
	속건식 현상제를 사용하는 방법	S
부현상법	현상제를 사용하지 않는 방법	N

2) 용어 설명

① 침투제(penetrant) : 불연속부의 지시모양을 만들어내기 위하여 불연속부에 침투키는 액체.

② 형광 침투제(Fluorescent penetrant) : 결함 지시모양의 가시성을 증가시키기 위하여 형광염료를 혼합한 침투제.

③ 수세성 침투제(Water wash penetrant) : 시험물의 표면에 덮혀 있는 과잉의 침투제를 물로 세척할 수 있도록 유화제를 혼합한 침투제.

④ 후 유화성 침투제(Post emulsification penetrant) : 시험편의 표면에 덮혀 있는 과잉의 침투제를 유화제를 뿌린 후에 물로 세척하는 침투제.(P.E. 침투제)

⑤ 유화시간(Emulsification time) : 유화제가 침투제와 작용하도록 허용하는 시간.

⑥ 현상제(Developer) : 침투제의 지시모양을 나타내도록 시험편의 표면에 도포하는 미세한 분말.

⑦ 형광(Fluorescence) : 한 파장을 갖는 빛 에너지를 받아서 더 긴 파장으로 전환하여 가시광선과 에너지를 재방출할 수 있는 물질의 성질.

3) 침투탐상법의 적용 범위

항목 \ 검사법	FA	FB	FC	VA	VB	VC
미세균열, 폭이 넓은 균열		○			○	
피로균열, 연마균열, 폭이 매우 좁은 균열		○	○			
소형의 양산 부품, 나사 등의 예각부	○					
면이 거친 시편	○			○		
대형 부품, 구조물을 부분적으로 시험할 경우			○			○
시험 장소를 어둡게 할 수 없는 경우				○	○	○
수도 및 전기설비가 없는 경우						○

2.2 침투탐상의 실습 순서

침투탐상은 사용할 침투액에 따라 검사법 및 적용할 현상법을 분류한다. 선정된 검사법과 그것에 적용할 현상법에 의해 작업절차가 다르다. 아래 표 3은 대표적인 침투탐상의 절차를 나타낸 것이다.

표 3 대표적인 침투탐상의 절차

사용하는 침투액과 현상액의 종류	시험방법의 기호	시험의 절차								
		전처리	침투처리	유화처리	세척	건조	현상처리	건조	관찰	후처리
수세성 형광 침투제 - 건식 현상제	FD-A	○ → ○	→		○ →	○ →	○	→	○ →	○
수세성 형광 침투제 혹은 염색 침투제 - 속건식 현장제	FA-W VA-W	○ → ○	→		○	→	○ →	○ →	○ →	○

1) 시험준비

① 시험편을 선정하여 준비한다.
② 세척액, 침투액, 현상액 및 자외선 등과 종이걸레를 준비한다.

2) 전처리

① 시험편의 표면에 묻어있는 오물, 기름 등의 불순물을 깨끗이 제거한다.
② 필요하면 브러쉬나 초음파 세척기를 이용한다.

3) 침투처리

① 침투액을 시험편의 표면에 분무, 도포, 침적 등의 방법으로 적용시킨다.
② 침투시간은 상온에서 5~20분 정도를 유지시키고, 터짐이 좁은 결함일 경우에는 시간을 2배 정도 유지시킨다.

4) 시험편의 청정

① 과잉 침투제 제거
  일정 시간의 침투시간이 지난 후 침투하고 남은 표면의 과잉 침투제를 물 또는 용제 등으로 세척, 제거한다.
② 이 때 필요하다면 유화제를 이용한다.
③ 청정처리시 결함 내부의 침투액이 유출되지 않도록 주의한다.

5) 현상처리

① 침투제가 제거된 시험편 표면에 현상제를 적용하여 지시모양을 형성시킨다.
② 현상제의 도포 두께는 시험편이 보일 정도로 얇고 균일하게 도포한다.
③ 현상 시간은 침투시간의 1/2 또는 10분 정도로 한다.

6) 결함의 관찰 및 결과의 판정과 후처리

① 시험편의 표면에 나타난 지시를 관찰하여 결함의 등급을 분류한다.
② 시험의 결과를 정리하고 보고서를 작성한다.
③ 검사가 끝난 후 시험편 표면의 현상제 등을 제거하는 후처리를 실시한다.

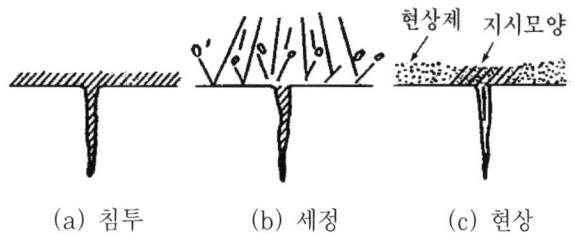

그림 1 침투탐상법의 기본원리

연습문제

1. 침투탐상은 어떤 결함을 검출하기에 적합한가?

2. 침투액을 도포한 후 어느 정도의 시간을 기다려야 하는가?

3. 현상제를 사용하지 않는 침투탐상법은 어떤 방법이며, 어떤 경우에 사용하는가?

3. 자분탐상에 의한 결함검사

과 목 명	비파괴검사	과제번호	NDT-03
실습과제명	자분탐상에 의한 결함검사	소요시간	8시간
목 적	1. 자분탐상에 의한 제품의 결함검사방법을 알게 한다. 2. 검사품의 자화방법의 종류와 그 특징을 알게 한다. 3. 자분탐상법을 적용하여 검사할 수 있는 결함의 종류를 알게 한다.		

사용기재, 공구, 소모성 재료	규 격	수 량	비 고
자분탐상기			
건식자분			
습식자분			
형광자분			
자외선 등			
각종 열처리품, 용접품			
와이어 브러시			
종이걸레			

안전 및 유의사항

1. 자화전류에 감전되지 않도록 주의한다.
2. 자기에 영향을 받는 여러 가지 카드, 시계 등은 실험하기 전에 다른 장소에 보관하여 자기로 인한 손상을 방지한다.
3. 자분을 살포할 때는 사람 몸에 묻지 않도록 하여야 하며, 특히 눈에 들어가지 않도록 하여야 한다.
4. 검사할 시험물의 표면은 와이어 브러시를 사용하여 산화피막이나 이물질을 제거하여야 한다. 샌드 페이퍼로 문지르게 되면 표면에 있는 크랙이 막혀서 정확한 검사가 되지 않을 수도 있다.
5. 검사가 끝난 시험관은 탈자를 하여, 다른 시험기기에 장해를 주지 않도록 한다.

3.1 관련 지식

1) 자분탐상의 원리

① 자분탐상은 탐상기를 이용하여 시험편의 표면 및 표면 부근에 있는 균열이나 기타 결함을 검출하는데 이용된다.

② 자분탐상의 원리는 그림 1에서와 같이 자석을 2개로 자르게 되면 갈라진 부근에 극이 형성되어 균열 또는 불연속 부분이 생겼을 때 자극이 생기며, 표면 내부에 있어서도 부분적으로 자장의 누설이 생긴다. 이런 성질이 자분을 끌어당겨서 검사를 가능케 한다.

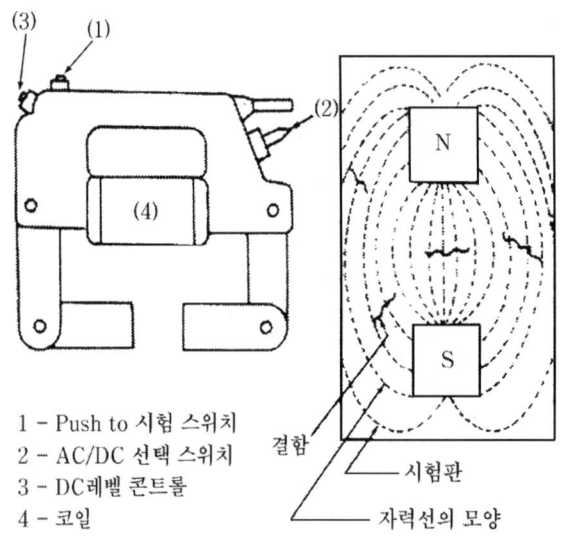

그림 1 자분탐상의 원리

③ 습식법에 있어서 검사액의 적용장치는 검사액을 교반하는 장치를 준비하여 자분을 균일하게 교반시킨 후 검사액을 안정시켜 사용한다.

표 1 자분의 종류

비형광자분	회색(gray)	건식, 습식
	적색(red)	건식, 습식
	흑색(black)	건식, 습식
	일반자분(aerosol)	건식, 습식
형광자분	황록색(yellow green)	

④ 자분탐상에 사용되는 자분은 표 1에 나타낸 바와 같이 일반자분과 형광자분이 주로 사용된다.
⑤ 형광자분을 사용하는 시험에는 자외선 장치가 이용되는데, 주로 330~390nm의 파장을 갖는 자외선을 통하는 필터를 가지고 형광자분을 분명히 식별할 수 있는 자외선 강도(약 380mm 떨어진 곳에서의 강도가 800~1000μW/cm^2)를 가지고 있어야 한다.
⑥ 검사액 중의 자분분산 농도는 시험체에 적용하는 검사액의 단위용적 중에 함유하는 자분중량으로 표시하며, 비형광자분인 경우에는 7~10g/ℓ, 형광자분인 경우에는 0.5~2.0g/ℓ로 되어야 한다.

2) 자분탐상법에 사용되는 용어

① 자성 : 자성체를 끌어당기는 힘을 갖고 있는 성질을 말하며, 자기 또는 자력이라고도 한다.
② 자력선 : 외부 자장에서 자력의 방향을 볼 수 있도록 사용한 가상의 선으로 자속선과 동일하다.
③ 자속 : 자기 회로 내의 자력선을 자속이라고도 하며, 자장의 위치 및 분포를 설명하기 위한 가상의 선
④ 자장 : 자화력이 미치는 자석의 내부 및 주변 또는 전류가 흐르는 전도체의 내부 및 주변의 자력범위
⑤ 자속밀도 : 자속의 방향과 수직인 단위면적당 자속선의 수를 의미하며, 자속의 직각방향을 가지며, 자장의 강도를 측정하는데 사용되고 단위는 가우스이다.
⑥ 자극 : 자성체를 당기거나 반발하는 능력은 자석의 한 부위에 집중하게 되는데 이 부분을 자극이라 하고, 각각 남극과 북극의 두 극을 갖는다.
⑦ 투자율 : 자력에 대한 자속밀도의 비율로 주어진 재료가 일정한 값을 갖지는 않으나 일정한 비율을 갖는다.
⑧ 보자성 : 강자성체가 자력을 보유하는 능력을 갖는 성질.
⑨ 잔류자장 : 자성체에 자화력이 제거된 후 자성체에 남아 있는 자력의 양을 의미한다.
⑩ 자성체 : 자장에 영향을 받는 재료로 자화되는 투자율에 따라 강자성체, 상자성체, 반자성체로 구별한다.
⑪ 누설자장 : 시험체의 표면을 벗어났다가 들어오는 자장.
⑫ 자기 이력곡선 : 자력의 힘과 자장의 강도를 나타내는 곡선으로, 자력의 힘을 증가시켜도 어느 한계에 도달하면 자장의 강도는 더 이상 증가되지 않는 자기적 포화상태에 이르며, 증가된 자력을 감소시켜 자력의 힘을 0으로 하여도 자력의 강도는 0으로 되지 않고 잔류자장의 강도를 가지고 있게 되며 반대방향으로 자력을 증가시켜도 같은 현상을 나타내게

된다. 이런 현상을 그림으로 나타내면 자력과 자기의 강도는 하나의 폐곡선을 이루게 되고 이 곡선을 자기 이력곡선이라고 한다.

⑬ 자기포화 : 자기 이력곡선에서 자력의 힘을 증가시켜도 더 이상 자장의 강도가 증가하지 않는 상태이며, 이 점을 포화점이라고 한다.

⑭ 탈자 : 자분탐상 시험이 끝난 후 자력을 제거하는 것

⑮ 자화 전류 : 시험체에 자속을 발생시키는데 사용하는 전류

⑯ 충격 전류 : 사이루토론, 사이리스터 등을 사용하여 얻은 1 펄스의 전류

⑰ 맥류 : 교류를 정류하여 얻은 전류의 일종으로, 극성은 변하지 않으나 주기적으로 크기가 변화하는 자화전류

⑱ 반파정류 : 교류를 정류하여 얻은 전류의 일종으로, 음의 방향의 반 사이클을 제거한 전류

⑲ 전파정류 : 교류를 정류하여 얻은 전류의 일종으로, 음의 방향의 반 사이클을 양의 방향으로 바꾸어 놓은 전류.

⑳ 암페어 턴 : 시험체를 자화시키기 위한 코일의 권수와 전류값(암페어)을 곱한 것으로 자화의 강도를 나타낸다.

㉑ 솔레노이드 : 전류가 흐르는 전선, 또는 케이블로 만들어진 코일

㉒ 반자장 : 시험체를 자화시킬 때 시험체에 발생하는 자장을 감소시키는 자장

㉓ 표피효과 : 시험체에 가한 교번전류나 교번자속이 표면의 가까운 부분에 모이는 현상

㉔ 원형자화 : 원통형으로 된 시험체에 길이방향으로 전류를 통하게 되면 전류와 직각인 방향으로 자장이 형성되므로 자력선의 방향이 원형으로 형성되는 자화

㉕ 선형자화 : 원통형으로 된 시험체에 코일을 감고 코일에 전류를 통하게 되면 전류와 직각인 방향으로 자장이 형성되므로 자력선의 방향이 시험물의 길이 방향으로 형성되는 자화

㉖ 유사지시 : 결함 이외의 원인에 의하여 나타나는 자분지시로, 무관련지시라고도 한다.

㉗ 자기흔적 : 무관련지시의 일종으로, 자화된 시험체에 다른 강자성체의 일부가 접촉되어 나타나는 현상

3) 자화의 방향과 불연속부의 관계

① 원형자장으로 자분탐상을 할 경우 불연속부의 방향은 자장의 수직방향일수록 용이하므로 축방향, 또는 축 방향에 대하여 45도의 경사를 가진 결함까지 탐상이 가능하다.
그림 2는 원형자화 방법과 결함의 관계를 보여준다.

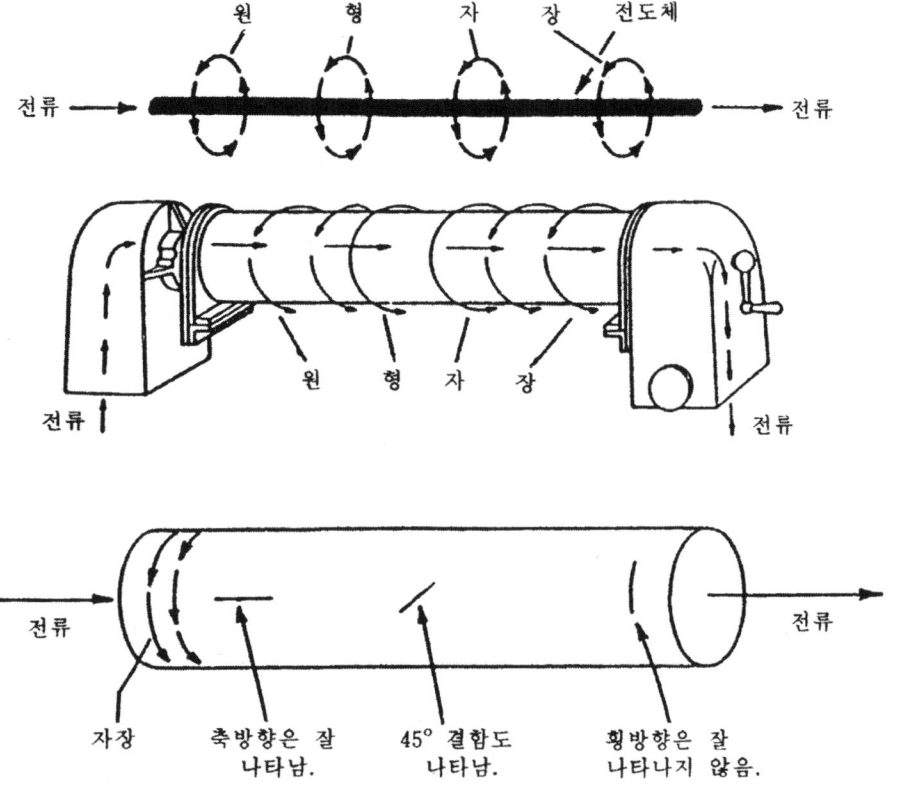

그림 2 원형자화 방법과 결함방향

② 선형 자장으로 자분탐상을 할 때는 불연속부의 방향이 시편 축의 직각방향, 또는 45도 각도를 갖는 결함은 탐상이 가능하나 길이방향의 결함은 잘 나타나지 않는다. 그림 3은 선형자화 방법과 결함 방향과의 관계를 나타낸다.

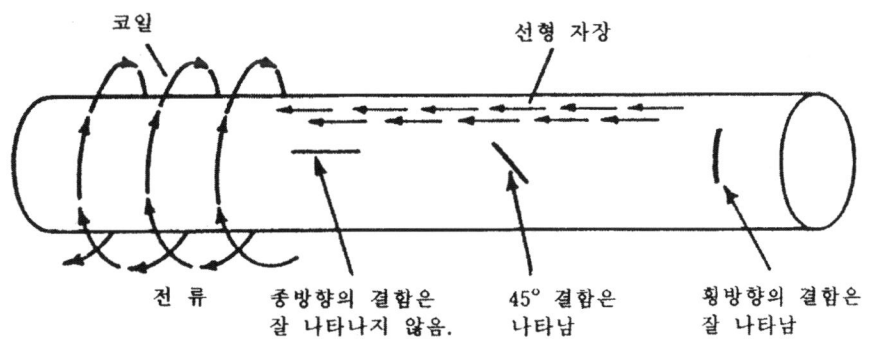

그림 3 선형자화 방법과 결함방향

4) 자화전류의 계산

① 축통전과 전류관통에 의한 원형자화에 필요한 전류는 시험체의 두께, 또는 직경 1in 당 600~900Ampere를 사용한다. 내부에 구멍이 뚫려있는 제품은 시험체의 외경을 두께로 간주한다.

② 코일을 사용한 선형 자화에서 전류의 양은 다음 공식으로 계산한다.

$$\frac{45000}{L/D} = \text{Ampere} \times \text{turn}$$

L : 시험체의 길이
D : 시험체의 두께

여기서 주의할 것은 선형 자장의 유효길이는 좌, 우로 각각 6~9인치이므로 시험체의 최대 길이는 18in 이상이 되면 안 된다. 시험체의 길이가 18in 이상일 때는 2회 이상 분할하여 검사한다.

5) 자화방법

자분탐상을 하기 위하여 시험물을 자화하는 방법은 그림 4와 같다.

① 축통전법 〔그림 A〕: 기호는 EA로 표시하며 시험물의 길이방향으로 전류를 통전하여 원형자장을 만드는 방법으로 길이방향 결함검출에 사용된다.

② 직각통전법 〔그림 B〕: 기호는 ER로 표시하며 시험체의 축에 대하여 직각방향으로 전류를 통전하여 축에 직각인 방향의 결함검출에 사용된다.

③ Prod법 〔그림 C〕: 기호는 P로 표시하며 그림과 같이 시험체의 국부에 2개의 전극을 접촉시켜 자화전류를 흘려주어 프로드 전극 주위에 찌그러진 원형자장을 형성시킨다. 이 때 프로드 전극 사이의 간격을 너무 멀리 하면 프로드 전극 중간 부분에 형성되는 자장의 강도가 너무 작아서 적절한 검사가 이루어지지 않는다. 이와 반대로 프로드 전극의 간격이 너무 가까우면 각각의 프로드 전극에서 형성된 자장이 서로 간섭을 일으켜서 검사감도가 낮아지게 된다. 따라서 프로드의 간격은 2인치 이상 8인치 이하의 간격을 유지하여야 한다. 이 프로드 법은 야외검사에 적합하며 감도도 비교적 우수하지만 시험체와 접촉하는 프로드의 선단부에서 아크(Arc)가 발생하여 시험체를 손상시키기 쉬우므로 적용할 때마다 프로드의 선단부를 깨끗하게 하여야 한다.

④ 전류관통법법 〔그림 D〕: 기호로는 B로 표시하며 그림과 같이 시험체의 구멍 등으로 관통시킨 도체에 전류를 흐르게 한다. 시험체에 원형자장을 형성시켜 시험체 내부의 표면에 존재하는 결함을 검사하는 방법이다.

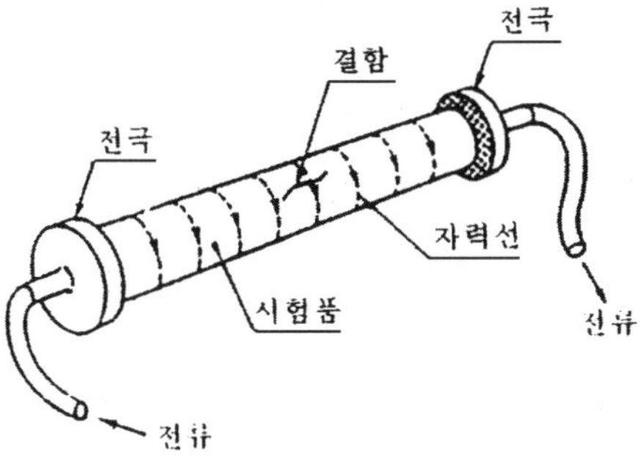

제4장 비파괴검사 | 305

그림 A

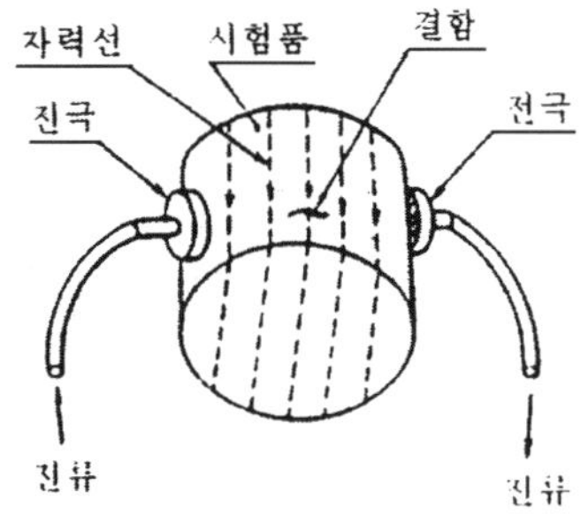

그림 B

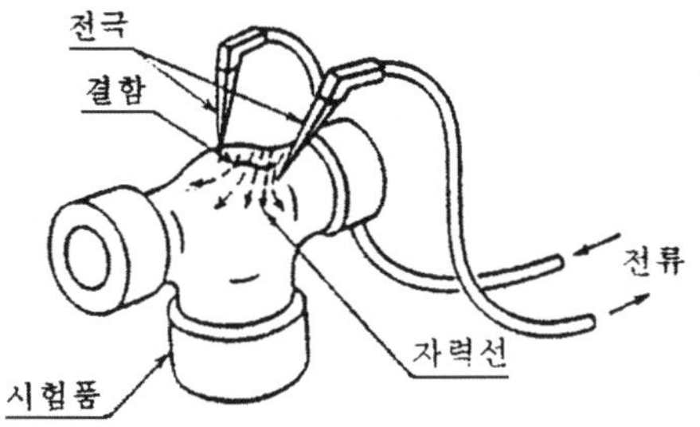

그림 C

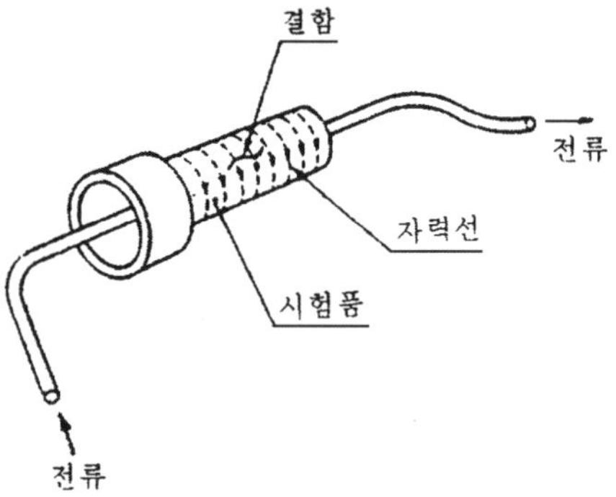

그림 D

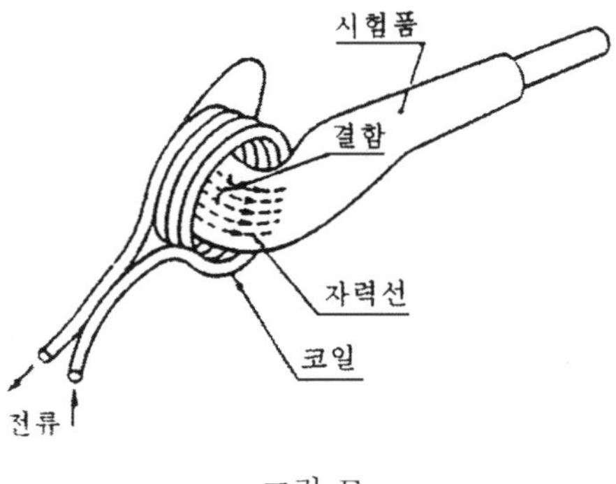

그림 E

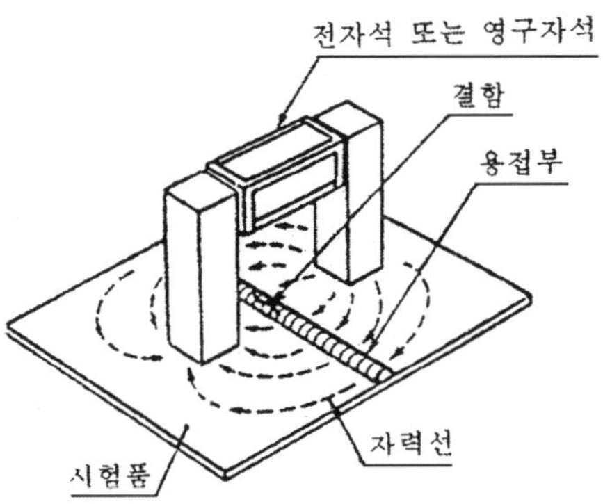

그림 F

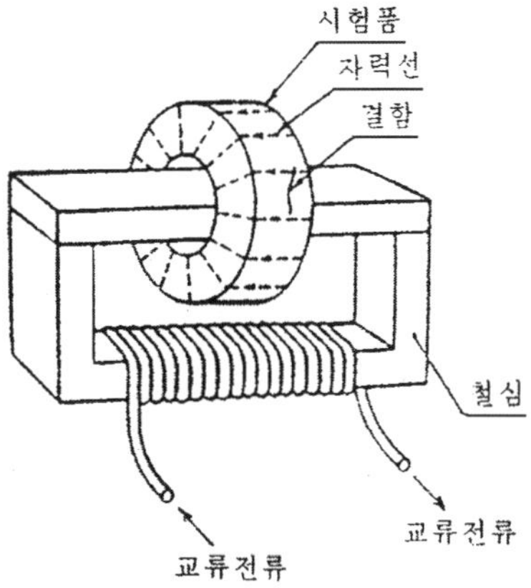

그림 G

그림 4 여러 가지 자화방법

⑤ 코일법〔그림 E〕: 시험체를 코일에 넣거나 시험체에 전선을 감아서 선형자장을 만드는 방법이다.
⑥ 극간법(Yoke법)〔그림 F〕: 자화를 시킨 요크의 두 극 사이에 시험체를 끼워서 자화시키는 방법으로 표면결함의 검출에 많이 사용된다.

3.2 자분탐상의 순서

1) 시험체 준비

① 검사하고자 하는 시험체를 선정한다.
② 시험체의 표면에 묻은 기름, 먼지, 페인트 등을 깨끗이 제거한다.
③ 건식용 자분을 사용할 때는 표면에 잘 건조시킨다.
④ 시험체와 전극의 접촉 부분의 통전효과를 높이기 위하여 연마한다.
⑤ 기름 구멍 등과 같이 시험 후 내부 자분을 제거하기가 곤란한 장소는 시험 전에 해가 없는 물질로 채워둔다.

2) 탐상기의 시험조건 점검

① 전원스위치를 넣어 탐상기의 작용상태를 점검한다.
② 자화기구로 자화장치의 전류가 적절한지 여부를 점검한다.
③ 시험장치가 시험체의 형상, 치수, 재질, 표면 상황 및 결함성질을 고려하여 적당한 감도로 시험할 수 있는가를 점검한다.
④ 탈자장치의 작동상태를 점검한다.

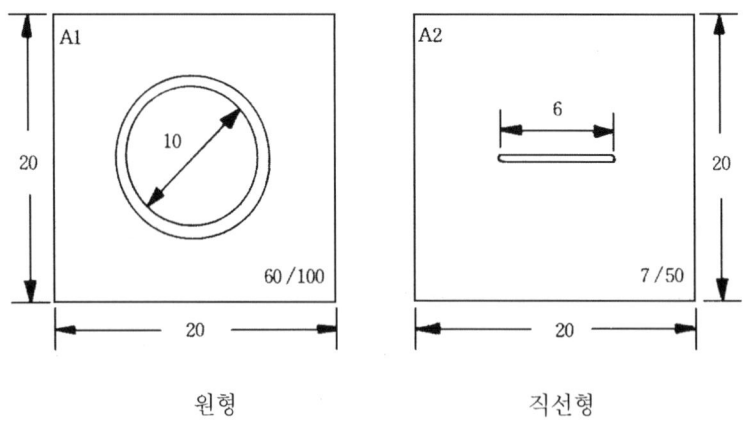

그림 5 A형 표준시험편(단위 : mm)

⑤ 그림 5와 표 2를 참조하여 시험장치, 시험체 표면의 유효자장 강도 및 방향, 시험 조작의 적부를 조사한다.

표 2 A형 표준 시험편의 명칭 및 제원

명 칭			재 질
A1-7/50	A1-15/50	-	KS C 2504(전자 연철판)의 1종을 어닐링(불활성 가스 분위기 중 600℃, 1시간 유지, 100℃ 이하까지 분위기 중에서 서냉)한 것이다.
A1-15/50	A1-15/50	-	
A2-7/50	A2-15/50	A2-30/50	KS C 2504(전자 연철판)의 1종의 냉간 압연한 그대로의 것.
A2-15/100	A2-15/50	A2-60/100	

⑥ 그림 6을 사용하여 자분, 검사액의 성능을 조사한다.

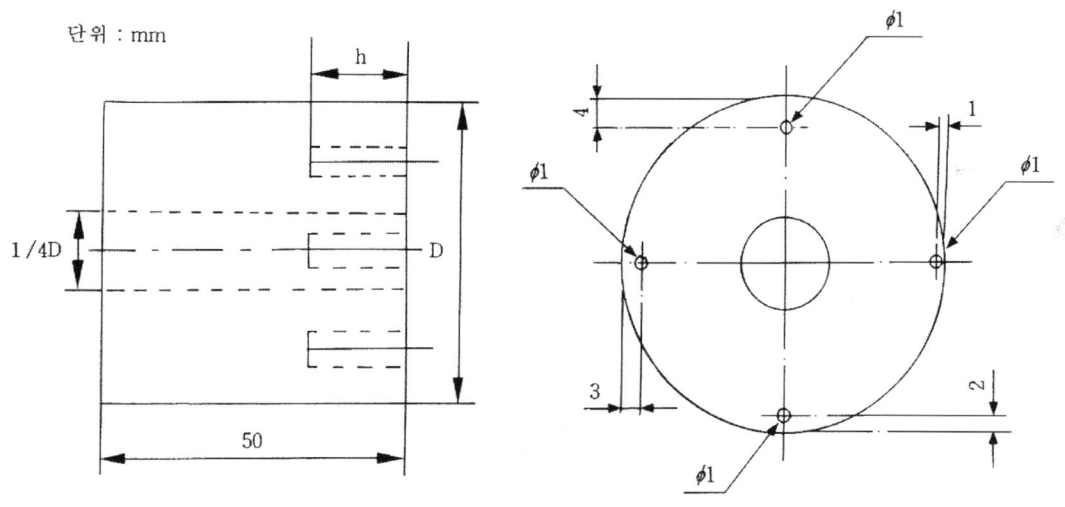

그림 6 B형 대비 시험편

3) 시험시기 결정

① 시험체는 원칙적으로 전체 가공 및 처리공정을 완료한 상태로 시험한다.
② 표면처리에 의하여 결함검출이 곤란한 경우는 처리 전에도 할 수 있다.
③ 롤러, 베어링 등의 조립품과 같이 시험 후 자분을 완전히 제거할 수 있어 제품의 성능에 영향을 미칠 가능성이 있는 경우는 조립 전에 부품으로 시험한다.

4) 시험체의 자화

① 시험체의 형상 및 예상되는 결함에 따라 표 3을 참조하여 적합한 통전방법을 선정한다.
② 시험체를 자화코일에 고정시켜 통전한다.
③ 통전시간을 연속법에서 검사액의 유동이 끝날 때까지이고, 잔류법에서는 0.25~1초로 한다.

표 3 자화방법

자화방법	기호	비 고
축 통전법	EA	시험체의 축방향에 직접 전류를 흘러 보낸다.
직각통전법	ER	시험체의 축방향에 직각으로 직접 전류를 흘러 보낸다.
Plod법	P	시험체의 국부에 2개의 전극(plod라 함)을 대고 전류를 흘린다.
직류관통법	B	시험체의 구멍 등에 관통시킨 도체에 전류를 흘러 보낸다.
Coil 법	C	시험체를 코일 속에 넣어 코일에 전류를 흘러 보낸다.
극간법	M	시험체의 또는 시험하는 부위를 자석의 두 극 사이에 둔다.
자속관통법	I	시험체의 구멍 등에 관통시킨 자성체에 교번자속 등을 주어서 시험체에 유도전류를 발생시킨다.

5) 자분의 적용

① 자분 모양이 형성되는데 충분한 양의 검사액을 시험면에 적용시킨다.
② 자분 적용은 습식법과 건식법에서 선택한다.

6) 자분 모양 관찰

① 자분 모양이 형성된 직후에 관찰한다.
② 형광자분인 경우에 자외선 램프를 쪼여 관찰한다.
③ 결함이 나타나면 재시험하여 자분모양을 관찰한다.

7) 탈자 및 시험결과 정리

① 시험 후 시험체는 탈자시킨다.
② 결함종류를 분류하고 보고서를 작성한다.

연습문제

1. 시험체의 자화방법을 설명하라.

2. 지름 1인치, 길이 15인치의 환봉을 자분탐상하려고 할 때 몇 Ampere의 원형 자화전류가 필요한가?

3. 두께 3인치, 폭 4인치, 길이 21인치인 강판을 자분탐상할 때 원형 자화전류는 얼마인가?

4. 바깥지름이 2인치인 구멍 뚫린 시험체를 자분탐상할 때 필요한 자화전류의 범위는 얼마인가?

4. 레플리카법에 의한 조직검사

과 목 명	비파괴검사	과제번호	NDT-04
실습과제명	레플리카법에 의한 조직검사	소요시간	8시간
목 적	레플리카의 원리에 대하여 이해하며, 레플리카법을 이용하여 비파괴적인 방법으로 금속의 조직을 분석할 수 있는 능력을 함양시킨다.		
사용기재, 공구, 소모성 재료	규 격	수 량	비 고
아세틸셀룰로우즈 필름	0.035mm	1sheet	
메틸아세테이트	시약용	50ml	
유리판	2.54×75×1mm	100개	
현미경 및 SEM			

유의사항

1. 필름의 보관 및 취급주의
2. 유리판 취급주의(깨질 위험이 많음)

4.1 관련 지식

레플리카법은 재료의 조직을 관찰하는 방법의 한 가지로서 1970년대부터 사용하여 왔다. 일반적으로 재료의 조직을 보기 위해서는 대상체로부터 시편을 채취하여 마운팅, 연마, 폴리싱의 시편 준비 단계를 거쳐서 조직을 관찰하는 것이 일반적인 공정이다. 그러나 여러 가지 이유로 인하여 시편의 채취가 불가능한 경우가 있으며, 이런 경우에는 기존의 방법으로는 조직관찰이 불가능하게 된다. 이런 경우 표면조직을 복제하여 관찰을 하는 방법을 이용하는데, 이러한 방법을 레플리카법이라 한다. 이 방법의 이용 분야는 매우 다양하여 화력발전 설비나 석유화학 플랜트 설비의 수명평가 분야, 파손분석 분야, 열처리 후의 조직 검사 분야, 주조물의 조직검사, 기타 재료분석 분야 등 조직검사를 요하는 많은 분야에서 폭 넓게 사용되고 있다. 이 방법의 장점은 아래와 같다.

① 실험실뿐만이 아니라 현장에서도 미세조직의 관찰이 가능하다.
② 시편의 채취가 불가능한 경우, 즉 사용중인 플랜트에서도 미세 조직 관찰이 가능하다.
③ 평면뿐 아니라 굴곡진 부위의 조직 관찰도 가능하다.
④ 제품이나 부품의 파손 없이 조직 관찰이 가능하다.
⑤ 숙련도에 따라 빠른 시간(20분 이내)에 조직 관찰이 가능하다.
⑥ 기존의 관련 장비 없이 매우 저렴한 가격으로 조직 관찰이 가능하다.

1) 금속 표면복제법의 필요성

레플리카법은 발전 설비 및 석유화학 설비에 사용되는 재질의 손상을 측정하기 위해 시작되었다. 이들 설비의 재료들은 용접성을 높이기 위해 저탄소 내열강을 주로 사용하는데, 이러한 재질은 물성치의 변화가 적기 때문에 많은 경우 금속조직의 변화를 관찰하여 손상의 정도를 평가한다. 그러나 발전 설비나 석유화학 설비와 같이 고온, 고압을 받는 설비에서 직접 시료를 채취한다는 것은 매우 어려운 일이며, 이동식 연마기와 현미경을 이용한다 해도 설비 구조의 복잡성 및 여건이 여의치 않아 해상능력이 떨어지는 경우가 많다. 이러한 이유 때문에 금속조직을 다른 물질에 복제시켜 그 물질을 실험실에서 간접적으로 관찰 분석할 수 있는 표면복제법을 많이 사용하고 있다. 실제적으로 레플리카는 광학현미경으로 ×50~×500, 전자주사현미경(SEM)으로 ×100~×10,000 이상까지 관찰이 가능하다

2) 레플리카 및 관찰법의 규격화

레플리카의 채취 및 관찰요령에 대해서는 1974년에 제정된 국제 규격 ISO 3057(Non-Destructive Testing- Metallographic Replica Techniques of Surface Examination)이

있으며, 미국의 경우에는 1987년에 ASTM ES 12의 긴급 규격이 제정되어 1990년에 ASTM E 1351(Standard Practice for Production and Evaluation of Field Metallographic Replica)로 정식 규격화되어 있다.

4.2 실습 순서

1) 표면복제법의 기본원리

어떤 관찰의 대상이 되는 표면에 레플리카 필름을 부착시킨 후 그 막을 떼어내어 광학 현미경이나 전자주사현미경(SEM)으로 관찰하는 것으로, 1단계 레플리카법, 2단계 레플리카법, 추출 레플리카법 등으로 구별된다.

(1) 1단계 레플리카법

아래의 그림과 같이 떼어낸 막 즉, 레플리카의 요철이 관찰하고자 하는 표면의 요철과 반대가 되어 나타나는 방법이다.

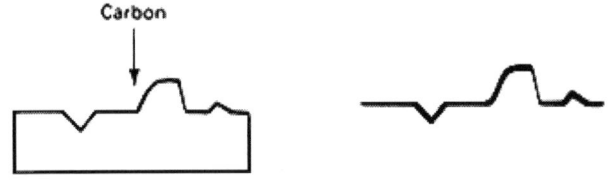

(2) 2단계 레플리카법

아래 그림에 나타낸 바와 같이 시편의 요철이 심한 경우나 막을 손상 없이 떼어내기가 힘든 경우에 플라스틱으로 만든 두꺼운 레플리카를 만든 후 이로부터 1단계 레플리카법과 같은 얇은 레플리카를 만든다.

이 때의 레플리카의 요철은 시험편 표면과 일치한다.

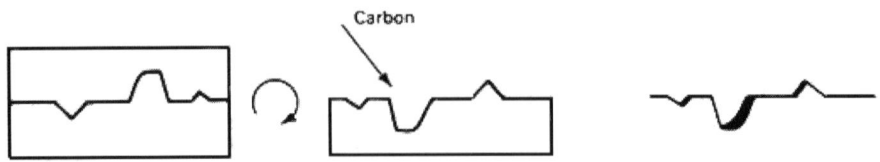

(3) 추출 레플리카법

적당한 부식액으로 기지(matrix)를 먼저 녹여내어 석출물이나 개재물을 약간 돌출하게 하여 레플리카를 만들고, 떼어내기 전에 다시 기지만을 더 부식시켜 석출물이나 개재물이 레플리카에 붙어서 떨어지도록 하여 이를 분석하는 방법이다.

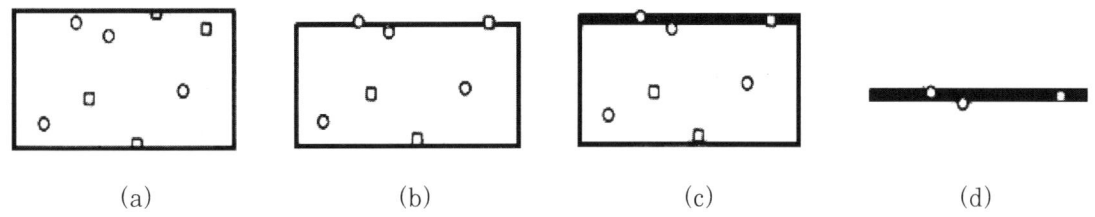

(a) 표면연마를 행한다.
(b) 적당한 부식액으로 기지를 녹여내어 석출물이나 개재물을 약간 돌출시킨다.
(c) 부식액에 의해 손상받지 않는 레플리카를 만든다.
(d) 레플리카를 만들고 떼어내기 전에 다시 기지만을 더 부식시켜 석출물이나 개재물이 레플리카에 붙어 있도록 한다.

그림 1에는 시편의 미세조직을 직접 관찰한 실제의 조직사진과 레플리카를 이용하여 관찰한 결과를 보여주고 있으며, 거의 차이가 없음을 알 수 있다.

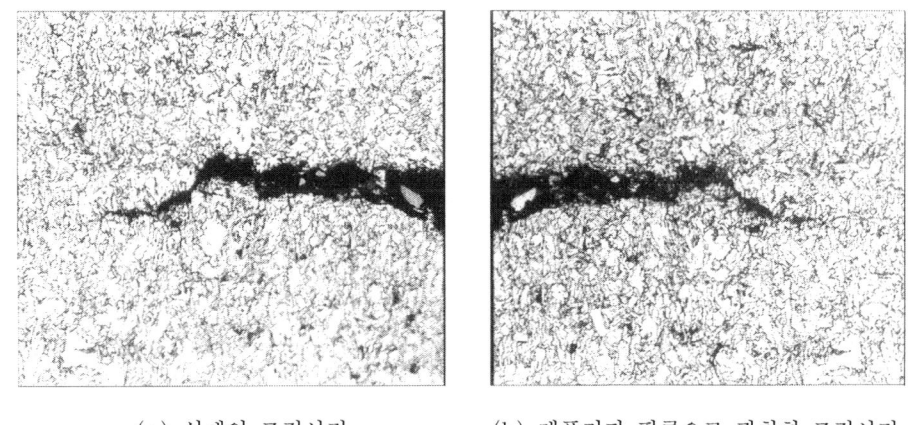

(a) 실제의 조직사진 　　　　(b) 레플리카 필름으로 관찰한 조직사진

그림 1 실제 시편의 조직사진과 레플리카법으로 관찰한 조직사진의 비교

2) 레플리카 채취법

(1) 레플리카 필름

금속조직 검사용으로 사용되는 레플리카 필름은 아세틸셀룰로우즈 필름(acetylcellulose film)과 파라핀을 조합한 것으로 두께는 0.035mm, 0.08mm의 두 종류가 있다. 보통의 경우 0.035mm를 사용하며, 요철이 심하고 온도가 높아 레플리카 필름이 연화하기 쉬운 경우에는 0.08mm를 사용한다. 아세틸셀룰로우즈 필름의 비중은 1.3이고 흡수율은 24시간, 침적시 5%, 최고 사용온도는 100℃이고 용재로는 시약 1급 규격 이상의 메틸아세테이트(methylacetate)를 사용한다.

(2) 레플리카 채취 요령

현장에서의 레플리카 채취는 작업장소의 협소, 안전성, 미세한 분진, 기타 다른 작업자들의 왕래 등 많은 제약적인 요소가 있다. 그러나 정밀한 분석을 위해서는 실험실에서 채취한 것과 같은 수준인 양질의 레플리카가 요구되므로 상호간의 유기적인 작업협조, 상당한 숙련과 경험이 요구된다. 또한 설비의 특성상 주 검사부위가 용접부와 같이 in-situ로 검사하여야 하며, 연마에 어려움이 있으므로 충분한 시간을 갖고 여유있고, 세심하게 레플리카 필름을 채취해야 한다.

(3) 레플리카 채취 순서

① 조연마(Rough Grinding)

그라인더로 약 15~20mm의 범위를 0.3~2.0mm의 깊이로 연마하여 탈탄층, 가동층 등의 변질층을 완전히 제거한다. 이 경우 기름 등에 의한 오염층도 완전히 제거하여야 한다.

② 세연마(Fine Grinding)

#100, #220, #400, #600, #800, #1000 등 연마지를 이용하여 연마한다. 이 때 각 메쉬마다 전 단계의 연마흔적이 완전히 없어질 때까지 직각방향으로 연마하며, 한 공정이 끝날 때마다 표면을 깨끗이 세척하여야 한다.

③ 폴리싱(Polishing)

$6\mu m$, $1\mu m$까지 다이아몬드 페이스트를 이용하여 폴리싱을 하며, 폴리싱 후 연마제를 완전히 제거한다.

④ 부식(Etching)

부식은 레플리카 채취시 가장 중요한 작업 중의 하나이다. 부식의 정도에 따라 조직의 관찰여부가 결정되므로 적당한 부식이 중요하다. 부식은 재료의 열화정도, 진단부위, 온도 등에 매우 민감하므로 일정한 시간으로 규정되어 있는 것은 아니지만, 관찰에 용이하게 부식되어야 하므로 많은 경험이 필요하다. 만약 레플리카를 채취하여 현미경으로 관찰한 결과 과도한 부식이 되었다면, 처음부터 다시 폴리싱하여야 하는 번거로움이 있으므로 작업의 능율이 매우 저하된다. 참고로, 캐비티cavity)를 관찰하기 위해서는 약하게 부식시키는 것이 좋다. 주사전자현미경(SEM)으로 관찰하기 위해서 금코팅을 한 후 보면, 캐비티는 가운데 부분이 튀어나와 전자를 많이 반사하므로 중앙부분이 희게 나타나며, 카바이드의 경우는 가장자리가 하얗게 나타나므로 쉽게 구별된다. 그러나 과하게 부식되면 카바이드가 떨어져나가 캐비티와의 구별이 어려워진다.

⑤ 레플리카 채취단계

㉮ 용제가 적을 때는 피검면과 밀착성이 나빠져서 완벽한 금속조직의 복제가 어렵다.

㉯ 용제가 많을 때는 레플리카 필름이 녹아 기포가 발생하는 경우가 있다.

㉰ 특히 굴곡이 심한 용접부의 열영향부(HAZ : heat affected zone)는 세심한 주의가 필요하다.

㉱ 완전히 마르지 않은 상태에서 레플리카 필름을 떼어내면 오그라들거나 주름이 발생할 수 있다.

㉲ 레플리카 필름을 떼어낼 때 속도가 너무 빠르면 줄무늬(striation)가 발생하므로 가능한 한 일정한 속도로 천천히 떼어낸다.

⑥ 마킹(Marking)

필름을 붙인 후 마르는 동안 레플리카 가장자리에 견출지를 이용하여 레플리카를 채취한 위치, 부식상태, 붙이는 방향, 기타 특징을 표시한다.

⑦ 유리판(Slide Glass)에 부착

유리판에 레플리카의 반대면을 양면 테이프를 이용하여 붙인다. 이 때 레플리카가 고르게 접착되어야만 현미경관찰이 용이하게 된다.

3) 실습결과의 평가

① 레플리카에 의한 복제사진과 실제 조직사진을 비교 평가한다.

5. 초음파탐상시험

과 목 명	비파괴검사	과제번호	NDT-05
실습과제명	초음파탐상시험	소요시간	16시간
목 적	초음파의 원리에 대하여 이해하며, 표준블럭을 이용하여 장비의 조정 및 재료 내부의 결함을 탐지하는 능력을 기른다.		

사용기재, 공구, 소모성 재료	규 격	수 량	비 고
초음파탐상기		1	
STB-1A		1	
글리세린		1L	

유의사항

1. 장비를 다룰 때에는 조심스럽게 다룬다.
2. 실험 전·후에 정리정돈을 한다.

5.1 실습 순서

1) 준비

① 측정범위의 조정에 사용하는 부분의 STB -A1의 치수 T(두께의 25mm 또는 100mm)를 선정한다.

$$T \leq \frac{측정범위}{2}$$

② 측정범위를 조정할 때에 눈금판상에 나타내는 밑면 에코의 수 n을 계산한다.

$$n_o \leq \frac{측정범위}{T}$$

$\quad n$: n_o의 소수점 이하를 버린 정수

③ 각 밑면 에코(B_1, B_2, B_3, ⋯, B_n)의 각각의 빔노정(W_{B1}, W_{B2}, W_{B3}, ⋯, W_{Bn})을 계산한다.

$$B_1 \to W_{B1} = T$$
$$B_2 \to W_{B2} = 2T$$
$$\cdot \quad \cdot \quad \cdot$$
$$\cdot \quad \cdot \quad \cdot$$
$$B_n \to W_{Bn} = nT$$

④ 측정범위를 조정했을 때의 눈금판 횡축의 최소 눈금에 상당하는 치수(빔노정) $W_{\min}$ [mm]를 계산한다.

$$W_{\min} \leq \frac{측정범위}{50}$$

⑤ 측정범위를 조정했을 때의 각 밑면 에코의 눈금판 횡축상의 눈금위치를 계산한다.

$$B_1 \to W_{B1}/W_{\min}$$
$$B_2 \to W_{B2}/W_{\min}$$
$$\cdot \quad \cdot \quad \cdot$$
$$\cdot \quad \cdot \quad \cdot$$
$$B_n \to W_{Bn}/W_{\min}$$

⑥ 측정범위를 조정했을 때에 나타나는 다중반사 도형을 ⑤의 결과를 사용해서 눈금판도에 기입한다.

표 1과 그림 1은 특히 사용하는 측정범위의 조정준비의 순서를, 그림 2는 결과를 표시한 것이다.

표 1 측정범위의 조정 준비의 시작

순서(mm)		측정범위	50	100	125	200	250	500
1	사용하는 STB-A1의 치수(mm)		25	25	25	100	100	100
2	조정이 완료되었을 때 나타나는 에코의 수 (개)		2	4	5	2	2	5
3	각 에코의 빔노정 W(mm)	W_{B1}	25	25	25	100	100	100
		W_{B2}	50	50	50	200	200	200
		W_{B3}	-	75	75	-	-	300
		W_{B4}	-	100	100	-	-	400
		W_{B5}	-	-	125	-	-	500
4	눈금판 횡축의 최소눈금의 치수 (mm)		1	2	2.5	4	5	10
5	각 밑면 에코의 눈금판 횡축눈금의 위치 (눈금)	B_1	25	12.5	10	25	20	10
		B_2	50	25	20	50	40	20
		B_3	-	37.5	30	-	-	30
		B_4	-	50	40	-	-	40
		B_5	-	-	50	-	-	50
6	측정범위의 조정에 용하는 2개의 에코		B1	B2	B1	B1	B1	B1
			B2	B4	B5	B2	B2	B5

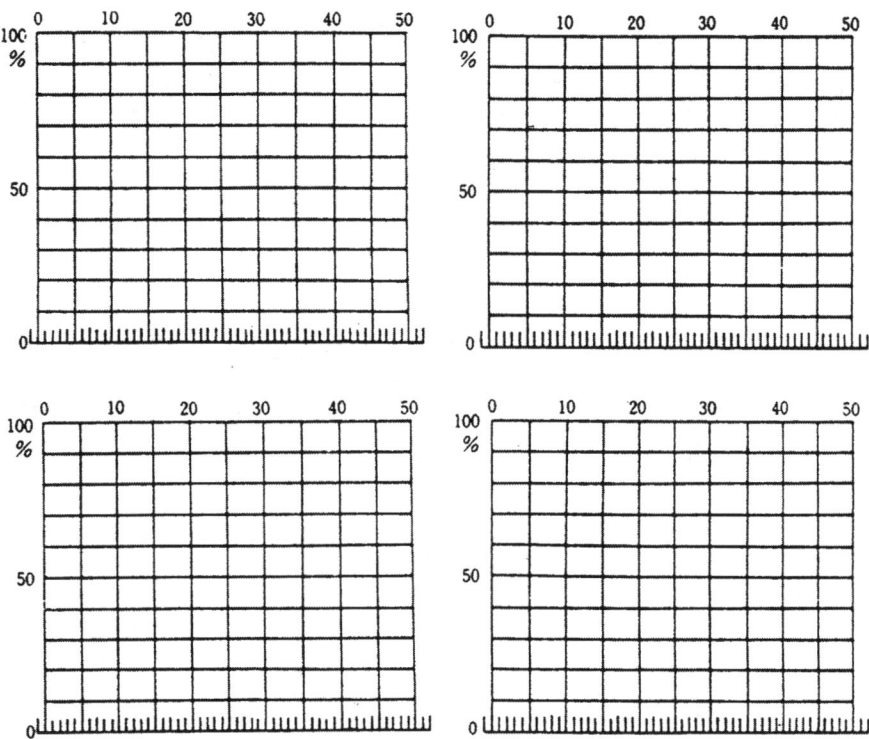

그림 1 측정범위 조정 준비상태

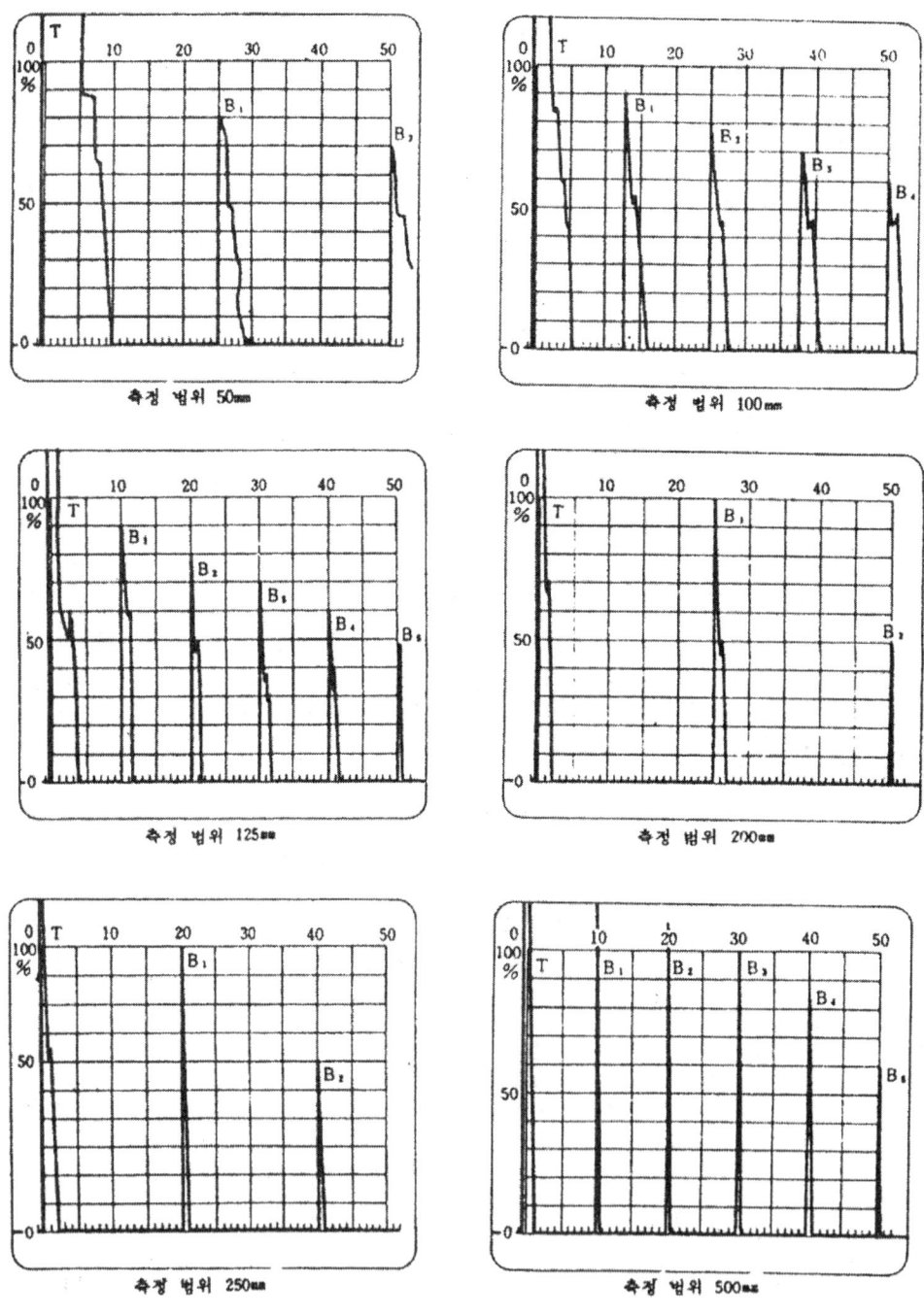

그림 2 측정범위의 조정 결과

2) 측정범위 100mm의 조정 순서

그림 3에 측정범위를 100mm로 조정할 경우의 순서를 표시하였다. 또 조정내용을 차례를 따라서 표시하면 다음과 같다.

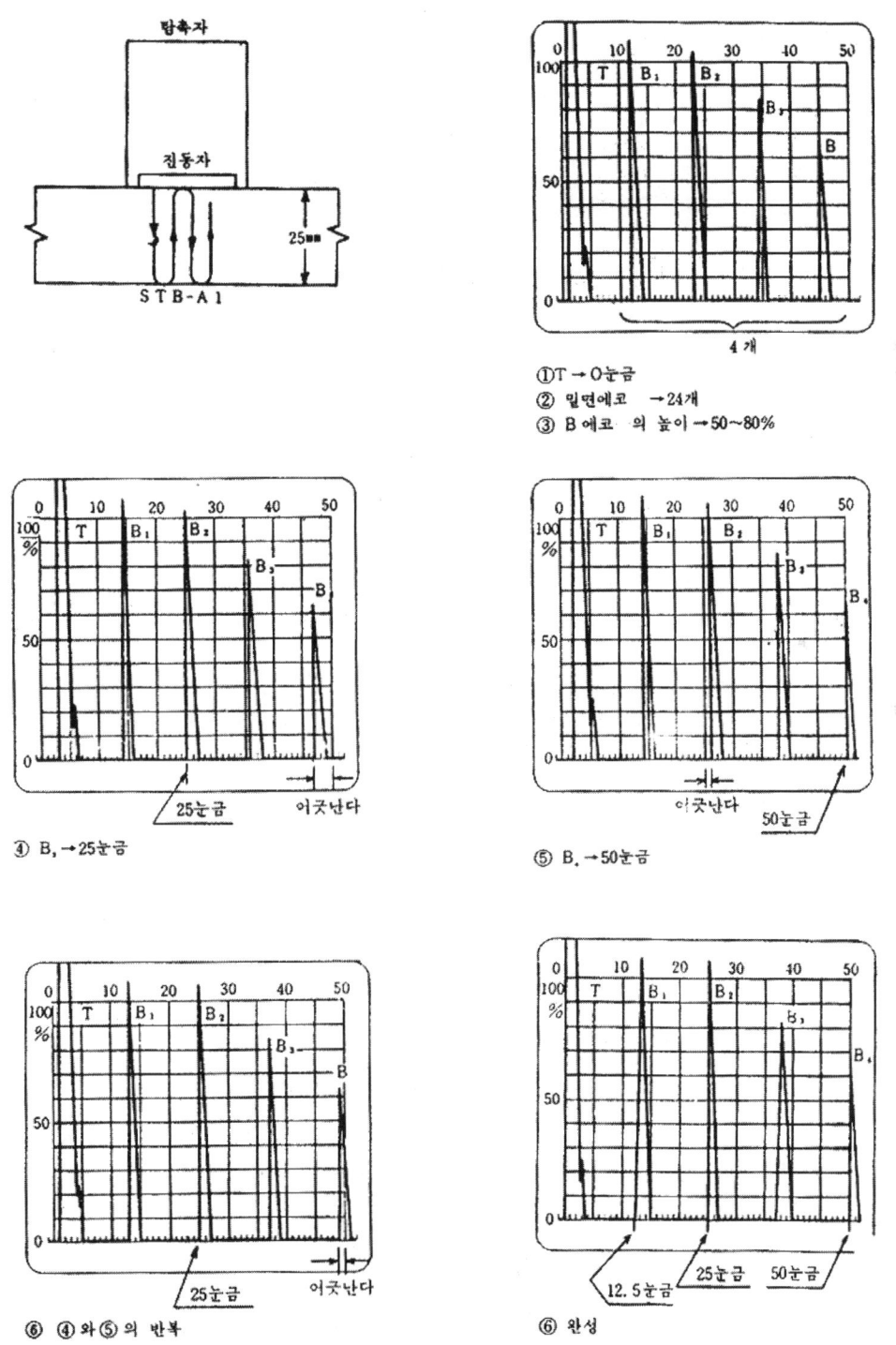

그림 3 STB-A1의 25mm의 치수를 사용한 측정범위 100mm의 조정순서

① (T-20눈금) 송신 펄스 T의 상승이 횡축의 0눈금 부근에 오도록 펄스 위치조정 손잡이를 조작한다.
② (T, B_1, B_2, B_3, B_4) 탐촉자를 STB-A1의 두께가 25mm가 되는 부분에 대고, 송신펄스 T와 밑면 에코가 4개 나타나도록 측정범위 거친 조정 손잡이와 미세 조정 손잡이를 조정한다.
③ ($50\% \leq B_4 \leq 80\%$) 제 4회째의 밑면 에코 B_4의 높이가 눈금판상의 50~80%의 높이가 되도록 게인 조정 손잡이를 조작한다.
④ 제 2회째의 밑면 에코 B_2의 상승이 눈금판 횡축 눈금의 중앙 25눈금(=50mm)에 맞도록 펄스 위치조정 손잡이를 조작한다.
⑤ 제 4회째의 밑면 에코 B_4의 상승이 눈금판 종축 눈금의 50눈금(=100mm)에 맞도록 측정하여, B_2의 상승을 25에, B4의 상승을 50눈금에 맞춘다.

3) 측정범위 25mm의 조정순서

① 펄스 위치 조정 손잡이를 조작해서 T를 0눈금에 맞춘다.
② 탐촉자를 STB-A1의 두께가 25mm가 되는 부분에 대고, 측정범위 조정 손잡이를 조작해서 B_1 에코를 50눈금에 맞춘다.
③ 펄스위치 손잡이를 조작해서 B_1 에코의 상승을 0 눈금에 맞춘다.
④ 측정범위 조정 손잡이를 조작해서 B_2 에코를 눈금판 위에 나타낸다.
⑤ 감도조정 손잡이를 조작해서, B_1 에코 높이가 50~80%가 되도록 한다.
⑥ 펄스위치 조정 손잡이를 조작하고 B_1 에코가 0눈금에, 측정범위 조정 손잡이를 조작해서 B_2 에코가 50눈금이 되도록 순차반복해서 동시에 맞춘다.
⑦ 펄스위치 조정 손잡이를 조작해서 B_1 에코를 50눈금에 맞춘다.
⑧ 탐촉자를 STB-A1에서 떼었을 때, T가 0눈금 부근에 나타난 것을 확인한다.(완료)

※ STB-A1에 한하지 않고 미리 알고 있는 치수의 것을 사용해도 되고, 특히 시험체의 결함이 없는, 미리 알고 있는 치수부분을 이용하는 것이 효과적이다.

그림 4에 측정범위 25mm의 조정 순서를 표시하였다.

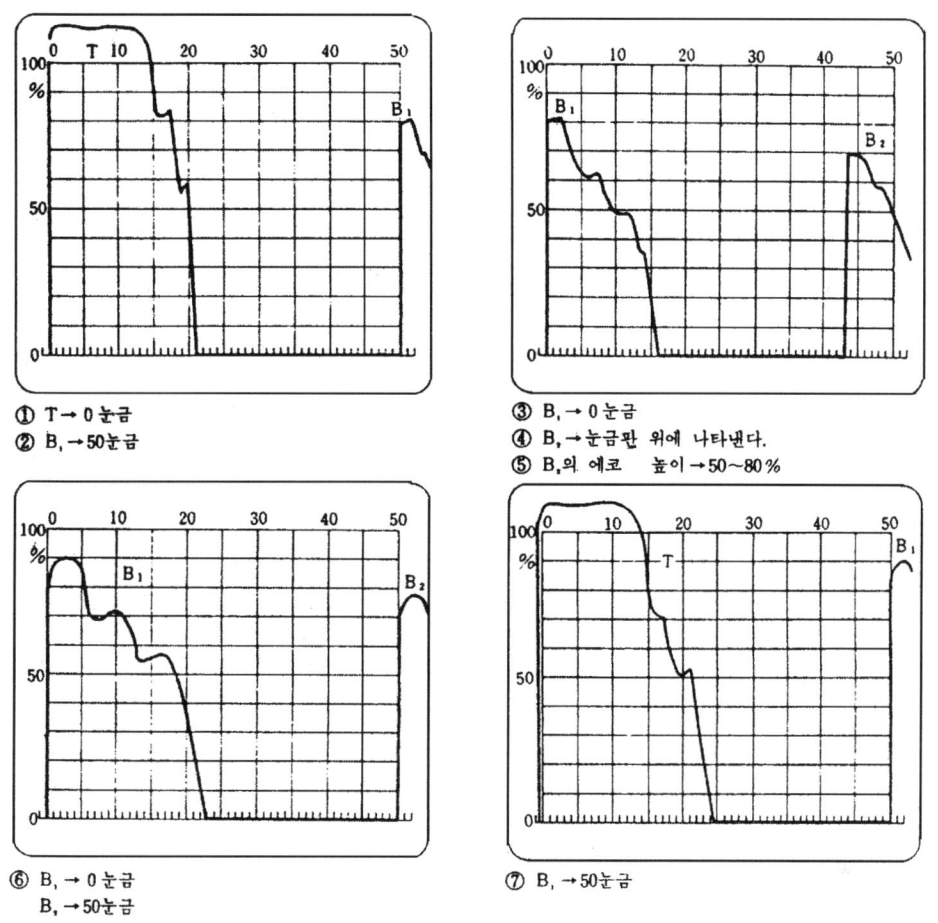

① T → 0 눈금
② B₁ → 50눈금
③ B₁ → 0 눈금
④ B₂ → 눈금판 위에 나타낸다.
⑤ B₂의 에코 높이 → 50~80%
⑥ B₁ → 0 눈금
　 B₂ → 50눈금
⑦ B₁ → 50눈금

그림 4 STB-A1의 25mm 치수를 사용한 측정범위 25mm의 조정순서

4) 반사원 위치의 측정

탐상면에서 입사한 초음파는 시험체 속을 진행해서, 초음파의 진행방향에 수직한 면을 가진 결함이나, 밑면이 있으면 거기서 반사하여 탐상면으로 돌아온다. 이 결함이나 밑면과 같이 초음파를 반사시키는 원인이 되는 것을 총칭해서 반사원이라 한다.

탐촉자법에서는 보통 그림 5와 같이 눈금판 횡축의 0눈금에서 에코의 상승위치까지의 거리를 초음파의 편도의 전반거리(빔노정 W)로서 취급하고, 빔 노정은 탐상면에서 반사원까지의 거리 W에 대응하고 있다. 따라서 빔노정 W을 해독하면 그것이 반사원의 위치 W에 상당하고 있는 것이 된다. 그리고 빔노정은 그 대의 측정 범위에 따라 표 2에 표시한 것과 같이 상세하게 해독한다.

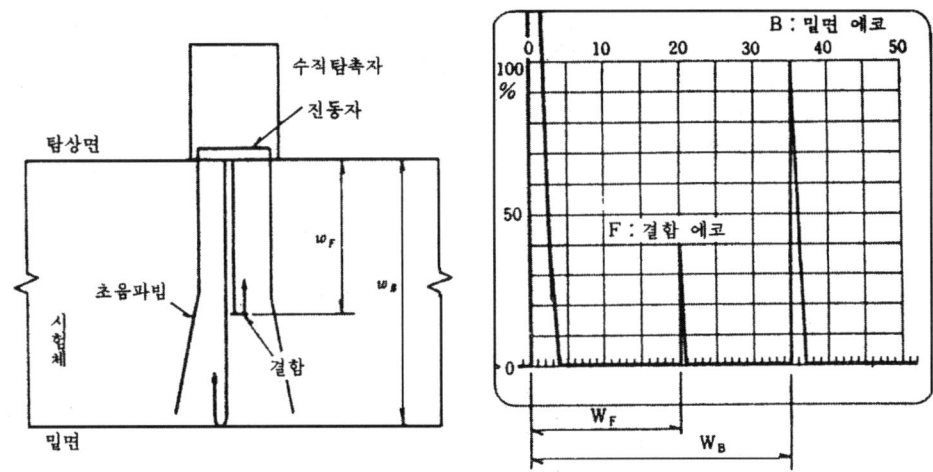

그림 5 수직탐상과 그 탐상도형

표 2 측정범위의 해독법의 상세함의 관계

측정범위 (mm)	횡축 1눈금의 길이 (mm)	횡축 10눈금의 길이 (mm)	해독법의 상세함(눈금)	해독의 최소 단위 (mm)
50	1	10	1/5	0.2
100	2	20	1/4	0.5
125	2.5	25	1/5	0.5
200	4	40	1/4	1.0
250	5	50	1/5	1.0
500	10	100	1/5	2.0

※ 측정범위는 시험체 전체가 탐상되도록 시험체 두께 이상으로 선정할 필요가 있다. 한편 결함 에코의 빔노정을 높은 정밀도로 해독하기 위해 작게 선정할 필요가 있다. 양자는 상반되는 내용인데, 보통 측정범위는 시험체 두께 이상에서 최소로 선정하는 경우가 많다.

연습문제

※ 아래 그림의 STB-A1의 각 부분의 치수를 측정하여 표에 기입하여라.

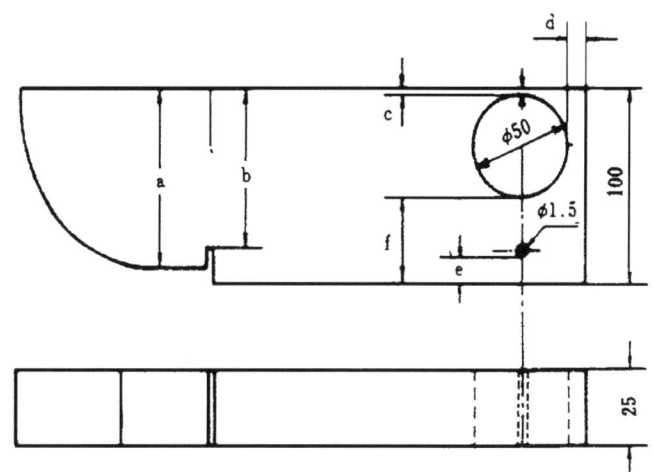

STB-A1의 각 부분의 치수(a~f)의 측정 위치

STB-A1의 각 부분의 치수(a~f)의 측정 결과

측정범위 (mm)	A						B					
	a	b	c	d	e	f	a	b	c	d	e	f
50												
100												
125												
200												
250												
규격으로 정해진 치수	91	85	5	10	14.25	45	91	85	5	10	14.25	45

6. X-선 투과시험

과 목 명	비파괴검사	과제번호	NDT-06
실습과제명	X-선 투과시험	소요시간	12시간
목 적	1. X-선 발생장치의 원리와 구조를 이해하고 X-선 투과시험을 위한 노출시간의 계산, 투과도계의 선정, 선원-필름간 거리결정, 노출선택, 노출시간의 계산 등에 대하여 컴퓨터 시뮬레이션 실습을 통해 실제의 실습과 같은 학습효과를 얻도록 한다. 2. 컴퓨터 시뮬레이션 실습을 통해 얻는 X-선 투과 사진을 통하여 재료의 결함 여부를 판정할 수 있는 능력을 기른다.		

사용기재, 공구, 소모성 재료	규 격	수 량	비 고
컴퓨터		1대	
컴퓨터 시뮬레이션 프로그램		1세트	

안전 및 유의사항

〈실제 X-선 투과시험을 할 때, 다음과 같은 안전 및 유의사항을 준수해야 함을 주지시킨다.〉
 1. X-선은 γ선과 본질적으로 동일한 전자기파로서, 사용시설의 위치, 구조 및 설비는 방사선 장해의 우려가 없도록 사전에 허가를 받아야 한다.
 2. X-선 탐상실험실은 납판으로 밀폐시설을 철저히 하여, 시험 중 방사선의 누출이 없도록 하여야 한다.
 3. 사용자는 필름뻿지를 휴대하여 피폭 방사선량을 수시로 점검, 확인하고 서베이메타로 시험실 주변의 방사선을 측정한다.
 4. 촬영시 접지를 완전히 하여야 한다.
 5. 관전압 상승속도에 유의하여 탐상기를 사용하여야 한다.
 6. X-선 촬영시 위험구역을 벗어난 위치에 방사선 표지판을 설치하여야 한다.
 7. 감광된 필름 등은 암실에서 현상한다.

6.1 관련 지식

방사선 작업자는 가능한 한 어떤 조건하에서도 가장 좋은 사진을 만들도록 항상 신경을 써야 한다. 방사선 사진의 품질은 상의 휨, 선명도, 명암도 및 농도의 네 가지 요인에 의하여 결정된다.

그림 1에는 방사선 투과 사진의 기본적인 개념도를 나타냈다.

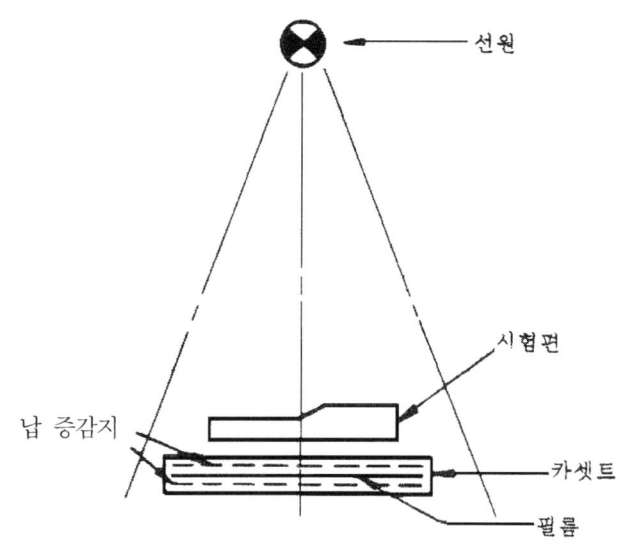

그림 1 방사선 투과 사진 촬영의 개념

1) 방사선원의 선택

방사선 사진용으로 사용할 수 있는 선원은 여러 가지가 있으며, 선원의 선택은 우선 만족한 사진을 얻을 수 있는 선원 즉, 규정된 시험편의 두께를 투과할 수 있는 kV 또는 Gamma 선 에너지를 선택하여야 한다. 그림 2는 시험편 두께에 따라 에너지를 선정할 수 있는 그림이다.

이 도표에서는 시험편 두께에 따라 투과할 수 있는 선원의 최대 및 최소 에너지를 나타낸 것으로, 작업자는 이 도표에 의해서 적용할 수 있는 장비 및 에너지의 범위를 결정할 수 있다. 예를 들면 X선 사진촬영에서 철판 두께 1인치를 투과할 수 있는 전압[kV]의 한계는 최대 1000 kV인 것을 알 수 있다.

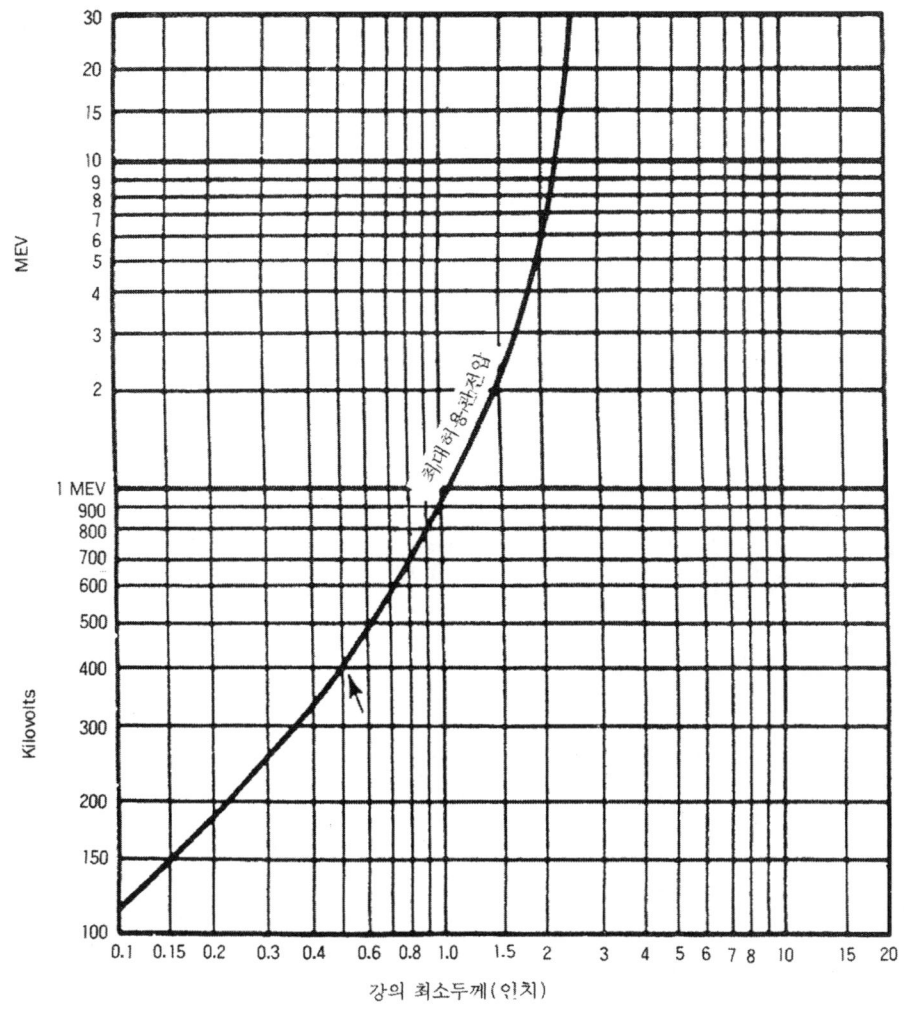

그림 2 강의 두께에 따른 최대 허용 관전압

2) 노출시간 계산

X선을 사용할 때 노출시간의 선정은 주로 노출도표를 이용하여 결정하는데, 노출도표는 특정한 관전압에 대하여 시험체의 두께에 따른 노출량을 나타낸 도표로서 이들의 관계는 다음의 설명과 같다.

(1) 관전류와 노출시간과의 관계

주어진 노출조건(관전압, 선원 - 필름간 거리 등)이 일정한 상태에서 노출량은 관전류×시간으로 나타나고, 전류값(M)과 시간(T)은 역비례한다.

이를 식으로 표시하면 아래와 같다.

$$\frac{M_1}{M_2} = \frac{T_2}{T_1}$$

M : 관전류
T : 노출시간

위의 식은 다음과 같이 표시할 수 있다.

$$노출량 = M \times T = M_1 \times T_1 = M_1 \times T_2 = 일정$$

위와 같은 관계식을 교환법칙이라 한다.

(2) 거리와 노출시간과의 관계

노출시간을 거리가 멀어질수록 거리의 제곱에 비례하여 길어짐을 알 수 있는데 이를 식으로 표현하면 아래와 같다.

$$\frac{T_2}{T_1} = \frac{D_2^{\,2}}{D_1^{\,2}}$$

D : 필름-선원간 거리

(3) 관전류, 거리와 노출시간과의 관계

관전류(M), 거리(D), 노출시간(T)과의 관계는 앞서 설명한 두 식을 이용하여 아래와 같은 노출식으로 노출조건을 계산할 수 있다.

$$\frac{M_1 \times T_1}{D_1^{\,2}} = \frac{M_2 \times T_2}{D_2^{\,2}}$$

(4) X선 노출도표를 이용한 노출시간 계산

X선을 사용할 때의 노출도표는 그림 3과 같이 가로축은 시험체의 두께를 나타내며, 세로축은 노출량을 나타내고 있으며, 관전압(kV)별로 직선으로 되어 있다.

투과두께와 관전압선의 노출선과 만나는 점의 노출량을 찾아내고, 그 값에 관전류를 나눔으로써 노출시간을 얻을 수 있다.

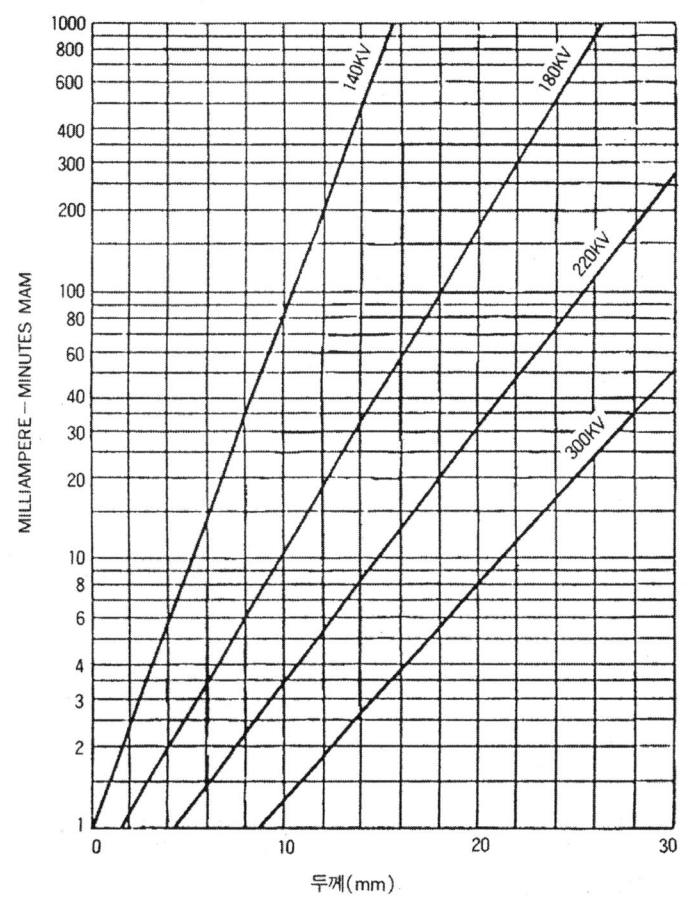

그림 3 노출도표(X-선)
(시험체 : 강재(steel), 장치 : X-선 발생장치(300kV), 필름 : FILM No. XX, 흑화도 : 2.0, 선원-필름간 거리 : 90cm, 현상 20℃, 5분, 관전류 : 5mA, 증감지 : 연박(두께 0.125mm))

3) 투과도계 선정

투과도계는 시험체의 투과 두께를 기준으로 선정해야 하며, 촬영시에는 시험체의 선원측에 놓는 것을 원칙으로 하며 부득이한 경우 필름측에 부착하고 촬영한다.

① 한국공업 규격(KS B 0845 : 강 용접부 방사선 투과 검사)에서 적용되는 투과도계는 표 1과 같다.

즉, 사용재료의 두께에 따라 투과도계를 선정하여 적용하고, 상질은 투과도계 식별도가 2%(보통급 기준) 이하가 되도록 요구하고 있다.

표 1 투과도계(KS B 0845)

형의 종류	사용재료의 두께범위	선 지름의 계열 (mm)						
F04	20mm 이하	0.10	0.125	0.16	0.20	0.25	0.32	0.40
F04	10mm~40mm	0.20	0.250	0.32	0.40	0.50	0.64	0.80
F08	20mm~80mm	0.40	0.500	0.64	0.80	1.00	1.25	1.60
F16	40mm~160mm	0.80	1.000	1.25	1.60	2.00	2.50	3.20
F32	80mm~320mm	1.60	2.000	2.50	3.20	4.00	5.00	6.40

② 미국기계학회(ASME Sec. V)에서 적용하는 투과도계는 표 2와 같다. 표 2에서 명시된 투과 두께에 따라 지정된 투과도계를 선정하고 투과사진의 상질은 지정된 크기의 hole만 확인하면 된다.

표 2 투과도계(ASME Sec. V)

투과 두께(inch) 단벽기준	지시고유번호 (Designation)	확인되어야 할 구멍 (Essential Hole)
0.25 이하	10	4T
0.250~0.375	12	4T
0.375~0.500	15	4T
0.500~0.625	15	4T
0.625~0.750	17	4T
0.750~0.875	20	4T
0.875~1.000	20	4T
1.000~1.250	25	4T
1.250~1.500	30	2T
1.500~2.000	35	2T

여기서 주의할 점은 투과 두께의 선정인데 용접부의 경우 투과두께는 모재두께에 덧붙임 두께를 합친 값이며, 보강판을 사용한 경우라도 보강판 두께는 계산하지 않는다.

4) 선원 – 필름간 거리 결정방법

X선과 선의 선원은 한 점이 아니고 어떤 면적을 가지고 있으므로 그림자의 윤곽이 선명하지 못할 수 있으며, 선원과 필름이 수직으로 위치하지 않을 경우 시험물의 상이 늘어난 형태로 될 수 있다. 이러한 현상을 기하학적 불선명도라고 한다. 선원-필름간 거리(또는 선원-시편간 거리)는 길수록 기하학적 불선명도(U_g : Geometrical Unsharpness)가 작아져 투과사진의 감도가 좋아진다.

방사선원이 점선원일 때는 그림 4에서 볼 수 있는 바와 같이 선원필름간 거리가 변해도 결함 주위에 반음영이 생기지 않는다. 기하학적 불선명도에 영향을 주는 요인은 다음 4가지가 있다.
① 선원 또는 초점의 크기
② 선원과 필름과의 거리
③ 시험물과 필름과의 거리
④ 선원, 시험물, 필름의 배치 관계

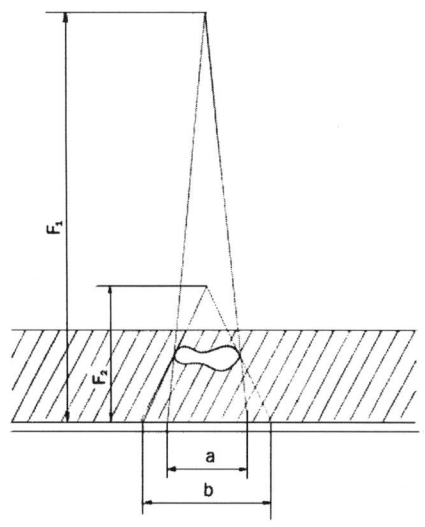

그림 4 선원-필름간 거리의 변화에 따른 상의 변화

따라서 동일 조건에서 초점의 크기는 작을수록 선명도를 좋게 하며 선원과 시험체의 거리는 될 수 있는 대로 길게 하는 것이 좋다. 필름은 가능한 한 시험체와 가깝게 밀착시키는 것이 좋으며 시험체의 형상은 가능한 한 시험체, 선원, 필름의 배치가 방사선의 중심에 수직이 되도록 한다. 시험체의 배치도 필름과 수평이 되게 배치하여야 선명도가 좋게 된다. 기하학적 불선명도는 그림 5의 공식에 의하여 계산할 수 있으며 미국 기계학회규격(ASME)에서는 기하학적 불선명도의 한계를 표 3과 같이 제한하고 있다.

또한 그림 4에서 보면 선원-필름간 거리가 F_1에서 F_2로 줄어들면 결함의 상의 크기가 a에서 b로 커진다. 즉, 선원-필름간의 거리가 짧아지면 상이 확대되어 흐릿하게 나타난다.

방사선원이 그림 5에서와 같이 일정한 크기를 가질 때는 선원, 시험체, 필름의 배열 상태에 따라 필름상의 윤곽이 선명하지 못하게 나타나는데 이를 기하학적 불선명도라 한다.

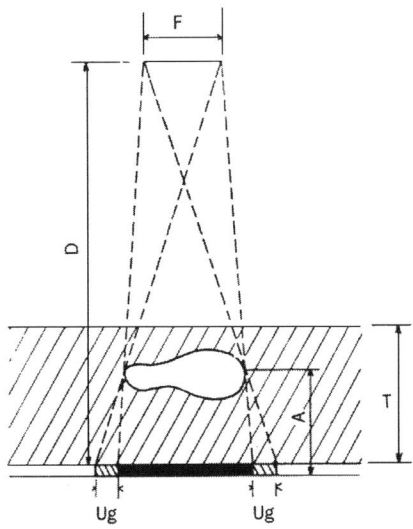

그림 5 기하하적 불선명도

표 3 기하학적 불선명도의 한계

재질두께	Ug(max)
2인치(51mm) 미만	0.02 인치 (0.50mm)
2인치~3인치	0.03 인치 (0.76mm)
3인치~4인치	0.04 인치 (1.00mm)
4인치(102mm) 초과	0.07인치 (1.80mm)

이를 식으로 나타내면

$$U_g = \frac{F \times A}{D-A}$$

F : 선원의 크기
D : 선원-필름간 거리
A : 결함-필름간 거리
T : 시험체 두께

시험체 내에서 결함은 임의의 곳에 존재할 수 있으므로 결함에 대한 기하학적 불선명도의 최대값은 결함이 시험체의 선원측 표면에 존재할 때 즉, $A=T$가 될 때이다.

따라서 이를 식으로 나타내면 다음과 같다.

$$U_{g(\max)} = \frac{F \times T}{D-T}$$

여기서 T는 시험체의 두께를 의미하지만 시험체와 필름이 밀착되어 있지 않은 경우에는 시험체와 필름 사이의 공간도 포함되어야 하므로 T는 시험체의 선원측 표면에서 필름까지의 거리가 된다.

5) 방사선 사진 노출 계산

방사선을 이용하여 사진을 얻기 위해서는 노출시간, 시험체의 거리, 전류[mA], 전압[kV] 등을 이용하여 노출을 계산한다.

(1) 교환법칙

어떤 노출시간, 전류[mA], 시험체의 거리 및 전압으로 촬영하고 다른 조건은 그대로 두고 노출 시간 또는 전류는 변경하여 이것과 동일한 방사선 사진을 얻으려고 할 때는 처음 촬영할 때의 전류와 노출시간의 곱의 값이 나중 촬영할 때의 값과 같도록 정하여 주면 된다. 이것을 교환법칙이라고 한다. 즉,

$$M_1 T_1 = M_2 T_2$$

M : 전류[mA]
T : 노출시간
하첨자 1,2 : 처음과 나중을 나타냄

예를 들면, 처음 촬영할 때 전류 15mA, 노출시간 0.5분의 조건으로 촬영하고 전압을 5mA로 변경하여 같은 상태의 사진을 얻으려면 처음 촬영조건에서 전류와 전압의 곱이 15mA×0.5min=7.5mA-min이므로 나중 촬영할 때에도 전류×시간의 값이 7.5가 되도록 노출시간을 1.5분으로 하면 된다.

(2) 역제곱의 법칙

방사선을 이용하여 사진을 촬영할 때 시험체의 표면의 일정한 면적이 받는 방사선의 강도는 선원과 시험체 사이의 거리의 제곱에 비례하여 감소한다.

그림 6은 이 관계를 설명하고 있으며, 식으로 표시하면 다음과 같다.

$$\frac{I_2}{I_1} = \frac{D_1^{\,2}}{D_2^{\,2}}$$

I : 방사선의 강도
D : 거리

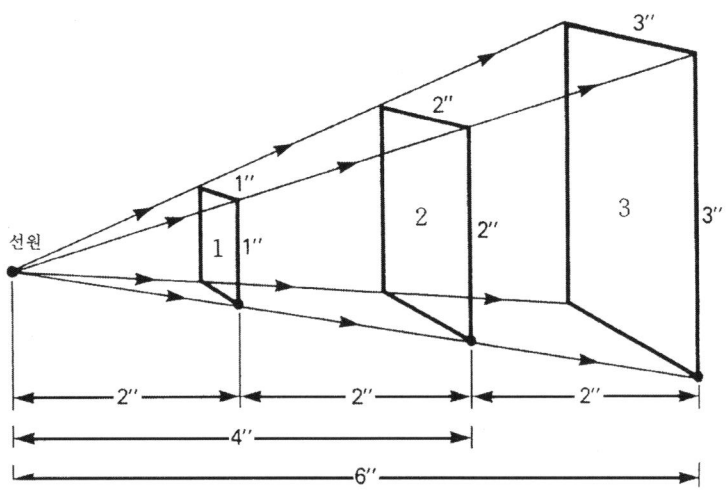

그림 6 역제곱의 법칙

(3) 시간과 거리의 관계

주어진 동일한 필름의 농도를 갖는 방사선 사진을 얻기 위해서 요구되는 노출시간은 선원과 필름간의 거리의 제곱에 비례한다. 이것을 식으로 표시하면

$$\frac{T_1}{T_2} = \frac{D_1^{\,2}}{D_2^{\,2}}$$

T : 시간
D : 거리

(4) 시간, 거리 및 전류의 관계

이미 사용하여 얻은 사진의 노출조건 중 시간(T), 거리(D), 전류(mA) 중의 어느 한 가지 조건을 바꾸어서 동일한 사진을 얻고자 할 때는 이미 사용했던 노출조건으로부터 새로운 노출조건을 계산할 수 있다. 이것을 식으로 표시하면

$$\frac{mA_1 \times T_1}{D_1^{\,2}} = \frac{mA_2 \times T_2}{D_2^{\,2}}$$

6) 필름의 특성 곡선

필름의 특성곡선이란 방사선 사진 시험을 할 시험체에 적용되는 노출조건과 방사선사진의 농도와의 관계를 나타내는 필름 자체가 갖고 있는 곡선으로, H&D(Hurther and Driffield curve), 또는 감광곡선이라고도 한다.

특성곡선은 방사선 사진시험을 행하는데 필요한 기술적인 도표나 방사선 사진에 의한 연구시에 실제적으로 종종 일어나는 문제들을 해결하는데 사용된다.

(1) 동일 필름 곡선에 의한 노출조건의 변경

만약 12mA-min의 노출 조건으로 얻은 방사선 사진의 농도가 0.8이 되는 필름으로 농도를 2.0까지 증가시키려면 이 필름의 특성 곡선을 사용하여 노출 조건을 변경하면 된다. 그림 7에서 필름의 농도가 0.8일 때의 logE의 값을 구하면 1.0이고, 농도가 2.0일 때의 logE 값은 1.62가 된다고 하자.

이 때 logE 값의 차를 구하면 1.62-1.0=0.62가 된다. logE 값의 차 0.62에 대한 역대수를 취하면 4.2가 되고 이 값이 노출인자로 사용되어 최초의 노출조건 12mA-min에 곱해주면 12×4.2=50.4mA-min가 되며, 이것이 사진의 농도를 2.0으로 증가시키는데 필요한 노출조건이 된다.

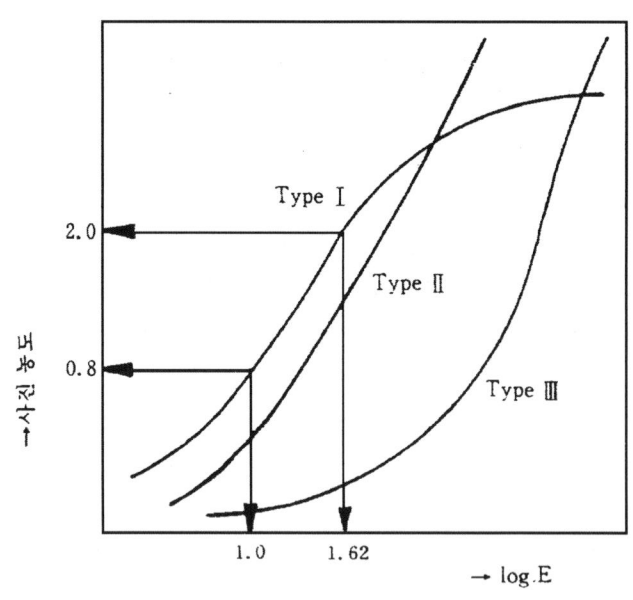

그림 7 필름의 특성곡선

(2) 두 종류의 필름 특성곡선을 이용한 노출변경

그림 8에 나타낸 바와 같이 두 종류의 필름 즉, type I과 type II의 필름을 사용할 경우 사진의 농도가 둘 다 2.0일 경우라도 type II의 필름이 type I보다 높은 명암도를 얻게 된다. 그러므로 사진의 농도가 2.0이 되는 type II의 노출조건을 구하려면 이 때의 type I의 log E 값 1.62와 type II의 log E값 1.91의 차이를 계산하여 0.29가 되므로 0.29의 역대수값을 찾아 type I의 사진농도가 2.0일 때의 노출조건에 곱해주면 요구하는 type II의 노출조건을 계

산할 수 있다. 앞에서 설명한 type I의 필름농도가 2.0일 때의 노출조건이 50.4mA-min이면 type II의 노출조건을 50.4×1.95 - 98.3mA-min로 하면 type II의 필름으로 2.0의 농도를 얻을 수 있다.

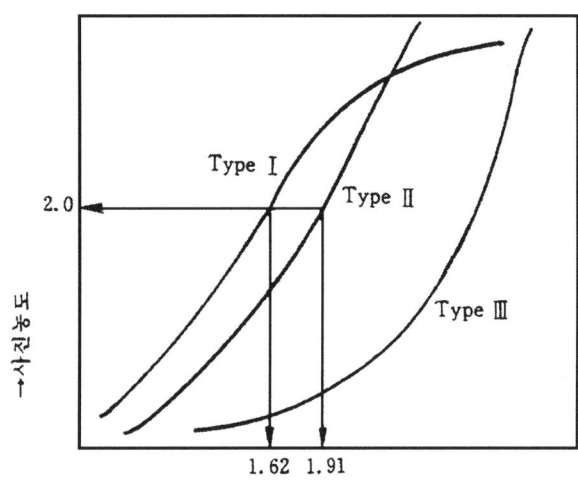

그림 8 필름의 특성곡선을 이용한 노출변경.

7) 현상방법

방사선 투과필름의 현상과정이란 방사선 노출로 투과사진에 형성된 잠상이 현상, 정지, 수세, 건조과정을 통해 눈에 보이는 영구적인 상으로 나타나게 하는 과정을 말하는데 현상하기 전의 방사선 투과필름은 빛에 의해 감광되므로 어두움을 유지할 수 있는 암실에서 수행해야 한다.

(1) 현상처리

감광된 필름을 알카리성 용액인 현상용액에 넣으면 감광된 부위는 할로겐화은이 금속은으로 변화된다. 이 때 현상작용을 계속하면 더 많은 양의 은을 형성하여 잠상이 검은 영상으로 나타나기 시작한다.

① 현상온도 및 시간

현상액의 온도는 용액의 화학적 농도에 영향을 미치기 때문에 현상시 현상온도는 매우 중요한 요인이 된다. 이상적인 현상조건은 현상온도 20℃에서 현상시간이 5분 되는 것을 기준하고 있으며, 16℃ 이하와 25℃ 이상에서는 현상이 어려워진다.

현상온도에 따른 개략적인 현상시간은 표 4와 같다.

표 4 현상온도에 따른 현상시간

현상온도 (℃)	현상시간 (분)
16	8
18	6
20	5
21	4.5
24	3.5

② 현상중 교반

교반이란 현상 중에 필름을 흔들어 주는 것을 말하는데, 이는 필름 전체가 균일한 현상이 되도록 하기 위함이다.

현상중에 필름을 교반하면 필름에 붙어 있는 이미 화학반응으로 소모된 현상제를 털어내고 새로운 현상제가 필름주위에 모여 현상시간 동안 계속 균일한 현상이 되도록 하는 것이다. 현상중 필름을 교반하지 않으면 필름에 전반적인 불균일한 줄무늬 현상으로 나타난다.

③ 현상액의 농도

현상액은 사용함에 따라 현상작용으로 생성된 물질이 현상작용을 억제하기 때문에 현상능력이 점차로 감소된다. 현상액의 현상능력이 감소되는 경우에는 현상 첨가를 보충하여 보상해준다. 일반적으로 한 번 보충해주는 보충액은 탱크 안의 현상의 약 3% 정도가 적당하다.

(2) 정지 처리

현상 처리가 끝난 후에는 필름을 초산 정지액이나 깨끗한 물로 헹구어 필름 유제에 남아 있는 현상제에 의한 현상작용을 정지시켜야 한다. 정지액은 물 1리터당 농도 28%의 초산 125cc를 혼합하여 사용하거나 빙초산을 사용하는 경우에는 리터당 35cc정도의 물을 혼합하여 사용한다.

정지액의 온도는 20℃를 기준으로 하며, 정지액에서는 30~60초 정도 교반시킨 정착액으로 옮기며, 정지액을 사용하지 않고 흐르는 물에 정지시킬 때에는 최소한 2분 정도 행군 후 정착액으로 옮긴다.

(3) 정착처리

정착처리의 목적은 필름의 감광유제에서 현상되지 않은 은입자를 제거하고, 현상된 은입자를 영구적인 상으로 남게 하고, 필름의 젤라틴을 경화시켜 열에 잘 견디게 하고, 건조 후 필름 관찰시 필름을 만져도 끈적임이 없게 해준다.

필름을 정착액에 넣어 정착처리를 시작하면 필름에서 우유빛이 서서히 사라져가는데, 완전히 사라질 때까지 소요되는 시간을 Cleaning Time이라 하고, 이 시간동안 감광유제 중에 현상되지 않은 할로겐화합물을 용해하기도 한다.

정착시간을 15분을 넘지 않도록 하고, 정착 중에는 교반을 해주어 균일한 정착이 되도록 한다.

(4) 수세처리

정착처리가 끝나면 필름에 묻어 있는 정착액을 제거하기 위하여 흐르는 물에 수세처리를 한다. 수세시 물은 충분히 흐르도록 하고, 흐르는 물의 양은 시간당 탱크용량의 4배~8배가 되도록 한다. 수세시의 물의 온도는 16~21℃, 수세시간은 20~30분 정도 수세를 한다.

(5) 건조 처리

수세처리가 끝나면 필름건조기에서 건조처리를 한다. 이 때 건조온도는 50℃ 이하로 하고, 건조시간은 30~45분 정도가 이상적이다.

8) 필름의 판독

(1) 결함의 분류

결함은 표 5에 따라 3종류로 분류한다.

표 5 결함의 종류

	결함의 종류
제1종	기공 및 이와 유사한 둥근 결함
제2종	가는 슬래그 개입 및 이와 유사한 결함
제3종	터짐 및 이와 유사한 결함

터짐 및 터짐에 가까운 용입 부족 등의 제3종의 결함은 강도의 저하에 미치는 영향이 특히 심하므로 투과사진을 관찰할 때 특히 주의할 필요가 있다.

언더컷 등의 표면결함은 강도의 저하에 크게 영향을 미치나 그 판정은 투과사진에만 의존하지 말고 외관시험, 자분탐상시험 등 기타 시험방법을 병행해서 판정하여야 하므로 이 등급 분류에는 포함하지 않는다.

(2) 결함점수 및 결함길이

① 제1종 결함의 결함점수

제1종 결함은 시험부의 온 면적 중 결함점수가 가장 크게 나타나는 부분의 시험 시야 내를 대상으로 한다. 시험 시야의 크기는 모재의 두께에 따라 표 6에 표시하는 크기로 한다.

표 6 시험 시야의 크기

모재의 두께	25mm 이하	25mm 초과 100mm 이하	100mm 초과
시험시야의 크기	10×10	10×20	10×30

결함이 1개인 경우, 결함점수는, 결함의 긴 지름에 대응하여 표 7의 값을 사용한다.

표 7 결함점수

결함의 긴 지름 (mm)	1.0 이하	1.0 초과 2.0 이하	2.0 초과 3.0 이하	3.0 초과 4.0 이하	4.0 초과 6.0 이하	6.0 초과 8.0 이하	8.0 초과
점 수	1	2	3	6	10	15	25

다만, 결함의 긴 지름이 표 8에 표시하는 값 이하의 것은 결함점수로서 계산하지 않는다. 결함이 2개 이상일 경우의 결함점수는 시험 시야 내에 존재하는 결함점수의 총수로 한다. 결함이 시야의 경계선상에 걸쳐있는 경우에는 시야 밖의 부분도 포함해서 측정한다.

표 8 결함의 종류

모재 두께	결함의 긴 지름
25mm 이하	0.5
25mm 초과 50mm 이하	0.7
50mm 초과	모재 두께의 1.4%

② 제1종 결함의 등급분류

투과사진 위의 결함이 제1종 결함의 경우, 등급분류는 표 9의 기준에 따라 실시하는 것으로 한다. 표 중의 숫자는 결함점수의 허용한도를 표시한다. 다만, 결함의 긴 지름이 모재 두께의 1/2을 초과할 경우에는 4급으로 한다. 또한 1급에 대하여는 결함의 긴 지름이 표 4에 표시하는 값 이하의 것이라도 시험 시야 내에 10개 이상 있어서는 안 된다.

표 9 결함수에 따른 등급

시험 시야 mm	10×10		10×20		10×30
두께 등급	10 이하	10 초과 25 이하	25 초과 50 이하	50 초과 100 이하	100 초과
1급	1	2	4	5	6
2급	3	6	12	15	18
3급	6	12	24	30	36
4급	결함 점수가 3급보다 많은 것				

③ 제2종 결함의 결함길이

제2종 결함은 결함의 종류에 따라 표 10에 표시하는 계수를 곱하여 결함길이로 한다.

결함길이를 측정하는데는 그 결함의 길이방향으로 가장 길게 되도록 결함의 양끝을 연결한 직선거리로 한다. 결함이 구부러진 형태에서도 그 곡선을 따라 측정한 길이는 결함길이로 하지 않는다.〔그림 9(a) 참조〕

또한 결함과 결함이 그림 9(b)와 같이 평행한 경우에도, 결함과 결함의 간격이 표 11의 값 이하의 경우는 각각의 결함길이의 총합을 결함 길이로 한다.

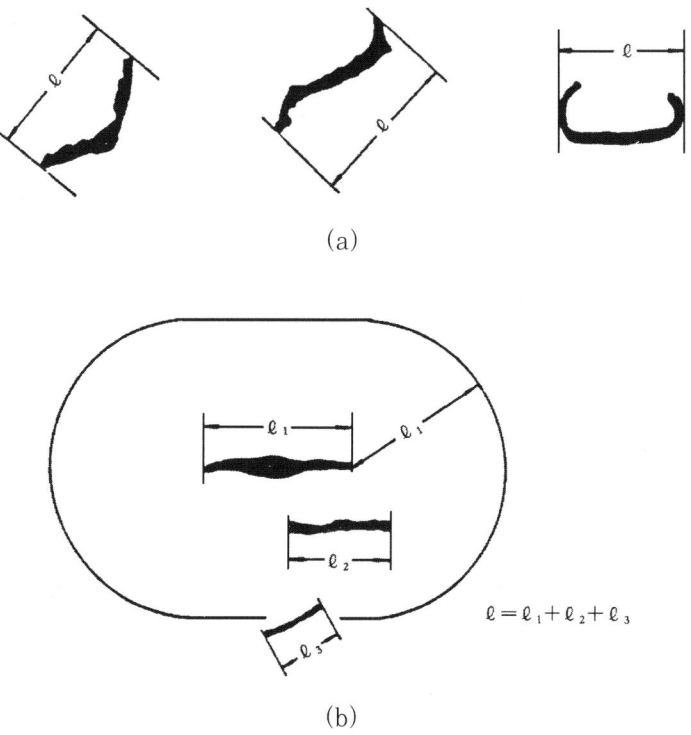

(a)

(b)

그림 9 2종 결함의 결함길이

표 10

결함의 종류	계수
슬래그 개입	1
용입 부족, 용합 부족	2

표 11

결함의 종류	결함과 결함의 간격
슬래그 개입	큰 쪽 결함의 치수
용입 부족, 용합 부족	큰 쪽 결함의 치수의 2배

④ 제2종 결함의 등급 분류

투과사진 위의 결함이 제2종의 결함의 경우, 등급 분류는 표 12의 기준에 따라 실시하는 것으로 한다. 다만, 1급에 대해서는 용입부족 또는 융합부족이 있어서는 안 된다.

표 12 결함길이에 따른 등급

등급 모재두께 (mm)	12 이하	12 초과 48 미만	48 이상
1급	3 이하	모재 두께의 1/4 이하	12 이하
2급	4 이하	모재 두께의 1/3 이하	16 이하
3급	6 이하	모재 두께의 1/2 이하	24 이하
4급	결함 길이가 3급보다 긴 것		

⑤ 제3종 결함의 등급 분류

투과사진 위의 결함이 제3종의 결함일 경우의 등급 분류는 모두 4급으로 한다. 제3종 결함은 구조물의 강도를 현저히 저하시키는 것으로 고려되기 때문에 현재에는 결함치수의 크기에 관계없이 최하급으로 하는 것이 보통이다.

연습문제

※ 1~3번 문제를 풀 때 관전류 5mA로 하여 작성된 노출도표를 보고 답하라!
(단, 필름농도는 2.0 기준)

1. 투과두께가 20mm인 시험체를 관전류 5mA, 관저압 160kV, SFD(선원-필름간 거리)는 90cm로 하여 촬영하고자 할 때 적정 노출시간은?

2. 위의 1번과 같은 조건에서 관전류만 3mA로 바꾸었을 때의 적정 노출시간은?

3. 위의 1번과 같은 조건에서 SFD만을 60cm로 바꾸었을 때의 적정 노출시간은?

4. 거리 3m, 전류 5mA, 노출시간 2 분의 조건에서 전류를 2mA로 바꾸어 동일한 사진을 얻으려면 노출시간은 얼마인가?

5. 300mA-s의 노출조건으로 type I의 필름농도가 1.0이 되었다. type III의 필름으로 사진 농도가 1.0이 되려면 노출조건을 얼마로 해야 하는가?

6. 선원의 크기가 2mm이고 선원과 시험물과의 거리가 50cm이며 시험물과 필름과의 거리는 20cm 되게 배치하여 방사선 사진을 촬영하고자 한다. 기하학적 불선명도는 얼마인가?

7. 다음은 모재 두께 20mm인 경우 투과사진에 나타난 기공 및 슬래그 개재 결함에 대해 시험 시야를 결정한 경우이다. 투과사진의 등급을 결정하시오.

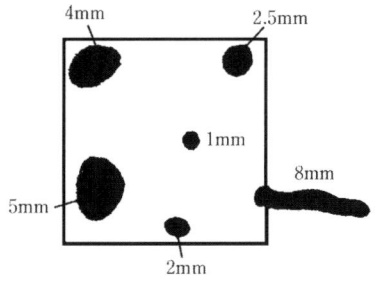

8. 다음은 모재 두께가 23mm인 경우 기공과 슬래그 개재 결함이 나타난 투과사진이다. 결함의 등급을 결정하라.(시험 시야에 있는 결함점수는 6이다.)

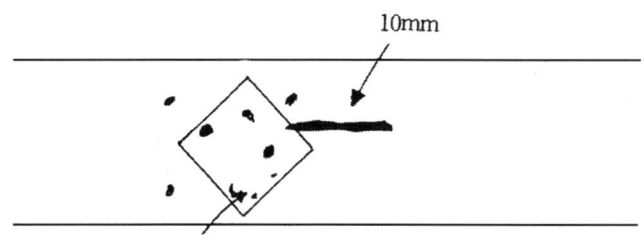

1종결함(결함점수 : 6점)

◆ 저자 약력

김학윤 : 아주대학교 기계공학과 박사과정 수료. 현 수원과학대학 신소재응용과 교수
연윤모 : 일본 오사카대학 금속공학 박사. 현 수원과학대학 신소재응용과 교수
지무성 : 독일 아헨공과대학 금속공학 박사. 현 수원과학대학 신소재응용과 교수
홍영환 : 고려대학교 금속공학 박사. 현 수원과학대학 신소재응용과 교수
송 건 : 고려대학교 금속공학 박사. 현 수원과학대학 신소재응용과 교수

금속재료 실험 - 기초편 -

2008년 12월 15일 제1판제1발행
2014년 8월 25일 제1판제4발행

공저자 김학윤·연윤모·지무성
홍영환·송 건
발행인 나 영 찬

발행처 **기전연구사**

서울특별시 동대문구 천호대로4길 16(신설동 104-29)
전 화 : 2235-0791/2238-7744/2234-9703
FAX : 2252-4559
등 록 : 1974. 5. 13. 제5-12호

정가 20,000원

◆ 이 책은 기전연구사와 저작권자의 계약에 따라 발행한 것이
   므로, 본 사의 서면 허락 없이 무단으로 복제, 복사, 전재를
   하는 것은 저작권법에 위배됩니다.
   ISBN 978-89-336-0787-9
   www.kijeonpb.co.kr

불법복사는 지적재산을 훔치는 범죄행위입니다.
저작권법 제97조의 5(권리의 침해죄)에 따라 위반자는 5년 이하
의 징역 또는 5천만원 이하의 벌금에 처하거나 이를 병과할 수
있습니다.